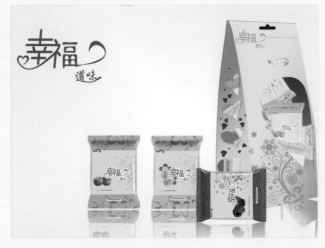

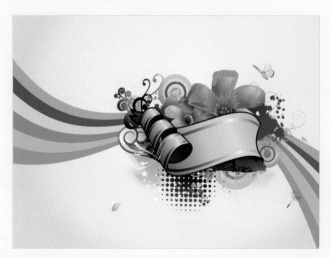

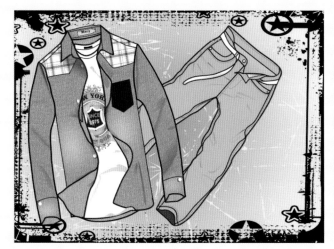

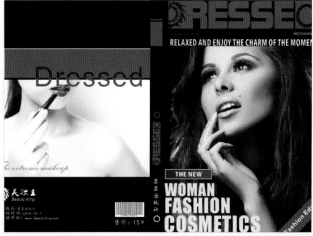

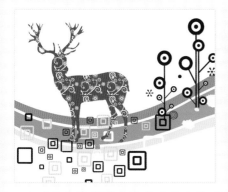

中文版CoreIDRAW X7

版从入门到精通（全彩版）　九州书源　编著

清華大学出版社

北　京

内 容 简 介

CorelDRAW 是日常办公和专业平面设计最常使用的软件，其 X7 版本容纳了更多与平面设计相关的功能。本书以 CorelDRAW X7 为蓝本，讲解软件各个工具和功能的使用方法。全书分为 3 篇共 22 章，主要包括矢量图的绘制、不同的颜色填充方式、图形编辑与修饰、文本的添加、滤镜效果的应用、图片的处理等内容。

本书知识讲解由浅入深，将所有内容有效地分布在入门篇、实战篇和精通篇中，书中大量的实例操作及知识解析都配合有光盘视频演示，让学习变得轻松易行。

本书适合于广大 CorelDRAW 初学者，以及有一定 CorelDRAW 经验的用户，可作为高等院校相关专业的学生和培训机构学员的参考用书，同时也可供读者自学使用。

图书在版编目（CIP）数据

中文版 CorelDRAW X7 从入门到精通：全彩版 / 九州书源编著. —北京：清华大学出版社，2016
（学电脑从入门到精通）
ISBN 978-7-302-41059-1

I. ①中… II. ①九… III. ①图形软件 IV. ① TP391.41

中国版本图书馆 CIP 数据核字（2015）第 173361 号

责任编辑：朱英彪
封面设计：刘洪利
版式设计：牛瑞瑞
责任校对：王　云
责任印制：宋　林

出版发行：清华大学出版社
　　　　　网　　　址：http://www.tup.com.cn，http://www.wqbook.com
　　　　　地　　　址：北京清华大学学研大厦 A 座　　　　　　　　邮　　编：100084
　　　　　社 总 机：010-62770175　　　　　　　　　　　　　　　邮　　购：010-62786544
　　　　　投稿与读者服务：010-62776969，c-service@tup.tsinghua.edu.cn
　　　　　质量反馈：010-62772015，zhiliang@tup.tsinghua.edu.cn
印 刷 者：北京鑫丰华彩印有限公司
装 订 者：三河市溧源装订厂
经　　销：全国新华书店
开　　本：203mm×260mm　　　　印　　张：31.5　　插　页：4　　字　　数：916 千字
　　　　　（附 DVD 光盘 1 张）
版　　次：2016 年 10 月第 1 版　　　印　　次：2016 年 10 月第 1 次印刷
印　　数：1 ～ 3500
定　　价：99.80 元

产品编号：058786-01

认识矢量图，认识CorelDRAW X7

在电脑、手机已成为人们生活必需品的今天，CorelDRAW凭借其优秀的矢量图绘制和排版功能也从专业的平面设计领域走向了大众。CorelDRAW 全名CorelDRAW Graphics Suite，是一款由世界顶尖软件公司之一的Corel公司开发的图形图像软件。其非凡的设计能力广泛地应用于商标设计、标志制作、模型绘制、插图描画、排版及分色输出等诸多领域。该软件经过多次版本的升级，其部分功能得到更好的拓展与完善，而CorelDRAW X7是其最新版本。

本书的内容和特点

本书将所有CorelDRAW图像处理的相关知识，分布到"入门篇"、"实战篇"和"精通篇"中。每篇的内容安排及结构设计都考虑了读者的需要，所以最终您会发现本书的特点极其朴实、实用。

{ 入门篇 }

入门篇中讲解了与CorelDRAW相关的所有基础知识，包括平面概念与术语、文档与页面的基本操作、线条与图形的绘制、颜色的应用、位图的处理等。通过本篇，可让读者对CorelDRAW的功能有一个整体认识，并可绘制常用的矢量图和处理基本的图片。为帮助读者更好地学习，本篇知识讲解灵活，或以正文描述，或以实例操作，或以项目列举，穿插的"操作解谜"、"技巧秒杀"和"答疑解惑"等小栏目，不仅丰富了版面，还让知识更加全面。

知识解析：将理论知识细分，逐个讲解。

操作解谜：讲解相关操作的意义，使读者不仅知其然，而且知其所以然。

答疑解惑：对初学者最易感到疑惑的问题进行解答。

实例操作：以步骤形式一步步讲解知识的应用。

技巧秒杀：汇集了与当前相关的一些操作技巧。

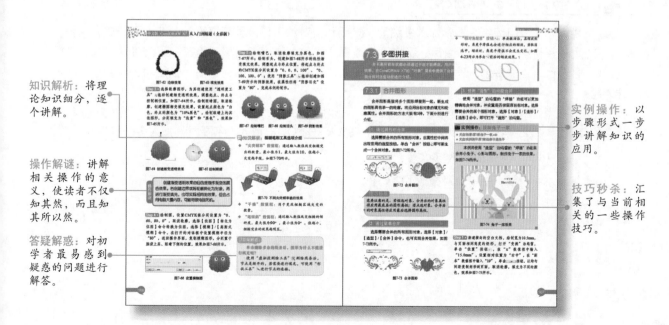

{ 实战篇 }

实战篇是入门篇知识的灵活运用，它将CorelDRAW与生活、工作结合起来，或以轻松的方式讲解如何使用CorelDRAW进行各种类型的设计，如包装、广告、服饰、艺术字、产品造型。实战篇分为6章，每章均为一个实战主题，每个主题下又包含多个实例，从而立体地将CorelDRAW与现实应用结合起来。有需要的读者只需稍加修改即可将这些实用的例子应用到现实工作中。实战篇中的实例多样，配以"操作解谜"和"还可以这样做"等小栏目，使读者不仅知道了该知识的操作方法，更明白了其操作的含义，以及该效果的多种实现方式，使读者达到提升、综合应用的目的。

{ 精通篇 }

精通篇汇合了CorelDRAW的高级操作技巧，如样式应用、颜色和谐、宏的应用、条形码、插件等内容，使读者精通并深入拓展CorelDRAW各个方面，从而让读者感知到CorelDRAW的奥秘所在，灵活运用各个知识点，可使读者的设计水平上升到更高的层次。

本书的配套光盘

本书配套多媒体光盘，书盘结合，使学习更加容易。配套光盘中包括如下内容。

- 视频演示：本书所有的实例操作均在光盘中提供了视频演示，并在书中指出了相对应的路径和视频文件名称，打开视频文件即可学习。

- 交互式练习：配套光盘中提供了交互式练习功能，光盘不仅可以"看"，还可以实时操作，查看自己的学习成果。

- 超值设计素材：配套光盘中不仅提供了图书实例需要的素材、效果，还附送了多种类型的笔刷、图案、样式等库文件，以及经常使用的设计素材。

为了使读者更好地使用光盘中的内容，保证光盘内容不丢失，最好将光盘中的内容复制到硬盘中，然后从硬盘中运行。

本书的作者和服务

本书由九州书源组织编写，参加本书编写、排版和校对的工作人员有廖宵、向萍、彭小霞、李星、刘霞、陈晓颖、蔡雪梅、罗勤、包金凤、张良军、曾福全、徐林涛、贺丽娟、简超、张良瑜、朱非、张娟、杨强、王君、付琦、羊清忠、王春蓉、丛威、任亚炫、周洪熙、冯绍柏、杨怡、张丽丽、李洪、林科炯、廖彬宇。

如果您在学习的过程中遇到什么困难或疑惑，可以联系我们，我们会尽快为您解答，联系方式如下。

- QQ群：122144955、120241301（注：只选择一个QQ群加入，不要重复加入多个群）。

- 网址：http://www.jzbooks.com。

由于编者水平有限，书中疏漏和不足之处在所难免，欢迎读者不吝赐教。

九州书源

Introductory
入门篇···

Instance
实战篇…

Proficient
精通篇 ···

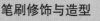

入门篇
Introductory

CorelDRAW是一款由世界顶尖软件公司之一——加拿大的Corel公司开发的图形图像软件，专用于矢量图形编辑与排版，在标志设计、广告制作、包装制作、产品造型等各方面都有涉及。而在本篇中，主要向读者讲述CorelDRAW X7中最常用、最基本的工具以及各命令的应用，其中包括平面概念与术语、文档与页面的基本操作、线条与图形的绘制、颜色的应用、位图的处理等。通过它们可轻松地完成文档的设置、各种矢量图的绘制、文本与表格的应用、位图的初步处理等操作。

>>>

01 02 03 04 05 06 07 08 09 10 11 12 13 ....

Chapter

CorelDRAW X7极速入门

本章导读 ●

　　CorelDRAW是一款由加拿大Corel公司开发的功能强大的图形图像软件。其非凡的设计能力广泛地应用于商标设计、标志制作、模型绘制、插图描画、排版及分色输出等诸多领域。随着新版本的推出，其功能得到了升级与完善，使其在现代商业平面设计中发挥更加强大的作用。本章将从目前流行的版本X7入手，介绍其应用领域、常用术语、界面组成等基本知识，为后面的学习奠定基础。

1.1 CorelDRAW的应用领域

CorelDRAW的应用领域非常广泛，不仅可用作字体、产品与包装、插画、VI、招贴、画册、界面和书籍装帧等矢量图制作，CorelDRAW还带有一些针对位图的处理与特效，可以帮助用户制作一些特殊的图片效果。

1.1.1 绘制矢量图形

在平面设计中，经常需要手绘一些图形，而在CorelDRAW中，这些手绘的图形被称为矢量图。利用CorelDRAW的矢量图绘制功能，用户可轻松进行字体设计、LOGO设计、产品与包装设计、广告设计、数字绘画等操作。

1. 字体设计

在平面设计中，字体设计起着非常重要的作用。字体与字体的版面设计对于从事平面设计的人员来说，是十分重要的知识和设计技能。利用CorelDRAW，用户可以制作出变幻莫测的字形和丰富美观的特效字，如渐变字、图案字、立体字和发光字等。如图1-1所示为部分字体设计效果。

图1-1 字体设计

2. LOGO设计

LOGO是指企业、网站等为自己的产品、主题或活动等设计的一种视觉符号，必须具有独特的个性和强烈的冲击力。利用CorelDRAW，用户可以制作出易于识别、高清晰的LOGO。如图1-2所示为世界著名轿车标志LOGO和苹果产品LOGO。

图1-2 LOGO设计

3. 产品与包装设计

使用CorelDRAW可以制作一些特殊的产品表面或包装纸材料效果，并且可以实现结构造型和美化装饰效果，以提高产品的附加值，促进产品销售，扩大产品影响力。产品与包装的设计示例如图1-3所示。

图1-3 产品与包装设计

4. 插画绘制

在商品包装、影视海报、企业广告、T恤、日记本、贺卡上经常可以看见一些插画，而这些插画不仅可以使用传统的手绘，还可以使用CorelDRAW的绘图工具绘制，如图1-4所示，并且使用CorelDRAW绘制更方便插画的修改与保存。

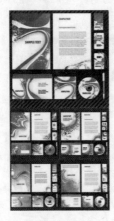

图1-4　插画

5. VI设计

VI是一个视觉识别系统，具有共同的视觉识别符号（标志），以无比丰富的多样应用形式展现在企业的系列产品上。设计到位、实施科学的VI，是传播企业经营理念、建立企业知名度、塑造企业形象的便捷之途。VI设计示例如图1-5所示。

图1-5　VI设计

6. 招贴设计

"招贴"按其字义解释，"招"是指引人注意，"贴"指张贴。海报、宣传画、广告都属于招贴，用于信息报导、劝喻、教育或产品宣传等。招贴设计示例如图1-6所示。

图1-6　招贴设计

？答疑解惑：

招贴与海报有什么区别呢？

招贴和海报本质上意思差不多，但招贴更加注重文字和创意设计，而海报则更加注重画面感。

7. 画册设计

画册是一个展示平台，画册设计指用图形、文字、图片的组合，制作富有创意的精美画册。相比于海报或广告，画册可以更深入、全面地介绍公司、产品等对象。如图1-7所示为国外优秀的画册设计示例。

图1-7　画册设计

8. 界面设计

界面又称UI，其全称为User Interface（用户界面）。界面设计是指界面的美化、用户对界面操控的设计。界面设计分为硬件界面设计和软件界面设计。在平面设计中，最常见的是硬/软件界面、游戏界面、网站界面的设计。好的界面设计不仅让软件变得独特，而且让软件的操作变得舒适、简单、自由。界面设计示例如图1-8所示。

图1-8　界面设计

9. 书籍装帧设计

书籍装帧是指对书籍的开本、装帧形式、封面、腰封、字体、版面、色彩、插图、纸张材料、印刷、装订及工艺等各个环节的艺术设计，通过这些设计向读者传达书籍的思想、气质与精神。书籍装帧设计示例如图1-9所示。

读书笔记

图1-9　书籍装帧设计

1.1.2　位图调整与处理

在使用CorelDRAW绘图过程中，为了丰富页面效果，需要用到图像。若直接导入的图像不能满足设计的需要，除了使用一些图像处理软件外，还可直接使用CorelDRAW自带的位图调整与处理功能，如调整图像色彩、添加特殊滤镜效果和临摹位图等功能对图像进行相应的调整与处理操作。

1. 色彩调整

在CorelDRAW中，用户不仅可根据需要对位图的色温、饱和度、亮度和对比度等进行调整，还可以将图像的颜色替换为其他喜欢的颜色。如图1-10所示为调整色彩前后的效果。

图1-10　色彩调整

2. 特效制作

CorelDRAW中内置了三维效果、艺术笔触、模糊、扭曲、轮廓图和杂点等十多个特殊效果，用户可以根据需要进行选择应用。如图1-11所示为应用球面三维效果前后的对比。

图1-11　球面三维效果

3. 位图描摹

当对图像的效果进行轮廓造型等处理时，使用

CorelDRAW的位图描摹功能可以将图像转换为可编辑的矢量图。如图1-12所示为描摹位图前后的效果。

图1-12　描摹位图效果

1.2 了解色彩与图形术语

色彩和图形是平面设计的重要表现手段。色彩最容易引起人们的注意，最能传达信息，具有先声夺人的效果；图形则是通过视觉传达设计者思想的重要途径。了解色彩与图形的一些术语，如色彩模式、矢量图与位图的概念、图像分辨率等，有助于利用软件的相关功能设计符合需要的作品。

1.2.1 认识色彩模式

色彩模式是用数据表示颜色的一种方式。不同色彩模式的成色原理不同，决定了在显示器、打印机、投影仪、扫描仪中显示的效果不同。在CorelDRAW X7中的"位图"/"模式"菜单中提供了7种色彩模式，其对比效果如图1-13所示。

图1-13　7种色彩模式效果

1. 黑白

黑白模式表示一种怀旧的气息，在数码照相机中广泛应用，黑白模式中只有黑和白两种色值，如图1-14所示。黑白模式可以简化图像信息，同时减小文件的大小。

图1-14　黑白效果

2. 灰度

灰度模式用单一色调表现图像，只有明暗值，没有色相和饱和度，如图1-15所示。图像的像素越高，灰度级别越大。若一个像素的颜色用八位元来表示，一共可表现256阶（色阶）的灰色调（含黑和白），也就是256种明度的灰色。

图1-15　灰度效果

3. 双色

双色模式是用一种灰色油墨或彩色油墨来渲染一

个灰度图像。该模式最多可向灰度图像中添加4种色调，即单色调、双色调、三色调和四色调，从而可以打印出比单纯灰度更有趣的图像，如图1-16所示。

图1-16　双色效果

4. 调色板色

调色板色模式可以通过限制图像中的颜色总数来实现有损压缩，如图1-17所示。调色板是位图图像的一种编码方法，需要基于RGB和CMYK等基本的颜色编码方法。

图1-17　调色板色效果

5. RGB色

RGB分别表示红、绿和蓝，RGB颜色模式效果如图1-18所示。用户可按不同的比例混合这3种色光，获得可见光谱中绝大部分种类的颜色（约1670万种颜色），来表达这个丰富多彩的世界。RGB模式是最常用的一种颜色模式，广泛适用于显示器、投影仪、扫描仪以及数码相机等设备。

6. Lab色

Lab色模式是一种颜色通道模式，字母分别表示透明度通道、明度通道和色彩通道，该模式效果如图1-19所示。该模式所定义的色彩最多，且与光线及设备无关。在Lab色模式下，a通道为从绿到灰，再到红色；b通道为从蓝到灰再到黄，这些颜色混合后将产生明亮的色彩。

图1-18　RGB颜色效果　　　图1-19　Lab色效果

7. CMYK色

CMYK色模式是一种印刷模式，也是CorelDRAW调色板中默认的颜色模式，字母分别表示青、洋红、黄和黑，效果如图1-20所示。CMYK的颜色混合模式是一种减色叠加模式，它通过反射某些颜色的光并吸取另外一些颜色的光来产生不同的颜色。如果将四色油墨中的两种或两种以上的颜色相叠加，叠加的种类和次数越多，所得到的颜色就越暗，反射回的白色就越少，因此，称之为减色法混合。

图1-20　CMYK色效果

> **技巧秒杀**
>
> 除了CorelDRAW中的颜色模式外，常用的模式还包括HSB模式和索引模式，下面分别进行介绍。
>
> ◆ **HSB模式：** HSB分别表示色相、饱和度和亮度。其中，色相是物体的本身颜色，是指从物体反射进入人眼的波长光度，不同波长的光，显示为不同的颜色；饱和度又叫纯度，指颜色的鲜艳程度；亮度是指颜色的明暗程度。
>
> ◆ **索引模式：** 索引色彩也称为映射色彩，它只能通过间接的方式创建，而不能直接获得。该模式最多只有256种颜色，一般只可当作特殊效果及专用，而不能用于常规的印刷。

1.2.2　认识位图与矢量图

在电脑中，图像以矢量图或位图格式进行显示，理解两者的区别能帮助您更好地提高工作效率，下面分别进行介绍。

◆ **矢量图：** 矢量图是根据几何特性来绘制的图形，它既可以是一个点或一条线，又可以是一个完整的图形。矢量图的主要特点是占用空间小、放大后不会失真，如图1-21所示。常用的矢量图软件有Illustrator、CorelDRAW和AutoCAD等。

图1-21　矢量图放大前后的对比效果

◆ 位图：位图又称栅格图或点阵图。其最显著的特点是由多个像素点组成，每个像素点都有自身的位置、大小、亮度和色彩等，当将位图放大到一定倍数时就会看到这些像素点，呈现小方格显示，如图1-22所示。一般情况下，位图的色彩越丰富，图像的像素就越多，分辨率也就越高，文件也就越大。虽然位图放大后会模糊，但相比矢量图，位图能更好地表现出色彩的绚丽。

图1-22　位图放大前后的对比效果

❓答疑解惑：

什么是分辨率？

分辨率是指控制位图精细度（清晰度）的参数值，其单位为像素（dpi）。像素值的大小以图像单位长度上的像素多少来衡量。图像单位长度上像素越多，图像越清晰，当放大图像后，其像素值会降低，分辨率也会相应地降低，如图1-23所示。图像越清晰，文件越大，输出质量越高。此外，图像的尺寸大小也影响着图像的分辨率、文件的大小与输出质量。

分辨率为：300 dpi　　　分辨率为：5 dpi

图1-23　不同分辨率的图像效果

1.2.3　认识图形格式

不同软件生成不同的文件格式，文件格式通常体现在扩展名上，如CorelDRAW生成文件的扩展名为".cdr"。图形格式大致分为矢量图格式与位图格式，下面分别进行介绍。

1. 矢量图格式

常见的矢量图格式有以下几种。

◆ **CDR**：CDR格式是CorelDRAW软件的默认文件格式，该格式的图元文件可以同时包含矢量信息和位图信息。

◆ **AI**：AI格式是Adobe公司发布的矢量软件Illustrator的专用文件格式。它的优点是占用硬盘空间小，打开速度快，方便格式转换。

◆ **EPS**：EPS是Encapsulated PostScript的缩写，EPS格式是跨平台的标准格式。该格式是一种专用的PostScript打印机描述语言，可以描述矢量信息和位图信息，并且可以保存一些其他类型信息，如多色调曲线、Alpha通道、分色、剪辑路径、挂网信息和色调曲线等，因此，EPS格式常用于印刷或打印输出。

◆ **BW**：BW格式是包含各种像素信息的一种黑白图形文件格式。

◆ **SVG**：SVG文件格式是一种可缩放的矢量图形格式。该格式的图形可任意放大显示，边缘异常清晰，文字在SVG图像中保留可编辑和可搜寻的状态，没有字体限制，且生成的文件小，下载很快，非常适合用于设计高分辨率的Web图形页面。

◆ **WMF**：Windows图元文件，可以同时包含矢量信息和位图信息。它针对Windows操作系统进行了优化，可以很好地在Office中使用。

◆ **DXF**：该格式是AutoCAD中的图形文件格式，以ASCII方式存储图形，在表现图形的大小方面十分精确，可以被CorelDRAW、3DS等大型软件调用编辑。

2. 位图格式

常见的位图格式有以下几种。

◆ JPEG：JPEG简称JPG，是一种较常用的有损压缩技术，它主要用于图像预览及超文本文档，如HTML文档。在压缩过程中丢失的信息并不会严重影响图像质量，但会丢失部分肉眼不易察觉的数据，所以不宜使用此格式进行印刷。

◆ TIFF格式：TIFF图像文件格式可在多个图像软件之间进行数据交换，该格式支持RGB、CMYK、Lab和灰度等色彩模式，而且在RGB、CMYK以及灰度等模式中支持Alpha通道的使用。

◆ GIF格式：GIF图像文件格式可进行LZW压缩，使图像文件占用较少的磁盘空间。该格式可以支持RGB、灰度和索引等色彩模式。

◆ BMP（.BMP、.RLE）格式：BMP是一种标准的点阵式图像文件格式，它支持RGB、索引色、灰度和位图色彩模式，但不支持Alpha通道，而且以BMP格式保存的文件通常比较大。

◆ PSD格式：PSD图像文件格式是Photoshop默认的图像文件格式，只能在Photoshop软件中打开。

1.3 进入CorelDRAW X7

软件的安装、卸载、启动与退出方法，是学习软件前必须掌握的技能，CorelDRAW X7也不例外。当启动CorelDRAW X7后，将首先进入其欢迎屏幕，对欢迎屏幕进行了解有利于快速了解软件的基本知识与操作，方便后面的图形绘制与编辑。

1.3.1 安装与卸载CorelDRAW X7

要使用CorelDRAW X7，必须先安装该软件，使用完该软件后，也可选择将其卸载。其安装与卸载的方法与一般软件相似，下面分别进行介绍。

1. 安装CorelDRAW X7

CorelDRAW X7的安装方法很简单，打开安装向导对话框，根据提示逐步进行操作即可完成软件的安装。

实例操作： 自定义安装CorelDRAW X7

● 光盘\实例演示\第1章\自定义安装CorelDRAW X7

本例将对安装CorelDRAW X7的方法进行讲解，其中将涉及序列号的输入、安装位置以及安装组件的选择等操作。

Step 1 ▶ 将软件安装盘插入光驱，打开"计算机"窗口，进入光驱所在的盘符，找到CorelDRAW X7的安装程序文件Setup.exe，双击该安装程序文件，打开安装启动界面，如图1-24所示。

图1-24 安装启动界面

Step 2 ▶ 安装程序初始化完成后，在打开的对话框中浏览协议后选中 ☑ 我接受该许可证协议中的条款 (A) 复选框，如图1-25所示。单击 下一步 (N) 按钮，在打开的对话框中选中 ◉ 我有一个序列号或订阅代码。单选按钮，在"用户名"和"序列号"文本框中分别输入用户姓名和产品序列号，如图1-26所示。

图1-25 许可协议对话框　　图1-26 输入序列号

Step 3 ▶ 单击 [下一步(N)] 按钮，在打开的对话框中选择安装方式，这里选择"自定义安装"选项，如图1-27所示。单击 [下一步(N)] 按钮进入选择安装组件对话框，选中需要安装的组件前面的复选框，如图1-28所示。

图1-27　选择安装方式　　图1-28　选择安装组件

Step 4 ▶ 选择"选项"选项卡，单击"路径"文本框后的 [更改(H)] 按钮，选择安装的路径D盘，如图1-29所示。依次单击 [确定] 和 [立即安装(I)] 按钮，开始显示安装进度，如图1-30所示。待安装完成后单击 [完成] 按钮即可。

图1-29　设置安装路径　　图1-30　安装进度

2. 卸载CorelDRAW X7

若CorelDRAW X7软件出现问题或不需要使用该软件时，可将软件卸载，以节约磁盘空间或重新安装。

▥ 实例操作： 卸载电脑中的CorelDRAW X7

● 光盘\实例演示\第1章\卸载电脑中的CorelDRAW X7

本例将打开"控制面板"窗口，通过其中的"程序和功能"功能来卸载电脑中安装的CorelDRAW X7。

Step 1 ▶ 在"开始"菜单中选择"控制面板"命令，打开"控制面板"窗口，单击"程序和功能"超链接，打开程序和功能窗口，选择CorelDRAW X7，单击 [卸载/更改] 按钮，如图1-31所示。

图1-31　选择卸载的软件

Step 2 ▶ 在打开的对话框中选中"删除"选项前的单选按钮，单击 [删除(R)] 按钮，开始卸载软件，卸载完成后，在打开的对话框中单击 [完成(F)] 按钮，完成该软件的卸载，如图1-32所示。

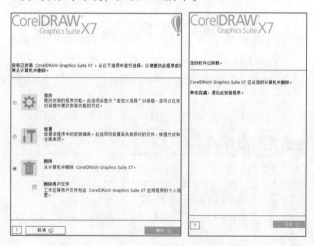

图1-32　完成卸载

◢ 技巧秒杀

若需要安装或卸载其中的组件，可选中"修改"前的单选按钮；若软件使用出现错误，可选中"修复"前的单选按钮。

1.3.2 启动与退出CorelDRAW X7

安装CorelDRAW X7软件后，用户可启动该软件来绘制与编辑图形。CorelDRAW X7的启动方法有如下几种。

◆ 通过"开始"菜单：在"开始"菜单中选择"所有程序"/CorelDRAW Graphics Suite X7/CorelDRAW X7命令。

◆ 通过快捷图标：双击桌面上生成的CorelDRAW X7快捷图标 。

◆ 通过CDR文件：双击保存在电脑中的CDR格式的图形文件。

启动CorelDRAW X7后，将会出现CorelDRAW X7的启动界面。启动成功后将出现如图1-33所示的欢迎窗口。若需退出软件，只需单击软件右上角的"关闭"按钮 即可。

图1-33 启动软件

1.3.3 认识"欢迎屏幕"

在"欢迎屏幕"中选择左侧选项可打开相应的功能面板，包括"立即开始"面板、"工作区"面板、"新增功能"面板、"图库"面板与"需要帮助？"面板等，下面分别对这些面板进行介绍。

1. 认识"立即开始"面板

启动CorelDRAW X7，在"欢迎屏幕"左侧默认选择"立即开始"选项，用户可通过右侧的功能面板新建空白文档、从模板新建文档、打开最近使用的文档、打开其他文档等，如图1-34所示。

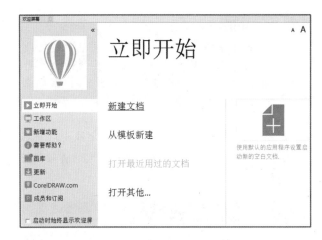

图1-34 "立即开始"面板

📣 **知识解析： "立即开始"面板** ·········

◆ 新建文档：单击可打开新建空白文档的对话框。

◆ 从模板新建：单击可打开模板对话框，用户可选择需要的模板创建模板文档。

◆ 打开最近用过的文档：当之前使用过该软件打开或制作过文档时，在该文本下方将显示最近使用的文档，单击即可打开。

◆ 打开其他：单击该超链接可打开电脑中保存的CDR文件。

◆ ☑启动时始终显示欢迎屏幕 复选框：取消选中该复选框，以后启动软件时将不显示"欢迎屏幕"。若要再次显示出来，可在文档编辑窗口中选择"工具"/"选项"命令，打开"选项"对话框，展开"工作区"/"常规"选项，在"CorelDRAW X7启动"下拉列表框中选择"欢迎屏幕"选项即可，如图1-35所示。

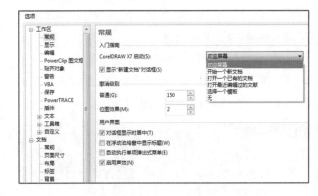

图1-35 显示"欢迎屏幕"

在"CorelDRAW X7启动"下拉列表框中还可设置启动CorelDRAW X7时默认显示其他的操作面板，如"开始一个新文档""打开一个已有文档"等。

◆ A按钮：单击"欢迎屏幕"右上角较小的A按钮可缩小开始屏幕的字号，单击较大的A按钮可放大开始屏幕的字号。

2. 定义工作区样式

在"欢迎屏幕"左侧选择"工作区"选项，用户可单击功能面板中的超链接来设置工作区的样式，如Lite、经典、默认等，如图1-36所示。

图1-36 "工作区"面板

3. 查看新增功能

与以往版本相比，CorelDRAW X7新增了多项功能与应用，如"欢迎屏幕"的导航与停放、位图图样填充、创建QR码、即时自定义、平滑对象、字体乐园和内容中心等。若用户不熟悉这些新功能，可在"欢迎屏幕"左侧选择"新增功能"选项，在右侧的功能面板中进行查看，如图1-37所示。

选择"帮助"/"突出显示新功能"命令，在弹出的子菜单中可选择以黄色底纹突出显示相对于X5或X6版本的新功能。

图1-37 "新增功能"面板

4. 查看精美图库

在"欢迎屏幕"的"图库"选项下放置了一些精美的图片，供用户欣赏，单击图片下方的超链接，可进入该图片所在的网页，如图1-38所示。

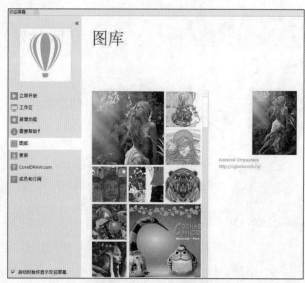

图1-38 查看精美图库

5. 获取帮助

对于初识软件的用户来说，在图形绘制与编辑过程中难免会遇到一些问题，通过"欢迎屏幕"的"需要帮助？"选项，可以轻松地找到解决问题的方法。

实例操作：获取CorelDRAW术语帮助信息

● 光盘\实例演示\第1章\获取CorelDRAW术语帮助信息

本例将先通过"需要帮助？"选项查看提示和技巧，再使用"产品帮助"功能查看软件安装的系统要求，并搜索CorelDRAW术语帮助信息。

Step 1 ▶ 启动CorelDRAW X7，在"欢迎屏幕"左侧选择"需要帮助？"选项，打开帮助面板，在中间单击"技巧与提示"超链接，在右侧可查看技巧与提示相关知识，如图1-39所示。

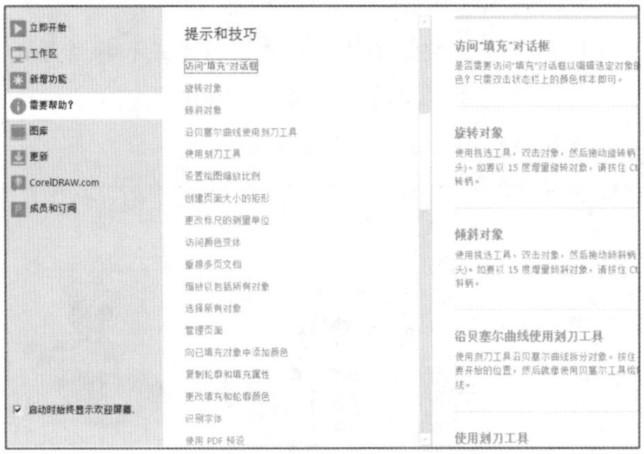

图1-39 查看提示和技巧

Step 2 ▶ 在中间和右侧分别单击"产品帮助"超链接，打开产品帮助网页，在"目录"选项卡下单击相应的超链接可查看对应信息，如单击展开"安装CorelDRAW Graphics Suite"/"系统要求"，在右侧查看软件安装的系统要求，如图1-40所示。

Step 3 ▶ 选择"搜索"选项卡，在搜索文本框中输入"术语"，单击 开始! 按钮开始搜索，在"级别标题"列表中列出了相关的搜索结果，这里单击

"CorelDRAW术语"超链接，在右侧查看具体帮助信息，如图1-41所示。

技巧秒杀

按F1键或选择"帮助"/"产品帮助"命令，也可打开产品帮助网页。需要注意的是，使用"产品帮助"功能需要在联网的状态下进行。

图1-40 查看软件安装的系统要求

图1-41 搜索CorelDRAW术语帮助信息

1.4 认识CorelDRAW X7操作界面

随着CorelDRAW版本的不断升级，操作界面的设计也更加人性化。在"欢迎屏幕"中单击"新建文档"超链接创建空白文档后将进入CorelDRAW X7的工作界面，主要由标题栏、菜单栏、标准工具栏、属性栏、工具箱、调色板、工作区、泊坞窗和状态栏组成，如图1-42所示。下面分别进行介绍。

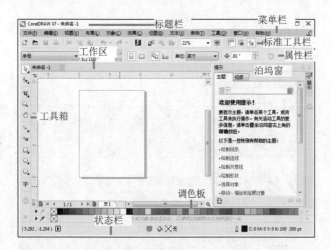

图1-42　CorelDRAW X7操作界面

1.4.1　标题栏

标题栏位于窗口的上方，用于显示CorelDRAW程序的名称、当前打开文件的名称以及所在路径。当CorelDRAW窗口处于最大化状态时，单击标题栏右侧的3个按钮可以分别对CorelDRAW窗口进行最小化、还原和关闭操作。单击左上角的 按钮也可在弹出的菜单中控制窗口的显示。

1.4.2　菜单栏

菜单栏集合了CorelDRAW X7的各种常用命令，选择相应的命令，在弹出的菜单中可执行对应的操作，如文件、编辑、视图、布局、排列、效果、位图、文本、表格、工具、窗口和帮助等命令，各命令的含义分别介绍如下。

- ◆ 文件：由一些基本的操作命令集合而成，用于新建、打开、打印等相关的文件管理与文件后期处理操作。
- ◆ 编辑：主要用于控制图像部分属性和基本编辑，如复制与粘贴、撤销与还原、查找与替换等。
- ◆ 视图：用于控制界面中各部分版面的视图显示。
- ◆ 布局：用于管理文档的页面，如组织打印多页文档、设置页面格式等。
- ◆ 对象：用于设置对象的变换、分布、排列与造型等对象的属性。

- ◆ 排列：用于排列和组织对象，可同时控制一个或多个对象。
- ◆ 效果：用于为绘制的对象添加特殊效果，如立体化、封套、轮廓图等，使矢量图效果更加完美。
- ◆ 位图：导入位图，或将矢量图转换为位图后对位图进行编辑和效果处理操作。
- ◆ 文本：用于排版与编辑文本，方便对文本进行处理与艺术效果的转换。
- ◆ 表格：用于绘制与编辑表格，同时可使用文字与表格的互相转换。
- ◆ 工具：为简化操作设置一些命令，如颜色管理、宏的应用、操作界面的设置等。
- ◆ 窗口：用于控制文件窗口的显示方式和操作界面的显示内容（工具栏、泊坞窗和调色板等）。如图1-43所示为水平平铺窗口的效果。

图1-43　水平平铺窗口

- ◆ 帮助：集合了一些软件信息，如产品帮助、新功能突出、会员资格、账户设置、登录等。

1.4.3　标准工具栏

标准工具栏收藏了一些常用的操作按钮。节省了从菜单中选择命令的时间，单击这些按钮，即可执行相关的操作。标准菜单栏中各按钮的功能介绍如下。

- ◆ "新建"按钮 ：在打开的对话框中新建一个CorelDRAW文件。
- ◆ "打开"按钮 ：打开CorelDRAW文件。
- ◆ "保存"按钮 ：保存当前的CorelDRAW文件。
- ◆ "打印"按钮 ：打印当前的CorelDRAW文件。
- ◆ "剪切"按钮 ：剪切图形对象并将图形对象

放于剪贴板中。

◆ **"复制"按钮**📋：单击可复制图形对象，并将图形对象复制到剪贴板上。

◆ **"粘贴"按钮**📋：单击可将复制或剪切的图形对象粘贴到指定位置。

◆ **"撤销"按钮**↩：单击可撤销上一步的操作。

◆ **"重做"按钮**↪：单击可恢复撤销的上一步操作。

◆ **"搜索内容"按钮**🔍：单击可使用泊坞窗搜索剪贴画、照片和字体。

◆ **"导入"按钮**📥：单击可将外部的图片导入CorelDRAW X7中。

◆ **"导出"按钮**📤：单击可将文件导出为其他格式。

◆ **"发布为PDF"按钮**📄：单击可将文件导出为PDF文件。

◆ **"缩放级别"下拉列表框**：用于控制页面视图的显示比例。

◆ **"全屏"按钮**⊞：单击可全屏预览文档，若要退出全屏状态，按Esc键即可。

◆ **"显示标尺"按钮**⊞：单击可显示或隐藏标尺。

◆ **"显示网格"按钮**⊞：单击可显示或隐藏网格。

◆ **"显示辅助线"按钮**⊞：单击可显示或隐藏辅助线。

◆ **贴齐(T)▾按钮**：用于贴齐网格、辅助线或对象。

◆ **"选项"按钮**≋：单击可打开"选项"对话框，在其中对工作区、文档等进行设置。

◆ **"欢迎屏幕"按钮**🖼：单击可打开软件欢迎窗口。

◆ **"应用程序启动器"按钮**🖥：单击可启动其他的Corel应用程序。

1.4.4 属性栏

属性栏用于显示和设置当前所选工具或图形对象的属性，属性栏的内容会根据所选的对象或工具的不同而出现差异。属性栏可以减少对菜单的操作，使设置的针对性更强。如图1-44所示为"网格填充工具"属性栏；如图1-45所示为"缩放工具"属性栏。

图1-44　"网格填充工具"属性栏

图1-45　"缩放工具"属性栏

1.4.5 工具箱

工具箱提供了绘图操作时最常用的绘图与编辑工具，其中的每一个铵钮表示一种工具，如图1-46所示。单击其中一个工具按钮，即可进行相应工具的操作。若工具铵钮右下角带有标志，则表示该工具是一个工具组，单击按钮或按住显示的工具不放，即可弹出并展开该工具栏。

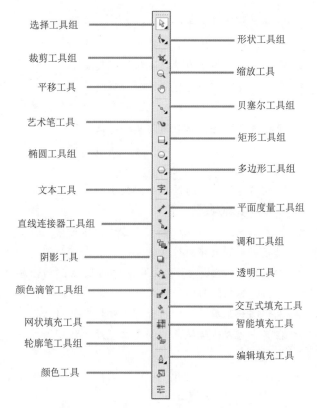

图1-46　工具箱

各工具和工具组的作用介绍如下。

◆ **选择工具组**：用于选择、定位和变化对象。

◆ **形状工具组**：通过控制节点编辑曲线对象和文本字符。

- ◆ 裁剪工具组：用于移除选择对象外的区域。
- ◆ 缩放工具：更改文档窗口的缩放级别。
- ◆ 平移工具：用于将绘图隐藏区域拖动到视图中。
- ◆ 贝塞尔工具组：用于绘制各种样式的曲线。
- ◆ 艺术笔工具：使用手绘笔触添加艺术笔刷、书法和喷射效果。
- ◆ 矩形工具组：用于绘制矩形。
- ◆ 椭圆工具组：用于绘制椭圆形。
- ◆ 多边形工具组：用于绘制多边形、星形、图纸、基本形状、流程图或标题形状等。
- ◆ 文本工具：用于输入文本。
- ◆ 平面度量工具组：用于度量线段、角度或添加3点标注线。
- ◆ 直线连接器工具组：用于直线、直角或圆角连接对象。
- ◆ 调和工具组：用于创建、调和、轮廓图、变形、封套和立体化的图形效果。
- ◆ 阴影工具：用于为对象添加阴影效果。
- ◆ 透明工具：用于为对象添加透明效果。
- ◆ 颜色滴管工具组：对对象的颜色、轮廓和效果等属性进行抽样，并应用到其他对象上。
- ◆ 交互式填充工具：在工作区中为对象应用纯色、渐变和底纹等填充效果。
- ◆ 网状填充工具：通过控制网格上的节点颜色为对象添加多种颜色。
- ◆ 智能填充工具：在边缘重叠区域创建对象，并将填充应用到创建的对象上。
- ◆ 轮廓笔工具组：用于设置轮廓的属性，如轮廓色、轮廓粗细与线条样式等。
- ◆ 编辑填充工具：用于打开"编辑填充"对话框，在其中可以设置纯色、渐变、底纹、位图等填充方式。
- ◆ 颜色工具：用于打开"颜色"泊坞窗，在其中设置填充对象或轮廓的颜色。

技巧秒杀

默认情况下有些工具可能没有显示在工具箱中，这时可单击工具箱下的"自定义"按钮 ⊕，在弹出的面板中选中对应工具的复选框即可。

1.4.6 调色板

在CorelDRAW X7中，调色板默认位于操作界面的下方，用于快速对选定图形的内部或轮廓进行颜色填充。在调色板中的一种颜色块上按住鼠标左键，将打开该颜色的调色板，其中有深浅不均的色块供用户选择，如图1-47所示。调色板默认的颜色模式是CMYK模式，用户也可调整调色板的模式或载入调色板。

图1-47　调色板

1.4.7 工作区

工作区是图像操作的主要区域，包括文件标签、标尺、绘图区、滚动条、页面控制栏和导航器，如图1-48所示。

图1-48　工作区

下面分别对工作区的各部分进行介绍。

- ◆ 文件标签：文件标签主要用于显示对应打开的文件，单击可切换到对应文件窗口中。
- ◆ 标尺：标尺用于精确地绘制、缩放或对齐对象，是精确制作图形的一个非常重要的辅助工具，由水平标尺和垂直标尺组成。
- ◆ 绘图区：绘图区包括页面和页面外的白色区域。若需要打印输出图像时，需要将绘图控制或移动到页面（中间的矩形区域）中，用户还可以根据需要调节页面的大小与方向。

◆ 滚动条：当放大显示页面后，有时页面将无法显示所有的对象，通过拖动滚动条可以显示被隐藏的图形部分，滚动条分为水平滚动条和垂直滚动条。

◆ 页面控制栏：主要用于页面的新建和管理。用户可以通过页面控制栏添加新页面，也可将不需要的页面删除，并可在页面控制栏中单击所需页面标签，以查看相应页面的内容。

◆ 导航器：在绘图区的右下角有个按钮，该按钮即为导航器按钮。当通过滚动条浏览页面时，总是看不到想要的对象区域，这时用鼠标单击导航器，将出现整个页面的缩略图，按住鼠标左键拖动鼠标光标，即可以查看到绘图窗口中的任意位置，如图1-49所示。

图1-49　导航器

1.4.8 泊坞窗

泊坞窗是放置各种管理器和编辑命令的工作面板。选择对象，或选择"窗口"/"泊坞窗"命令可打开对应泊坞窗。当用户打开多个泊坞窗后，单击相应的标签可切换到其他的泊坞窗，如图1-50所示。展开某泊坞窗后，单击右上角的▉按钮可收缩为标签状态，单击泊坞窗标签上方的▉按钮可以关闭泊坞窗。

图1-50　泊坞窗切换

1.4.9 状态栏

状态栏主要提供用户在绘图过程中的相关提示，以帮助用户了解当前操作或操作提示信息，如光标位置、轮廓、填充色和对象所在图层等。左边括号内的数据表示鼠标光标所在位置的坐标，单击右侧的▶按钮，可在弹出的列表中选择需要显示信息的类型，显示的信息会随操作的变化而变化。

知识大爆炸 ●
——CorelDRAW学习途径

在使用CorelDRAW X7绘制与编辑图形前，除了可以使用帮助功能来了解CorelDRAW X7的详细功能与使用方法之外，还可通过CorelDRAW官方网站和一些自学网站来学习CorelDRAW，如CorelDRAW教程网和CorelDRAW视频网等。

 读书笔记

02

文档与页面的基本操作

本章导读 ●

　　前面对CorelDRAW的应用领域、欢迎屏幕和操作界面等知识进行了介绍，相信读者大致了解了该软件。但在使用该软件绘图时，还需要涉及一些文档与页面的基本操作，如文件的新建与保存、页面大小与方向的设置、控制视图的显示模式、缩放对象的显示大小，以及辅助工具的设置与文件的打印输出等。本章将对这些知识进行讲解，以为用户创建舒适的绘图环境。

2.1 文档基本操作

启动CorelDRAW后，软件不会自动新建文档，若需进行图形绘制与编辑，需要先新建一个文档；当完成图形绘制与编辑后，还需要掌握保存与关闭文档等操作；若需要对已有的文件进行编辑，则需要将其打开。本节就将对文档的这些基本操作进行介绍。

2.1.1 新建文档

在CorelDRAW X7中，用户不仅可以新建符合需要的空白文档，还可以调用一些内置模板来新建模板文档，下面分别对其新建方法进行介绍。

1. 新建空白文档

新建空白文档的方法很多，但都会打开一个如图2-1所示的"创建新文档"对话框。用户可通过该对话框对新文档的名称、页面大小、页面方向、图形类型和页码数等参数进行设置，使创建的文档更加符合作品设置的需要。下面对打开"创建新文档"对话框的方法进行介绍。

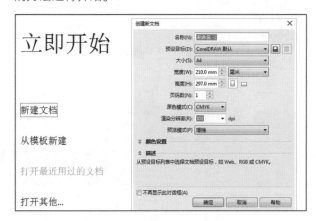

图2-1 "创建新文档"对话框

◆ 通过"立即开始"选项新建：在"欢迎屏幕"的"立即开始"选项中单击"新建文档"超链接。

◆ 通过菜单命令新建：进入CorelDRAW X7操作界面，选择"文件"/"新建"命令。

◆ 通过"新建"按钮新建：在常用工具栏上单击"新建"按钮 或在文档名称后单击"开始新文档"按钮 。

◆ 通过快捷键新建：启用软件后直接按Ctrl+N组合键，也可打开"创建新文档"对话框。

💬 知识解析："创建新文档"对话框 ┄┄┄┄┄•

◆ **名称**：用于设置设计作品的名称。

◆ **预设目标**：设置图形的类型。其中，"CorelDRAW默认"表示创建用于打印的图形；"默认CMYK"表示创建要在色彩输出中心打印的图形；Web表示选择创建互联网图形；"默认RGB"表示创建色彩保真度高的打印机图形；"自定义"表示随意选择图形类型。

◆ **宽度/高度**：用于设置页面常规大小，默认规格为A4，其他常见规格有A3、B2、B4、信封和网页等。

◆ **纵向/横向按钮**：设置页面方向为纵向或横向。

◆ **度量单位**：在"宽度"数值框后的下拉列表框中可更改页面的度量单位。

◆ **页码数**：用于设置新文档的页数。

◆ **原色模式**：用于设置颜色的模式为RGB模式或CMYK模式，不同的模式会出现不同的填充、透明和混合方式。

◆ **渲染分辨率**：用于设置图形的清晰度，分辨率的值越大，图形越清晰。

◆ **预览模式**：选择图像在操作界面中的预览模式。预览模式包括简单线框、线框、草稿、常规、增强和像素6种。预览模式不会影响打印输出效果。

◆ **颜色设置**：单击"颜色设置"前的 按钮，在展开的列表中可设置颜色的预设文件和匹配类型。

技巧秒杀

如果不想显示"创建新文档"对话框并选择上次所用的设置来创建新文档，可以在对话框中选中 ☑不再显示此对话框(A)复选框。用户还可以通过选择"工具"/"选项"命令，然后在工作区类别列表中选择"常规"选项，选中☑显示"新建文档"对话框(S)复选框，在新建文档时恢复显示"创建新文档"对话框。

2. 新建模板文档

CorelDRAW X7提供了更为丰富的可调用的内置模板，对于软件新手而言，可以在这些模板上进行修改，以快速创建出美观且符合需要的文档。

实例操作： 新建名片模板文档

● 光盘\实例演示\第1章\新建名片模板文档

本例将使用"欢迎屏幕"的"立即开始"选项创建内置的"英国-运动俱乐部"名片模板文档，以掌握搜索并使用在线模板的方法。

Step 2 ▶ 启动CorelDRAW X7，在"欢迎屏幕"的"立即开始"选项下单击"从模板新建"超链接，打开"从模板新建"对话框，在"过滤器"列表的"查看方式"下拉列表框中选择"类型"选项，在其下选择"广告"选项，如图2-2所示。

图2-2　选择模板类型

Step 2 ▶ 在"模板"右侧的下拉列表框中选择"本地模板和在线模板"选项，在"模板"列表框中选择"英国-运动俱乐部"选项，单击 打开(O) 按钮返回工作界面即可查看效果，如图2-3所示。

图2-3　选择并查看模板

2.1.2 打开文档

用户不仅可以编辑新文档，还可以对电脑中已有的文件进行编辑，但在编辑之前，需要将其打开，下面介绍常用的几种打开文档的方法。

◆ **通过双击文件打开：** 双击CorelDRAW制作的文件即可自动启动CorelDRAW，并打开双击的文件。

◆ **通过"立即开始"选项打开：** 在欢迎屏幕的"立即开始"选项中的"最近文档"栏中将显示最近打开的文档，单击文档对应的超链接即可打开对应的文档。

◆ **通过"打开文件"对话框打开：** 选择"文件"/"打开"命令、按Ctrl+O组合键、在常用工具栏上单击"打开"按钮 等方式皆可打开"打开绘图"对话框，在其中选择需要打开的文档，如图2-4所示。单击 打开(O) 按钮即可打开文档，如图2-5所示。

图2-4　选择打开的文档

图2-5　查看文档

示，单击 ██ 按钮。

图2-7　裁剪导入的文件

若同时打开了文件所在的文件夹窗口和
CorelDRAW窗口，用户还可使用鼠标将文件图标
拖动至CorelDRAW窗口的标题栏上，释放鼠标左
键即可快速打开该文件。

2.1.3　在文档内导入其他文件

在文档制作过程中，为了制作的效果更加美观，
经常需要将其他格式的文件导入文档中进行编辑，
如.jpg、.png、.ai和.tif格式的文件。

实例操作：导入"森林女孩"文件

● 光盘\素材\第2章\森林女孩.png
● 光盘\实例演示\第2章\导入"森林女孩"文件

本例将使用"导入"对话框选择导入的文件，
并对选择的文件进行裁剪，最后再以定义的大小进
行导入。

Step 1 ▶ 选择"文件"/"导入"命令，打开"导
入"对话框，选择需要导入的文件，这里选择"森
林女孩.png"，如图2-6所示。

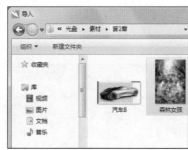

图2-6　选择导入的文件

技巧秒杀

在"导入"对话框中选择需要导入的文件后，若
直接单击 ██ 按钮将以原始区域导入文件。而选
择"裁剪并装入"选项可以将文件中有用的区域
导入到文档中。若导入文件的尺寸和分辨率不符
合当前文档的需要，还可在弹出的下拉列表中选
择"重新取样并装入"选项，打开"重新取样图
像"对话框，重新设置文件高度、宽度、单位和
分辨率。

Step 3 ▶ 返回操作界面，鼠标光标变为 █ 形状。在
需要放置文件的区域按住鼠标左键不放，拖动绘制
放置图片的虚线框，释放鼠标左键即可完成图片的
导入，如图2-8所示。

技巧秒杀

用户也可按Ctrl+I组合键，或在常用工具栏上单
击"导入"按钮 ██ 来打开"导入"对话框。在该
对话框中还可按Ctrl键选择多个文件进行导入。

Step 2 ▶ 单击 ██ 按钮右侧的下拉按钮 █，在弹出的
下拉列表中选择"裁剪并装入"选项，打开"裁剪
图像"对话框。拖动图的边框，将裁剪区域的值调
整为上235、宽度630、左35、高度789，如图2-7所

图2-8　导入文件

2.1.4 导出文件

制作完文档后，为了方便文件在其他软件中查看或使用，用户除了可将CorelDRAW文件导出为一些常见的文件格式外（如AI、GPG、PNG、GIF等），还可将其导出为Office、Web、HTML文件。

1. 导出为常用文件格式

导出为其他常用文件格式，主要用于文件在不同软件中的交互编辑以及在不同平台下使用，如实时打印、打印等。其方法为：选择"文件"/"导出"命令，或按Ctrl+E组合键打开"导出"对话框，在"保存类型"下拉列表框中选择要导出的文件格式，单击 导出 按钮即可。如图2-9所示为导出为JPEG文件。

图2-9 导出文件

2. 导出为Office、Web、HTML文件

选择"文件"/"导出为"命令，在弹出的子菜单中提供了3种子命令，即Office、Web、HTML（网页文件）命令，选择不同的命令，可将CorelDRAW文件导出为满足其需求的文件。如选择"文件"/"导出为"/HTML命令，将打开"导出到HTML"对话框，设置导出的位置与范围，依次单击 确定 按钮将其导出，如图2-10所示。导出完成后，在导出的位置选择并双击导出的网页文件，可打开导出文件，如图2-11所示。

图2-10 导出网页文件

图2-11 查看网页文件效果

可以将CorelDRAW文件导出为无背景的图像吗？

在CorelDRAW中选择导出的对象，在导出对话框的文件类型下拉列表框中选择PNG（或PSD、TIFF等）透明文件格式。单击 导出 按钮，在打开的对话框中选中☑透明度复选框，依次单击 确定 按钮，如图2-12所示。

图2-12　导出为透明背景图片

2.1.5　保存文档

制作完文档后，为了避免文档丢失，应及时将文档保存到电脑的磁盘中。保存文档有以下几种常见情况。

◆ **首次保存文档**：选择"文件"/"保存"命令，或按Ctrl+S组合键打开如图2-13所示的"保存绘图"对话框。在其中设置文件名称、位置和类型，单击 保存 按钮将该文档保存到设置的位置。

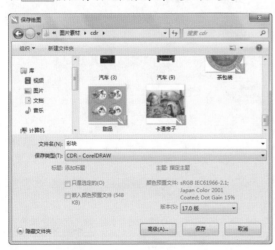

图2-13　"保存绘图"对话框

由于低版本软件不能打开高版本制作的文件，在保存文件时，用户可在"保存绘图"对话框的"版本"下拉列表框中选择较低的版本进行保存，便于在CorelDRAW低版本软件中也可打开该文件。

◆ **操作过程中保存文档**：该操作是在已保存文档的基础上进行，在制作复杂、耗时较长的文档时，为了避免断电等意外情况造成正在编辑的文档丢失，可常按Ctrl+S组合键或选择"文件"/"保存"命令来保存进行的编辑操作。

◆ **另存为文档**：选择"文件"/"另存为"命令，即可打开与首次保存相同的"保存绘图"对话框，设置不同的保存位置或名字，单击 保存 按钮即可将文档在不改变原文档的情况下保存为编辑后的作品。

◆ **保存为模板文档**：通过选择"文件"/"保存为模板"命令，可打开"保存绘图"对话框。与保存方法与另存为文档相似。不同的是，模板默认的保存位置为Templates文件夹，文件类型为CDT-CorelDRAW Template，单击 保存 按钮，即可打开"模板属性"对话框，设置模板的打印面、折叠、类型、行业和注释等属性后，单击 确定 按钮即可保存为模板文档，如图2-14所示。

图2-14　保存为模板文档

2.1.6 关闭文档

对文件进行保存后即可关闭编辑的图形文件，以便完成图形的编辑或进行下一次编辑。关闭暂时不需要编辑的图形文件还可节约内存空间，提高电脑的运行速度。关闭文档有以下两种常见的情况。

◆ **关闭当前文档**：当需要关闭多个文档中的某个文档时，需要先选择文档名标签，切换到需要关闭的文档窗口中，再在文档名标签后单击"关闭"按钮，或选择"文件"/"关闭"命令即可。

◆ **关闭所有文档**：选择"文件"/"全部关闭"命令，可同时关闭多个打开的文档。

若未对关闭的文档执行保存操作，将会打开如图2-15所示的提示用户是否保存文档的对话框。单击 取消 按钮将取消关闭操作；单击 否(N) 按钮将关闭不保存文档；单击 是(Y) 按钮将打开"保存绘图"对话框进行保存。

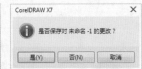

图2-15 关闭文档

2.2 控制页面显示

新建文档后，可能会对页面设置进行更改，如尺寸、方向、布局、标签和背景等，使其更合理地展示作品。当需要制作多页文档时，还需要涉及页面的添加、重命名、复制、切换和删除等系列操作，以控制页面显示。本节就将对页面的这些设置方法进行介绍。

2.2.1 更改页面设置

页面是指图形绘制和编辑的区域，也是用于打印输出的区域。页面设置是由设计作品的类型、大小等因素决定的，如名片、海报、信封、画册等。在使用"选择工具"未选择任何对象的状态下，在属性栏可以对页面大小、页面尺寸、页面方向和度量单位等进行简单的设置，如图2-16所示为更改页面大小。

若需对页面进行更多的设置，可选择"布局"/"页面设置"命令，在打开的"选项"对话框中进行设置。下面将对其常用设置选项进行介绍。

1. 设置页面尺寸

在"选项"对话框左侧展开"文档"/"页面尺寸"选项，在右侧可对页面大小、方向、宽度与高度等进行设置，如图2-17所示。

图2-16 通过属性栏更改页面大小

图2-17 设置页面尺寸

💬 知识解析："页面尺寸"设置面板 ……………•

◆ "从打印机获取尺寸"按钮：单击该按钮，可以使页面尺寸、方向和打印机设置一致。

◆ ☑ 只将大小应用到当前页面(O) 复选框：选中该复选框，当前设置只用于当前页面。

◆ ☑ 显示页边框(P) 复选框：选中该复选框，将启用显示页边框。

◆ 添加页框(A) 按钮：单击该按钮，将显示页边框。

◆ 出血：选中 ☑ 显示出血区域(L) 复选框，然后在"出血"数值框中输入数值，可以对出血进行限制。

❓ 答疑解惑：

设置"出血"有什么作用呢？

　　"出血"属于印刷术语，是指图形在页面显示为溢出状态，超出页边距的距离为出血，如图2-18所示。出血区域在打印装帧时可能会被裁剪，设置出血区域的目的在于确保打印装帧后的作品的页面不会出现留白现象。

图2-18　出血区域

2. 设置页面布局

　　在"选项"对话框左侧展开"文档"/"布局"选项，在右侧可对页面布局进行设置，包括设置页面布局尺寸、开页状态和起始位置等，如图2-19所示。

图2-19　设置页面布局

3. 设置标签样式

　　标签是指在页面上添加矩形标注框，在"选项"对话框左侧展开"文档"/"标签"选项，在右侧选中 ◉ 标签(L) 单选按钮，在其下的列表框中将显示丰富的标签样式，选择对应的标签样式后，右侧将可预览该标签的效果，如图2-20所示。

图2-20　设置标签样式

　　若标签样式中没有符合需要的标签，可单击 自定义标签(U)... 按钮，打开"自定义标签"对话框，在其中自定义标签的布局、标签尺寸、页边距、栏间距等参数，如图2-21所示。

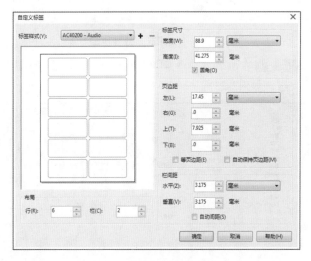

图2-21　自定义标签样式

4. 设置页面背景

　　为页面添加纯色或图片背景，是美化页面、突出效果的重要手段。其方法为：在"选项"对话框左侧展开"文档"/"背景"选项，在右侧设置需要的页面背景即可。

实例操作：为页面填充图片背景

- 光盘\素材\第2章\汽车.cdr、窗外.jpg
- 光盘\效果\第2章\汽车
- 光盘\实例演示\第2章\为页面填充图片背景

　　本例将通过"选项"对话框分别为素材文件的页面填充图片背景。

Step 1 ▶ 打开"汽车.cdr"图像，选择"布局"/"页面设置"命令，打开"选项"对话框，展开"文档"/"背景"选项，如图2-22所示。

图2-22　展开页面背景选项

Step 2 ▶ 在右侧选中 ⊙ 位图(B) 单选按钮，单击 浏览(W)... 按钮，如图2-23所示。

图2-23　使用位图填充页面

Step 3 ▶ 打开"导入"对话框，选择"窗外.jpg"

选项，单击 导入 按钮右侧的下拉按钮，在弹出的下拉列表中选择"裁剪并装入"选项，如图2-24所示。

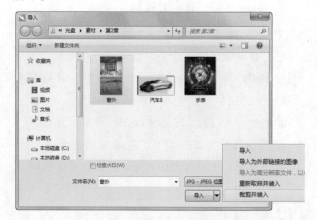

图2-24　裁剪并装入背景图

Step 4 ▶ 打开"裁剪图像"对话框，拖动图像上的边框，在"上"数值框中输入"1000"，按Enter键确认输入，依次单击 确定 按钮返回界面即可查看图片背景效果，如图2-25所示。选择"文件"/"保存"命令，保存并关闭该文档。

图2-25　裁剪填充页面的图片

💬 知识解析：**"背景"设置面板** ································●

- ◆ ⊙无背景(N) 单选按钮：选中该单选按钮，可删除已设置的纯色和图片背景。

- ◆ ⊙纯色(S) 单选按钮：选中该单选按钮，单击其右侧的下拉按钮，在弹出的下拉列表中可设置纯色背景，如图2-26所示为将背景设置为黑色。

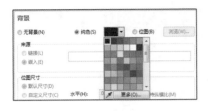

图2-26　纯色填充页面

◆ ⊙位图(B) 单选按钮：选中该单选按钮，可将位图设置为背景，且激活其后的来源与位图尺寸栏。

◆ ⊙链接(L) 单选按钮：选中该单选按钮后，图片将以链接的形式插入图片背景。若编辑源图像，所做的修改将自动反映在绘图中。这样可减小文件大小，但若源图像丢失，将不能在文件中正确显示链接的图片。

◆ ⊙嵌入(E) 单选按钮：选中该单选按钮，图像将嵌入并保存到文件中，与源文件无关。

◆ ⊙自定义尺寸(C) 单选按钮：选中该单选按钮，可在其后的"水平"和"垂直"数值框中设置位图的尺寸。

◆ ☑打印和导出背景(P) 复选框：选中该复选框后，设置的背景将随页面一起打印到纸张上。

2.2.2　编辑页面

要在同一文档中运用多页面，就需要插入页面。插入页面后，用户还可对插入的页面进行重命名、删除等操作，以便于页面的区分与简洁；当需要查看不同页面的内容时，还需要先切换到相应的页面中。下面将分别对这些页面的编辑方法进行介绍。

1. 插入页面

在CorelDRAW中，用户可以通过以下3种方法来快速插入页面。

◆ 通过菜单栏：选择"布局"/"插入页面"命令，打开"插入页面"对话框，在其中可对插入的页面数量、插入位置、页面方向以及页面大小进行设置。设置完成后单击[确定]按钮即可，如图2-27所示。

◆ 通过页面控制栏：在页面控制栏上单击页左侧的[⊞]按钮，可在当前页之前插入一个新页面；单击右侧的[⊞]按钮可在当前页之后插入一个新页面，

如　图2-28所示。

图2-27　"插入页面"对话框

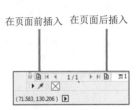

图2-28　页面控制栏

◆ 通过右键菜单：在页面控制栏的页面名称上单击鼠标右键，在弹出的快捷菜单中选择"在前面插入页码"或"在后面插入页码"命令插入新页面。如图2-29所示为在页面1后插入页面2的效果。

图2-29　在页面1后插入页面2

2. 再制页面

再制页面也就是插入与现有页面的设置或内容相同的页面。再制页面的方法有以下几种。

◆ 通过"再制页面"对话框：选择"布局"/"再制页面"命令，或在页面控制栏的页面名称上单击鼠标右键，在弹出的快捷菜单中选择"再制页面"命令，打开"再制页面"对话框，在其中设置再制位置与再制的范围，设置完成后单击[确定]按钮即可，如图2-30所示。

◆ 通过拖动鼠标：该方法需要在多个页面的文档中进行。在需要再制的页面标签上按住鼠标左键不放，按住Ctrl键的同时拖动鼠标光标至另一页面标签上后释放鼠标，如图2-31所示。

图2-30　"再制页面"对话框　　图2-31　拖动鼠标

在多页文档中，在页面标签上按住鼠标左键不放，直接拖动鼠标光标至指定页面标签的位置后释放鼠标，可调整页面的顺序。

3. 重命名页面

单击需要重命名页面的标签，将其设置为当前页，选择"布局"/"重命名页面"命令，或在页面控制栏的页面名称上单击鼠标右键，在弹出的快捷菜单中选择"重命名页面"命令，打开"重命名页面"对话框，在"页名"文本框中输入新的页面名称后单击 确定 按钮即可，如图2-32所示。

图2-32　重命名页面

4. 删除页面

删除一些多余的页面，可以使文档更加简洁，其方法为：在需要删除的页面标签上单击鼠标右键，在弹出的快捷菜单中选择"删除页面"命令。若选择"布局"/"删除页面"命令，在打开的"删除页面"对话框中可设置删除的页面。

5. 切换页面

单击页面控制栏中的 ◀ 按钮可切换到上一页；单击 ▶ 按钮可切换到下一页；单击 ◀ 按钮可定位到第一页；单击 ▶ 按钮可切换到最后一页；如果要切换到具体的某一个页面，可直接单击该页面的标签。

若文档中的页面过多，可通过"转到页"命令来定位到相应页面。其方法为：选择"布局"/"转到某页"命令，打开"定位页面"对话框，在"定位页数"数值框中输入需要查看页面的页数，然后单击 确定 按钮即可。

2.2.3　插入与设置页码

在制作一些宣传册等多页文档时，为了方便浏览与打印装订，需要为文档插入页码。其方法为：选择"布局"/"插入页码"命令，在弹出的子菜单中可设置插入页码的方式，如图2-33所示。

图2-33　插入页码的方式

知识解析：**"插入页码"子菜单**

◆ **位于活动图层**：将页码插入当前页面中，不会自动生成后续页码。

◆ **位于所有页**：将页码插入文档的所有页面中，会自动生成后续页码。当删除或移动页面后，页码会自动更新。

◆ **位于所有奇数页**：将页码插入文档的所有奇数页面中，会自动生成后续页码。

◆ **位于所有偶数页**：将页码插入文档的所有偶数页面中，会自动生成后续页码。

默认插入的页码可能会不符合一些特殊编辑需要，这时可在插入页码后，选择"布局"/"页码设置"命令，打开如图2-34所示的"页面设置"对话框，对起始编号、起始页和页码的样式进行设置。

 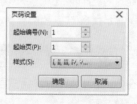

图2-34　"页面设置"对话框

知识解析：**"页面设置"对话框**

◆ **起始编号**：设置页码的开始数值，后面的数值将自动连续。

◆ **起始页**：设置开始插入页码的页，可以将中间的某页设置为起始页。

◆ **样式**：设置页码的样式。

2.3 查看对象

在CorelDRAW中可以根据不同的需求，对文档设置不同的显示模式和预览模式，也可以对视图进行缩放和平移等操作，以方便查看页面中对象的细节与全貌。此外，还可通过视图管理器来帮助查看页面中的对象。

2.3.1 更改对象显示模式

同一对象，不同的显示模式，会得到不同的显示效果。在菜单栏的"视图"命令中，提供了简单线框、线框、草稿、普通、增强、像素等显示模式，用户可根据实际需要进行选择，如图2-35所示为原图效果和选择简单线框显示模式后的效果。

图2-35　设置对象显示模式

💬知识解析：　"视图"命令 ·········

◆ 普通模式：该模式可以显示PostScript填充外的所有填充图形及高分辨率的位图，它既能保证图形的显示质量，又不影响刷新速度，其效果如图2-36所示。

◆ 简单线框模式：该模式只显示矢量图形的外框线，而位图呈灰度图显示。该模式不会显示图形中的填充、立体等效果，是显示图形图像速度最快的一种模式。

◆ 线框模式：该模式显示效果与简单线框模式类似，只显示单色位图图像、立体透视图、轮廓图和调和形状对象，其效果如图2-37所示。

> **技巧秒杀**
>
> 选择"布局"/"页面设置"命令，打开"选项"对话框，在左侧展开"文档"/"常规"选项，在右侧面板中也可对视图显示模式进行设置，设置完成后单击 确定 按钮即可。

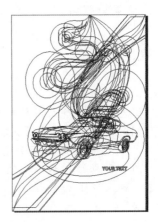

图2-36　普通模式　　　　　图2-37　线框模式

◆ 草稿模式：该模式可以显示标准填充和低分辨率位图，它将滤镜和渐变填充显示为纯色，若用户需要快速刷新复杂图像就可以使用该模式，其效果如图2-38所示。

◆ 增强模式：该模式以高分辨率显示图形对象，并使图像尽可能显示平滑，显示该模式时，会耗用更多的内存和时间，因此，该模式对电脑的性能要求较高，其效果如图2-39所示。

图2-38　草稿模式　　　　　图2-39　增强模式

◆ 像素模式：该模式以位图的效果对矢量图进行预览，放大后，可以看见出现的像素点，方便用户了解图像在输出为位图文件后的效果，提高图形编辑的准确性。

◆ **模拟叠印**：选择该命令可以直接预览叠印效果。

◆ **光栅化复合效果**：选择该命令将会将图片分隔成小像素块，可以和光栅插件配合使用。

◆ **校样颜色**：选择该命令可模拟图像在商用印刷机上的效果。

❓答疑解惑：

什么是"叠印"和"光栅化"呢？

叠印也叫压印，是一种印刷术语。一般是指色块或线条在下层对象上不镂空，这样在印刷时就不会因为套准原因而出现漏白现象。

光栅化是指将矢量图转换成像素图（位图），转换前后图形的颜色、复合效果会有一些或大或小的差别。

2.3.2 使用缩放工具

在查看图形对象过程中，滚动鼠标滚轮可放大或缩小鼠标光标所在的区域。如图2-40所示为放大蘑菇房上的烟囱部分的效果。

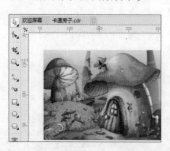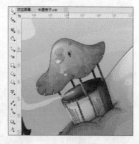

图2-40 放大烟囱

为了得到更佳的缩放效果，用户可使用缩放工具来查看图形的整体效果和细节效果。单击工具箱中的"缩放工具"按钮，或按Z键，当鼠标光标变为形状时，单击需要放大的区域即可。若要缩小图形区域，可按Shift键的同时单击。

选择缩放工具后，在其属性栏中提供了放大、缩小、缩放选定对象、缩放全部对象、显示页面、按页宽显示和按页高显示等多种显示功能，如图2-41所示，选择对象选项或单击相应的按钮，可实现不同的缩放效果。

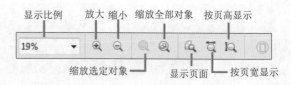

图2-41 缩放工具属性栏

💬**知识解析：缩放工具属性栏**

◆ **显示比例**：在"缩放级别"下拉列表框中可以调整画面的显示比例。在常用属性栏中的"缩放级别"下拉列表框与该处的下拉列表框的作用一致。

◆ **放大/缩小**：单击"放大"按钮，可放大图像；单击"缩小"按钮，可缩小图像。

◆ **缩放选定对象**：选择某对象后，单击该按钮或按Shift+F2组合键可缩放选择的对象。

◆ **缩放全部对象**：单击该按钮或按F4键可缩放页面中的所有对象。

◆ **显示页面**：单击该按钮或按Shift+F4组合键，可以使当前的显示级别适应页面的大小。

◆ **按页宽显示**：单击该按钮，可以调整当前的缩放级别，使页面宽度适应窗口的绘图区，如图2-42所示。

◆ **按页高显示**：单击该按钮，可以调整当前的缩放级别，使页面高度适应窗口的绘图区，如图2-43所示。

图2-42 按页宽显示　　　图2-43 按页高显示

2.3.3 使用平移工具

当放大图像后，会发现图像显示不全，使用平移工具可以在工作区内拖动鼠标查看图像未显示出的区域。使用该功能需要先按H键或单击工具箱中的"平移工具"按钮⊙，当鼠标光标变为🖐状态时，按住鼠标左键不放进行拖动，会发现画面正在移动，拖动至合适的区域后释放鼠标左键即可。如图2-44所示为完整画面、平移前和平移后的画面。

图2-44　平移画面

2.3.4 更改预览模式

在CorelDRAW X7的"视图"菜单中提供了多种文件预览方式。选择不同的预览方式将得到不同的效果。

◆ **全屏预览**：选择该种方式可以将绘图区域中的对象全屏显示。全屏显示时，菜单和工具栏等都将隐藏，只显示页面中的对象。同时，按F9键也可进入全屏显示状态。

◆ **只预览选定的对象**：选择该种方式，可以只全屏预览当前所选择的对象，如图2-45所示为预览人物对象的效果。

图2-45　只预览选定的对象

◆ **页面排序器视图**：选择该种方式，可以将在CorelDRAW X7中编辑的多个页面以平铺的方式显示出来，方便在书籍、画册编排时进行查看和

调整，如图2-46所示。

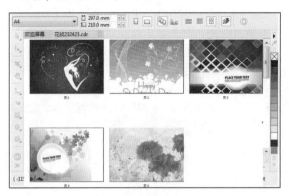

图2-46　页面排序器视图

2.3.5 使用视图管理器

选择"视图"/"视图管理器"命令，可打开"视图管理器"泊坞窗，单击该泊坞窗的名称将展开泊坞窗，在其中可进行添加、删除、重命名等视图操作，如图2-47所示。

图2-47　"视图管理器"泊坞窗

💬知识解析：　**"视图管理器"泊坞窗** ··················●

◆ **缩放按钮**：在"视图管理器"泊坞窗上面有一排缩放按钮，其用法与缩放工具属性栏一样。不同的是🔍按钮用于缩放一次图像，即单击该按钮后，可在页面中单击缩放一次图像。

◆ **"添加当前视图"按钮➕**：单击该按钮可将当前页面的视图样式（页面与缩放级别）等添加到泊坞窗中，选择泊坞窗中的视图样式即可切换到其视图中。

◆ **"删除当前视图"按钮➖**：选择泊坞窗中的视图

样式，单击该按钮可将其删除。

◆ 图标：单击该图标，呈灰色状态显示时，表示为禁用状态，即只显示缩放级别，不切换页面。

◆ 图标：单击该图标，呈灰色状态显示时，表示为禁用状态，即只显示页面不显示缩放级别。

2.4 辅助工具的设置

在绘制图形的过程中，用户可以使用一些辅助工具，如标尺、网格和辅助线来帮助定位图形的位置以及确定图形的大小，并可以根据需要对辅助工具进行设置。恰当地使用这些辅助工具可提高绘图的精确度和工作效率。

2.4.1 使用标尺

标尺是一个测量工具，可以帮助用户精确绘图，测量图形对象在水平方向和垂直方向上的位置和尺寸。在CorelDRAW X7中，标尺分为水平标尺和垂直标尺。

为了方便操作，用户可以根据需要将标尺进行隐藏或显示，其方法为：在菜单栏中选择“视图”命令，在弹出的菜单中的“标尺”命令前有✓标记，即为显示标尺，选择该命令后标记消失即为隐藏标尺，再次选择该命令，✓标记又会出现。

1. 设置标尺

标尺的单位、微调值等并不是默认不变的，用户可选择“工具”/“选项”命令，打开“选项”对话框，在该对话框的左侧展开“辅助线”/“标尺”选项，在右侧的界面中进行设置即可，如图2-48所示。

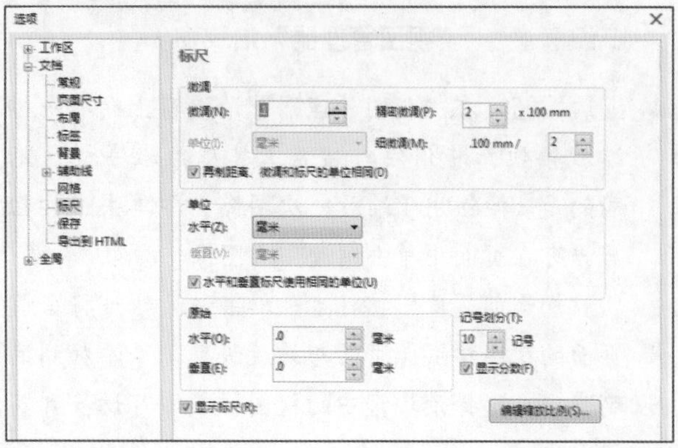

图2-48 设置标尺

知识解析：标尺选项介绍

◆ 单位：设置标尺的单位。

◆ 原始：标尺原点指标尺的横纵坐标刻度为0的交叉点。在“水平”和“垂直”文本框中输入数值，可确定原点的位置。

技巧秒杀

用户还可将鼠标光标移至标尺左上角的“横纵标尺交叉点”图标上，按住鼠标左键不放，拖至绘图窗口中，这时界面将出现垂直相交的虚线。拖动至需要的位置后释放鼠标，这时原点将会被设置到此位置，如图2-49所示。

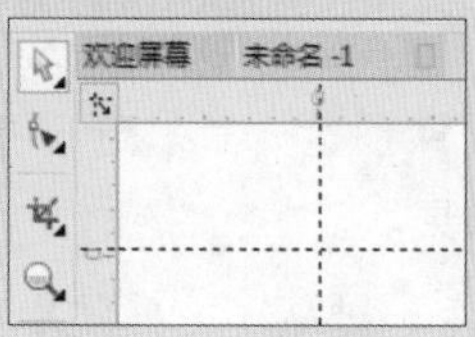

图2-49 设置原点

◆ 记号划分：输入数值可以设置标尺的刻度记号，范围最大为20，最小为2。

◆ 编辑缩放比例：单击 编辑缩放比例(S)... 按钮，将打开“绘图比例”对话框，在“典型比例”下拉列表框中可选择不同的比例选项，如图2-50所示。

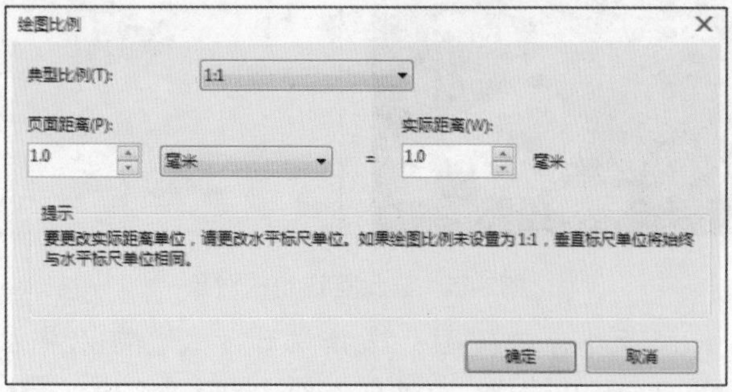

图2-50 设置绘图比例

2. 移动标尺

用户不仅可以设置标尺的刻度原点，还可以根据测量的需要调整标尺的位置。其方法为：将鼠标光标移至标尺左上角的"横纵标尺交叉点"图标 上，按住Shift键的同时拖动鼠标，即可移动整个标尺的位置，也可按住Shift键的同时，将鼠标光标移至横向或纵向标尺上，单独移动横向或纵向标尺，如图2-51所示。

图2-51　移动标尺

2.4.2　使用辅助线

辅助线是配合标尺使用的，通过辅助线可以定位对象。辅助线可拖动到绘图窗口的任意位置，并且能对其进行旋转、微调、复制和删除等操作。辅助线在进行文件导出或打印输出时，不会显示出来，但会同文件一起保存。

1. 通过鼠标设置辅助线

将鼠标光标移动到水平或垂直标尺上，然后按住鼠标左键进行拖动，即可创建水平或垂直辅助线。若要创建倾斜辅助线，可在选择的辅助线上单击，将鼠标光标移至辅助线的 图标上，拖动鼠标移动该旋转基点到合适位置，再将鼠标光标移至辅助线两端的 图标上，按住鼠标左键进行拖动，即可旋转辅助线，以创建倾斜辅助线，如图2-52所示。

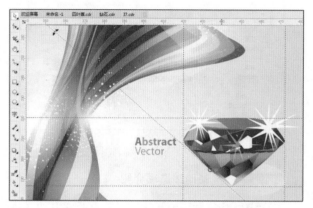

图2-52　创建倾斜辅助线

创建辅助线后，用户可根据需要对辅助线进行管理，如对辅助线进行选择、移动、复制和删除等操作，分别介绍如下。

◆ **选择辅助线：** 在工具箱中单击"选择工具"按钮 ，单击可选择单条辅助线，选择的辅助线呈红色。按Ctrl+A组合键或选择"编辑"/"全选"/"辅助线"命令，可选择全部辅助线。

◆ **移动辅助线：** 将鼠标光标移至选择的辅助线上，按住鼠标左键进行拖动，可移动辅助线。

◆ **复制辅助线：** 将鼠标光标移至辅助线上，按住鼠标右键并拖动移至合适位置后，释放鼠标将会弹出快捷菜单，选择"复制"命令，即完成复制。

◆ **删除辅助线：** 选择不需要的辅助线，再按Delete键即可。

◆ **锁定与解锁辅助线：** 将鼠标光标对准需要锁定的辅助线，单击鼠标右键，在弹出的快捷菜单中选择"锁定对象"命令即可锁定该辅助线，锁定后将不能对它执行移动、删除等操作。若需要对该辅助线操作，需要对其解锁，其方法为：单击鼠标右键，在弹出的快捷菜单中选择"解锁对象"命令即可。

2. 通过"选项"对话框设置

选择"工具"/"选项"命令，在打开的对话框中展开"文档"/"辅助线"选项，可对辅助线进行添加与编辑，如图2-53所示。

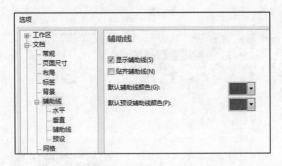

图2-53　"选项"对话框

💬 知识解析：**辅助线选项介绍**

◆ ☑显示辅助线(S)复选框：选中该复选框将在页面显示辅助线，否则将隐藏辅助线。

◆ ☑贴齐辅助线(N)复选框：选中该复选框，在移动对象时，对象将吸附依靠辅助线。

◆ **默认辅助线颜色**：在该下拉列表框中可更改辅助线的颜色。

◆ **默认预设辅助线颜色**：在该下拉列表框中可以对预设辅助线的颜色进行更改。

◆ **水平辅助线**：展开"辅助线"/"水平"选项，可设置水平辅助线的位置，单击 添加 按钮可创建辅助线，如图2-54所示，此外单击右侧相应按钮可执行移动、删除或清除等操作。

◆ **垂直辅助线**：展开"辅助线"/"垂直"选项，可编辑垂直辅助线，如图2-55所示。

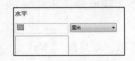

图2-54　水平辅助线　　　图2-55　垂直辅助线

◆ **角度辅助线**：展开"辅助线"/"辅助线"选项，可设置角度辅助线，如图2-56所示。在"指定"下拉列表中提供了"2点""角度和1点"两种方式。其中，"2点"指x、y轴上的两点，分别输入两点坐标值可精确定位；"角度和1点"指某一点和某角度，可以分别输入一点的坐标值和角度值精确定位。

◆ **预设**：展开"辅助线"/"预设"选项，选中对应的Corel预设的辅助线前的复选框，单击 应用预设(A) 按钮可设置一厘米页边距、出血区域和页边框等，用户也可选中 ⊙ 用户定义预设(U) 单选按钮自定义页边距、栏和网格，如图2-57所示。

图2-56　角度辅助线　　图2-57　预设辅助线

3. 通过"辅助线"泊坞窗设置

在"辅助线"泊坞窗中不仅可创建精确的辅助线，而且可快速设置辅助线的样式和颜色，查看辅助线的具体信息。选择"窗口"/"泊坞窗"/"辅助线"命令，即可打开如图2-58所示的"辅助线"泊坞窗。

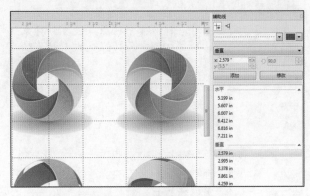

图2-58　"辅助线"泊坞窗

💬知识解析：**"辅助线"泊坞窗** ·············

◆ **"显示或隐藏辅助线"按钮**：单击该按钮可显示或隐藏辅助线。

◆ **"贴齐辅助线"按钮**：单击该按钮可使对象吸附依靠辅助线。

◆ **"辅助线样式"下拉列表框**：用于设置辅助线虚线的样式。

◆ **"辅助线颜色"下拉列表框**：用于设置辅助线的颜色。

◆ **"辅助线类型"下拉列表框**：用于设置创建辅助线的类型。在其下的x、y和"角度"数值框中输入精确的值，单击 添加 按钮可创建辅助线。在下面将显示创建的所有辅助线信息。

2.4.3 使用网格

　　网格是由分布均匀的水平和垂直线组成，可以提高绘图的精确度。默认情况下，CorelDRAW没有显示网格，根据需要可选择"视图"/"网格"命令，在弹出的子菜单中选择对应命令将其显示出来，再次选择该命令可以隐藏网格。

　　通过设置水平与垂直网格显示密度和显示状态，可以使图像定位更加精确。其方法为：选择"工具"/"选项"命令，打开"选项"对话框，在该对话框左侧展开"文档"/"网格"选项，可设置网格线的间距、显示方式、颜色和透明度等，如图2-59所示。

图2-59　设置网格

💬知识解析：**网格设置选项** ·············

◆ **"水平"/"垂直"数值框**：在其中可输入文档网格的间隔或网格线数值。

◆ **☑显示网格(W) 复选框**：选中该复选框将在页面显示网格，否则将隐藏网格。

◆ **☑贴齐网格(N) 复选框**：选中该复选框，在移动对象时，对象将吸附依靠网格线。

◆ **⦿将网格显示为线(L) 单选按钮**：选中该单选按钮后可将网格设置为网格线显示，如图2-60所示。

◆ **⦿将网格显示为点(D) 单选按钮**：选中该单选按钮后可将网格设置为网点显示，如图2-61所示。

图2-60　网格线显示　　　　图2-61　网点显示

◆ **"间距"数值框**：用于设置文档网格的网格间距。

◆ **"颜色"下拉列表框**：用于设置网格的颜色。

◆ **"从顶部开始"数值框**：用于设置基线网格的开始位置。

◆ **"透明度"数值框**：可设置像素网格的不透明度。该效果需要在标尺的测量单位为"像素"或启用了"像素"视图模式的情况下才能设置。

2.4.4 自动贴齐对象

　　移动和绘制对象时，开启自动贴齐功能后，在拖动一个对象的边缘到另一个对象边缘时就会自动贴近。选择"视图"/"贴齐"命令，在弹出的子菜单中提供了贴齐像素、贴齐文档网格、贴齐基线网格、贴齐辅助线、贴齐对象和贴齐页面6种贴齐方式，如图2-62所示。选择对应的命令可开启或关闭对应的贴齐功能。

图2-62　贴齐辅助线

若要对贴齐对象的相关参数进行设置，可选择"工具"/"选项"命令，打开"选项"对话框，在其中展开"工作区"/"贴齐对象"选项，对贴齐单位、模式等进行相应的设置，如图2-63所示。

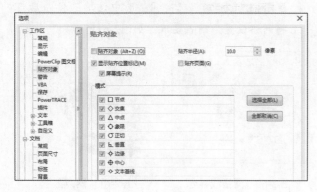

图2-63　贴齐对象

💬知识解析：贴齐模式

◆ 节点：与对象上的节点贴齐。

◆ 交集：与对象的几何交叉点贴齐。

◆ 中点：与线段中点贴齐。

◆ 象限：允许与圆形、椭圆或弧形上位于0°、90°、180°和270°的点对齐。

◆ 正切：与圆弧、圆或椭圆外边缘上的某个切点贴齐。

◆ 垂直：与线段外边缘上的某个垂点贴齐。

◆ 边缘：与对象边缘接触的点贴齐。

◆ 中心：与最近对象的中心贴齐。

◆ 文本基线：与美术字或段落文本基线上的点贴齐。

技巧秒杀

使用贴齐功能虽然可以自动定位对象，但开启的贴齐功能太多，会降低软件的运行速度，因此，建议用户禁用一些贴齐模式。

2.5 打印输出

作品完成制作后，还可以将其输出到纸张上或送到印刷厂进行批量印刷。为了在纸张上得到更为满意的输出效果，用户需要掌握一些打印知识和打印设置方法，如对打印的范围、份数、布局和颜色等进行设置。下面分别进行讲解。

2.5.1 印刷技术与工艺

完整的印刷加工流程，通常分为印前、印中、印后3个阶段。掌握印刷的一些技术与工艺，不仅有助于提高自己的专业水平，而且会减少因不了解印刷过程而带来的麻烦。

1. 分色印刷

不同的印刷方式也将直接影响作品输出的效果。常见的印刷方式有单色印刷、套色印刷、专色印刷、双色印刷和四色印刷，分别介绍如下。

◆ 单色印刷：单色印刷使用黑色进行印刷，成本最低。根据浓度的不同可以显示出黑色或黑色到白色之间的灰色，常用于印刷较简单的宣传单和单色教材等。

◆ 套色印刷：套色是在单色印刷的基础上再印上CMYK中任意一种颜色，如最常见的报纸广告中的套红就是在单色印刷的基础上套印洋红色，这种印刷方式的成本较低。

◆ 专色印刷：专色印刷是指使用CMYK中的油墨（通常指金色或银色）来复制原稿颜色的印刷工艺。包装印刷中经常采用专色印刷工艺印刷大面积底色，如图2-64所示。如金色或银色就是使用金墨和银墨来处理的。

图2-64　专色印刷

◆ **双色印刷**：双色印刷即使用两种颜色进行印刷，成本较单色印刷高，通常用CMYK模式中的任意两种颜色进行印刷。

◆ **四色印刷**：是指按照四色（CMYK：黑色、青色、黄色和洋红色）叠印而成，如图2-65所示。四色印刷效果最好，但成本也较高，常用于印刷宣传画、全彩杂志和书籍等。

图2-65　四色印刷

？答疑解惑：

作品可否同时使用四色印刷和专色印刷？

若作品的画面中既有彩色层次画面，又有大面积底色，则彩色层次画面部分就可以采用四色印刷，而大面积底色可采用专色印刷。其好处是：四色印刷部分通过控制实际密度，还原画面，底色部分通过适当加大墨量以获得墨色均匀厚实的视觉效果。这种方法在高档包装产品和邮票的印刷生产中经常采用，但是由于色数增加，也使得印刷制版的成本增加。

2. 分色

分色是一个印刷专业名词，指的就是将原稿上的各种颜色分解为黄、品红、青、黑4种原色颜色；在电脑印刷设计或平面设计图像类软件中，分色工作就是将扫描图像或其他来源的图像的色彩模式转换为CMYK模式，如图2-66所示。因为，一般扫描图像为RGB模式，用数码相机拍摄的图像也为RGB模式，从网上下载图片也大多是RGB色彩模式的。转换为CMYK模式后，图像在输出菲林时就会按颜色的通道（C、M、Y、K）数据生成网点，并分成黄、品红、青、黑四张分色菲林片。

图2-66　分色

？答疑解惑：

什么是菲林？

菲林又称胶片，现在一般是指胶卷，也可以指印刷制版中的底片。类似于一张相应颜色色阶关系的黑白底片。一张菲林片只代表一种颜色，若印刷彩色图像，最少要有4张菲林片，代表了C、M、Y、K这4个颜色。

技巧秒杀

RGB模式图像的色域比CMYK模式图像的色域大，将RGB模式的图像转换为CMYK模式时，可能会超出CMYK模式表达的色彩范围，只能用一些相近的颜色来替代。因此，在制作需要打印输出的作品时，最好先将文件设置为CMYK模式，以避免在分色时造成颜色偏差。

3. 四大印刷类型

印刷可分为平板印刷、凹版印刷、凸版印刷和丝网印刷4种方式，下面分别进行介绍。

◆ **平板印刷**：是目前应用最广泛的印刷方式。平版印刷是利用水、油相斥的原理，使图文部分沾油墨不沾水，空白部分沾水而不沾油墨，在压力作用下双面平版印刷机使着墨部分的油墨转移到印刷物表面，从而完成印刷过程。平板印刷具有吸墨均匀、色调柔和、色彩丰富等特点，常用于宣传单、海报、书刊杂志、画册、日历等印刷。如图2-67所示为平面印刷机与印刷物。

图2-67　平板印刷

◆ **凹版印刷**：凹版印刷是由一个个与原稿图文相对应的凹坑与印版的表面所组成的，通过将凹版凹坑中所含的油墨直接压印到承印物上，完成印刷。凹版印刷具有印刷量大、色彩表现好、色调层次高、不宜仿制的特点，用于宣传单、海报、书刊杂志、画册、礼券等印刷，如图2-68所示。

◆ **凸版印刷**：与凹版印刷相反，是把文字或图像雕刻在木板等物体上，别除非图文部分，使图文凸出，然后涂墨，覆纸刷印。凸版印刷色彩鲜艳、亮度高、清晰，主要用于名片、信封、贺卡和单色书刊等印刷，凸版印刷效果如图2-69所示。

图2-68　凹版印刷　　　　图2-69　凸版印刷

◆ **丝网印刷**：印刷时通过刮板的挤压，使油墨通过

图文部分的网孔转移到承印物上，形成与原稿一样的图文。丝网印刷油墨浓厚、色彩鲜艳，常用于彩色油画、招贴画、名片、装帧封面、商品标牌以及印染纺织品等的印刷，如图2-70所示。

图2-70　丝网印刷

4. 印刷处理工艺

在实际印刷过程中，还需要掌握一些印刷处理的工艺，使输出的作品效果更佳，下面分别对常见的印刷处理进行介绍。

◆ **套印**：指多色版印刷时要求各色版图案印刷时重叠套印。

◆ **陷印**：也叫补漏白，又称为扩缩，主要是为了弥补因印刷套印不准而造成两个相邻的不同颜色之间的漏白。

◆ **叠印和压印**：叠印和压印是一个意思，指一个色块与另一色块衔接处要有一定的交错叠加，以避免印刷时露出白边，所以也叫补露白叠印。不过印刷时特别要注意黑色文字在彩色图像上的叠印，不要将黑色文字底下的图案镂空，否则印刷套印不准时黑色文字会露出白边。

5. 印后装饰工艺

印刷完成后，为了使作品更加精美、耐磨，可使用一些印后装饰工艺，如烫金、压凸等，下面分别进行介绍。

◆ **烫金**：烫金是一种印刷装饰工艺。烫金工艺是利用热压转移的原理，将电化铝中的铝层转印到承印物表面以形成特殊的金属效果，因烫金使用的主要材料是电化铝箔，因此，烫金也叫电化铝烫印。烫金具有图案清晰、美观、色彩鲜艳夺目、耐磨、耐气候等特点。在平面设计上烫金，可以起到画龙点睛、突出设计主题的作用。常用的有图书封面、礼品盒、贺卡、请柬、笔的烫金等，烫金效果如图2-71所示。

图2-71　烫金

◆ 压凸：压凸效果与凸版印刷、凹版印刷效果相似，但不用印刷油墨。压凸时采用一组图文阴阳对应的凹模版和凸模版，将承印物置于其间，通过施加较大的压力压出浮雕状凹凸图文。压凸工艺主要用于商标、烟包、纸盒、贺年卡、瓶签等的装潢，增强了印刷品的立体感和艺术感染力。压凸效果如图2-72所示。

图2-72　压凸

6. 印刷纸张种类与规格

纸张是重要的打印介质之一，纸张材质和厚度皆影响着作品输出的效果。与平面设计密切相关的是印刷用纸。印刷用纸根据纸张的性能和特点又分为不同的种类，其中较常见的有新闻纸、凸版纸、铜版纸、凹版印刷纸、白板纸、特种纸和合成纸。在印刷文件时，需要根据文件选择合适的纸张规格。下面对常用的纸张规格进行介绍。

◆ 名片：横版（90mm×55mm方角、85mm×54mm圆角）；竖版（50mm×90mm方角、54mm×85mm圆角、方版90mm×90mm/90mm×95mm）。

◆ IC卡：85mm×54mm。

◆ 三折页广告：标准尺寸（A4）210mm×285mm。

◆ 普通宣传册：（A4）210mm×285mm。

◆ 文件封套：220mm×305mm。

◆ 招贴画：540mm×380mm。

◆ 挂旗：8开，376mm×265mm；4开，540mm×380mm。

◆ 手提袋：400mm×285mm×80mm。

？答疑解惑：

印刷纸张的常见形式有哪些？

印刷用的纸张按形式可以分为平板纸和卷筒纸。其中，平板纸适用于一般的打印机；卷筒纸一般用于高速轮转印刷机。

2.5.2　打印设置

为了使打印的作品符合打印页面的要求，需要对打印的一些参数进行设置，以得到更好的打印效果。

实例操作：设置打印参数

● 光盘\实例演示\第2章\设置打印参数

本例将通过"打印"对话框，对打印机、页面方向、份数等打印参数进行设置。

Step 1▶ 打开需要打印的文档，选择"文件"/"打印"命令，打开"打印"对话框，默认选择"常规"选项卡，在其中选择合适的打印机，设置页面方向、打印范围、副本数量等，如图2-73所示。

图2-73　设置常规打印参数

Step 2 ▶ 单击 首选项(P)... 按钮，打开打印机属性对话框，默认选择"布局"选项卡，在其中可对打印机的纸张方向、页序、每张纸打印的页数、边框进行设置，选择"纸张/质量"选项卡，在其中可对纸张来源、打印的颜色进行设置，如图2-74所示。设置完成后依次单击 确定 按钮。

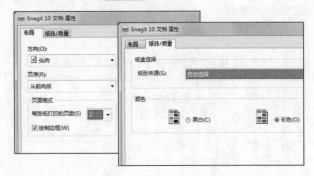

图2-74 设置打印首选项

💬知识解析：**打印参数设置** •••••••••••••••••••••

◆ "打印机"下拉列表框：单击其下拉按钮，在弹出的下拉列表中可选择与本台电脑相连的打印机。

◆ ◉当前文档(R) 单选按钮：该单选按钮为默认选项，表示打印当前激活的文件。

◆ ◉文档(D) 单选按钮：选中该单选按钮，将列出绘图窗口中打开的所有文件，用户可从中选择需要打印的文件。

◆ ◉当前页(U)单选按钮：表示只打印当前页面。

◆ ◉选定内容(S) 单选按钮：表示只打印所选取区域内的图形。

◆ ◉页(G)：单选按钮：该单选按钮只有在创建两个以上的页面时才可用。用户可在其文本框中输入页面的打印范围，也可在下方的列表框中选择打印单数页或双数页。

◆ "份数"数值框：在"份数"数值框中可以设置打印的份数。

◆ "打印类型"下拉列表框：单击其下拉按钮，在弹出的下拉列表中可选择打印的类型。

◆ "页序"下拉列表框：用于设置打印的顺序。

◆ "每张纸打印的页数"下拉列表框：设置在一张纸上打印多页。

2.5.3 打印预览

在设置好打印参数后，不必急着打印，可先对打印效果进行预览，预览无误后再进行打印，以免浪费纸张。在"打印"对话框中单击 打印预览(W) 按钮或选择"文件"/"打印预览"命令，皆可打开如图2-75所示的"打印预览"窗口。在"打印预览"窗口中间显示的即为预览图像。

图2-75 打印预览

💬知识解析：**打印预览设置** •••••••••••••••••••••

◆ "打印样式"下拉列表框：在该下拉列表框中可选择自定义打印样式，或导入预设文件。

◆ "图像在页面位置"下拉列表框：在该下拉列表框中可选择图像位于页面中心、顶端或左侧等。

◆ "保存打印样式"按钮╋：单击该按钮，可将该打印样式存储为预设。

◆ "删除打印样式"按钮━：单击该按钮，可删除当前选择的打印预设。

◆ "打印选项"按钮：单击该按钮，可重新对打印参数进行设置。

◆ "缩放"下拉列表框：在该下拉列表框中可选择图像的缩放级别。

◆ "全屏"按钮：单击该按钮，可全屏预览打印页面。

◆ "启用分色"按钮：单击该按钮，可将原稿上的颜色分解为黄、洋红、青和黑4种原色，在预览窗口底部可切换预览效果，如图2-76所示。

图2-76　分色预览

◆ "反显"按钮：单击该按钮，可查看当前图像颜色反向的效果，如图2-77所示。

图2-77　查看图像颜色反向的效果

◆ "镜像"按钮：单击该按钮，可查看当前图像的水平镜像效果，如图2-78所示。

图2-78　图像水平镜像效果

◆ "关闭打印预览"按钮：单击该按钮，将关闭打印预览窗口，返回操作界面。

◆ "选择"按钮：在预览图像上单击该按钮，并按住鼠标不放拖动，即可移动整个预览图像在页面中的位置。

◆ "版面布局"按钮：单击该按钮，可在"预折版面"下拉列表框中选择预设的版面。如图2-79所示为选择"三折小册子"后的版面效果。

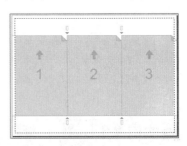

图2-79　版面布局

◆ "标记放置"按钮：单击该按钮，在打开的属性栏中可给打印作业添加打印标记。

◆ "缩放"按钮：与操作界面中的缩放操作一样。单击该按钮，单击鼠标左键可以放大视图，按住Shift键的同时单击鼠标左键，可缩小视图。

2.5.4　打印输出

通过打印设置并预览后，若不需要再修改打印参数，可在预览窗口中单击"打印"按钮或选择"文件"/"打印"命令，直接打印文档。

技巧秒杀

在"打印"对话框中也可直接预览打印效果，单击 打印预览(W) 按钮右侧的按钮，即可展开预览窗口，预览无误后，在对话框中直接单击 打印 按钮也可实现打印操作，如图2-80所示。

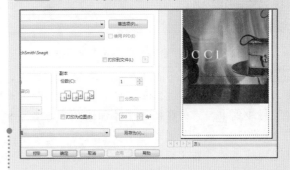

图2-80　在"打印"对话框中预览打印效果

2.5.5 合并打印

在日常文字处理工作中常常需要打印一些格式相同而内容不同的东西，例如信封、名片、明信片、请柬等，如果分别编辑打印，数量大时操作会非常繁琐。用户可以利用合并打印功能来组合文本与绘图，实现快速打印。

1. 创建并装入合并域

使用合并打印之前，首先需要创建并装入合并域。

实例操作：创建并装入合并域

● 光盘\实例演示\第2章\创建并装入合并域

合并域是指文档中结构相同的部分，下面创建并装入入场号、姓名与地点的合并域，并设置数字域的编号格式和保存路径。

Step 1 ▶ 打开需要合并打印的文档，选择"文件"/"合并打印"/"创建/装入合并域"命令，打开"合并打印向导"对话框，选中 ● 创建新文本 单选按钮，如图2-81所示。

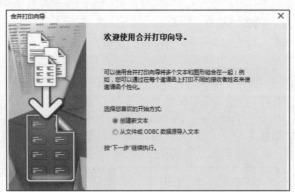

图2-81 打开"合并打印向导"对话框

Step 2 ▶ 单击 下一步(N)> 按钮，进入"添加域"页面，输入"入场号"，单击 添加(A) 按钮将其添加到"域名"列表框中，用同样的方法添加域名"姓名"和"地点"到"域名"列表框中。在列表中选择数字类型的域名称，在"编号格式"下拉列表框中选择"0X"选项，选中 ☑ 持续增加数据域(C) 复选框，在"起始

值"数值框中输入"1"，如图2-82所示。

图2-82 进入"添加域"页面

技巧秒杀

若在"文本"文本框中输入数据，则添加的域类型为文本，若在"数字域"文本框中输入数据，则添加的域类型为数据，选择相应的域名选项，单击右侧的按钮可执行删除、重命名、上移或下移等操作。

Step 3 ▶ 单击 下一步(N)> 按钮，进入"添加或编辑记录"页面，在下方的数据记录表中为创建的各个域输入具体内容。单击 新建(E) 按钮，创建新的记录条目并添加需要的信息内容，如图2-83所示。

图2-83 进入"添加或编辑记录"页面

Step 4 ▶ 单击 下一步(N)> 按钮，进入"保存"页面，选中 ☑ 数据设置另存为：复选框，单击 按钮，在打开的"另存为"对话框中选择数据文件的保存位置为G盘，单击 保存(S) 按钮返回"合并打印向导"对话框，如图2-84所示。单击 完成 按钮，打开"合并打印"对话框，可以通过在其中的功能按钮执行相应的操作。

图2-84 保存合并域

2. 执行合并

在执行合并打印前需要将"域"插入到页面中，打开"合并打印"对话框，从下拉列表框中选择一个域名称，然后单击 插入 按钮即可插入，如图2-85所示。

图2-85 插入合并域

插入合并域后，在"合并打印"对话框中单击 执行合并打印 按钮，将打开"执行合并"对话框，在其中用户可以选择执行合并打印或打印为模板，如图2-86所示。单击 确定 按钮进行打印后，将得到如图2-87所示的效果。

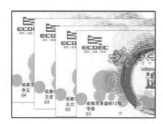

图2-86 "执行合并"对话框　　图2-87 合并打印效果

技巧秒杀

创建/装入合并域后，若要修改合并域中的数据，可选择"文件"/"合并打印"/"编辑合并域"命令，重新打开"合并打印向导"对话框，在其中对需要修改的内容进行修改。

2.5.6 收集用于输出的信息

在使用CorelDRAW设计作品过程中，经常会链接到本地的一些位图图像或电脑中的字体，当将该作品移至其他设备上时，可能会出现因这些资源的缺失而导致文件显示不正确的现象，这时可使用"收集用于输出"功能收集、整理这些资源，并将其保存到指定文件。

实例操作：收集输出信息到文档中

● 光盘\实例演示\第2章\收集输出信息到文档中

本例将打开"收集用于输出"对话框，将打印输出的信息收集在我的文档中。

Step 1 ▶ 打开文档，选择"文件"/"收集用于输出"命令，打开如图2-88所示的"收集用于输出"对话框。在该对话框中选中 ◉ 自动收集所有与文档相关的文件（建议）(G) 或 ◉ 选择一个打印配置文件(.CSP file)来收集特定文件(C) 单选按钮。

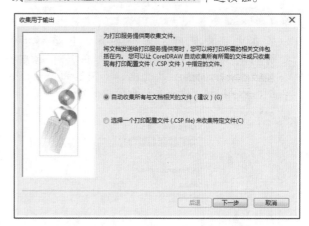

图2-88 打开"收集用于输出"对话框

Step 2 ▶ 单击 下一步(N) 按钮，进入文档的输出格式页面，选中 ☑ 包括 PDF(P) 和 ☑ 包括 CDR(C) 复选框，在完成后同时创建PDF和CDR文件，如图2-89所示。

图2-89　选择文档的输出格式

Step 3 ▶ 单击 下一步(N)> 按钮，进入输出颜色预置文件页面，在其中选中 ☑包括颜色预置文件 复选框，可以输出文档中使用的颜色所属的配置文件，如图2-90所示。

图2-90　输出颜色预置文件

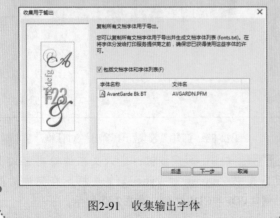

图2-91　收集输出字体

Step 4 ▶ 单击 下一步(N)> 按钮，进入保存输出文件页面，单击 浏览(R)... 按钮可打开"浏览文件"对话框，在其中可选择文件输出的路径，如图2-92所示。

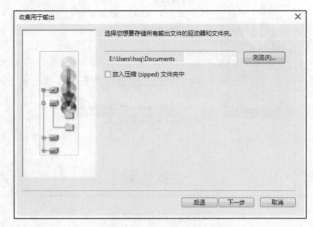

图2-92　保存输出文件

Step 5 ▶ 单击 下一步(N)> 按钮，进入完成输出的信息的收集页面，在其中将列出输出文件的名字和保存路径，最后单击 完成 按钮即可，如图2-93所示。

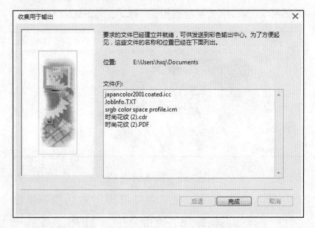

图2-93　完成输出的信息收集

读书笔记 ▶

知识大爆炸
——操作文档的相关问题

1. 文件打开是空白的

在打开文档时，有时会遇到打开的文档是空白的，这时可能是以下3种原因造成的。

（1）软件版本不对

使用低版本打开高版本的文件或使用高版本打开低版本的文件时会出现文件打开空白的情况。如用CorelDRAW X7打开用CorelDRAW 12编辑和保存的文件，或是用CorelDRAW 12打开用CorelDRAW X7编辑和保存的文件，可能会出现文件打开是空白的情况，建议使用制作文件的版本打开文件。

（2）图像过小或图层隐藏

若使用CorelDRAW同版本打开文件还是空白，那就尝试最小化页面，有可能缩小在页面其他位置了。还有一种可能就是图层被隐藏，查看方法为：选择"对象"/"对象管理器"命令，打开"对象管理器"泊坞窗，单击 ◉ 按钮，有眼珠表示显示，没眼珠表示隐藏。

（3）文件损坏

若使用制作文件的版本打开文件还是空白，可考虑文件损坏的因素。不正当的保存、保存中断电、死机等都会造成文件损坏，就会出现文件打开空白的问题。这时可打开备份文件，CorelDRAW中默认10分钟自动备份一次文件，其文件以"文件名_自动备份"命名，若需打开备份文件，只需重命名文件，去掉后面的"_自动备份"，改成XXX.cdr即可。

2. 文件无法打开

若遇到文件无法打开的问题，除了修改备份文件，用户还可尝试使用Illustrator来打开，一般损坏的文件使用Illustrator还能打开，但其效果可能偏差，打开文件后将其保存为EPS格式，再在CorelDRAW中打开即可。

读书笔记

03

简单操作 图形对象

本章导读 ●

　　在编辑对象之前，无一例外的都需要在选择对象的基础上进行，而为了快速完成绘制与编辑得到理想的效果，通常还需要使用到一些技巧的操作，如对绘制的对象进行一些复制、变换、控制、分布与对齐等操作。本章将对图形对象的这些简单操作进行详细的介绍。

3.1 选择对象

选择对象是编辑对象的前提。选择对象的方式很多，根据绘图编辑与处理的需要，可将选择的方式分为选择单一对象、选择多个对象、按顺序选择对象、选择重叠对象和全部选择对象。下面将分别对其选择方法进行具体介绍。

3.1.1 选择单一对象

在工具箱中单击"选择工具"按钮 ，再单击需选择的对象，即可在该对象四周出现黑色控制点，表示对象被选中，如图3-1所示为选中前后的对比效果。

图3-1　选择单一对象

技巧秒杀

单击"选择工具"按钮 ，按住Ctrl键，在群组中单击单个对象，可在群组中选择单个对象。

3.1.2 选择连续的多个对象

如果需要同时编辑多个对象，则需要选择多个对象，选择多个对象的方法有两种，分别介绍如下。

◆ 框选：在工具箱中单击"选择工具"按钮 ，在空白处按住鼠标左键拖动一个虚线框，将需要选择的多个对象包含在虚线框中，释放鼠标即可看见虚线框内的所有对象都被选中，如图3-2所示。

图3-2　框选多个连续对象

？答疑解惑：

多选后，出现的白色方块是什么？

白色方块表示选择对象的位置，一个白色方块代表一个对象。

◆ 手绘选择：在工具箱中的"选择工具"按钮 上单击鼠标左键不放，在弹出的工具面板中单击"手绘选择工具"按钮 ，按住鼠标沿着所选对象边缘绘制虚线范围，如图3-3所示。范围内的对象将被全部选中。

图3-3　手绘选择多个连续对象

3.1.3 选择多个不相邻对象

当需要选择不同位置的多个对象时，按空格键切换到"选择工具"，然后在其中的一个对象上单击，将其选中，按住Shift键不放的同时，逐个单击其余的对象即可。

3.1.4 选择全部对象

在进行绘图编辑时，为了提高绘图编辑效率，可能会全选对象。全选对象的方法主要有以下几种。

◆ 框选所有对象：在工具箱中单击"选择工具"按钮 ，再按住鼠标左键拖动一个虚线框，将所有对象框选在内。

◆ 双击"选择工具"按钮 ：在工具箱中双击

"选择工具"按钮，即可快速选择工作区的所有对象（不会选择辅助线和节点）。

◆ 选择"编辑"/"全选"命令：选择"编辑"/"全选"命令，在弹出的子菜单中包括对象、文本、辅助线和节点4个命令。选择不同的命令将得到不同的选择结果，如图3-4所示。

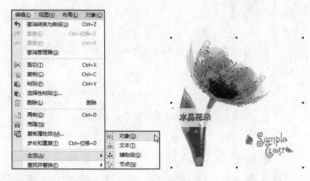

图3-4　全选对象

💬知识解析："全选"命令 ··············•

◆ 对象：选择绘图窗口的所有对象，包括图形、文本等，但不会选择辅助线和节点。

◆ 文本：选择绘图窗口的所有文本。

◆ 辅助线：选择绘图窗口的所有辅助线。

◆ 节点：选择绘图窗口的所有节点。但需要先选择一个带节点的对象，才能选择"全选"/"节点"命令。

3.1.5　按顺序选择对象

在工具箱中单击"选择工具"按钮，按Tab键，可以方便地按对象的叠放循序，从前到后快速地选择对象，如图3-5所示。

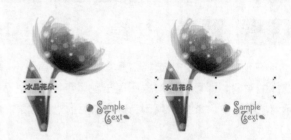

图3-5　按顺序选择对象

3.1.6　选择被覆盖的对象

当选择的对象被前面的对象覆盖时，可在工具箱中单击"选择工具"按钮，按住Alt键不放，在被覆盖对象的位置单击，即可将其选中，如图3-6所示。

图3-6　选择被覆盖的对象

3.2　变换对象

变换对象是对图形的基本编辑，是指对对象进行移动、缩放、旋转、倾斜和镜像等操作，通过这些变换操作，可以制作出更加丰富的对象效果，下面分别对这些知识进行介绍。

3.2.1　移动对象

通过移动对象，可以使对象位于绘图区中合适的位置，以便查看与编辑。移动对象常见的方法有以下几种。

◆ 通过控制点移动：单击选择需要移动的对象，在对象中心的✖控制点上按住鼠标左键不放，这

时，鼠标光标呈✛形状，移动鼠标至合适位置后释放鼠标即可。

技巧秒杀 ·····

通过拖动控制点移动对象时，按住Ctrl键可以水平或垂直移动对象。

◆ 通过方向键移动：当需要轻微移动对象时，可以先选择对象，再按键盘上的上、下、左、右方向键来调整对象的位置。

◆ 通过属性栏移动：选择对象后，在属性栏的"对象原点"按钮⊞上单击相对移动的点，再在x、y数值框中输入坐标值，按Enter键可精确更改对象位置。

◆ 通过泊坞窗移动：与通过属性栏移动的原理与方法相似。选择"窗口"/"泊坞窗"/"变换"/"位置"命令，打开"变换"泊坞窗，在"对象原点"按钮⊞上单击相对移动的点，再在x、y数值框中输入坐标值，设置完成后单击 应用 按钮即可，如图3-7所示。

图3-7　通过泊坞窗移动对象

💬知识解析："变换"泊坞窗位置选项介绍

◆ "位置"按钮⊕：单击可切换到位置面板。

◆ ☑相对位置复选框：选中该复选框，表示相对于对象的当前位置移动对象。

◆ x和y数值框：用于设置对象原点的x、y坐标值，或设置相对于对象的当前位置水平或垂直移动值。

◆ "对象原点"按钮⊞：通过单击该按钮上的8个方位的小方块来设置对象的原点。

◆ "副本"数值框：用于设置移动对象的次数和复制对象的数目，如图3-8所示。

图3-8　创建移动副本

3.2.2　旋转对象

在图形编辑中，为了达到一定的效果，有时需要将对象沿着一个基点转动角度。旋转对象常见的方法有以下几种。

1. 通过控制点旋转

单击选择需要旋转的对象，在对象中心的✖控制点上单击，鼠标光标变为⊙形状（称为旋转基点），拖动旋转基点到需要位置，设置基点后将鼠标光标移动至四角控制点的任意一角时，光标呈↻形状，按住鼠标左键不放，移动鼠标光标至需要位置，释放鼠标即可进行旋转，如图3-9所示。

图3-9　通过控制点旋转对象

2. 通过属性栏旋转

选择对象后，在属性栏的"角度"数值框中输入旋转的角度值，按Enter键可精确旋转对象。

3. 通过自由变换工具旋转

在工具箱中的"选择工具"按钮⊡上单击鼠标左键不放，在弹出的工具面板中单击"自由变换工具"按钮⊠，在属性栏中单击"自由旋转工具"按钮⟳，如图3-10所示。在对象旋转基点处按住鼠标左键不放，拖动鼠标旋转对象到合适位置。

图3-10　自由变换工具属性栏

4. 通过泊坞窗旋转

选择旋转的对象，打开"变换"泊坞窗，单击"旋转"按钮◎，设置"旋转角度"数值，再选择旋转的中心位置，单击 应用 按钮即可完成旋转。

实例操作：制作折扇

● 光盘\素材\第3章\折线\　　● 光盘\效果\第3章\折扇.cdr
● 光盘\实例演示\第3章\制作折扇

本例将利用"变换"泊坞窗旋转折扇的扇柄，在旋转的同时创建副本来制作扇柄，并配合椭圆绘制、图片的导入、图框裁剪等知识来制作扇子的最终效果，如图3-11所示。

图3-11　折扇效果

Step 1 ▶ 新建横向的A4大小的文档。在工具箱中单击"椭圆工具"按钮◎，在属性栏中单击"饼图"按钮◎，在第二个"起始与结束角"数值框中输入"160.0°"，绘制宽为212、高为108和宽为109、高为56的饼图，如图3-12所示。

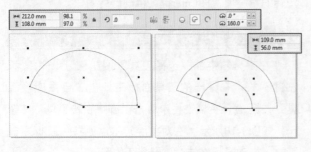

图3-12　绘制扇面饼图

Step 2 ▶ 按Shift键单击选择绘制的饼图，在属性栏中单击"移除前面对象"按钮◎，如图3-13所示。选择"文件"/"导入"命令，在打开的对话框中选择

"扇面.jpg"文件，单击 导入 按钮，如图3-14所示。

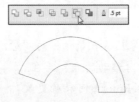

图3-13　裁剪扇面　　　　图3-14　导入扇面背景

Step 3 ▶ 拖动鼠标绘制与扇面等宽区域，导入图像，在其上按住鼠标右键拖动到扇面上，使图片靠上边居中对齐图形，释放鼠标，在弹出的菜单中选择"图框精确裁剪内部"命令，裁剪效果如图3-15所示。使用"钢笔工具"◎在扇面右侧绘制梯形，根据扇面两边拖动标尺创建两条辅助线，如图3-16所示。

图3-15　图框精确裁剪对象　　图3-16　创建辅助线

Step 4 ▶ 选择绘制的梯形，在调色板中单击白色色块，在属性栏的"轮廓笔"下拉列表框中选择"无轮廓"选项，如图3-17所示。在工具箱中单击"透明度工具"按钮◎，在出现的透明度数值框中输入"50"，如图3-18所示。

图3-17　填充梯形　　　　图3-18　设置梯形透明效果

操作解谜　　绘制扇面褶子并设置填充、透明度，是为了体现扇面的光线照射情况与凹凸状况，使扇面更加逼真。其填充颜色需要根据扇面的材质、配色等进行选择。

Step 5 ▶ 在其中心的✖控制点上单击，拖动出现的◎图标到辅助线的交叉点。按Alt+F9组合键打开

"变换"泊坞窗，单击"旋转"按钮，设置"旋转角度""副本"分别为"-12.1°""13"，单击应用按钮。选择扇柄，将鼠标光标移至右上角的控制点上，拖动鼠标调整扇柄，使其适应扇面，如图3-19所示。

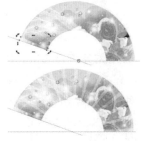

图3-19　旋转于复制扇面褶子效果

Step 6 ▶ 打开"扇柄.cdr"文档，按Ctrl+C组合键复制扇柄，切换到当前文档按Ctrl+V组合键粘贴，将扇柄移至扇面下方右侧，注意扇柄的装订点与辅助线交叉点对齐。在扇柄中心的控制点上单击，拖动图标到辅助线交叉点，拖动左上角的控制点至扇面右侧的边缘，如图3-20所示。

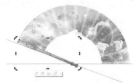

图3-20　旋转扇柄

Step 7 ▶ 打开"变换"泊坞窗，单击"旋转"按钮，在"旋转角度"数值框中输入"-12°"，在"副本"数值框中输入"13"，单击应用按钮，选择扇柄，将鼠标光标移至右侧的控制点上，拖动鼠标调整扇柄，使其适应扇面，如图3-21所示。

图3-21　旋转与复制扇柄

Step 8 ▶ 选择所有扇柄，按Ctrl+G组合键群组，按Ctrl+End组合键将其置于底端，如图3-22所示。选

择"文件"/"导入"命令，在打开的对话框中选择"背景.jpg"文件，单击导入按钮，如图3-23所示。

图3-22　置于底层　　　　　图3-23　导入折扇背景

Step 9 ▶ 沿页面边框绘制导入的背景区域，如图3-24所示。按Ctrl+End组合键将背景图片置于页面底端，按Shift键依次单击选择两条辅助线，按Delete键删除，如图3-25所示，完成本例的制作。

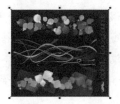

图3-24　导入背景　　　　　图3-25　将背景置于底层

3.2.3　缩放对象

如果对象的宽度与高度不符合页面的需要，用户可对其进行缩放。缩放对象的方法主要有以下几种。

◆ **通过控制点缩放**：选择需要缩放的对象，拖动四角出现的控制点，可以等比例进行缩放；拖动四边中点出现的控制点，可以调整对象宽度或高度，如图3-26所示。

图3-26　通过控制点缩放对象

技巧秒杀

拖动四角处的控制点时，按住Ctrl键可以使对象按原始大小的倍数来等比例缩放。

◆ **通过属性栏**：选择需要缩放的对象，在属性栏的"对象大小"数值框中输入对象的宽度与高度值，按Enter键即可精确对象大小。若在"缩放因子"数值框中输入数值，可以使对象按设定比例进行缩放。

技巧秒杀

"锁定比率"按钮表示可以单独设置宽与高的缩放比率，若单击"锁定比率"按钮，使其呈按下状态，将会等比例缩放对象，即缩放因子的两个数值保持一致，不能单独进行调整。

◆ **通过泊坞窗缩放**：选择需缩放的对象，按Alt+F9组合键打开"变换"泊坞窗，单击"缩放"按钮，然后分别对缩放、镜像、按比例、副本进行设置，设置完成后单击 应用 按钮即可，如图3-27所示。

图3-27 通过泊坞窗缩放对象

3.2.4 镜像对象

镜像是指对对象进行水平或垂直对称性操作，多用于制作一些对称图形，如图3-28所示为水平镜像和垂直镜像的效果。

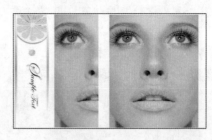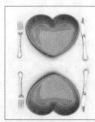

图3-28 镜像对象效果

镜像对象的方法主要有以下几种。

◆ **通过控制点镜像**：在缩放对象时，从对象的一侧向反方向拖动至线或点，继续拖动鼠标即可镜像对象，如图3-29所示。

图3-29 通过控制点镜像对象

◆ **通过属性栏镜像**：选择对象后，单击属性栏中的"水平镜像"按钮或"垂直镜像"按钮。

◆ **通过泊坞窗镜像**：在"变换"泊坞窗设置缩放对象时，单击x、y数值框后的"水平镜像"按钮或"垂直镜像"按钮，再在"副本"数值框中设置镜像的副本值，单击 应用 按钮即可。

3.2.5 倾斜对象

倾斜对象是指将对象进行水平或垂直倾斜，与旋转对象不同，倾斜对象会使对象的长宽比例发生改变，倾斜对象大致有两种方法，分别介绍如下。

◆ **拖动鼠标倾斜**：选择需要倾斜的对象，在对象中心的控制点上单击，鼠标光标变为形状，拖动该图标设置倾斜的基点，再将鼠标光标移动至边中心的形状上，按住鼠标左键拖动倾斜至一定角度后释放鼠标即可，如图3-30所示。

图3-30 拖动鼠标倾斜对象

倾斜对象时，按住Ctrl键的同时，拖动对象四角控制点，可以使对象按原始大小的倍数来等比例倾斜对象。

答疑解惑：

什么是锚点？

锚点是指选择曲线后，曲线上出现的小方块。若选中 ☑ 使用锚点 复选框，可单击对应锚点的位置来倾斜对象，如图3-32所示。

图3-32　使用锚点倾斜对象

◆ **通过泊坞窗倾斜：**若需精确倾斜对象，可以通过"变换"泊坞窗设置对象倾斜的角度与倾斜的基点。在"变换"泊坞窗中单击"倾斜"按钮 ，设置倾斜的角度、倾斜基点与副本，设置完成后单击 应用 按钮即可，如图3-31所示。

3.2.6　清除变换效果

当为对象应用缩放、旋转、倾斜、镜像等变换效果后，用户可通过选择"对象"/"变换"/"清除变换"命令，快速将对象还原到变换之前的效果。

图3-31　通过泊坞窗倾斜对象

3.3　对象的复制与再制

在设计作品过程中，经常会遇到相同的对象，这时可采用复制的方法来简化绘制的步骤。除常见的基本复制外，还可实现再制、多重复制、复制对象属性等，下面分别进行介绍。

3.3.1　对象的基本复制

在CorelDRAW X7中，为对象提供了多种基本复制的方法，下面将分别对常见的方法进行介绍。

◆ **通过菜单命令：**选择需要复制的对象后，选择"编辑"/"复制"命令，再选择"编辑"/"粘贴"命令粘贴对象。

◆ **通过快捷菜单：**选择需要复制的对象后，单击鼠标左键，在弹出的快捷菜单中选择"复制"命令，再在目标位置单击鼠标右键，在弹出的快捷菜单中选择"粘贴"命令即可。

◆ **通过键盘：**选择需要复制的对象，按Ctrl+C组合键复制，再按Ctrl+V组合键，或按小键盘上的+键可进行原位粘贴。

◆ **通过属性栏：**选择需要复制的对象后，在属性栏中单击"复制"按钮 ，再单击"粘贴"按钮 。

◆ **通过鼠标右键：**选择需要复制的对象后，按住鼠标左键不放并将图形拖动到所需位置，单击鼠标右键即可复制所选择的对象，如图3-33所示。

图3-33　通过鼠标右键复制对象

当从其他软件中复制对象到CorelDRAW时，用户可选择"编辑"/"选择性粘贴"命令，打开"选择性粘贴"对话框，在其中设置粘贴的类型，单击 按钮即可，如图3-34所示。

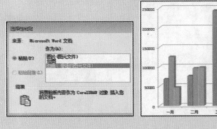

图3-34　选择性粘贴对象

3.3.2　再制对象

再制对象不仅仅是简单的复制对象，还可根据需要按照一定的排列方式来均匀分布复制的多个对象。

实例操作：制作信纸

● 光盘\素材\第3章\信纸　　● 光盘\效果\第3章\信纸.cdr
● 光盘\实例演示\第3章\制作信纸

本例将首先使用矩形工具绘制纸张，再利用对象的再制功能制作信纸的空洞、行线、填充图案，最后放入装饰图案和背景，最终效果如图3-35所示。

图3-35　信纸效果

Step 1 ▶ 新建页面大小为A4、页面方向为横向的文档。使用"矩形工具"绘制矩形，在属性栏中设

置其大小为"93.5、96"，如图3-36所示。在调色板中的"沙黄"色块上按住鼠标左键不放，在弹出的调色板中单击第4排的第4个色块，如图3-37所示。

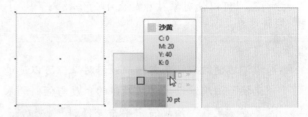

图3-36　绘制信纸页面　　　图3-37　填充信纸页面

Step 2 ▶ 在矩形右上边线上绘制上下对齐的椭圆与小矩形，移动椭圆与矩形使其上下对齐。同时选择椭圆与小矩形，按住Ctrl键不放，向右拖动一定间距后单击鼠标右键复制对象，如图3-38所示。

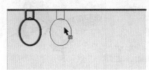　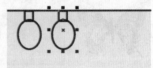

图3-38　右键复制对象

Step 3 ▶ 重复按Ctrl+D组合键再制对象，直到这两个图形布满一行，如图3-39所示。

　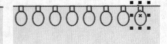

图3-39　再制对象

Ctrl+D组合键与再制命令作用相同。每按一次Ctrl+D组合键将再制一次对象，重复按可再制多次对象。重复选择"编辑"/"再制"命令也可达到相同的效果。

Step 4 ▶ 按Ctrl+A组合键选择全部对象，按Ctrl+G组合键群组，在属性栏中单击"移除前面对象"按钮，设置"轮廓"为无，如图3-40所示。使用"贝塞尔工具"在信纸上绘制直线，在属性栏中设置线宽为"1.0pt"，线条颜色为"红褐色"，再制绘制的直线，直到布满整个信纸，如图3-41所示。

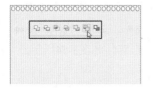

图3-40　设置轮廓　　　　图3-41　再制线条

Step 5 ▶ 按Ctrl+C组合键复制信纸，按Ctrl+V组合键粘贴，单击调色板中的"薄荷绿"色块，如图3-42所示。在工具箱中单击"基本形状工具"按钮，在属性栏中单击"完美形状"按钮，在弹出的面板中选择♡选项，在信纸左上角拖动鼠标绘制4.5×4.5大小的心形，如图3-43所示。

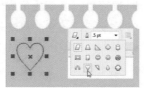

图3-42　复制与更改信纸颜色　　图3-43　绘制心形

Step 6 ▶ 将心形填充CMYK值为"33、0、33、0"，如图3-44所示。使用再制的方法复制心形，直到布满信纸的一行。按Shift键选择心形对象，按Ctrl+G组合键群组，如图3-45所示。

图3-44　填充心形　　　　图3-45　再制心形

Step 7 ▶ 使用再制对象的方法复制群组后的心形，使其向下布满信纸，如图3-46所示。当心形超出信纸边缘时，选择超出的心形和信纸，在属性栏中单击"创建相交对象"按钮，对相交对象填充与心形一样的颜色，删除超出的心形，如图3-47所示。

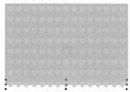

图3-46　再制心形　　　　图3-47　裁剪心形

Step 8 ▶ 复制信纸，更改颜色为"粉"，打开"花纹与小物件.cdr"文档，复制小女孩，粘贴到信纸中间，使用"贝塞尔工具"在信纸上绘制直线，在属性栏中设置线宽为1.0pt的点虚线，线条颜色CMYK值为"0、58、34、0"，如图3-48所示。使用再制方法将线条布满整个信纸，如图3-49所示。

图3-48　绘制虚线　　　　图3-49　再制虚线

Step 9 ▶ 分别群组制作的3种信纸，将其放置在一起，当顺序不对时，可选择顺序不对的对象，按Ctrl+PageUp组合键下移一层，或按Ctrl+PageUp组合键上移一层。旋转信纸，效果如图3-50所示。

图3-50　旋转与排列3张信纸

Step 10 ▶ 在"花纹与小物件.cdr"文档中将花纹与小物件复制到该文档中，并按顺序排列这些对象。按Ctrl+I组合键打开"导入"对话框，选择"背景.jpg"图片，单击导入按钮，沿页面边框绘制导入的背景区域，如图3-51所示。按Ctrl+End组合键将背景图片置于页面底端，完成本例的制作。

图3-51　装饰信纸页面

技巧秒杀

再制对象不仅可以按照一定方式来排列复制的对象，还可对旋转效果、缩放效果等进行再次制作，以得到更丰富的效果。其方法为：在进行旋转或缩放的过程中单击鼠标右键，或先按住鼠标左键移动并单击鼠标右键复制，再进行旋转或缩放，最后按Ctrl+D组合键进行再制即可。如图3-52所示分别为旋转再制的效果和缩放再制的效果。

图3-52　旋转再制的效果和缩放再制的效果

3.3.3　克隆对象

克隆对象即创建链接到原始的对象副本。与再制对象不同的是，原始对象所做的更改将反映到克隆对象上，而克隆对象所做的更改将不会作用于原始对象上。选择克隆的原始对象后，选择"编辑"/"克隆"命令即可实现克隆，如图3-53所示分别为克隆字母H、更改原字母H、更改克隆字母H的效果。

图3-53　克隆对象

3.3.4　复制对象属性

复制对象属性是指将对象的轮廓笔、轮廓色、填充和文本属性应用到其他的对象上。其方法为：选择需要赋予属性的对象，选择"编辑"/"复制对象属性

至"命令，打开"复制属性"对话框，在其中选中需要复制属性的复选框，单击 确定 按钮，当鼠标呈 ➡ 状态时，单击具有属性的对象即可，如图3-54所示。

图3-54　复制对象属性

知识解析：　"复制属性"对话框

◆ 轮廓笔：复制轮廓线的宽度和轮廓的线条样式。
◆ 轮廓色：复制轮廓线使用的填充样式，如纯色、渐变色、图案和底纹等。
◆ 填充：复制对象的填充样式。
◆ 文本属性：复制文本的字符属性，如文本字体、字号、底纹等。

技巧秒杀

用户可通过在目标对象上按住鼠标右键不放，拖动至需要复制属性的对象上释放鼠标，在弹出的快捷菜单中选择需要复制的属性命令来快速设置对象属性，如复制填充、复制轮廓、复制所有属性，以及将填充/轮廓复制到群组等，如图3-55所示。

图3-55　将填充/轮廓复制到群组

3.3.5　使用步长与重复命令

使用步长与重复命令不仅可以设置对象重复的数量，还可以设置对象偏移的值和重复各对象的间距、方向。其设置方法为：按Shift+Ctrl+D组合键打开"步

长和重复"泊坞窗，在其中进行相应设置即可，如图3-56所示。

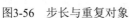

图3-56　步长与重复对象

◆ **偏移**：在"类型"下拉列表框中选择"偏移"选项，表示以对象为基准进行偏移。

◆ **对象之间的距离**：在"类型"下拉列表框中选择"对象之间的距离"选项，表示以对象间的距离进行再制。

◆ **距离**：设置对象偏移的具体值或移动后对象间的距离。

◆ **方向**：设置对象步长与重复的方向，可以设置左和右。

◆ **份数**：设置再制的数量。

3.4　控制对象

　　一部作品往往由多个对象组成，掌握合理控制这些对象的技巧，不仅可增添作品的美观度，还可以提高绘制的速度，便于后期的编辑处理，如更改对象叠放效果、群组对象、锁定对象和分布对齐对象等，下面分别进行介绍。

3.4.1　更改对象叠放效果

　　在CorelDRAW X7中，软件会按绘制对象的先后顺序进行叠放，不同的叠放顺序可得到不同的效果。更改对象叠放顺序的方法为：选择"对象"/"顺序"命令，在弹出的子菜单中选择相应的顺序命令即可，如图3-57所示。

图3-57　更改对象叠放效果

◆ **到页面前面/到页面背面**：将选择的对象调整到当前页面的最前面或最后面，也可按Ctrl+Home

或Ctrl+Enter组合键实现，如图3-58所示。

图3-58　到页面前面和到页面后面

◆ **到图层前面/到图层后面**：可以将选择的对象调整到当前所有对象的前面或后面，也可按Shift+PageUp或Shift+PageDown组合键实现，如图3-59所示。

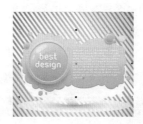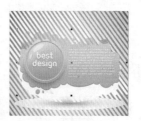

图3-59　到图层前面和到图层后面

◆ **向前一层/向后一层**：将选择的对象调整到当前图层的上一层或下一层。也可按Ctrl+PageUp或Ctrl+PageDown组合键实现，如图3-60所示。

图3-60　向前一层和向后一层

◆ **置于此对象前/置于此对象后**：选择该命令后，鼠标光标呈➡形状，移动鼠标光标至需要参照的对象上，单击鼠标左键即可将选择的对象移至参照对象的前面或后面，如图3-61所示。

图3-61　置于此对象前和置于此对象后

◆ **逆序**：选择需要逆序的多个对象，选择该命令，可以将对象与当前完全相反的顺序排列，如图3-62所示。

图3-62　逆序

3.4.2　群组与取消群组

若需要对复杂图形中的多个对象同时进行编辑，这时可选择这些对象，将其进行群组。当然，当需要编辑群组中的单个对象时，也可取消群组状态。下面分别进行介绍。

1. 群组对象

群组对象的方法有多种，用户可以根据情况进行选择，下面分别进行介绍。

◆ **通过命令群组对象**：选择需要群组的对象，选择"对象"/"组合"/"组合对象"命令。

◆ **通过快捷键群组对象**：选择需要群组的对象，按Ctrl+G组合键。

◆ **通过右键菜单群组对象**：选择需要群组的对象，单击鼠标右键，在弹出的快捷菜单中选择"群组"命令即可。

◆ **通过群组按钮群组对象**：选择需要群组的对象，在属性栏中单击"群组"按钮即可。

对多个对象进行群组后，使用"选择工具"单击群组中的任意对象，都将选择整个群组对象，如图3-63所示。

图3-63　群组对象

2. 取消群组

将多个对象进行群组后，若要单独编辑某个对象，选择需要取消群组的对象，选择"对象"/"组合"/"取消组合对象"命令，或按Ctrl+U组合键取消对象群组。

> **技巧秒杀**
>
> 用户可根据对象的区域由小到大进行多次组合操作，以便管理作品中的各种对象。当需要一次性取消所有组合对象时，可选择"对象"/"组合"/"取消所有组合对象"命令。

3.4.3　合并与拆分对象

合并对象是指将多个不同属性的对象合成一个相同属性的对象，执行合并后，还可通过拆分对象将对象还原为多个相同属性的对象。

1. 合并对象

合并对象的方法主要有以下几种。

◆ **通过右键菜单合并**：选择需要合并的对象，单击鼠标右键，在弹出的快捷菜单中选择"合并"命令，如图3-64所示。

图3-64　合并多个对象

◆ **通过菜单命令合并**：选择需要合并的对象，选择"对象"/"合并"命令，如图3-65所示。

图3-65　合并多个对象

◆ **通过快捷键合并**：选择需要合并的对象，按Ctrl+L组合键。

合并对象的属性与选择对象的方式相关，若以框选所有对象的方式来选择合并的对象，那么合并的对象将为最下层对象的属性，如图3-66所示。若采用单击选择对象的方式，合并后的对象将沿用最后被选择对象的属性，如图3-67所示为最后选择上层图形的合并效果。

图3-66　框选合并多个对象

图3-67　单击选择合并多个对象

技巧秒杀

在进行合并时，需要注意群组的对象必须要取消群组后才能进行合并操作。

2. 拆分对象

对多个对象进行合并后，若要还原多个对象，可通过以下几种方法。

◆ **通过右键菜单拆分**：选择需要拆分的对象，单击鼠标右键，在弹出的快捷菜单中选择"拆分曲线"命令。拆分后可以编辑各个对象或删除多余的对象，如图3-68所示。

图3-68　通过右键菜单拆分对象

◆ **通过菜单命令拆分**：选择需要拆分的对象，选择"对象"/"拆分"命令即可，拆分后可以编辑各个对象或删除多余的对象，如图3-69所示。

图3-69　通过菜单命令拆分对象

◆ **通过快捷键拆分**：选择需要拆分的对象，按Ctrl+K组合键。

技巧秒杀

使用拆分的方法不仅用于图形之间，还常用于将输入的文本拆分为笔画或单个字符，或将添加效果与原图形拆分。注意在拆分笔画时，需要先按Ctrl+Q组合键将其转换为曲线，如图3-70所示。

图3-70　拆分文本效果

3.4.4　锁定与解锁对象

在图形编辑过程中，为了避免错误操作，一些暂时不编辑的对象可将其锁定。当编辑锁定的对象时需要解锁对象。下面分别进行介绍。

1. 锁定对象

锁定后的对象只能进行单独选择操作，不能进行其他任何操作。锁定对象的方法为：选择需要锁定的对象，选择"对象"/"锁定"/"锁定"命令，即可查看到锁定的对象四周的控制点呈 🔒 形状，如图3-71所示。

图3-71　锁定对象

2. 解锁对象

解锁对象后，才能对锁定的对象进行编辑，其方法为：选择锁定的对象后，选择"对象"/"锁定"/"解锁对象"命令即可。若需要同时对所有锁定的对象解锁，选择"对象"/"锁定"/"解锁所有对象"命令。

3.4.5　对齐与分布对象

通过对齐与分布对象功能，可以将多个对象准确地排列、对齐，以得到具有一定规律的分布组合效果。下面对分布与对齐对象的两种常用方法进行介绍。

1. 通过菜单命令分布对齐

选择多个需要分布与对齐的对象，选择"对象"/"对齐和分布"命令，在弹出的子菜单中选择对应的分布与对齐命令即可，如图3-72所示。

图3-72　对齐和分布菜单

💬 知识解析：　"对齐和分布"菜单

◆ 左对齐：将选择的所有对象向左边进行对齐，如图3-73所示。

图3-73　左对齐

◆ 右对齐：将选择的所有对象向右边进行对齐，如图3-74所示。

◆ 顶端对齐：将选择的所有对象向上边进行对齐，如图3-75所示。

技巧秒杀

在设置对齐方式时，用户可重复设置几种对齐方式来达到需要的效果。

图3-74　右对齐　　　　图3-75　顶端对齐

◆ 底端对齐：将选择的所有对象向下边进行对齐，如图3-76所示。

◆ 水平居中对齐：将选择的所有对象向水平方向的中心点进行对齐，如图3-77所示。

图3-76　底端对齐　　　图3-77　水平居中对齐

◆ 垂直居中对齐：将选择的所有对象向垂直方向的中心点进行对齐，如图3-78所示。

◆ 在页面居中对齐：将选择的所有对象的中心与页面中心对齐，如图3-79所示。

图3-78　垂直居中对齐　　图3-79　在页面居中对齐

◆ 在页面水平居中对齐：将选择的所有对象的垂直中心线与页面垂直中心线对齐，如图3-80所示。

◆ 在页面垂直居中对齐：将选择的所有对象的水平中心线与页面水平中心线对齐，如图3-81所示。

图3-80　在页面水平居中对齐　图3-81　在页面垂直居中对齐

2. 通过泊坞窗分布对齐

若需要设置更为精确的分布与对齐方式，用户可通过"分布与对齐"泊坞窗来实现。选择"对象"/"对齐和分布"/"对齐与分布"命令，即可打开"分布与对齐"泊坞窗，在其中设置对齐基点、方式和分布范围后，单击 应用 按钮即可完成分布与对齐。

实例操作：制作婚纱海报

● 光盘\素材\第3章\婚纱海报　　● 光盘\效果\第3章\婚纱海报.cdr
● 光盘\实例演示\第3章\制作婚纱海报

本例将首先使用矩形工具、步长与重复、复制对象属性、分布与对齐等知识来制作一张甜蜜爱人的婚纱海报，其最终效果如图3-82所示。

图3-82　婚纱海报

Step 1 ▶ 新建297mm×297mm的文档，在页面左上角使用"矩形工具" 绘制33mm×33mm的无轮廓矩形，使用"交互式填充工具" 拖动鼠标创建渐变填充，单击起始点，在弹出的工具栏中单击"颜色"旁的下拉按钮，在打开的面板中设置CMYK值为"0、0、0、30"，用同样的方法设置结束点的CMYK值为"0、0、0、0"，拖动起始与结束控制点到合适位置，如图3-83所示。

图3-83　渐变填充矩形

Step 2 ▶ 按Shift+Ctrl+D组合键打开"步长和重复"泊坞窗，选择绘制的矩形，在"水平设置"栏的"类型"下拉列表框中选择"偏移"选项，在其下的"距离"数值框中输入"33.0mm"，在"份数"数值框中输入"8"，单击 应用 按钮应用效果，如图3-84所示。

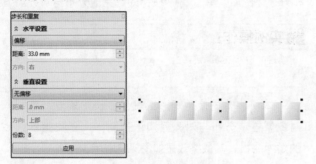

图3-84　设置水平偏移

Step 3 ▶ 框选所有矩形按Ctrl+G组合键群组，在"步长和重复"泊坞窗中将水平距离设置为"0.0mm"，在"垂直设置"栏的"距离"数值框中输入"-33.0mm"，在"份数"数值框中输入"6"，单击 应用 按钮应用效果，如图3-85所示。

图3-85　设置垂直偏移

> **操作解谜** 在"垂直设置"栏的"距离"数值框中输入"-33.00mm"，表示向反方向偏移33.00mm。这里正常的垂直偏移是向上，因此，这里是向下偏移33.00mm。

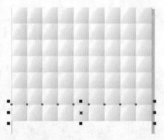

Step 4 ▶ 选择所有矩形按Ctrl+U组合键取消群组，选择"交互式填充工具" ，更改第二排第三个矩形起始点的CMYK值为"42、100、56、2"，更改结束点的CMYK值为"0、93、18、0"。选择中间

的心形区域，选择"编辑"/"复制属性至"命令，在打开的对话框中选中所有复选框，单击 确定 按钮。在更改颜色的矩形上单击复制其属性，效果如图3-86所示。

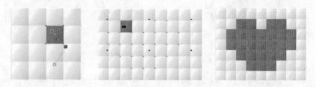

图3-86　复制对象属性

Step 5 ▶ 导入1.jpg-4.jpg照片，在属性栏中单击"锁定比率"按钮 锁定宽和高，分别设置照片的高度为"38.00cm"，如图3-87所示。根据第二列与第三列矩形、页面下方空白区域中心，分别创建垂直与水平辅助线，如图3-88所示。

图3-87　导入照片　　图3-88　创建辅助线

Step 6 ▶ 选择导入的图片，按Shift+Ctrl+A组合键打开"对齐与分布"泊坞窗，在"对齐对象到"栏中单击"指定点"按钮 ，再单击x、y数值框后的 按钮，在右下角辅助线与页面边框相交点单击定位，在"对齐"栏中单击"右对齐"按钮 和"垂直居中"按钮 ，效果如图3-89所示。

图3-89　右对齐与垂直居中对齐

Step 7 ▶ 选择表面上的照片，在"对齐与分布"泊坞窗的x、y数值框后单击 按钮，在左下角两条辅助线相交点单击定位，在"对齐"栏中单击"左对齐"按钮 ，如图3-90所示。

图3-90 按指定点左对齐

Step 8 ▶ 选择所有照片，在"将对象分布到"栏中单击"选定的范围"按钮，在"分布"栏中单击"水平分散排列中心"按钮，效果如图3-91所示。

图3-91 水平分散排列于选定对象

Step 9 ▶ 复制"海报元素.cdr"文档中的花瓣，选择所有花瓣，在"将对象分布到"栏中单击"到页面"按钮，在"分布"栏中单击"水平分散排列中心"按钮和"垂直分散排列中心"按钮，效果如图3-92所示。

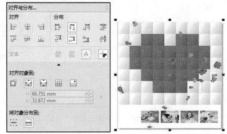

图3-92 在页面水平与垂直分散花瓣

Step 10 ▶ 导入"婚纱照.jpg"照片，调整大小与位置，将其放置在中心中间。复制"海报元素.cdr"文档中的文本、小动物和花纹等对象到海报的合适位置，如图3-93所示。使用"贝塞尔工具"在页面下方绘制直线，在属性栏中设置线宽为0.85pt的点虚线，线条颜色为"洋红"，复制线条，放置到页面

底端延长，如图3-94所示，完成制作。

图3-93 放置海报元素　图3-94 绘制装饰线条

知识解析："对齐与分布"对话框

◆ "左对齐"按钮：将选择的所有对象向左边进行对齐。

◆ "右对齐"按钮：将选择的对象向右边进行对齐。

◆ "顶端对齐"按钮：将选择的对象向上边进行对齐。

◆ "底端对齐"按钮：将选择的对象向下边进行对齐。

◆ "水平居中对齐"按钮：将选择的对象向水平方向的中心点进行对齐。

◆ "垂直居中对齐"按钮：将选择的对象向垂直方向的中心点进行对齐。

◆ "活动对象"按钮：将选择的对象对齐到选中的活动对象。

◆ "页面边缘"按钮：将选择的对象对齐到页面边缘。

◆ "页面中心"按钮：将选择的对象对齐到页面中心。

◆ "指定点"按钮：单击该按钮，在x、y数值框中输入坐标值，或单击按钮，在页面中单击指定点，如图3-95所示。设置对齐方式后，选择的对象将自动对齐到设定的点上。

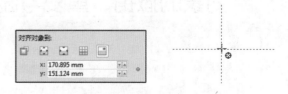

图3-95 指定对齐点

◆ "左分散排列"按钮▣：平均设置选择对象左边缘的间距，如图3-96所示。
◆ "水平分散排列中心"按钮▣：平均设置对象水平中心的间距，如图3-97所示。

图3-96　左分散排列　　　图3-97　水平分散排列中心

◆ "右分散排列"按钮▣：平均设置对象右边缘的间距，如图3-98所示。
◆ "水平分散排列间距"按钮▣：平均设置对象水平的间距，如图3-99所示。

图3-98　右分散排列　　　图3-99　水平分散排列间距

◆ "顶部分散排列"按钮▣：平均设置对象上边缘的间距，如图3-100所示。
◆ "垂直分散排列中心"按钮▣：平均设置对象垂直中心的间距，如图3-101所示。

图3-100　顶部分散排列　　图3-101　垂直分散排列中心

◆ "底部分散排列"按钮▣：平均设置对象下边缘的间距，如图3-102所示。
◆ "垂直分散排列间距"按钮▣：平均设置对象垂直的间距，如图3-103所示。

图3-102　底部分散排列　　图3-103　垂直分散排列间距

◆ "选定的范围"按钮▣：在选定对象的范围内进行分部，如图3-104所示。
◆ "到页面"按钮▣：将选择的对象平均分布到页面之中，如图3-105所示。

图3-104　分布到选定的范围　　图3-105　分布到页面

3.5　对象的撤销、重复与删除

对象的撤销、重复与删除是操作对象时经常用到的操作。撤销是指返回最近一步操作前的状态，对错误的撤销还可进行重做；重复操作可重复已经应用于对象的操作，以简化绘图步骤，提高工作效率；而删除对象可以使绘图区保留有用的东西，保持页面的整洁与美观。

3.5.1 撤销与重做操作

撤销可以让对象恢复到操作前的状态。若执行了错误的撤销操作，还可执行重做操作来纠正错误。撤销与重做的方法有以下几种。

◆ 通过菜单命令：选择"编辑"/"撤销"命令可执行撤销操作；选择"编辑"/"重做"命令可执行重做操作。

◆ 通过快捷键：按Ctrl+Z组合键，可撤销上一步的操作；按Shift+Ctrl+Z组合键，可恢复上一步被撤销的操作。

◆ 通过"撤销"按钮与"重做"按钮：单击属性栏中的"撤销"按钮 ↰，可撤销最近一次的操作；单击"重做"按钮 ↱ 可恢复最近一次撤销操作。

技巧秒杀

连续单击 ↰ 按钮可从最近一步的操作开始，依次向前撤销操作。也可单击"撤销"按钮 ↰ 右侧的 ▼ 按钮，在弹出的下拉列表中选择需要撤销到操作的名称。多步重做与多步撤销的方法相似。

3.5.2 重复操作对象

重复操作是指重复上一步操作，如重复移动、复制和旋转等。其方法为：操作对象后，选择"编辑"/"重复再制"命令，如图3-106所示为重复再制对象效果。

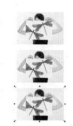

图3-106　重复操作对象

3.5.3 删除对象

当需重新绘制或绘制了多余的对象时，可将其删除，以给绘图区创造一个良好的绘制与编辑空间。删除对象非常简单，只需先选择需要删除的单个或多个图形对象，然后选择"编辑"/"删除"命令或按Delete键即可。

3.6 使用图层管理对象

在CorelDRAW中进行较为复杂的设计时，将对象的多个元素置于不同的图层上，不仅可以轻松地控制对象的叠放顺序，而且操作某一图层上的对象时，不会影响其他图层上的元素，从而帮助用户更好地在绘图中组织和管理对象。

3.6.1 使用对象管理器编辑图层

图层的编辑包括隐藏图层、显示图层、新建图层、删除图层等操作，这些操作都是在"对象管理器"泊坞窗中进行。选择"窗口"/"泊坞窗"/"对象管理器"命令，即可打开如图3-107所示的"对象管理器"泊坞窗。

技巧秒杀

每个新创建的文件默认都由页面和主页面构成。而每个页面都包括辅助线图层和图层1。没有选择其他图层时，创建的对象都将添加到图层1。

图3-107　"对象管理器"泊坞窗

💬 知识解析： "对象管理器"泊坞窗 ·················•

◆ "显示对象属性"按钮 ：用于显示图层中各对象的属性。

◆ "跨图层编辑"按钮 ：用于同时编辑多个图层中的对象，若该按钮未选中，则只能编辑当前图层中的对象，不能操作其他图层中的对象。

◆ "图层管理器视图"按钮 ：单击该按钮，可在弹出的下拉列表中选择显示所有页、图层和对象，或显示当前页和图层。

◆ "显示或隐藏图层"按钮 ：按钮呈 形状时可显示图层，单击切换到 形状时可隐藏该图层，如图3-108所示为显示或隐藏图层2的效果。

图3-108 显示或隐藏图层

◆ "启动与禁用图层"按钮 ：按钮呈 形状时启用该图层的打印和输出显示。单击切换到 形状时可禁用该图层的打印和输出。

◆ "锁定与解锁图层"按钮 ：按钮呈 形状时使该图层处于可编辑状态。单击切换到 形状时可锁定更改图层的内容，防止该图层内容受到其他图层操作的干扰。

◆ "新建图层"按钮 ：用于在选择的页面创建一个图层，默认创建是图层名称为"图层2"，也可在出现的文本框中输入新名称，如图3-109所示。

图3-109 新建图层

◆ "新建主图层（所有页）"按钮 ：单击该按钮，即可在主页面创建"图层1（所有页）"，即所有的页面中都会添加主页面图层中的对象，如图3-110所示。

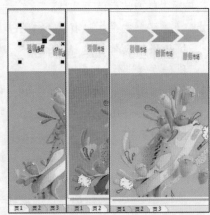

图3-110 新建主图层

◆ "新建主图层（奇数页）"按钮 ：单击即可在奇数页创建主图层。

◆ "新建主图层（偶数页）"按钮 ：在偶数页创建主图层。

◆ "删除图层"按钮 ：单击需删除图层的名称来选择该图层，选中的图层呈蓝色底纹显示，单击"删除图层"按钮 即可删除该图层，以及该图层中的所有对象。若需保留图层上的某些对象，可在删除图层前将对象复制到其他图层中。

❓ 答疑解惑：

主页面中的辅助线、桌面和文档网格表示什么？

辅助线表示辅助线图层，该图层中包含文档中所有页面的辅助线；桌面表示桌面图层，该图层包含了绘制页面边框外部对象；文档网格表示文档网格图层，该图层包含应用文档中所有页面的网格，该图层始终定位于图层底部。

3.6.2 在图层中添加对象

在图层中添加对象首先应保证该图层处于解锁状态，其次需要单击图层的名称来选择图层，这时，再在页面绘制、导入或粘贴对象时，都将会被放置在该图层中，如图3-111所示。

至新的图层，如图3-112所示。

图3-111　在图层中添加对象

图3-112　在图层间移动对象

技巧秒杀

在工作区选择对象，将其拖动至需要的图层上，也可快速将该对象添加到该图层上。

◆ 在图层间复制对象：选择需要复制对象的图层，在"对象管理器"泊坞窗中单击右上角的▶按钮，在弹出的下拉列表中选择"复制到图层"命令，然后单击目标图层，即可复制对象，如图3-113所示。

3.6.3　在图层间复制与移动对象

在"对象管理器"泊坞窗中用户可以移动整个图层，也可快速将图层中的对象移动或复制到其他图层，来达到编辑的目的。在图层间移动和复制的方法分别介绍如下。

◆ 在图层间移动对象：选择需要移动对象的图层，在"对象管理器"泊坞窗中单击右上角的▶按钮，在弹出的下拉列表框中选择"移动到图层"命令，然后单击目标图层，或使用鼠标将其拖动

图3-113　在图层间复制对象

技巧秒杀

选择对象所在图层，按Ctrl+C组合键进行复制，选择新图层，按Ctrl+V组合键进行粘贴也可复制对象。

 知识大爆炸

——对象的基本编辑技巧

在编辑对象时，用户可以通过一些编辑技巧来提高编辑对象的质量和速度，下面分别进行介绍。

◆ 多复杂的图形都是通过将图像反复复制和旋转得到的。

◆ 为了保证图形的质量，在结合图形时最好先将图形放大。

◆ 在制作商业作品时，一定要注意图像中的图形是否对齐。若图像中的图形没有对齐，会使制作出的图像看起来很凌乱且不专业。

◆ 调整图形的对齐方式除使用"对齐和分布"命令外，还可选择"排列/对齐和分布"命令，在弹出的子菜单选择相应的命令进行对齐。

◆ 在制作标志等作品时经常会使用到"造型"泊坞窗，为了操作方便，用户一定要明白"造型"泊坞窗中各命令的含义。

04

01 02 03 05 06 07 08 09 10 11 12 13 ......

Chapter

绘制 基本图形

本章导读 ●

　　绘制基本图形是图形绘制与图像处理最基础的操作，也是必不可少的操作。CorelDRAW的工具箱集成了各种图形的绘制工具，如矩形工具、椭圆工具、多边形工具、星形工具、图纸工具、螺纹工具、基本形状工具、箭头形状工具、流程图形状工具、标题形状工具和标注形状工具等。本章将学习使用这些工具来绘制出各种不同的图形效果。

4.1 矩形与3点矩形工具

CoreIDRAW中提供了两种绘制矩形的工具,即矩形与3点矩形工具。两种工具绘制矩形的方法略有不同。矩形工具是通过直接拖动进行绘制;而3点矩形工具是通过矩形相邻的两边直线来绘制。绘制矩形后,用户还可对矩形的边角进行设置,如圆角矩形、扇形角矩形和倒棱角矩形等。

4.1.1 矩形工具

在工具箱中单击"矩形工具"按钮□,在绘图区以斜角拖曳即可快速绘制矩形。绘制矩形后,可通过属性栏对其宽度、高度、角样式等进行修改。

■实例操作:制作手机

● 光盘\素材\第4章\手机\   ● 光盘\效果\第4章\手机.cdr
● 光盘\实例演示\第3章\制作手机

手机是日常生活中最常见的电子产品。手机的绘制需要使用到圆角矩形。此外,手机的绘制还离不开颜色的渐变填充、位图的使用等知识,其最终效果如图4-1所示。

图4-1　手机效果

Step 1 新建页面大小为A4、页面方向为横向的文档。使用"矩形工具"□绘制一个220×98大小的矩形,在属性栏中单击"圆角"按钮□,设置"圆角"的值分别为"7.5",如图4-2所示。使用"轮廓图工具"□,向内拖动创建轮廓,在属性栏设置"轮廓图步长"为"2","轮廓图偏移"为"1.5",如图4-3所示。分别按Ctrl+K组合键、Ctrl+U组合键拆分与取消群组轮廓图。

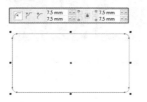
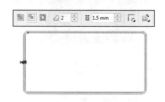

图4-2　绘制手机矩形　　　图4-3　创建矩形轮廓图

Step 2 创建水平辅助线,帮助绘制和定位手机其他各部分,如图4-4所示。使用"交互式填充工具"□从左到右拖动鼠标填充手机底层的圆角矩形,拖动控制柄调整角度,在虚线上双击添加控制点,分别设置起点到终点的K值为100、0、90、80,取消轮廓,如图4-5所示。

图4-4　绘制手机零件　图4-5　渐变填充手机外壳底层

Step 3 使用"交互式填充工具"□从右到左拖动鼠标填充手机外壳中间的圆角矩形,拖动控制柄调整角度,在虚线上双击添加控制点,分别设置起点到终点的控制点的K值为80、80、0、90、80,如图4-6所示。将手机外壳上层矩形的K值设置为100,取消轮廓线,如图4-7所示。

图4-6　填充手机外壳中间层　图4-7　填充手机外壳上层

Step 4 将手机右侧的按钮中的矩形的K值设置为100,圆角矩形的K值设置为50。为鼠标右侧的按钮创建渐变填充,拖动控制柄调整角度,在虚线上双击添加控制点,分别设置起点到终点的控制点的K值为80、90、50、50、30,如图4-8所示。为手机左侧按钮创建渐变填充，设置起点与终点的K值为90、50。内部矩形的起点与终点的K值为90、80，如图4-9所示。

图4-8 填充手机右侧按钮　　　图4-9 填充手机左侧按钮

技巧秒杀

CMYK颜色中，黑色、灰色到白色的C、M、Y值都为0，其深浅都是由K值来决定的。

Step 5 ▶ 使用相同的方法渐变填充手机上边缘的按钮，分别设置起点到终点的控制点的K值为10、90、0、80、0，取消轮廓线，如图4-10所示。导入图片"手机屏幕.jpg"，如图4-11所示。

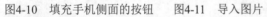

图4-10 填充手机侧面的按钮　　　图4-11 导入图片

Step 6 ▶ 按住鼠标右键，将"手机屏幕.jpg"图片拖动到手机屏幕区域，释放鼠标，在弹出的菜单中选择"图框精确裁剪内部"命令，将屏幕图片放置在手机屏幕区中，如图4-12所示。

图4-12 导入手机屏幕

Step 7 ▶ 使用"钢笔工具" 绘制手机的反光区域。按Shift键选择手机外部轮廓与绘制的轮廓。在属性栏中单击"相交"按钮 ，删除钢笔绘制的轮廓，将创建的轮廓填充为白色，如图4-13所示。取消轮廓线。

图4-13 创建反光区域

Step 8 ▶ 选择反光区域，在工具箱中单击"透明度工具"按钮 ，从左上角向右下拖动鼠标创建透明度，单击选择起点控制点，在出现的"透明度"数值框中输入"70"，按Enter键应用效果，如图4-14所示。按Ctrl+G组合键群组所有对象，原位复制，单击"水平镜像"按钮 镜像对象，如图4-15所示。

图4-14 为高光添加透明　　　图4-15 镜像手机

Step 9 ▶ 选择镜像后的手机，选择"位图"/"转换为位图"命令，将其转换为位图，使用"透明度工具" 拖动鼠标，并调整虚线上的滑块来制作倒影效果，如图4-16所示。分别导入"水中绿叶""飘飞的绿叶"图片，调整大小，将其放置到手机前面，如图4-17所示。

图4-16 制作倒影　　　图4-17 导入绿叶

操作解谜

这里将镜像后的手机转换为位图的目的是为了方便制作整体从上到下的透明效果。若没有转换为位图，将只对群组中的矢量图应用透明效果。

💬 知识解析：**矩形工具选项介绍**

◆ "圆角"按钮：单击可设置弯曲的圆弧角，如图4-18所示为圆角效果。

◆ "扇形角"按钮：单击可设置扇形相切的角，如图4-19所示为扇形角效果。

◆ "倒棱角"按钮：单击可设置倒棱形的角，如图4-20所示为倒棱角效果。

图4-18　圆角　　图4-19　扇形角　　图4-20　倒棱角

◆ "转角半径"数值框：在4个数值框中输入数值可以设置边角样式的平滑大小，平滑值的大小将影响角的显示效果，如图4-21所示。

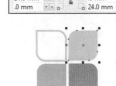 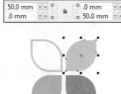

图4-21　不同圆角半径的效果

◆ "同时编辑所有角"按钮：当按钮呈状态时，在某一个角的数值框中输入数值后，其他数值框的值将会统一进行变化；当按钮呈状态时，可单击编辑某一角的平滑度。如图4-22所示为中国结中编辑两个角与编辑3个角的效果。

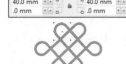 

图4-22　中国结

技巧秒杀

在同时编辑所有角前，需要将各角数值框中的数据设置为0，否则锁定后将以数值框中的值加上设置的值进行统一变化。

◆ "相对角缩放"按钮：单击激活后，在缩放矩形时，角度平滑值也会进行相应的缩放，若取消选中，缩放时，角度平滑值不会发生变化，如图4-23所示为单击前后的缩放效果。

图4-23　相对角缩放

◆ "轮廓宽度"按钮：在其后的下拉列表框中可输入或选择轮廓的宽度。若输入"0"或选择"无"选项，将取消矩形的轮廓。

◆ "转换为曲线"按钮：在没有转换为曲线时，只能进行角上的变化，但单击该按钮转换为曲线后，可进行自由变换或添加节点等操作，如图4-24所示。

图4-24　转换为曲线

4.1.2　3点矩形工具

单击工具箱中的"矩形工具"的右下角，在展开的面板中单击"3点矩形工具"按钮，在绘图区中第一个点位置按住鼠标左键不放并拖出一条斜线，在第二个点位置释放鼠标，移动鼠标在第3个点的位置单击，程序会自动根据平行的原则确定其他两边的位置，如图4-25所示。

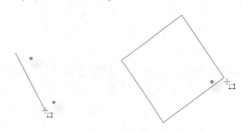

图4-25　使用3点矩形工具

4.2 椭圆与3点椭圆工具

椭圆是图形设计的重要元素。椭圆工具的使用方法与矩形工具的使用方法相似，椭圆工具也分为椭圆工具和3点椭圆工具。除了绘制椭圆外，用户还可通过属性栏设置扇形、圆弧等，下面将进行具体讲解。

4.2.1 椭圆工具

选择工具箱中的"椭圆工具" ◯，在绘图区中按住鼠标进行拖动，再释放鼠标即可绘制好一个椭圆。若同时按住Ctrl键进行拖动，即可绘制正圆。

实例操作： 制作卡通场景

- 光盘\效果\第4章\卡通场景.cdr
- 光盘\实例演示\第4章\制作卡通场景

本例将使用椭圆工具，配合颜色的填充、图形修剪，以及透明工具等，制作一幅卡通场景，包括卡通荷叶、石头、小女孩和青蛙等卡通对象，其最终效果如图4-26所示。

图4-26 卡通场景

Step 1 ▶ 新建横向空白文档，绘制页面大小的矩形，为矩形创建交互式线性渐变填充，设置起点与终点的CMYK值为"59、4、1、0" "24、2、59、0"，如图4-27所示。选择"椭圆工具" ◯，拖动鼠标绘制大小不一的椭圆。选择需要设置为饼图的椭圆，在属性栏中单击"饼图"按钮 ◯，在其后的数值框中分别输入"260" "250"，按Enter键将椭圆设置为饼图，如图4-28所示。

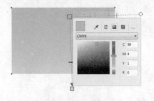 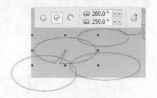

图4-27 创建背景　　　　图4-28 绘制荷叶

Step 2 ▶ 使用相同的方法设置其他饼图，选择矩形以及与矩形相交的圆形，在属性栏中单击"相交"按钮 ◻，创建相交区域，如图4-29所示。删除原来的圆形。

图4-29 创建相交区域

技巧秒杀

在设置饼图时，缺口的位置与起始角度、结束角度的值相关。缺口的大小与起始角度、结束角度差值相关，本例起始与结束角度差值约为10°。

Step 3 ▶ 选择某一个饼图，使用"交互式填充工具" ◻ 从右到左拖动鼠标填充饼图，分别设置起点与终点的CMYK值为"80、8、100、0" "63、0、97、0"，如图4-30所示。使用"手绘工具" ◻ 在荷叶上绘制线条，将其轮廓CMYK值设置为"89、38、100、2"，在属性栏中将其粗细设置为"0.2mm"，如图4-31所示。

图4-30 填充荷叶　　　　图4-31 绘制叶脉

Step 4 ▶ 在荷叶上绘制椭圆，取消轮廓，将填充的CMYK值设置为"89、38、100、2"，使用"透明度工具" 单击绘制的椭圆，在出现的数值框中设置透明度为"15"，如图4-32所示。使用同样的方法填充其他荷叶，如图4-33所示。

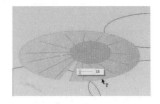 

图4-32　设置透明度　　　　图4-33　制作其他荷叶

Step 5 ▶ 按Ctrl+G组合键群组单个的荷叶对象，使用"阴影工具" ，在层叠在上的荷叶上从中心向右下角拖动鼠标，制作阴影效果，如图4-34所示。绘制椭圆，按Ctrl+Q组合键转换为曲线，使用"形状工具" 向上拖动椭圆底部的曲线，制作石头外观，如图4-35所示。

图4-34　制作阴影效果　　　图4-35　绘制石头

Step 6 ▶ 使用"交互式填充工具" 从上到下拖动鼠标渐变填充石头，分别设置起点到终点的CMYK值为"0、20、40、0"、"20、0、60、20"和"61、33、100、0"，如图4-36所示。复制并缩放石头将其放置到画面的其他位置，如图4-37所示。

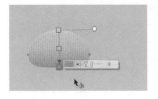 

图4-36　填充石头　　　　　图4-37　复制石头

Step 7 ▶ 在石头外圈绘制水纹，将轮廓粗细设置为"0.02"，轮廓颜色设置为白色，选择石头按Ctrl+Home组合键将其置于水波上面。在荷叶边缘绘制水波曲线，设置相同的轮廓与颜色，使用"形状工具" 调整曲线，使其环绕于荷叶边缘，如

图4-38所示。

图4-38　绘制与编辑水波

Step 8 ▶ 使用"贝塞尔工具" 绘制封闭的头发轮廓，再使用"交互式填充工具" 从上到下拖动鼠标填充头发，分别设置起点与终点的CMYK值为"0、40、60、20"和"64、87、100、57"，如图4-39所示。

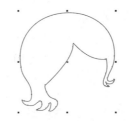 

图4-39　绘制与填充头发

Step 9 ▶ 绘制椭圆，将其置于头发下面，使用"交互式填充工具" 渐变填充椭圆，分别设置起点、中点、终点的CMYK值为"0、25、49、0"、"0、20、40、0"和"0、0、0、0"，如图4-40所示。继续绘制眼睛与腮红的椭圆，取消轮廓将眼睛填充为黑色，设置腮红的CMYK值为"0、60、40、0"，透明度为"50"，如图4-41所示。

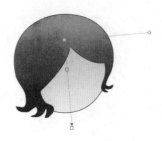 

图4-40　绘制与填充女孩脸　　图4-41　绘制眼睛与腮红

Step 10 ▶ 用"贝塞尔工具" 绘制女孩的其他部分，如图4-42所示。选择女孩的裙子，使用"交互式填充工具" 填充裙子，分别设置起点到终点的CMYK值为"0、40、92、0"、"0、20、100、0"和"13、78、100、0"，如图4-43所示。

图4-42　绘制身体　　　　图4-43　填充裙子

Step 11 ▶ 用相同的方法填充衣袖，设置手的渐变填充的起点到终点的CMYK值为"0、40、60、0"、"0、20、40、0"和"0、0、0、0"，如图4-44所示；设置下层腿的CMYK值为"0、40、60、0"；设置上层腿渐变填充的起点到终点的CMYK值为"0、25、49、0"、"0、0、20、0"和"0、40、60、0，如图4-45所示。

图4-44　填充手　　　　图4-45　填充腿

Step 12 ▶ 用"贝塞尔工具" 绘制号角，继续绘制号角口，如图4-46所示。选择号角与号角口，在属性栏中单击"相交"按钮，创建相交区域，如图4-47所示。

图4-46　绘制号角　　　　图4-47　裁剪号角口

Step 13 ▶ 设置号角的渐变填充的起点、终点的CMYK值为"51、0、75、0"和"77、38、100、1"，如图4-48所示；设置号角口的渐变填充的起点、终点的CMYK值为"84、44、100、6"和

"65、15、80、0"，如图4-49所示。

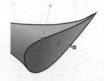

图4-48　填充号角　　　　图4-49　填充号角口

Step 14 ▶ 按住Ctrl键使用"椭圆工具" 在号角柄上绘制正圆，填充CMYK值为"84、52、100、18"，复制圆，均匀排列在号角柄上，如图4-50所示。选择号角元素按Ctrl+G组合键群组，将其放置在两手的中间。群组并选择女孩与号角，右击调色板中的"无填充"按钮取消轮廓，如图4-51所示。

图4-50　绘制号角细节　　　　图4-51　取消轮廓

Step 15 ▶ 将小女孩移动到荷叶上，按住Ctrl键使用"椭圆工具" 在号角口绘制多个大小不一的正圆，使用"透明度工具" 单击绘制的椭圆，在出现的数值框中设置不同的透明度。复制并缩放椭圆，使其分布到整个画面中，如图4-52所示。继续绘制青蛙各部分的椭圆，旋转移动椭圆构成青蛙轮廓，如图4-53所示。

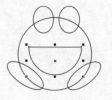

图4-52　绘制气泡　　　　图4-53　绘制青蛙轮廓

操作解谜　　在绘制青蛙的嘴部时，需要先绘制椭圆，然后在属性栏中单击"饼图"按钮，在其后的"结束角"数值框中输入"180"。

Step 16 ▶ 使用"贝塞尔工具" 和"椭圆工具" ，继续绘制青蛙的手脚、眼睛与眉毛。在绘制眉毛时，可先绘制并选择两个相交椭圆，在属性栏中单击"移除前面对象"按钮 ，如图4-54所示。

图4-54　绘制青蛙细节

Step 17 ▶ 在青蛙的身体上创建渐变填充，在属性栏中单击"椭圆形渐变填充"按钮 ，调整起点、终点位置，将CMYK值分别设置为"20、7、100、0"和"56、9、98、0"，将轮廓粗细设置为"0.5"，将轮廓的CMYK值设置为"84、52、100、18"，如图4-55所示。将填充与轮廓属性应用到青蛙的大腿。将青蛙小腿的轮廓粗细设置为"0.2"，将填充的CMYK值设置为"56、9、98、0"，如图4-56所示。

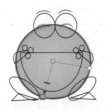

图4-55　填充青蛙身体　　　图4-56　填充青蛙腿

Step 18 ▶ 选择青蛙嘴巴，将填充的CMYK值设置为"56、0、100、0"，复制嘴巴图形，在属性栏中单击"圆弧"按钮 ，将轮廓粗细设置为"0.5"，如图4-57所示。

图4-57　制作青蛙嘴巴

Step 19 ▶ 设置填充青蛙前腿图形的CMYK值为"38、0、82、0"，将轮廓粗细设置为"0.2"，

将轮廓的CMYK值设置为"84、52、100、18"，如图4-58所示。为青蛙的眼睛设置相同的轮廓，填充为白色，取消眼睛与眉毛的轮廓，将眼睛填充为黑色。填充眉毛的颜色与眼睛轮廓相同，如图4-59所示。

图4-58　填充青蛙前腿　　　图4-59　填充青蛙眼睛

Step 20 ▶ 用"贝塞尔工具" 绘制青蛙身上的花纹，取消轮廓，设置花纹的渐变填充的起点、终点的CMYK值为"93、50、100、17"和"43、5、47、0"。使用相同的方法制作其他花纹，如图4-60所示。将青蛙移动到荷叶上。

图4-60　制作青蛙身上的花纹

Step 21 ▶ 在画面左上角绘制多个相交的椭圆，填充为白色，取消轮廓线，设置透明度为"30"，如图4-61所示。选择多个椭圆，在属性栏中单击"合并"按钮 ，即可看见云的效果，如图4-62所示。使用同样的方法制作画面的其他云。

图4-61　制作透明白云　　　图4-62　合并白云

Step 22 ▶ 选择"星形工具" ，在属性栏中设置"点数和边数"为"6"，设置"锐度"为"90"，拖动鼠标绘制星形，填充为白色，取消轮廓线，设置合适的透明度。复制多个星形，执行旋转或缩放

操作，分布在画面中，如图4-63所示，完成制作。

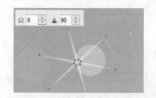 

图4-63　绘制星形

💬 知识解析：椭圆工具选项介绍 ⋯⋯⋯⋯⋯⋯⋯

◆ "椭圆形"按钮⊙：选择"椭圆工具" ⊙默认会选中该按钮，当切换到饼图和弧后，单击可重新绘制圆形，如图4-64所示。

◆ "饼图"按钮⌒：单击激活后可绘制圆饼，如图4-65所示。绘制圆形或弧度后，单击可将其转换为圆饼。

◆ "弧"按钮⌒：单击激活后可设置或绘制圆弧线条，如图4-66所示。

图4-64　椭圆形　　　图4-65　饼图　　　图4-66　弧

◆ "起始与结束角度"数值框：用于设置饼图或圆弧断开位置的起始角度和终止角度，范围在0°～30°之间，如图4-67所示为不同起始与结束角度的效果。

图4-67　起始与结束角度

◆ "更改方向"按钮🔒：单击可更改起始角度和终止角度的方向，即转换顺时针或逆时针方向，如图4-68所示为更改前后的效果对比。

图4-68　更改起始角度和终止角度方向

◆ "转换为曲线"按钮⊙：没有转换为曲线前，饼图和弧线只能以饼图和弧线的角度进行变化，单击该按钮转换为曲线后，可进行自由变换，如图4-69所示。

图4-69　转换为曲线

4.2.2　3点椭圆工具

3点椭圆工具是以椭圆的高度和直径长度为基准进行绘制的，其绘制方法为：单击工具箱中的"椭圆工具" ⊙右下角的三角形按钮，在弹出的列表中单击"3点椭圆工具"按钮❀，在绘图区中第1个点位置按住鼠标左键不放并拖动出一条斜线，表示椭圆的直径，在第2个点位置释放鼠标，移动鼠标确定椭圆的高度，在第3个点的位置单击，即可完成椭圆的绘制，如图4-70所示。

图4-70　使用3点椭圆工具

4.3　多边形工具

多边形是一种常见的几何图形，通过多边形工具用户可绘制任意边数的几何形状，如三角形、矩形、五边形和六变形等，下面将对其应用进行详细讲解。

4.3.1 绘制多边形

绘制多边形的方法很简单，只需在工具箱中单击"多边形工具"按钮◯，在其工具属性栏中的"多边形上的点数"数值框中设置多边形的边数，在绘图区中拖动鼠标即可绘制出多边形。

▣实例操作：绘制足球

● 光盘\素材\第4章\草地.jpg　　● 光盘\效果\第4章\足球.cdr
● 光盘\实例演示\第4章\绘制足球

本例将使用多边形工具来绘制足球，此外还涉及颜色填充、鱼眼透镜的应用等知识，完成绘制后，其最终效果如图4-71所示。

图4-71　足球

Step 1 ▶ 新建A4、横向的空白文档，在工具箱中单击"多边形工具"按钮◯，在其工具属性栏中的"多边形上的点数"数值框中输入"6"，按住Shift键拖动鼠标绘制宽为32mm的正六边形。按Alt+F9组合键打开"变换"泊坞窗，单击"位置"按钮✛，在x数值框中输入"32"，在"副本"数值框中输入"4"，单击 应用 按钮，效果如图4-72所示。

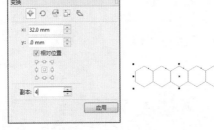

图4-72　位移并再制六边形

Step 2 ▶ 同时选择左边的4个六边形，按住Ctrl键不

放，向右上拖动，使其与下一排六边形的轮廓重合，确定位置后单击鼠标右键复制对象，通过方向键微调六边形，使其完全重合。使用相同的方法制作如图4-73所示的图形。

图4-73　创建足球大致形状

Step 3 ▶ 将所有六边形轮廓设置为"1.5mm"，在左上角的六边形上创建渐变填充，在属性栏中单击"椭圆形渐变填充"按钮□，调整起点、终点的位置，将CMYK值分别设置为"0、0、0、0"和"0、0、0、10"，将该六边形的属性应用到除上、下、中、左、右外的六边形上，如图4-74所示。

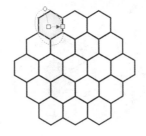
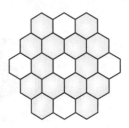

图4-74　渐变填充六边形

Step 4 ▶ 使用"交互式填充工具"▣填充上方的六边形，双击虚线添加节点，调整节点位置，设置起点到终点节点的CMYK值为"0、0、0、100"、"0、0、0、0"和"0、0、0、0"。将其属性复制到下、中、左、右的六边形上，如图4-75所示。

图4-75　渐变填充六边形

Step 5 ▶ 绘制正圆放置到足球上，取消轮廓，按Alt+F9组合键打开"透镜"泊坞窗，在"透镜类

型"下拉列表框中选择"鱼眼"选项，在"比率"数值框中输入"120"，选中 ☑冻结 复选框，单击 🔒按钮解锁，单击 应用 按钮，效果如图4-76所示。

图4-76　创建鱼眼透镜对象

Step 6 ▶ 绘制略小于足球的圆，在足球上按住鼠标右键拖动到绘制的圆上，使足球中心与圆中心对齐，释放鼠标，在弹出的菜单中选择"图框精确裁剪内部"命令，将足球放置在圆形中，如图4-77所示。

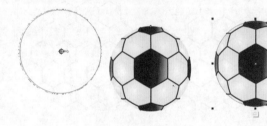

图4-77　精确裁剪足球

Step 7 ▶ 取消图框的轮廓，继续绘制与足球相同大小的圆，填充为白色，使用"阴影工具" □，在圆形上从中心向右下角拖动鼠标，制作阴影效果，取消轮廓，按Ctrl+End组合键将其置于足球的下面，如图4-78所示。

图4-78　制作阴影轮廓

Step 8 ▶ 复制阴影圆，使用"阴影工具" □更改阴影位置，制作底部阴影效果，选择该圆形按Ctrl+K组合键拆分图形与阴影，删除图形，调整阴影高度

与位置，按Ctrl+End组合键将其置于底层，如图4-79所示。

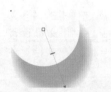

图4-79　制作地面阴影

Step 9 ▶ 继续绘制与足球相同大小的圆，填充为"0、0、0、80"，使用"透明度工具" ❧为绘制的圆创建透明渐变，将其完全重叠在足球上。导入"草地.jpg"图片，如图4-80所示。按Ctrl+End组合键将其置于页面底层，作为足球背景。

图4-80　制作暗光并导入背景

4.3.2　多边形的外观变换

多边形和星形的各个边角是相互关联的，使用"形状"工具 ◣拖动绘制的多边形的任一一个节点，其余各边的节点都会产生相应的变化，如图4-81所示。

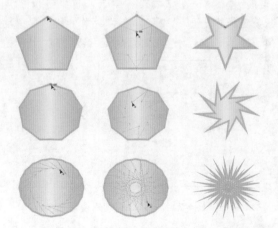

图4-81　多边形的外观变换

技巧秒杀

多边形转换为星形，需要在多边形未转换为曲线的前提下进行。若转换为曲线，则只能调整某个节点，其他节点不会跟着变化。

技巧秒杀

在绘制多边形时，若同时按住Shift+Ctrl组合键，则将以拖动的起点处为中心绘制出正多边形。且边数设置得越大，绘制出来的多边形越接近圆。

4.4 星形工具和复杂星形工具

星形工具用于绘制只带边的星形，默认情况下可以绘制五角星；而复杂星形工具用于绘制内部有线条的星形，默认情况下可绘制九角星形。这两种星形都可以根据需要设置边数和角度，下面分别进行介绍。

4.4.1 绘制星形

在工具箱中单击"多边形工具"按钮○右下角的三角形按钮，在弹出的下拉列表中单击"星形工具"按钮☆，在绘图区中拖动鼠标即可绘制出星形。用户还可通过属性栏更改星形的属性。

实例操作：绘制绚丽花朵

- 光盘\素材\第4章\花纹.cdr ● 光盘\效果\第4章\绚丽花朵.cdr
- 光盘\实例演示\第4章\绘制绚丽花朵

本例将使用星形工具来绘制一组花纹，包括五角星的绘制、四角星的绘制、六角星的绘制等，并通过更改其形状来制作花朵效果，其最终效果如图4-82所示。

图4-82　绚丽花朵

Step 1 ▶ 新建空白文档，绘制矩形，使用"交互式填充工具"▣填充矩形，在属性栏中单击"椭圆形渐变填充"按钮▣，双击虚线添加节点，调整节点位置，分别设置起点到终点节点的CMYK值为"56、

100、23、0"、"87、93、79、73"、"81、95、77、71"和"76、100、57、35"，效果如图4-83所示。

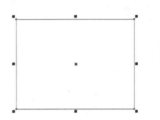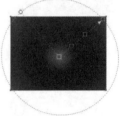

图4-83　绘制背景

Step 2 ▶ 复制"花纹.cdr"文档中的图形，使用"交互式填充工具"▣拖动鼠标线性填充花纹，双击虚线添加节点，调整各填充节点位置，交替填充节点的CMYK值为"18、16、84、0"和"18、46、99、0"，如图4-84所示。

图4-84　填充花纹

Step 3 ▶ 单击"星形工具"按钮☆，在属性栏中设置"点数和变数"为"20"，设置"锐度"为"64"，按住Ctrl键绘制正星形。选择绘制的星形，按Ctrl+Q组合键转换为曲线，使用"形状工具"▷框选内部节点，在属性栏中单击"转换为曲线"按钮ℱ，配合Shift键选择外部的节点，在属性栏中单

击"转换为曲线"按钮 和"对称节点"按钮 ，制作花朵，如图4-85所示。

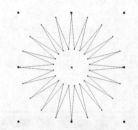

图4-85 制作花朵

Step 4▶ 绘制"点数和变数"为"20"及"锐度"为"64"的星形，放于花心中间，按Ctrl+Q组合键转换为曲线，使用"形状工具" 选择外部节点，在属性栏中单击"转换为曲线"按钮 ，框选内部的节点，在属性栏中依次单击"转换为曲线"按钮 和"对称节点"按钮 ，制作花芯，如图4-86所示。

图4-86 制作花芯

Step 5▶ 使用"交互式填充工具" 填充花朵，在属性栏中单击"椭圆形渐变填充"按钮 ，添加并调整节点位置，分别设置起点到终点节点的CMYK值为"43、100、0、61"、"43、100、0、0"、"22、99、1、0"和"43、99、1、0"，如图4-87所示。用同样的方法设置花芯渐变填充，设置起点到终点的CMYK值为"0、60、100、0"、"1、99、1、0"和"100、99、1、0"，如图4-88所示。

图4-87 填充花朵　　　图4-88 填充花芯

Step 6▶ 使用"钢笔工具" 绘制花瓣尖上的纹路，使用"交互式填充工具" 填充线性渐变纹路，分别设置起点到终点节点的CMYK值为"60、99、1、0"和"42、100、0、0"，效果如图4-89所示。

图4-89 填充花朵纹路

Step 7▶ 使用"交互式填充工具" 填充花朵，在属性栏中单击"椭圆形渐变填充"按钮 ，双击虚线添加节点，调整节点位置，分别设置起点到终点节点的CMYK值为"43、100、0、61"、"43、100、0、0"、"22、99、1、0"和"43、99、1、0"，效果如图4-90所示。

图4-90 旋转并复制花瓣路径

Step 8▶ 再次绘制"点数和变数"为"6"及"锐度"为"64"的星形，使用上述方法将其制作成花朵，在中心创建两条辅助线，使用"形状工具" 将内部的节点拖动到靠近中点的位置，如图4-91所示。

图4-91 调整星形形状

Step 9▶ 分别单击内部节点，分别拖动两边的控制柄到中间重合，分别单击选择外部的节点，将节点向中心点拖动，制作出六瓣花朵的轮廓，如图4-92所示。

图4-92　制作花朵轮廓

Step 10 ▶ 使用"交互式填充工具" 填充六瓣花朵，在属性栏中单击"椭圆形渐变填充"按钮 □，双击虚线添加节点，调整节点位置，分别设置起点到终点节点的CMYK值为"2、0、100、0"、"41、0、100、0"和"55、0、97、0"，如图4-93所示。使用相同的方法制作其他花朵，效果如图4-94所示。

图4-93　填充花朵　　　　图4-94　制作其他花朵

Step 11 ▶ 按住Ctrl键绘制"点数和变数"为"5"及"锐度"为"53"的正星形，填充CMYK值为"2、0、100、0"。复制、缩放并旋转星形，使用"透明度工具" 单击其中的一些星形，在出现的数值框中输入透明度，如图4-95所示。

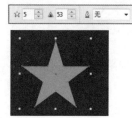

图4-95　绘制五角星

Step 12 ▶ 绘制"点数和变数"为"4"及"锐度"为"90"的星形，填充CMYK值为"0、0、0、0"。复制、缩放并旋转星形，使用"透明度工具" 单击其中的一些星形，在出现的数值框中输入透明度，如图4-96所示。

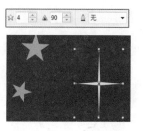

图4-96　绘制四角星

Step 13 ▶ 使用"文本工具" 字 在画面上单击，输入文本"之歌"，在属性栏中设置字体为"华文楷体"，字号为"40pt"，填充CMYK值为"0、0、0、0"，如图4-97所示。使用"钢笔工具" 绘制蝴蝶轮廓，如图4-98所示。

图4-97　输入文本　　　　图4-98　绘制蝴蝶轮廓

Step 14 ▶ 复制并取消蝴蝶轮廓，填充不同的颜色，如图4-99所示，并设置不同的角度、大小与透明度，放置在画面中，如图4-100所示，完成本例的操作。

图4-99　填充蝴蝶　　　图4-100　复制、缩放与旋转蝴蝶

💬 **知识解析：星形工具选项介绍** ··············●

◆ **"点数和变数"数值框**：用于设置绘制星形的角数。最大值为500，最小值为3。

◆ **"锐度"数值框**：用于设置角的锐度，其值越大，角越尖，数值越小越接近于圆形，如图4-101所示。

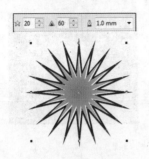

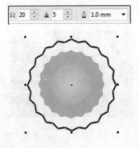

图4-101 不同锐度的效果

绘制"点数和变数"为"500"，"锐度"为"53"的正星形后，使用椭圆形渐变填充的方法还可以制作出光晕效果，如图4-102所示为制作蓝月亮的效果。

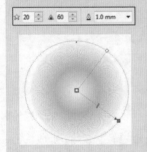

图4-102 月亮效果

4.4.2 绘制复杂星形

使用复杂星形工具，用户可以绘制交叉边缘的复杂星形，其绘制方法与星形的绘制方法一样。只需在工具箱中单击"多边形工具"按钮○右下角的按钮，在弹出的面板中单击"复杂星形工具"按钮☆，再通过如图4-103所示的属性栏中设置其点数或边数的值、锐度值，最后在工作区中拖动鼠标进行绘制即可。

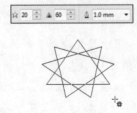

图4-103 绘制复杂星形

在绘制星形时，若按住Ctrl键可以绘制出一个正星形；若按住Shift键可以以中心为起始点绘制一个星形；若按住Shift+Ctrl组合键可以以中点为起始点绘制正星形。

💬**知识解析：** 复杂星形工具选项介绍·············•

◆ "点数和变数"数值框：设置复杂星形的角数。最大值为500，最小值为5，如图4-104所示。

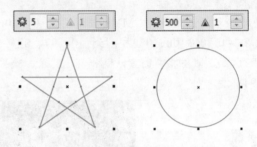

图4-104 最小值与最大值复杂星形

◆ "锐度"数值框：用于设置角的锐度，其值越小越接近于圆。最小值为1，最大值会随着边数递增，如图4-105所示为同锐度的复杂星形。

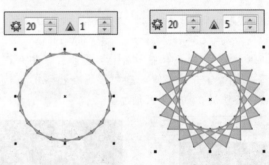

图4-105 不同锐度的复杂星形

读书笔记

4.5 图纸工具

利用图纸工具可以绘制不同行数和列数的网格图形，从而达到对图像进行精确定位的作用。网格图纸实际上就是多个连续排列且中间不留缝隙的矩形群组而成。

实例操作：制作美丽拼图

● 光盘\素材\第4章\美女.jpg ● 光盘\效果\第4章\拼图.cdr
● 光盘\实例演示\第4章\制作美丽拼图

本例将使用图纸工具绘制网格，并取消网格的群组来拆分图片，形成拼图效果，其最终效果如图4-106所示。

图4-106　拼图

Step 1 ▶ 新建空白文档，在工具箱中单击"多边形工具"按钮 ○，在弹出的面板中单击"图纸工具"按钮 圖，在属性栏的"行数"和"列数"数值框中分别输入"10"，拖动鼠标绘制网格，如图4-107所示。导入"美女.jpg"图片，调整网格和图片大小，使它们大小一致，如图4-108所示。

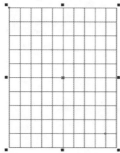

图4-107　绘制网格　　　图4-108　导入图像

Step 2 ▶ 选择"美女.jpg"图片，在其中心按住鼠标右键将其拖动到网格中心，释放鼠标在弹出的菜单中选择"图框精确裁剪内部"命令，将图片放置在网格中，如图4-109所示。

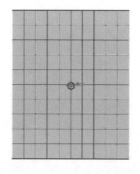

图4-109　网格裁剪图像

Step 3 ▶ 选择网格图形，按Ctrl+U组合键取消网格群组，使其成为一个个单独的小矩形，如图4-110所示。在状态栏中双击"轮廓笔"按钮 ♤，打开"轮廓笔"对话框，在"颜色"下拉列表框中选择"白色"，在"宽度"下拉列表框中选择"0.5mm"，单击 确定 按钮，如图4-111所示。

图4-110　打散网格　　　图4-111　设置网格轮廓

Step 4 ▶ 任意移动图形中的矩形，将会看见矩形中的图形部分也会跟着移动，如图4-112所示。绘制矩形背景，使用"交互式填充工具" ♦ 拖动鼠标线

性填充矩形，调整起点与终点节点位置，分别设置
CMYK值为"5、2、5、0"和"0、0、0、0"，如
图4-113所示。按Ctrl+End组合键置于页面后面，完
成本例的操作。

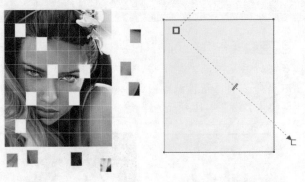

图4-112　移动图形　　　图4-113　添加背景

技巧秒杀

在绘制图纸时，若按住Ctrl键可以绘制出正方形
图纸；若按住Shift键可以以中心为起始点绘制图
纸；若按住Shift+Ctrl组合键可以以中点为起始
点绘制正方形网格图纸；若设置相同的行数和列
数，再按住Ctrl键进行绘制，可以使绘制的图纸
的各个矩形都是正方形，如图4-114所示。

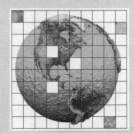

图4-114　绘制正方形网格

4.6　螺纹工具

螺纹图形是一种旋转式的图形，如蚊香、螺丝钉、螺蛳、棒棒花纹糖等都属于螺纹图形。使用螺纹工
具既可以绘制对称螺纹，也可以绘制对数螺纹。

实例操作：　绘制蚊香

● 光盘\素材\第4章\蚊香\　　● 光盘\效果\第4章\蚊香.cdr
● 光盘\实例演示\第4章\绘制蚊香

本例将使用螺纹工具绘制蚊香，并复制与填充
蚊香，然后再通过添加蚊子、竹林来制作蚊香宣传画
的效果，如图4-115所示。

图4-115　蚊香

Step 1 ▶ 新建空白文档，在工具箱中单击"多边形
工具"按钮，在弹出的面板中单击"螺纹工具"
按钮，在属性栏的"螺纹回圈"数值框中输入
"4"，拖动鼠标绘制螺纹，如图4-116所示。在状
态栏中双击"轮廓笔"按钮，打开"轮廓笔"对话
框，设置轮廓色CMYK值为"86、55、70、17"，
"宽度"设置为"8.0mm"，依次单击、和
确定按钮，如图4-117所示。

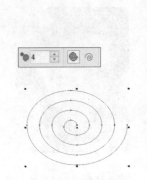

图4-116　绘制螺纹　　　图4-117　设置螺纹轮廓

Step 2▶ 选择绘制的螺纹，按Shift+Ctrl+Q组合键将轮廓转换为对象，使用"形状工具" 调整蚊香内的蚊香头的轮廓，如图4-118所示。复制蚊香，另外填充为黑色，将其置于绿色蚊香的下面，调整蚊香的位置，如图4-119所示。

图4-118　调整蚊香形状　　图4-119　复制与重叠蚊香

Step 3▶ 使用"贝塞尔工具" 在蚊香外的蚊香头上绘制火焰与灰烬轮廓，取消轮廓，使用"交互式填充工具" 拖动鼠标线性填充该图形，双击虚线添加节点，调整各节点位置，设置起点到终点的节点的CMYK值分别为"4、97、84、0"、"4、97、84、0"、"0、26、63、0"、"53、42、35、0"和"64、50、47、0"，如图4-120所示。

图4-120　绘制火焰与灰烬

Step 4▶ 使用"贝塞尔工具" 绘制烟雾，填充为白色，如图4-121所示。取消轮廓，使用"透明度工具" 从中上向下拖动创建渐变透明效果，在中点上双击添加节点，在出现的数值框中设置透明度为"83"。使用相同的方法创建其他烟雾的透明渐变，如图4-122所示。

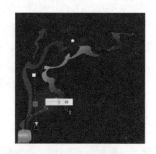

图4-121　绘制烟雾　　图4-122　设置烟雾透明

Step 5▶ 导入"竹子.jpg"图片，如图4-123所示。在图上方绘制矩形，填充为白色，使用"透明度工具" 单击，在出现的数值框中设置透明度为

"60"。复制该矩形调整大小、放置在图片下方，如图4-124所示。

图4-123　导入图像　　图4-124　绘制透明矩形

Step 6▶ 使用"文本工具" 字 在画面左上角输入文本"天敌"，设置字体为"方正舒体"，按Ctrl+K组合键拆分文本，分别调整文本的大小，放置于合适位置。继续输入文本"驱蚊香"，设置字体为"华文隶书"，字体颜色为"红色"，调整大小置于"天敌"右下角。继续在画面左下角输入"新产品全新上市"文本，设置字体为"华文隶书"，字体颜色CMYK值为"86、55、70、17"，如图4-125所示。

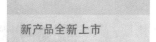

图4-125　输入文本

Step 7▶ 复制"蚊子.cdr"文档中的蚊子，放置到文本"天"右上角，如图4-126所示。复制、缩放并旋转蚊子，制作一群蚊子效果，将蚊香放置在蚊子右下角，使蚊子环绕蚊香周围，如图4-127所示。将下方的透明矩形和文本置于顶层，完成本例的操作。

图4-126　放入蚊子　　图4-127　制作一群蚊子

💬**知识解析：** 螺纹工具选项介绍 ········

◆ "螺纹回圈"数值框：用于设置螺纹中完整圆形回圈的圈数。最大值为100，最小值为1，数值越大，圈数越密，如图4-128所示。

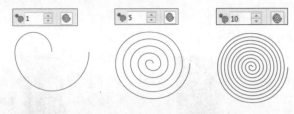

图4-128　不同螺纹回圈效果

◆ **"对称式螺纹"按钮**：单击激活后，螺纹的回圈间距是均匀的，如图4-129所示。

◆ **"对数螺纹"按钮**：单击激活后，螺纹的回圈间距是由内向外逐渐增大的，如图4-130所示。

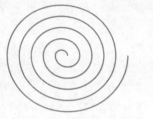 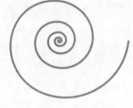

图4-129　对称式螺纹　　　图4-130　对数螺纹

◆ **"螺纹扩展参数"数值框**：单击激活对数螺纹后，可通过该数值框设置向外扩展的速率，速率越大，由内向外扩展的间距的增值越大。最小值为1，最大值为100。当为1时，将均匀分布圈数，如图4-131所示。

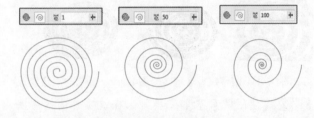

图4-131　不同的螺纹扩展参数

技巧秒杀

在绘制螺纹时，若按住Ctrl键，可以绘制出水平和垂直尺寸相同的螺纹，其外部轮廓的外形接近正圆。

4.7 基本形状工具组

在基本形状工具组中为用户提供了5组基本形状样式，包括基本形状、箭头形状、流程图、标注和标题形状，每个基本形状工具都包含了多个基本形状扩展图形，下面分别进行介绍。

4.7.1 绘制基本形状

在工具箱中单击"多边形工具"按钮，在展开的面板中单击"基本形状工具"按钮，在属性栏中的"完美形状"下拉列表框中即可查看其系列扩展图形，选择不同的扩展图形后，在页面中按住鼠标左键不放进行拖动，至合适位置后释放鼠标即可绘制选择的图形。

实例操作：绘制梦幻天空

● 光盘\素材\第4章\风景.jpg　　● 光盘\效果\第4章\梦幻天空.cdr
● 光盘\实例演示\第4章\绘制梦幻天空

本例将使用基本形状工具在风景图片的天空中绘制心形，并配合透明工具和高斯式模糊工具制作梦幻的天空效果，如图4-132所示。

图4-132　梦幻天空

Step 1 ▶新建空白文档，在工具箱中单击"多边形工具"按钮◯，在展开的面板中单击"基本形状"按钮◎，在属性栏中单击"完美形状"按钮◻右下角的下拉按钮，在弹出的下拉列表中单击♡按钮，拖动鼠标绘制心形。选择绘制的心形，按Ctrl+Q组合键转换为曲线，复制并缩小心形，放置在原心形中心，使用"形状工具"◣将上下的节点对齐，如图4-133所示。

图4-133　绘制心形

Step 2 ▶选择两个心形，在属性栏中单击"移除前面对象"按钮◻，使用"形状工具"◣框选心形下端的节点，在属性栏中单击"断开曲线"按钮，调整心形外观，调整完成后在属性栏中单击"连接曲线"按钮◻，如图4-134所示。

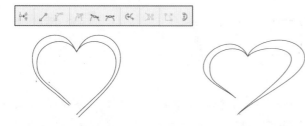

图4-134　调整心形形状

Step 3 ▶导入"风景.jpg"图片，将心形移动到图片的蓝天上，取消轮廓，填充为白色，复制心形，选择"位图"/"转换为位图"命令将其转换为位图，再选择"位图"/"模糊"/"高斯式模糊"命令，在打开的对话框中设置模糊的半径为"25.0"，单击 确定 按钮，如图4-135所示。

图4-135　设置形状模糊

Step 4 ▶选择模糊后的心形，使用"透明度工具"◻从右下向左上拖动创建渐变透明效果。选择原心形，创建从下到上的渐变透明效果，将其放置在模糊心形的上方，如图4-136所示。

图4-136　创建透明效果

Step 5 ▶使用"文本工具"字在心形内部单击，输入文本"blue sky"，拖动鼠标选中输入的文本，在属性栏中设置字体为"Kunstler Script"，设置字体颜色为白色，调整文本大小，放置在心形中心位置。绘制多个圆，取消轮廓，填充为白色、绿色等颜色，使用创建模糊透明心形的方法为圆形创建模糊和透明效果，如图4-137所示，完成本例制作。

图4-137　输入并设置文本

技巧秒杀

在绘制某些基本形状时，用户可使用"形状工具"◣拖动形状中的红色控制点来更改形状外观，如图4-138所示为更改笑脸图形为不满表情的效果。

图4-138　制作不满表情

4.7.2 绘制箭头形状

箭头广泛运用于网页设计或流程图中，是用于指示或连接图形。在CorelDRAW X7中提供了多种常用的箭头形状，利用这些箭头形状可以快速地绘制各式各样的箭头图形。在工具箱中单击"多边形工具"按钮 🔷，在展开的面板中单击"箭头形状工具"按钮 ⬈，在属性栏的"完美形状"下拉列表中选择需要的箭头形状，在绘图区中拖动鼠标即可绘制对应的箭头。

实例操作： 制作水晶箭头

● 光盘\素材\第4章\箭头背景.jpg ● 光盘\效果\第4章\水晶箭头.cdr
● 光盘\实例演示\第4章\制作水晶箭头

本例将使用箭头工具绘制箭头，并配合修剪工具、颜色的渐变填充工具制作水晶立体箭头效果，其最终效果如图4-139所示。

图4-139 水晶箭头

Step 1 ▶ 新建空白文档，在工具箱中单击"多边形工具"按钮 🔷，在弹出的面板中单击"箭头形状"按钮 ⬈，拖动鼠标绘制默认的右箭头，如图4-140所示。使用"形状工具" 🔨 向上拖动箭头上的红色控制点，调整箭头形状，如图4-141所示。

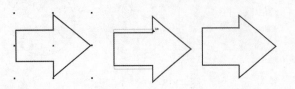

图4-140 绘制箭头形状　图4-141 调整箭头形状

Step 2 ▶ 使用"形状工具" 🔨 选择箭头尖角上的节点，单击鼠标右键，在弹出的快捷菜单中选择"到曲线"命令，在尖角两边的曲线上分别双击添加节点，双击删除尖角上已有的节点，使尖角变为圆角，如图4-142所示。

图4-142 调整箭头尖角

Step 3 ▶ 旋转箭头，将其轮廓设置为"0.25mm"，使用交互式填充工具 🔷 拖动鼠标线性填充箭头，添加节点并调整各节点位置，设置起点到终点的节点的K值分别为"0"、"80"、"0"、"60"、"0"和"0"，如图4-143所示。复制并缩小箭头，使用"形状工具" 🔨 调整箭头曲线，使其边缘平行，填充CMYK值为"5、14、87、0"，轮廓为白色，如图4-144所示。

图4-143 旋转与填充箭头　图4-144 复制并缩小箭头

Step 4 ▶ 使用"贝塞尔工具" ✏ 绘制与箭头相交的图形，选择该图形与黄色箭头，在属性栏中单击"相交"按钮 🔲，创建相交区域，取消其轮廓，填充CMYK值为"5、19、93、0"，如图4-145所示。

图4-145 创建与填充相交区域

Step 5 ▶ 继续选择绘制的图形与渐变填充的箭头，在属性栏中单击"相交"按钮 🔲，创建相交区域，删除绘制的图形，取消相交区域的轮廓，使用"交互式填充工具" 🔷 更改线性填充方式，设置起点到终点的节点的K值分别为"80"、"0"、"60"、

"0"和"60",如图4-146所示。

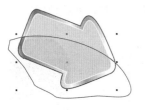

图4-146　线性填充相交区域

Step 6 ▶ 复制底层的箭头,使用"交互式填充工具" 更改线性填充方式,设置起点到终点节点的K值分别为"80"和"30",将其置于底层,使用"形状工具" 调整箭头曲线,使其箭头呈现立体效果,如图4-147所示。

图4-147　制作立体箭头

Step 7 ▶ 选择黑色轮廓的箭头,按Shift+Ctrl+Q组合键将轮廓转换为曲线,选择轮廓对象,选择"位图"/"转换为位图"命令将其转换为位图,再选择"位图"/"模糊"/"高斯式模糊"命令,在打开的对话框中设置模糊的半径为"2.0",单击 确定 按钮,如图4-148所示。

图4-148　模糊箭头轮廓

Step 8 ▶ 使用"文本工具" 在箭头内部单击,输入文本"arrow",设置字体为"Elephant",设置字体颜色的CMYK值为"5、19、93、0",放于箭头中间,在其右下角继续输入文本"right arrow",设置相同的字体与颜色,如图4-149所示。

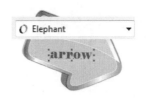

图4-149　输入文本

Step 9 ▶ 在属性栏中单击"完美形状"按钮 ,在弹出的选择列表中选择 选项,拖动鼠标绘制箭头,使用"形状工具" 向上拖动箭头上的红色控制点,调整箭头形状,旋转箭头,填充CMYK值为"5、19、93、0",取消轮廓如图4-150所示。

图4-150　绘制箭头

Step 10 ▶ 复制并缩小两个箭头,分别填充CMYK值为"71、0、4、0"和"20、80、0、20",如图4-151所示。导入"箭头背景.jpg"图片,将其置于底层,再移动箭头位置,完成本例的操作,如图4-152所示。

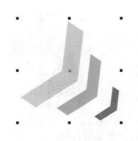

图4-151　复制箭头　　　图4-152　导入背景

4.7.3　绘制流程图形状

使用流程图形状工具可以快速绘制各种流程图,如业务流程图、数据流程图等。单击"流程图形状工具"按钮 ,在属性栏中的"完美形状"下拉列表框中选择需要的流程图形状,在绘图区中拖动鼠标即可绘制对应的流程图形状,如图4-153所示。

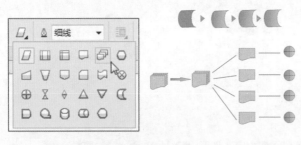

图4-153　绘制流程图形状

4.7.4　绘制标题形状

标题形状工具主要用于绘制丝带形状和爆发形状，如礼物、奖牌和烟花等图标设计中。在工具箱中单击"标题形状工具"按钮，在属性栏中的"完美形状"下拉列表框中选择需要的形状，在绘图区拖动鼠标即可绘制标题形状。

实例操作：制作葡萄酒标签

- 光盘\素材\第4章\酒瓶.cdr　● 光盘\效果\第4章\红酒标签.cdr
- 光盘\实例演示\第4章\制作葡萄酒标签

本例将使用标题形状工具配合椭圆工具、交互式填充工具等来绘制红酒的标签，并将绘制的标签放置到酒品上，其素材与效果如图4-154所示。

图4-154　葡萄酒标签

Step 1 ▶ 新建空白文档，绘制矩形，通过属性栏将上面的两个角设置为圆角，将轮廓设置为"3mm"，使用"交互式填充工具"拖动鼠标线性填充矩形，双击虚线添加节点，调整各节点位置，设置起点到终点的CMYK值分别为"90、89、

88、77"、"51、98、100、34"、"92、89、88、80"和"49、100、100、31"，如图4-155所示。

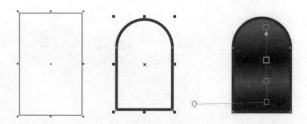

图4-155　绘制与填充圆角矩形

Step 2 ▶ 选择矩形，按Shift+Ctrl+Q组合键将轮廓转换为对象，线性渐变填充轮廓，从起点交替填充节点，交替填充的CMYK值分别为"17、40、86、0"和"7、7、51、0"，如图4-156所示。绘制180°饼图和矩形，放置在合适位置，如图4-157所示。

图4-156　线性渐变填充轮廓　　图4-157　绘制饼图和矩形

> **操作解谜**
>
> 按Shift+Ctrl+Q组合键将轮廓转换为对象后，才能对轮廓进行渐变填充等操作，否则只能设置轮廓的纯色效果。复制放大矩形，置于底层，再使用渐变填充也可得到相同的效果。

Step 3 ▶ 渐变填充饼图，在属性栏中单击"椭圆形渐变填充"按钮，设置起点、终点的CMYK值为"0、5、24、0"和"44、62、93、3"，如图4-158所示。使用相同的方法为绘制的矩形创建椭圆形渐变，调整起点与节点的位置，如图4-159所示。

图4-158　渐变填充饼图　　图4-159　渐变填充矩形

Step 4 ▶ 使用"贝塞尔工具"在中间的矩形上方绘制矩形宽度的直线，将其粗细设置为"0.5mm"，按Shift+Ctrl+Q组合键将轮廓转换为对象，线性渐变填充轮廓，设置起点、终点的CMYK值为"69、95、95、53"、"2、7、27、0"和"69、95、95、53"，如图4-160所示。复制线条，放置到矩形下方，如图4-161所示。

图4-160　绘制渐变线条　　　图4-161　复制渐变线条

Step 5 ▶ 新建空白文档，在工具箱中单击"多边形工具"按钮，在弹出的面板中单击"箭头形状"按钮，工具栏默认形状，在矩形下方拖动鼠标绘制默认形状，如图4-162所示。

图4-162　绘制标题形状

Step 6 ▶ 使用"形状工具"向左拖动标题形状中的红色控制点来加长中间部分的长度，调整形状宽度，在曲线上双击添加节点，选择节点，在属性栏中单击"转换为曲线"按钮后，通过拖动节点来更改标题形状外观，如图4-163所示。

图4-163　调整标题形状

Step 7 ▶ 取消标题形状轮廓，使用"交互式填充工具"创建线性填充，添加节点并调整各节点位置，交替填充起点到终点的节点，交替填充的CMYK值分别为"36、58、100、0"和"5、4、47、0"，如图4-164所示。在标题形状上绘制椭圆，如图4-165所示。

 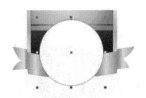

图4-164　线性填充标题形状　　图4-165　绘制椭圆

Step 8 ▶ 选择圆形，将其轮廓粗细设置为"3mm"，按Shift+Ctrl+Q组合键将轮廓转换为对象，使用鼠标右键拖动圆角矩形的轮廓到圆的轮廓上，释放鼠标，在弹出的快捷菜单中选择"复制所有属性"命令，复制属性，如图4-166所示。渐变填充圆形，设置起点到终点的CMYK值分别为"83、90、91、71"和"0、0、0、0"，如图4-167所示。

图4-166　复制属性　　　图4-167　绘制与填充椭圆

Step 9 ▶ 使用"贝塞尔工具"绘制与圆形相交的图形，选择该图形与圆形，在属性栏中单击"相交"按钮，创建相交区域，删除绘制的图形，取消相交图形轮廓，填充CMYK值为"90、89、88、70"，如图4-168所示。

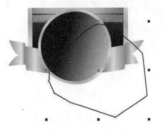 

图4-168　创建与填充相交区域

Step 10 ▶ 使用"文本工具"在心形内部单击，输入文本"1987"，设置字体为"Niagara Solid"，设置字体颜色为白色，调整文本大小，放置在圆形中心位置，如图4-169所示。使用"透明度工具"单击文本，在出现的数字框中设置透明度为"80"，如图4-170所示。

图4-169　输入文本　　　图4-170　设置透明文本

图4-173　添加标签装饰对象

Step 11 ▶ 选择绘制标签的所有部分，在属性栏中单击"创建边界"按钮 🔲，创建边界轮廓，将轮廓设置为"1.5mm"，如图4-171所示。按Shift+Ctrl+Q组合键将轮廓转换为对象，填充为白色，转换为位图，选择"位图"/"模糊"/"高斯式模糊"命令，在打开的对话框中设置模糊的半径为"4.0"，单击 确定 按钮，如图4-172所示。

4.7.5　绘制标注形状

标注形状工具可以绘制一种特殊图形来添加标注文字，如添加对白。在工具箱中单击"标注形状工具"按钮 🔲，在属性栏中的"完美形状"下拉列表框中选择需要的标注形状，在绘图区拖动鼠标即可绘制标注形状，如图4-174所示。

图4-171　创建轮廓　　　图4-172　模糊轮廓

> **操作解谜**　创建边界并设置模糊边界的作用是突出标签，用户也可根据需要设置其透明效果。此外，使用阴影工具创建阴影，并将阴影设置为白色，也可得到需要的模糊效果。

图4-174　添加标注形状

> **技巧秒杀**
>
> 基本形状工具、箭头形状工具、流程图工具、标题形状工具、标注形状工具都可以在多边形工具组中找到。

Step 12 ▶ 打开"酒瓶.cdr"文档，将酒瓶上的文本与花纹复制到标签上，按Ctrl+G组合键群组标签所有对象，将其移动到酒瓶上，调整到合适的大小与位置，完成本例的制作，如图4-173所示。

4.8　连接器工具

使用连接器工具可以很方便地在两个对象之间创建连接线，并且在移动对象时保持连接状态，广泛用于工程图、流程图等。连接器工具包括直线连接器、直角连接器、直角圆形连接器3个类型。创建连接线后，还可通过编辑锚点工具编辑连接线，以达到需要的效果。

4.8.1 直线连接器工具

直线连接器可以绘制任意角度的直线，以连接图形对象。在工具箱中单击"连接器工具"按钮，工作区中的对象的四周将出现锚点，在需要连接的对象的锚点或对象的节点上按住鼠标左键不放确定连接的起点，拖动鼠标光标到另一个对象的锚点或节点处再释放鼠标确定连接终点，创建连接后，用户可通过属性栏设置连线的样式、宽度和颜色等，并且当移动对象时，连接线会跟着移动，如图4-175所示。

图4-175 使用直线连接器

?答疑解惑：

在工具箱中没有看见直线连接器工具，该怎么办呢？

在CorelDRAW X7中，新增了自定义功能，为了界面的简洁与美观，导致一些功能或工具没有显示出来。在工具箱中没有看见直线连接器工具，可能是该工具没有显示在工具箱中，这时，可单击"自定义"按钮，在展开的面板中选中工具对应的复选框将其显示出来，如图4-176所示。

图4-176 显示直线连接器工具

当出现多个连接线需要连接同一位置时，起始连接点需要从没有选中连接线的节点上开始，如果在已经连接的节点上单击拖曳，则会拖曳当前连接线的节点，如图4-177所示。

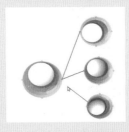

图4-177 连接同一位置

4.8.2 直角连接器工具

直线连接器工具用于创建水平和垂直的线段连线。在工具箱中的"连接器工具"按钮上按住鼠标左键不放，在展开的面板中单击"直角连接器工具"按钮，然后将鼠标光标移动到需要进行连接的节点上，按住鼠标左键不放确定连接的起点，拖动鼠标光标到另一个对象的锚点或节点处再释放鼠标完成连接线的创建。当移动连接的对象时，连接线会避开对象跟着变化，如图4-178所示。

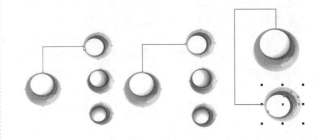

图4-178 直角连接

4.8.3 圆直角连接符

直线圆形连接器工具用于创建水平和垂直的圆直角线段连线。在工具箱中的"连接器工具"按钮上按住鼠标左键不放，在展开的面板中单击"圆直角连接符工具"按钮。然后使用创建直线连接的方法创建直角圆形连线，如图4-179所示。

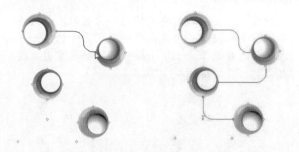

图4-179　圆直角连接线

创建圆直角连接线后，用户可通过属性栏中的"圆形直角"数值框设置圆形直角的弧度。值越大弧度越大，当值为0时，将转换为直角，如图4-180所示。

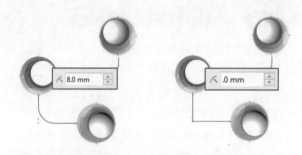

图4-180　不同弧度的圆直角连接线

技巧秒杀

使用"圆直角连接符工具" 绘制连接线后，接着使用"选择工具"单击选择连接线，再单击"圆直角连接符工具"按钮，连接线四周红色的锚点变为蓝色的锚点，然后将鼠标光标移动到连接线上，当鼠标光标变为 形状时，双击鼠标左键，即可定位文本插入点并输入文本，输入文本后，文本会随着连接线移动，如图4-181所示。

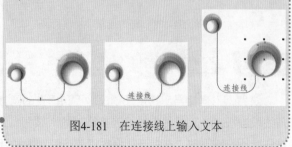

图4-181　在连接线上输入文本

4.8.4　编辑锚点工具

创建连接线后，可以通过编辑锚点工具来修改连接线。选择对象，单击"编辑锚点工具"按钮，单击对象上的锚点，将会打开如图4-182所示的属性栏。用户可通过工具属性栏设置锚点方向、自动锚点与删除锚点。

图4-182　"编辑锚点工具"属性栏

💬知识解析：**编辑锚点属性栏介绍**

◆ **"相对于对象"按钮**：根据对象来定位锚点而不是将其固定在页面某个位置。

◆ **"调整锚点方向"按钮**：单击激活该按钮后可按指定的度数来调整锚点方向。

◆ **"锚点方向"数值框**："调整锚点方向"按钮激活后，在该数值框中输入数值可改变选中锚点的方向，如图4-183所示。

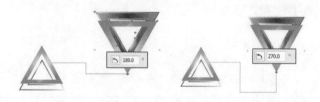

图4-183　调整锚点方向

◆ **"自动锚点"按钮**：单击激活该按钮后可允许锚点成为连接线的贴齐点。

◆ **"删除锚点"按钮**：选择锚点后单击该按钮可删除对象锚点。

除了通过工具属性栏来设置锚点的属性外，用户还可根据需要移动锚点、添加或删除锚点，已编辑连接线，下面分别进行介绍。

◆ **移动锚点**：将鼠标光标移至需要编辑节点的对象上单击，对象周围出现红色锚点，在需要移动的锚点上按住鼠标左键不放，进行拖动可移动锚点的位置，如图4-184所示。锚点可以移动到其他锚点上，也可以移动中心或任意对象。

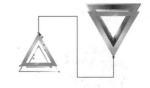

图4-184　移动锚点位置

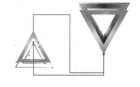

点，如图4-185所示。

图4-185　添加锚点

◆ 添加锚点：添加锚点可以方便创建连接线。将鼠标光标移至需要编辑节点的对象上单击，对象周围出现红色锚点，在对象上双击鼠标可以添加锚点，如图4-185所示。

◆ 删除锚点：单击选中已有的锚点，按Delete键或单击"删除锚点"按钮即可将其删除。

4.9 度量工具

使用度量工具标注图形的距离或角度是CorelDRAW中一个强大的功能，常用于制作平面效果图、产品设计、VI设计、工程平面图。CorelDRAW中提供了多种度量工具，用户可以根据需要选择合适的度量工具进行准确、便捷的度量。

4.9.1 平行度量工具

平行度量工具用于测量标注对象任意两点的尺寸。其度量方法为：在工具箱中单击"平行度量工具"按钮，在其属性栏中设置度量的样式、精度与单位等，如图4-186所示。然后将鼠标光标移动到需要进行测量的对象起始节点上，按住鼠标左键不放拖动鼠标光标到测量终点的节点上，释放鼠标并向标注的位置移动鼠标光标，单击即可测量两个节点之间的尺寸，如图4-187所示。

图4-186　"平行度量工具"属性栏

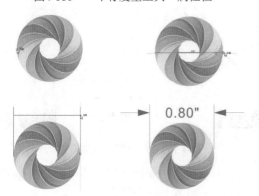

图4-187　平行度量对象

💬知识解析：平行度量属性栏选项介绍

◆ "度量样式"下拉列表框：在该下拉列表框中可选择度量的线条的样式，包括十进制、小数、美国工程和美国建筑学4种，默认为十进制。

◆ "度量精度"下拉列表框：在该下拉列表框中可以选择度量精确测量的小数位数，如图4-188所示。

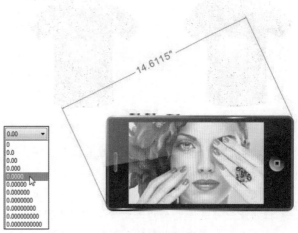

图4-188　设置度量精度

◆ "尺寸单位"下拉列表框：在该下拉列表框中可选择度量的单位，如图4-189所示。方便用户得到精确的尺寸。

图4-189　设置度量单位

图4-192　设置度量标注的文本位置

◆ **"显示单位"按钮**：单击激活该按钮可显示单位，否则将隐藏单位。

◆ **"显示前导零"按钮**：在前导数值小于1时，单击激活该按钮显示前导零，如"0.1"，反之则隐藏前导零，如".1"。

◆ **"度量前缀"文本框**：在该文本框中输入度量前缀的文本，如图4-190所示。

◆ **"度量后缀"文本框**：在该文本框中输入度量后缀的文本，如图4-191所示。

图4-190　设置度量前缀　　图4-191　设置度量后缀

◆ **"动态度量"按钮**：在调整度量线时，单击激活该按钮可自动更新测量数值；反之数值不变。

◆ **"文本位置"按钮**：单击该按钮，在弹出的下拉列表中可选择文本的位置，包括"尺度线上方的文本"、"尺度线中的文本"、"尺度线下方的文本"、"将延伸线间的文本居中"、"横向放置文本"和"在文本周围绘制文本框"，效果如图4-192所示。

◆ **"轮廓宽度"下拉列表框**：在该下拉列表框中可选择度量线条的宽度。

◆ **"双箭头"下拉列表框**：在该下拉列表框中可选择度量线段的箭头样式，如图4-193所示。

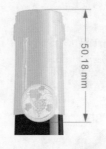
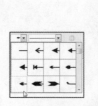

图4-193　设置度量线端双箭头

◆ **"线条样式"下拉列表框**：在该下拉列表框中可选择度量线段的线条样式。

4.9.2 水平或垂直度量工具

水平或垂直度量工具用于测量标注对象水平或垂直角度上两个节点的实际距离。其度量方法与平行度量工具一样。

实例操作：测量房间尺寸

● 光盘\素材\第4章\房屋平面图.cdr ●光盘\效果\第4章\房屋平面图.cdr
● 光盘\实例演示\第4章\测量房间尺寸

本例将使用水平或垂直度量工具来测量房屋平面图中各个房间的大小，以方便了解各个房间的实际尺寸，其测量效果如图4-194所示。

图4-194　测量房间尺寸

Step 1 ▶ 打开"房屋平面图.cdr"图像，将鼠标光标移至"平行度量工具" 上，按住鼠标左键不放，在展开的面板中单击"水平和垂直度量工具" ，在左边房间左上角按住鼠标左键不放，垂直向下拖动鼠标至该房间的另一端，释放鼠标，向左拖动鼠标光标至合适位置，如图4-195所示。

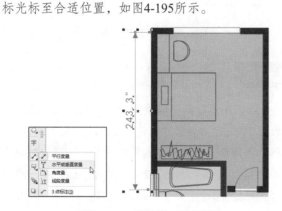

图4-195　测量第一个房间

Step 2 ▶ 在属性栏中的"度量精度"下拉列表框中选择"0.0"选项，在"度量单位"下拉列表框中选择"cm"选项。在"度量前缀"文本框中输入"长"，单击"文本位置"按钮 ，在弹出的下拉列表中选择"尺度线中的文本"和"将延伸线间的文本居中"选项，如图4-196所示。

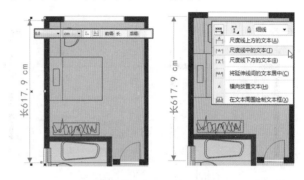

图4-196　设置测量属性

Step 3 ▶ 选择标注文本，在属性栏中设置其字体为"楷体"，字号为"10pt"，如图4-197所示。选择度量线，在属性栏中的"轮廓宽度"数值框中输入"0.34mm"，在"双箭头"下拉列表框中选择圆形线端样式选项，如图4-198所示。

图4-197　设置测量文本　　图4-198　设置测量文本线条

技巧秒杀

在需要使用相同的尺寸属性来测量多个对象的尺寸时，可先在属性栏中设置尺度属性，按Enter键打开"更改文档默认值"对话框，如图4-199所示。单击 按钮将其设置为默认属性。

图4-199　更改默认尺度

Step 4 ▶ 测量该房间的宽度，设置相同的属性，在"度量前缀"文本框中输入"宽"，使用同样的方法测量其他房间的大小，在测量值较小的房间长度时，在属性栏中单击"文本位置"按钮███，在弹出的下拉列表中选择"横向放置文本"选项，如图4-200所示，完成本例的制作。

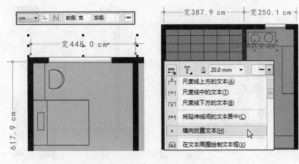

图4-200　设置宽度与其他房间

4.9.3　角度量工具

角度量工具用于测量标注对象的角度。在工具箱中单击"角度量工具"按钮█，在属性栏中设置角的单位，然后将鼠标光标移动到需要进行测量角的相交处，按住鼠标左键不放拖动鼠标光标到角的一边释放鼠标，继续移动鼠标光标到角的另一边单击，即可完成度量，如图4-201所示。

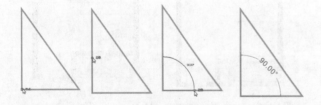

图4-201　度量角度

4.9.4　线段度量工具

线段度量工具用于自动捕捉测量两个节点间线段的间距。使用"线段度量工具"█不仅可以测量单一线段的距离，而且可以度量连续线段的距离，下面分别进行介绍。

◆ 度量单一线段：将鼠标光标移动到需要测量的线段上，单击鼠标左键即可自动捕捉当前线段，移

动鼠标确定标注位置，单击鼠标左键即可完成测量，如图4-202所示。

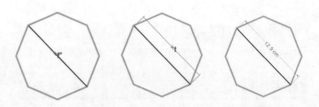

图4-202　度量单一线段

◆ 度量连续线段：当需要度量多条连续的线段时，可在单击"线段度量工具"按钮█后，在属性栏中单击"自动连续度量"按钮█，框选连续测量的所有节点，释放鼠标后移动鼠标光标来确定标注位置，单击即可完成测量，如图4-203所示。

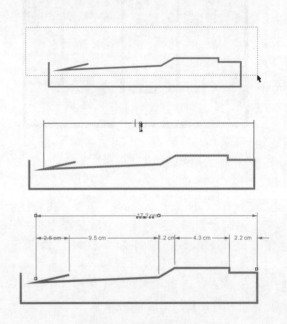

图4-203　度量连续线段

4.9.5　3点标注工具

3点标注工具用于快速为对象添加折线标注。在工具箱中单击"3点标注工具"按钮█，然后将鼠标光标移动到需要进行标注的对象的位置上，按住鼠标左键不放拖动鼠标光标到第2个点释放鼠标，继续移动鼠标光标到第3个点单击，输入文本，即可完成3点标注的添加，如图4-204所示。

图4-204　添加3点标注

知识解析：**3点标注工具栏选项介绍** ············●

◆ **"标注形状"下拉列表框**：在该下拉列表框中可设置标注形状，如正方形、圆形等。设置标注形

状后，需在其后的数值框中根据标注文本的大小设置标注形状的大小，如图4-205所示为设置50mm的正方形标注效果。

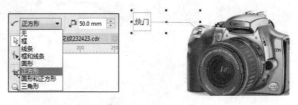

图4-205　设置正方形标注

◆ **"起始箭头"下拉列表框**：在该下拉列表框中可选择指向对象的线端样式。

知识大爆炸
——绘制基本图形技巧

　　在绘制基本图形时，用户可掌握一些绘制技巧来提高绘制速度与精确度，下面分别进行介绍。

◆ 在绘制正方形和圆时，按住Ctrl键，拖动左键绘制，绘制完毕时注意先松开Ctrl键，再放开左键。

◆ 以起点绘制正方形和圆时，选择"矩形/椭圆工具"，同时按住Ctrl和Shift键，拖动左键绘制，绘制完毕时注意先松开Ctrl键和Shift键，再放开左键。

◆ 双击"矩形工具"，可创建和工作区相同大小的矩形，方便填充后可作为页面背景。

◆ 从中心绘制基本形状时，单击要使用的绘图工具，按住Shift键，并将光标定位到要绘制形状中心的位置，沿对角线拖动鼠标绘制形状。

◆ 从中心绘制边长相等的形状时，单击要使用的绘图工具，按住Shift+Ctrl组合键，先将鼠标光标定位到要绘制形状中心的位置，沿对角线拖动鼠标绘制形状，松开鼠标左键以完成绘制形状，然后松开Ctrl键与Shift键。

读书笔记

Chapter

01 02 03 04 **05** 06 07 08 09 10 11 12 13 ......

线条的绘制与调整

本章导读

　　除了绘制基本形状外，用户还可通过线条的绘制来自定义一些形状轮廓。在 CorelDRAW X7中，常见的线条绘制工具包括手绘工具、贝塞尔工具、钢笔工具等。本章除了讲解曲线的绘制外，还将讲解对绘制的曲线进行节点添加与删除、节点属性设置、曲线的闭合与断开等编辑方法，以达到曲线的造型效果，从而创造出不同形状的图形。

5.1 手绘工具

手绘工具是比较随意的线条绘制工具，常用于绘制一些设计感强的不规则轮廓。其原理与铅笔的绘制相同，可自由绘制直线、折线和曲线，且具有自动修复毛糙边缘的功能，使绘制的线条更加流畅。下面对其绘制方法进行介绍。

5.1.1 绘制直线与折线

直线是常见的图形组成部分。在工具箱中单击"手绘工具"按钮 ，当鼠标光标呈 形状时，移动鼠标光标至绘图区，单击鼠标左键作为直线的起点，将光标移至合适位置，鼠标光标变为 形状时，再次单击鼠标，即可完成直线的绘制。

在线条两端的节点上单击鼠标左键，移动鼠标光标到其他位置单击可创建连续的直线段，如图5-1所示。

图5-1 绘制直线

在确定直线起点后，若按住Ctrl键可绘制以15°为单位的线条，包括水平线条、垂直线条，如图5-2所示。

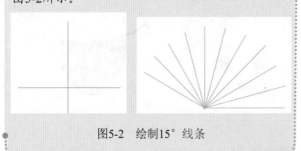

图5-2 绘制15°线条

5.1.2 绘制曲线

按F5键切换到"手绘工具"，按住鼠标左键拖动，即可根据拖动的轨迹来绘制曲线。

▓ 实例操作： 绘制卡通娃娃

● 光盘\效果\第5章\卡通背景.cdr ● 光盘\效果\第5章\卡通娃娃.cdr
● 光盘\实例演示\第5章\绘制卡通娃娃

卡通娃娃基本上都是不规则图形。本例将使用"手绘工具"来绘制一款卡通娃娃，并为其填色来美化绘制的图形，其最终效果如图5-3所示。

图5-3 卡通娃娃

Step 1 ▶ 单击工具箱中的"手绘工具"按钮 ，鼠标光标呈 形状，将"手绘平滑"值设置为"100"，按住鼠标左键不放，拖动鼠标绘制娃娃头部，如图5-4所示。

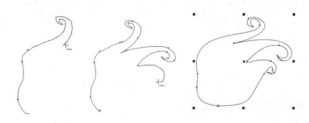

图5-4 绘制头部

在使用"手绘工具"绘制曲线时，难免会出错，这时可在按住鼠标左键的同时按住Shift键往回拖动鼠标，当绘制的线条变为红色时，松开鼠标即可清除红色区域的线段。

Step 2 ▶ 将轮廓粗细设置为"1.5mm"，将轮廓的CMYK值设置为"100、76、16、0"。创建渐变填充，在属性栏中单击"椭圆形渐变填充"按钮 ，调整起点、终点的节点位置，将CMYK值分别设置为"0、0、0、0"和"62、21、0、0"，如图5-5所示。

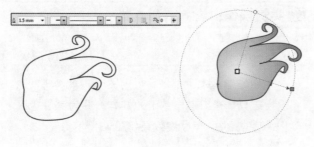

图5-5　调整并填充头部

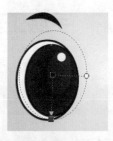

图5-7　绘制与填充眼睛

Step 5 ▶ 按F5键切换到"手绘工具" ，按住鼠标左键拖动绘制睫毛曲线，选择绘制的曲线与眼睛的外层椭圆，在属性栏中单击"相交"按钮 ，创建相交区域，取消轮廓，填充为黑色，如图5-8所示。

技巧秒杀

在绘制要填充的轮廓时，需要保证绘制的轮廓是封闭型的，即起点和终点是在一个节点上。若没有在一个节点上，可使用"形状工具" 拖动到一个节点上。

Step 3 ▶ 按F5键切换到"手绘工具" ，按住鼠标左键拖动绘制眉毛的曲线，取消轮廓，填充为黑色，如图5-6所示。

图5-8　绘制睫毛

Step 6 ▶ 绘制鼻子和嘴巴，线性渐变填充嘴巴，将起点到终点的CMYK值分别设置为"71、89、98、68"、"10、97、38、0"和"71、89、98、68"。在嘴巴内使用相交的方法创建舌头图形，取消轮廓，线性渐变填充舌头，将起点到终点的CMYK值分别设置为"50、100、74、22"、"10、97、38、0"，如图5-9所示。

图5-6　绘制眉毛

Step 4 ▶ 绘制眼睛的4个大小不一的椭圆，将最大和最小的椭圆填充为白色，将较小的椭圆CMYK值分别设置为"100、93、42、2"，将透明度设置为"45%"，使用椭圆形渐变填充较大的椭圆，调整起点、终点的节点位置，将CMYK值分别设置为"0、0、0、100"和"100、76、16、0"，如图5-7所示。

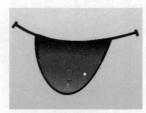

图5-9　绘制与填充嘴巴

Step 7 ▶ 按F5键切换到"手绘工具" ，按住鼠标左键拖动绘制衣服与裤子的轮廓，将轮廓粗细设置为"1.0mm"，将轮廓的CMYK值设置为"100、93、42、2"。将衣服与裤子分别填充为"0、60、80、0"和"76、24、100、0"，如图5-10所示。

图5-10　绘制衣服与裤子

Step 8 ▶ 按F5键切换到"手绘工具" ，按住鼠标左键拖动绘制手与脚，按住鼠标右键将头部拖动到绘制的手与脚上复制头部属性，调整渐变填充位置，将轮廓粗细更改为"1.0mm"，如图5-11所示。

图5-11　绘制手与脚

Step 9 ▶ 绘制袖口与裤脚，分别复制衣服与裤子的属性，将其置于手与腿的下方，调整各部分的叠放顺序。复制"卡通背景.cdr"文档中的图形，按Ctrl+End组合键置于卡通娃娃的底层，完成本例的制作，如图5-12所示。

图5-12　修饰图形

💬 知识解析：　"手绘工具"属性栏设置

◆ "起始箭头"与"终止箭头"下拉列表框：单击该下拉列表框右侧的 按钮，在弹出的下拉列表中可设置线条起始端与结束端的箭头样式，如图5-13所示为设置起始箭头。

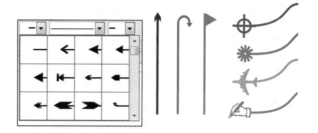

图5-13　为线条应用起始箭头效果

◆ "线条样式"下拉列表框：单击该下拉列表框右侧的 按钮，在弹出的下拉列表中提供了丰富的线条样式供用户选择，如图5-14所示。

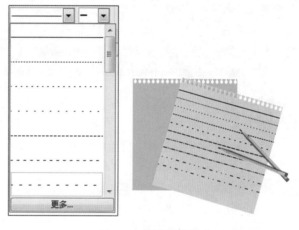

图5-14　设置线条样式

◆ "轮廓宽度"下拉列表框：在该下拉列表框中可输入需要的粗细值，也可单击该数值框右侧的 按钮，在弹出的下拉列表中选择需要的线条粗细值。

◆ "闭合曲线"按钮 ：选择未闭合的线段，单击该按钮后，即可将起始节点与终止节点闭合，以方便颜色的填充，如图5-15所示。

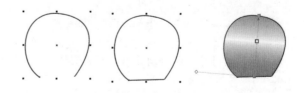

图5-15　闭合曲线

◆ "手绘平滑"数值框：用于设置手绘自动平滑的程度，值越大，绘制的曲线越容易平滑，如图5-16所示。最大值为100，最小值为0。

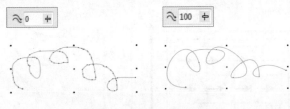

图5-16　设置手绘平滑度

◆ "边框"按钮※：默认的边框是显示的，即绘制曲线后，在四周会出现8个黑色的控制点，如选

择对象后出现的控制点相似，单击该按钮后将隐藏这8个控制点，如图5-17所示。

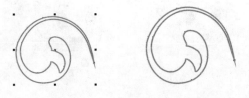

图5-17　显示与隐藏边框效果

5.2 贝塞尔工具

使用贝塞尔工具不仅可以绘制直线，还可以通过控制点、控制线来控制曲线的弯曲度和弯曲的位置。相对于手绘工具，贝塞尔工具绘制的曲线更加平滑、精确，并且在绘制完成后，还可通过节点对曲线进行修改。下面将对其具体绘制方法进行讲解。

5.2.1　绘制直线与折线

在工具箱的"手绘工具"组中单击"贝塞尔工具"按钮，将鼠标光标移至绘图区单击即可确定起点，移动到另一点单击可绘制两点间的直线，移动鼠标光标继续单击，可绘制多段直线，当需要结束绘制时，可按空格键，如图5-18所示。

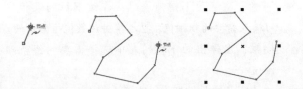

图5-18　绘制直线

技巧秒杀

"贝塞尔工具"与"手绘工具"某些使用方法相同，如在节点上单击可继续绘制线段，当终点回到起点时可完成绘制并形成封闭形状。

5.2.2　绘制曲线

贝塞尔工具绘制的直线与曲线是由可以编辑的节点连接而成，曲线的绘制方法与直线绘制的方法略有

不同。即在确定终点时可按住鼠标右键拖动控制手柄来确定线条的弧度。

实例操作：绘制吊牌

● 光盘\效果\第5章\吊牌.cdr
● 光盘\实例演示\第5章\绘制吊牌

吊牌是产品的一个简短说明信息。本例将使用"贝塞尔工具"绘制直线与曲线的方法来绘制吊牌中的各个对象，其最终效果如图5-19所示。

图5-19　吊牌效果

Step 1 ▶ 单击"贝塞尔工具"按钮，单击绘制直线，拖动终点来绘制曲线。取消轮廓创建渐变填充法，调整各节点位置，将CMYK值分别设置为"41、100、72、6"、"67、100、82、72"和"93、88、89、80"，如图5-20所示。

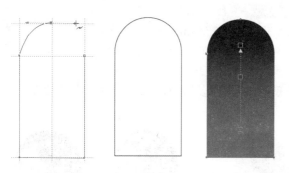

图5-20　绘制与填充吊牌

Step 2 ▶ 绘制多个大小不一的圆，取消轮廓，将CMYK值分别设置为"37、0、21、0"和"0、20、100、0"。单击"贝塞尔工具"按钮 ，绘制多个长短不一的条形，取消轮廓，填充为不同的颜色，如图5-21所示。

图5-21　绘制装饰圆与条形

Step 3 ▶ 单击"贝塞尔工具"按钮 绘制一边的翅膀，再使用水平镜像的方法制作另一边翅膀，然后绘制蝴蝶的身体与角，最后将蝴蝶各部分组合在一起，如图5-22所示。

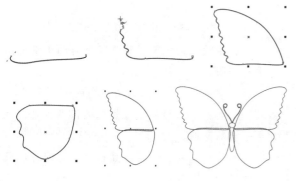

图5-22　绘制蝴蝶

Step 4 ▶ 填充CMYK值为"0、20、100、0"，取消轮廓，继续绘制另一只蝴蝶，填充CMYK值为"0、58、98、0"，取消轮廓，如图5-23所示。

图5-23　绘制与填充蝴蝶

Step 5 ▶ 复制蝴蝶并调整大小、位置及颜色，框选吊牌中的对象，按Ctrl+G组合键组合对象，使用鼠标右键将其拖动到复制的吊牌轮廓中释放鼠标，在弹出的快捷菜单中选择"图框裁剪对象"命令，使用吊牌裁剪蝴蝶，如图5-24所示。

图5-24　复制与裁剪蝴蝶

Step 6 ▶ 使用"贝塞尔工具" 绘制心形，选中下端的节点，单击"形状工具"按钮 ，在属性栏中单击"尖突节点"按钮 ，分别向内拖动两边的控制柄，调整心形形状，设置轮廓为"1.00mm"、轮廓的CMYK值为"0、20、100、0"，填充CMYK值为"40、0、100、0"。复制并缩小心形，取消轮廓，填充为白色，如图5-25所示。

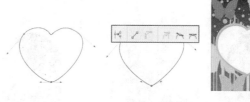

图5-25　绘制与填充心形

Step 7 ▶ 使用"文本工具" 在心形中单击输入文本"butterfly"，在属性栏中设置字体为"Amelia BT"，调整大小放置在心形中间。使用"贝塞尔工具"在文本下方绘制曲线，在属性栏中设置轮廓为"1.00mm"，在"起始箭头"下拉列表框中选择如图5-26所示的选项进行绘制。

图5-26　输入文本并绘制曲线

Step 8▶ 选择原吊牌轮廓与吊牌上的孔，使用"贝塞尔工具"绘制叶子轮廓。单击"形状工具"按钮，选择叶尖的节点，在属性栏中单击"尖突节点"按钮，拖动控制调整叶尖的形状，如图5-27所示。

图5-27　绘制叶子

技巧秒杀

在绘制曲线时，若没有到终点，可将鼠标光标移至节点上，光标右下角带有 形状时单击节点，继续绘制。

Step 9▶ 选择绘制的叶子，填充CMYK值为"40、0、100、0"，取消轮廓，使用图框裁剪的方法将其置于吊牌形状中的合适位置，如图5-28所示。

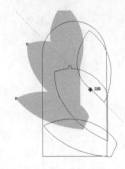

图5-28　填充与裁剪叶子

Step 10▶ 使用"贝塞尔工具"绘制叶脉，将轮廓粗细设置为"0.567mm"，轮廓色的CMYK值设置为"0、0、100、0"。统一复制前面吊牌中的蝴蝶与吊牌的孔，对蝴蝶执行缩小与旋转操作，将其置于叶子右上角。复制文本与曲线，放于吊牌右下角，如图5-29所示，完成本例的操作。

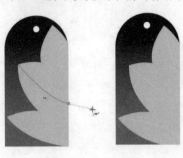

图5-29　绘制叶脉

技巧秒杀

双击"贝塞尔工具"按钮，可打开"选项"对话框，展开"工具箱"/"手绘/贝塞尔工具"选项，可对手绘平滑和边角阈值等进行设置，如图5-30所示。

图5-30　手绘/贝塞尔工具

◆ "手绘平滑"数值框：用于设置自动平滑度与平滑范围。

◆ "边角阈值"数值框：设置边角的平滑范围。

◆ "直线阈值"数值框：设置在进行调节时，线条平滑的范围。

◆ "自动连结"数值框：设置在节点之间自动吸附连接的范围。

5.3 钢笔工具

钢笔工具与贝塞尔工具的使用方法相似，也是通过节点和控制线来调节曲线的弯曲度。但钢笔工具较贝塞尔工具更为简洁、快速，通过它不仅可以快速绘制出直线、折线和曲线，而且可以在确定下一个节点之前预览曲线的当前状态。

5.3.1 绘制直线与折线

在工具箱的"手绘工具" 组中单击"钢笔工具"按钮，将鼠标光标移至绘图区单击即可确定起点，移动鼠标光标将出现蓝色预览线条进行查看，选择好结束点位置后，单击鼠标左键即可绘制线条，若需要绘制连续线段，可继续移动鼠标并单击。当需要结束绘制时双击鼠标左键即可，如图5-31所示。

图5-31　绘制直线与折线

技巧秒杀

使用钢笔工具在已有的线条上继续进行绘制时，可将鼠标光标移至两端节点上，鼠标光标呈 形状时单击节点，即可继续进行绘制。

5.3.2 绘制曲线

钢笔工具绘制曲线的方法与贝塞尔工具一样，不同的是，钢笔工具可以预览将要绘制的线条，使绘制的曲线更加精确、实用。

实例操作：绘制T恤

● 光盘\素材\第5章\T恤背景.cdr　　● 光盘\效果\第5章\T恤.cdr
● 光盘\实例演示\第5章\绘制T恤

使用钢笔工具可以很方便地绘制T恤的轮廓与线迹。本例将使用钢笔工具绘制一件T恤，导入素材花纹装饰T恤，其最终效果如图5-32所示。

图5-32　T恤效果

Step 1 ▶ 新建横向的空白文档，单击工具箱中的"钢笔工具"按钮，设置轮廓粗细为"3.16pt"，在其属性栏中单击"预览模式"按钮，绘制衣身轮廓和袖子轮廓，填充为白色，如图5-33所示。

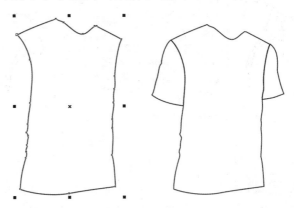

图5-33　绘制衣身和袖子

Step 2 ▶ 使用"钢笔工具" 分别绘制领子与领口，保持领子与领口连接部分的曲线重合，设置曲线的轮廓粗细为"3.16pt"，填为白色，如图5-34所示。

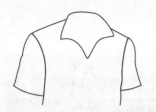

图5-34　绘制领子与领口

Step 3 ▶ 使用"钢笔工具" ⬚分别绘制领子两边的装饰轮廓，设置轮廓粗细为"3.16pt"，填充CMYK值为"0、20、40、40"。在绘制的图形上绘制圆形，填充为黑色，如图5-35所示。

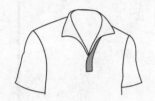

图5-35　绘制领边装饰图形

Step 4 ▶ 使用"钢笔工具" ⬚沿领子边缘绘制针脚线，在状态栏双击"轮廓"按钮 ⬚，打开"轮廓笔"对话框，设置轮廓粗细为"2.0pt"，设置轮廓样式为虚线，单击"圆头"按钮 ⬚将线端设置为圆头，单击 确定 按钮，如图5-36所示。

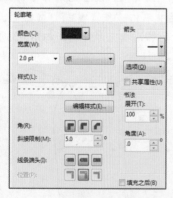

图5-36　绘制针脚线

Step 5 ▶ 使用同样的方法绘制袖口和衣摆等地方的针脚线。设置袖口的针脚线的轮廓粗细为"1pt"。使用"钢笔工具" ⬚绘制衣袖和腰间的衣褶，设置轮廓粗细为"3.16pt"，如图5-37所示。

Step 6 ▶ 使用"钢笔工具" ⬚在接缝位置和下摆位置分别绘制T恤褶皱阴影，取消轮廓，填充CMYK值为"7、9、12、0"，如图5-38所示。

技巧秒杀

使用"钢笔工具" ⬚完成一段开放的曲线绘制后，按Esc键或空格键可结束该段曲线的编辑。

图5-37　绘制衣褶

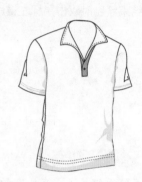

图5-38　绘制T恤褶皱阴影

Step 7 ▶ 使用"钢笔工具" ⬚继续绘制第二层褶皱阴影，取消轮廓，填充CMYK值为"18、22、29、0"，如图5-39所示。

图5-39　绘制第二层褶皱阴影

Step 8 ▶ 将"T恤花纹.cdr"文档中的花纹分别复制到该文档的T恤上、T恤底层。双击"矩形工具"□按钮创建页面大小的矩形，设置轮廓粗细为"8pt"，填充CMYK值为"0、0、20、0"，按Ctrl+E组合键置于底层作为背景，复制"T恤花纹.cdr"文档中的花纹放置在左上角和右下角，如图5-40所示。完成本例的制作。

图5-40　装饰T恤

💬知识解析：　**"钢笔工具"属性栏设置** ············

◆　**"预览模式"按钮**：该按钮呈选中状态时，在页面单击创建一个节点，移动鼠标后可以预览到即将形成的路径。如图5-41所示为启用预览模式前后的对比效果。

图5-41　预览模式

◆　**"自动添加/删除"按钮**：该按钮呈选中状态时，将鼠标光标移至绘制的曲线路径上，单击无节点曲线将添加节点，单击节点将删除节点。若取消选中该按钮，将可在路径上创建新路径，如图5-42所示。

图5-42　自动添加/删除节点

技巧秒杀

使用"钢笔工具"绘制线段后，按住Ctrl键单击选中节点，拖动可以调整节点的位置，拖动出现的控制手柄可以直接调整曲线的弧度，如图5-43所示。

图5-43　调整曲线形状

5.4 绘制特殊线段

除了常用的钢笔工具、手绘工具和贝塞尔工具外，CorelDRAW还提供了一些绘制特殊线条的工具，如2点线工具、B样条工具、折线工具和3点曲线工具。下面分别进行介绍。

5.4.1 2点线工具

　　2点线工具可以很方便地绘制任意两点线、垂直两点线或相切两点线。在工具箱中单击"2点线工具"按钮，在属性栏中设置需要绘制的两点线，再在工作区中按住鼠标左键并拖动至合适角度及位置后，释放鼠标即可绘制两点线，如图5-44所示。

图5-44　绘制两点线

💬知识解析：2点线类型介绍 ⋯⋯⋯⋯⋯⋯

◆ "2点线工具"按钮 ☑：单击该按钮可绘制任意两点之间的直线。

◆ "垂直2点线"按钮 ☞：单击该按钮，可在已有的线段上绘制与之垂直的直线，如图5-45所示。

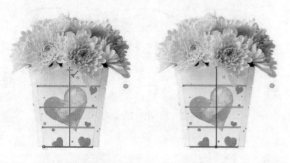

图5-45 绘制垂直2点线

◆ "相切的两点线"按钮 ☞：单击该按钮可绘制与圆的直径垂直的线条，如图5-46所示。

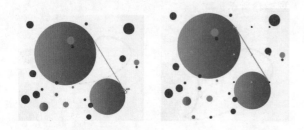

图5-46 绘制相切的两点线

技巧秒杀

若要将切线扩展出第二个对象以外，可在切线贴齐点出现时按住Ctrl键并拖动鼠标，到结束位置后释放鼠标即可，如图5-47所示。

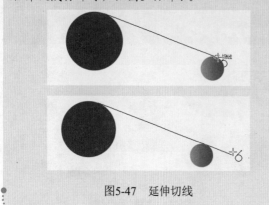

图5-47 延伸切线

5.4.2 B样条工具

B样条工具是通过使用控制点分段绘制曲线，且绘制的曲线更为平滑。

在工具箱中单击"B样条工具"按钮 🔊，将鼠标光标移至工作区中按住鼠标左键进行移动，到合适位置单击鼠标添加控制点，确定第一段曲线，继续拖动与单击鼠标绘制其他曲线，终点回到起点或双击最后一个控制点可结束绘制，如图5-48所示为在边框矩形四角单击控制点创建的曲线。

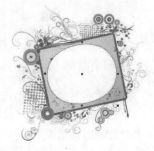

图5-48 B样条工具

5.4.3 折线工具

折线工具可以很方便地在绘制直线与曲线间进行切换，灵活性强。在工具箱中单击"折线工具"按钮 🔺，在属性栏中设置平滑度后，在两点之间单击可绘制直线，按住鼠标左键进行拖动可绘制曲线，如图5-49所示为连续绘制直线与曲线段。

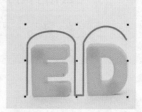

图5-49 折线工具

5.4.4 3点曲线工具

3点曲线工具可以通过指定曲线的宽度和高度来绘制简单曲线。使用此工具可以快速创建弧形，而无须控制节点。在工具箱中单击"3点曲线工具"按钮，在绘图区拖动鼠标确定弧形的高度，释放鼠标继续拖动来确定弧线的宽度，如图5-50所示。

使用"3点曲线工具"绘制弧线时，创建起始点后按住Shift或Ctrl键拖动鼠标，可以以5°角为倍数调整两点之间的距离，如图5-51所示。

图5-51　调整曲线形状

图5-50　3点曲线工具

5.5 智能绘图工具

智能绘图工具允许使用形状识别功能来识别绘制的直线和曲线，将其转换为基本形状。如果某个对象未转换为形状，可通过属性栏中的选项来改变识别等级和绘制图形的平滑等级，使之转换为形状。智能绘图工具既可以绘制单一图形，也可以绘制多个图形，下面对其使用的基本方法进行讲解。

5.5.1 绘制单一图形

在工具箱中单击"智能绘图工具"按钮，在绘图区按住鼠标左键，并拖动鼠标绘制需要的基本图形的大致轮廓，释放鼠标后，绘制的轮廓将自动转换为需要的基本图形，如图5-52所示。

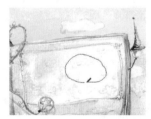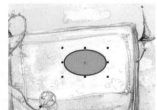

图5-52　绘制单一图形

技巧秒杀

使用"智能绘图工具"绘制相邻的两个图形时，需要在第一个图形进行平滑后再绘制第二个图形，否则会使两个图形平滑成一个对象。

知识解析："智能绘图工具"属性栏介绍

◆ "形状识别等级"下拉列表框：设置检测形状并将其转换为对象的等级，包括"无"、"最低"、"低"、"中"、"高"和"最高"6个选项，等级越高，越容易转换为基本形状，如图5-53所示。

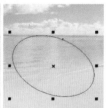

图5-53　形状识别等级

◆ "智能平滑等级"下拉列表框：用于设置绘制曲线的平滑度等级，包括"无"、"最低"、"低"、"中"、"高"和"最高"6个选项。平滑度等级越高，曲线边缘越平滑，节点越少，如图5-54所示为智能平滑等级为"无"与"最高"的对比效果。

图5-54　形状识别等级

5.5.2　绘制多个图形

在绘制过程中，当绘制的前一个图形为自动平滑前，可以继续绘制下一个图形，释放鼠标左键以后，图形将自动平滑，并且绘制的图形会形成一组编辑对象，如图5-55所示。

图5-55　绘制多个图形

5.6 使用形状工具调整曲线

形状工具主要是通过编辑节点来调整曲线，使其产生多种多样的图形。使用形状工具可以直接编辑手绘工具、贝塞尔工具和钢笔工具等绘制的线条或形状。对于基本形状工具绘制的图形，需要按Ctrl+Q组合键转换为曲线后才能编辑。

5.6.1　认识节点类型

节点是调整曲线的重要元素，因此，调整曲线前，需要了解节点的基本知识。节点是分布在线条中的方块点，用于控制线条的形状。在形状工具的属性栏中提供了3种节点类型，如图5-56所示，单击对应按钮可在这3种节点之间进行转换。

尖凸节点　　　　　　　　　　对称节点

平滑节点

图5-56　节点类型

下面分别对平滑节点、尖凸节点和对称节点的区别进行介绍。

◆ **尖凸节点**：当拖动尖凸节点一边的控制柄时，另外一边的曲线将不会发生变化，常用于编辑尖角，如图5-57所示。

◆ **平滑节点**：当移动平滑节点一边的控制柄时，另外一边的线条也跟着移动，它们之间的线段将产生平滑的过渡，如图5-58所示。

◆ **对称节点**：当对对称节点一边的控制柄进行编

辑时，另一边的线条也做相同频率的变化，如图5-59所示。

图5-57　尖凸节点　图5-58　平滑节点　图5-59　对称节点

5.6.2　选择节点

在对曲线进行编辑前，首先要选择需要编辑的节点，然后再修改曲线的形状。选择节点可分为选择单个节点、选择多个节点或全选节点，下面分别进行介绍。

◆ **选择单个节点**：单击工具箱中的"形状工具"按钮后，将鼠标光标移至绘制的曲线上单击，单击出现的某一节点即可选择单个节点。选择的节点呈蓝色实心方块显示。若是闭合路径，在使用形状工具选择路径后，按Home键和End键都将选择同一个节点。

◆ **选择多个节点**：在选择单个节点的基础上，按住Shift键不放，依次单击需要选择的节点，或按住鼠标左键不放并拖动鼠标，此时将出现一个蓝色弧线虚线框，使其框选住要选择的多个节点，再释放鼠标即可，如图5-60所示。

图5-60 框选多个节点

◆ **全选节点**：使用"形状工具" 👆单击需要全选节点的曲线，在属性栏中单击"选择所有节点"按钮 👆，或选择"编辑"/"全选"/"节点"命令。

5.6.3 添加节点

在编辑曲线时，有时需要增加节点来帮助造型，下面分别对添加节点的常用方法进行介绍。

◆ **双击添加**：按F10键切换到"形状工具" 👆，单击选择需要添加节点的曲线，将鼠标光标移至曲线上需要添加节点的位置上双击即可添加节点，如图5-61所示。

图5-61 添加节点

◆ **通过属性栏添加**：按F10键切换到"形状工具" 👆，单击选择需要添加节点的曲线，将鼠标光标移至曲线需要添加节点的位置上单击，该位置出现黑色的星号，在属性栏中单击"添加节点"按钮 👆，即可在该处添加节点，如图5-62所示。

图5-62 添加节点

◆ **单击鼠标右键添加**：切换到"形状工具" 👆，单击选择需要添加节点的曲线，将鼠标光标移至曲线需要添加节点的位置上单击鼠标右键，在弹出的快捷菜单中选择"添加"命令，即可在该处添加节点。

5.6.4 删除节点

删除节点的方法与添加节点的方法相似。最常用的方法为：切换到"形状工具" 👆，单击选择需要删除节点的曲线，在需要删除的节点上双击鼠标左键即可快速删除该节点。删除节点后，曲线会取消该节点的造型，如图5-63所示。

图5-63 删除节点

5.6.5 连接与分开节点

在CorelDRAW X7中，用户可以根据需要将曲线中两个分开的节点结合成一个节点，以形成封闭的曲线；也可将曲线的一个节点分割成两个节点，以方便断开曲线。

1. 连接节点

连接节点只针对曲线的首尾节点，将开放曲线转换为封闭曲线，以方便颜色的填充等操作。按F10键切换到"形状工具" <img/>，单击选择需要闭合的曲线，选择曲线的首尾节点，在其属性栏中单击"连接两个节点"按钮 <img/>，曲线首尾节点将曲线相连；若单击"闭合曲线"按钮 <img/>，通过直线连接首尾节点，如图5-64所示连接两个节点和闭合曲线的对比效果。

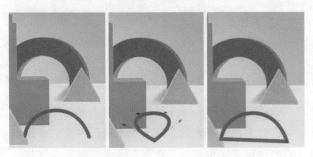

图5-64 连接两个节点与闭合曲线

技巧秒杀

选择首尾节点，单击"延长曲线至闭合"按钮 <img/> 也可直接连接首尾节点，其效果与单击"闭合曲线"按钮 <img/> 效果一样，不同的是，"延长曲线至闭合"是由曲线起始节点向尾节点延伸连接；而"闭合曲线"连接的方向则相反。

2. 分开节点

分开节点用于将曲线分割成多段。使用"形状工具" <img/>单击选择需要分开节点的曲线，单击选择需要分开的节点，在其属性栏中单击"断开曲线"按钮 <img/>，即可将节点分成两个节点，同时图形的填充属性将取消，单击取消选择其中的一个节点，拖动另一个节点，可形成曲线的断开效果，如图5-65所示。

图5-65 分开节点

5.6.6 提取子路径

使用分开节点的方法断开曲线，这些曲线段仍然是一个整体，此时可以通过提取子路径的方法使断开后的各个曲线段成为单独的对象。其方法为：选择曲线断开处的任意一个节点，单击属性栏中的"获取子路径"按钮 <img/>，即可获取线条的子路径，如图5-66所示为获取的两段曲线。

图5-66 提取子路径

5.6.7 移动节点

移动节点的位置是更改曲线轮廓常用的方法。移动节点的方法与移动对象的方法相似，使用"形状工具" <img/>单击选择需要编辑的曲线，单击选择需要移动的节点，按住鼠标左键不放进行拖动，拖动到合适位置后释放鼠标即可，如图5-67所示。

图5-67 移动节点

5.6.8 弧度调节

曲线的弧度取决于节点的控制。选择节点，并设置节点的类型后，用户可通过拖动出现的蓝色控制手柄两端的箭头来调节节点两边曲线的弧度。在拖动箭头时，顺向拖动可将弧度位置向曲线两端延伸；角度拖动可调节曲线弧度，如图5-68所示。

图5-68　弧度调节

5.6.9　曲线与直线的转换

直线与曲线是构成图形的两种线条类型。在编辑节点过程中常常需要将直线转换为曲线，或将曲线转换为直线，以方便进行编辑，得到需要的形状效果。下面分别对其方法进行介绍。

◆ **直线转换为曲线**：使用"形状工具" 单击编辑对象，在直线上单击，在属性栏中单击"转换为曲线"按钮 ；或单击鼠标右键，在弹出的快捷菜单中选择"到曲线"命令。直线转换为曲线后，可调节线条的弧度，如图5-69所示。

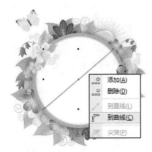

图5-69　直线转换为曲线

◆ **曲线转换为直线**：使用"形状工具" 单击编辑对象，在曲线上单击，在属性栏中单击"转换为线条"按钮 ；或单击鼠标右键，在弹出的快捷菜单中选择"到直线"命令，如图5-70所示。

图5-70　曲线转换为直线

5.6.10　操作多个节点

在编辑节点过程中，为了提高编辑效率，用户可对多个节点同时进行一些简单操作，如缩放节点、旋转节点、倾斜节点和对齐节点等，下面分别进行介绍。

1. 延展与缩放多个节点

延展与缩放多个节点可以更改节点部分曲线的大小。使用"形状工具" 选择需要缩放的节点，单击属性栏中的"延展与缩放节点"按钮 ，在所选节点周围出现缩放控制点。将鼠标光标移到左上角的缩放控制点处，拖动鼠标，此时将显示出缩放的蓝色线条，到合适位置释放鼠标即可，如图5-71所示为延展与放大翅膀图形的效果。

图5-71　延展与缩放多个节点

2. 旋转与倾斜节点

旋转与倾斜节点可以更改曲线部分的角度。使用"形状工具" 选择需要旋转或倾斜的节点，在属性栏中单击"旋转与倾斜"按钮 ，即可使用旋转与倾斜对象的方法旋转与倾斜节点。如图5-72所示分别为旋转与倾斜猫尾巴的效果。

图5-72　旋转与倾斜节点

3. 对齐多个节点

对齐节点可以使多个节点水平或垂直对齐。使用"形状工具" 选择需要对齐的多个节点，然后单击属性栏中的"对齐"按钮 ，在打开的"节点对齐"对话框中设置水平或垂直对齐，单击 按钮，返回操作界面即可查看对齐效果，如图5-73所示分别为水平对齐、垂直对齐和对齐控制点的效果。

图5-73　对齐多个节点

4. 水平或垂直反射节点

反射节点是指当编辑节点时，相同的编辑在相反位置的对应节点上也会发生同样的编辑。如将节点向右移动，它的对应节点将向左移动相同的距离。反射节点分为水平或垂直反射节点两种。使用"形状工具" 选择镜像中的两个节点，然后单击属性栏中的"水平反射节点"按钮 或"垂直反射节点"按钮 ，启用反射节点模式，即可通过拖动某一节点来查看另一节点的反射效果，如图5-74所示为水平反射节点的效果。

图5-74　水平反射节点

技巧秒杀

需要注意的是，在进行曲线编辑之前，需要将群组的图形解组，否则不能利用"形状工具" 对其进行节点编辑。

5.7　轮廓美化与处理

线条与封闭图形的边缘的处理方法是相同的，除了在线条绘制工具的属性栏对绘制的线条样式、线条宽度和线条起始端与终止端的箭头样式进行设置外，用户还可通过"轮廓笔"对话框或"对象属性"泊坞窗进行更多的轮廓线设置。此外，也可将轮廓转换为对象进行编辑，以得到更加美观的轮廓效果。

5.7.1　认识"轮廓笔"对话框

在"轮廓笔"对话框中可以对轮廓进行全面的设置，如轮廓粗细、轮廓色、轮廓样式、端头等。单击工具箱中的"轮廓笔工具"按钮 ，在展开的工具栏中单击"轮廓笔工具"按钮 ，即可打开"轮廓笔"对话框，如图5-75所示。

图5-75　"轮廓笔"对话框

💬知识解析： **"轮廓笔"对话框选项介绍**

◆ **"颜色"下拉列表框**：在其中可选择轮廓的颜色，如图5-76所示。若在颜色选项中没有需要的颜色，可单击 更多(O)... 按钮，打开"选择颜色"对话框选择颜色，也可单击 ✎ 按钮，在界面中单击吸取颜色。

图5-76　设置轮廓颜色

◆ **"宽度"下拉列表框**：用于设置轮廓的宽度。

◆ **"单位"下拉列表框**：用于设置轮廓宽度的单位。

◆ **"样式"下拉列表框**：用于设置线条样式。

◆ 编辑样式(E)... 按钮：从"样式"列表框中选择一种线条样式，然后单击该按钮，将打开"编辑线条样式"对话框，拖曳滑轨上的点可设置虚线点的间距，单击白色方块可将其切换为有虚线点的黑色方块，编辑完成后单击 添加(A) 按钮将其添加到"样式"列表框中，如图5-77所示。

图5-77　编辑与添加线条样式

◆ **角按钮**：单击对应的按钮可设置线条角的样式，包括"斜接角"按钮 ▣、"圆角"按钮 ▣、"斜切角"按钮 ▣，如图5-78所示。

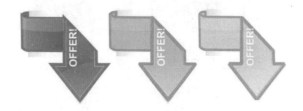

图5-78　角效果

◆ **"斜接限制"数值框**：用于设置角的尖突程度，值越小尖突越明显，常用于处理文字的轮廓，如图5-79所示为分别设置5°与90°的尖突效果。

图5-79　设置斜接限制

◆ **线条端头按钮**：单击对应的按钮可设置未闭合线条两端的样式，包括"方形端头"按钮 ▣、"圆形端头"按钮 ▣、"延伸方形端头"按钮 ▣，如图5-80所示。

图5-80　线条端头效果

◆ **指定轮廓位置按钮**：当为对象创建轮廓图后，单击对应的按钮可指定轮廓的位置，包括"外部轮廓"按钮 ▣、"居中轮廓"按钮 ▣、"内部轮廓"按钮 ▣，如图5-81所示为设置内部轮廓为紫色。

图5-81 设置内部轮廓效果

- **"箭头"下拉列表框**：用于设置开放线条的起始端或终止端的箭头样式。
- **选项(O)▼按钮**：在"箭头"下拉列表框中选择箭头样式后，单击该按钮，在弹出的下拉列表中可新建、编辑或删除箭头样式。如图5-82所示为新建箭头样式。

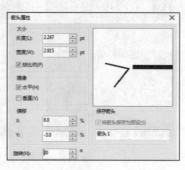

图5-82 设置内部轮廓效果

- **书法**：将单一线条修饰为书法线条，如图5-83所示。其中，在"展开"数值框中可更改笔尖的宽度；在"角度"数值框中可设置基于绘图画面更改画笔的角度；若要将延展和斜移笔尖值重置为原始值，可单击默认(D)按钮。

图5-83 设置书法轮廓效果

技巧秒杀

"展开"值范围为1~100，默认为100。减小其值可以使方形笔尖变成矩形，圆形笔尖变成椭圆形，以创建更明显的书法效果。

- ☑**填充之后(B)复选框**：选中该复选框，可在对象填充的后台应用轮廓。
- ☑**随对象缩放(U)复选框**：选中该复选框，可将轮廓粗细链接至对象尺寸，即对象缩小时，轮廓按比例跟着缩小。
- ☑**叠印轮廓(V)复选框**：选中该复选框，可设置打印期间要打印在底层颜色上方的轮廓。

技巧秒杀

选择需要设置的轮廓线，按Alt+Enter组合键打开"对象属性"泊坞窗，单击"轮廓笔"按钮，在下方单击▼按钮，在展开的面板中也可对轮廓进行设置，其设置方法与在"轮廓笔"对话框中的设置方法一样，如图5-84所示。

图5-84 "对象属性"泊坞窗

实例操作：绘制运动鞋

- ●光盘\素材\第5章\涂料背景.jpg ●光盘\效果\第5章\运动鞋.cdr
- ●光盘\实例演示\第5章\绘制运动鞋

本例将使用"钢笔工具"绘制运动鞋的轮廓，通过"轮廓笔"对话框对轮廓颜色、样式等进行设置，并填充颜色，其最终效果如图5-85所示。

图5-85 运动鞋效果

Step 1 ▶ 新建横向的空白文档，使用"钢笔工具" 绘制鞋子轮廓，设置轮廓粗细为"1.0pt"，如图5-86所示。继续绘制鞋子后面的两块鞋跟垫，取消轮廓，分别填充CMYK值为"59、98、65、32"和"60、79、100、44"，如图5-87所示。

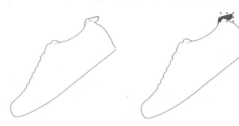

图5-86 绘制鞋子轮廓　　　图5-87 绘制鞋跟垫轮廓

Step 2 ▶ 绘制鞋子上的装饰条，设置轮廓粗细为"0.25pt"，分别创建渐变填充，调整各节点位置，将CMYK值分别设置为"9、7、96、0"和"60、16、98、0"，如图5-88所示。

图5-88 绘制装饰条

Step 3 ▶ 在鞋条内绘制针脚线装饰图形，单击工具箱中的"轮廓笔工具"按钮，在展开的工具栏中单击"轮廓笔工具"按钮，打开"轮廓笔"对话框，在其中设置"宽度"为"0.5pt"，设置线条"样式"为虚线，单击 确定 按钮，查看效果，如图5-89所示。

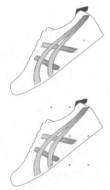

图5-89 设置针脚线轮廓

Step 4 ▶ 绘制鞋子上边缘相交的轮廓，设置轮廓粗细为"0.5pt"，选择绘制的轮廓和鞋子轮廓，在属性栏中单击"相交"按钮创建相交区域，如图5-90所示。删除绘制的轮廓。单击"粗糙工具"按钮，在属性栏中将"笔尖半径"设置为"3.00mm"，在曲线上单击粗糙线段，如图5-91所示。

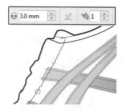

图5-90 创建相交区域　　　图5-91 粗糙线段

Step 5 ▶ 绘制鞋子后面的装饰条，设置轮廓粗细为"0.25pt"，单击"粗糙工具"按钮，在属性栏中将"笔尖半径"设置为不同的半径值，该值在1.00mm ~ 3.00mm，在曲线上单击粗糙线段，如图5-92所示。

图5-92 绘制粗糙装饰条

Step 6 ▶ 使用同样的方法绘制鞋子其他地方的装饰封闭轮廓，将前面的轮廓与鞋口的轮廓粗细设置为"1.00pt"，其他轮廓粗细设置为"0.25pt"，选择鞋尖的轮廓，按Shift+F12组合键打开"选择颜色"对话框，设置CMYK值分别为"60、79、100、44"，单击 确定 按钮，效果如图5-93所示。

图5-93 设置轮廓色

图5-93　设置轮廓色（续）

图5-97　绘制鞋孔　　　　图5-98　绘制鞋带

Step 7 ▶ 选择绘制的封闭图形，设置CMYK值分别为"20、80、0、20"，取消后跟上面的装饰条的轮廓，如图5-94所示。在封闭图形内绘制装饰的针脚线，设置轮廓粗细为"1.00pt"，如图5-95所示。

Step 10 ▶ 使用"钢笔工具" 绘制鞋底的3层轮廓，将从上到下的图形的CMYK值分别设置为"20、80、0、20"、"0、0、0、0"和"40、0、100、0"，取消轮廓，如图5-99所示。

图5-94　填充颜色　　　　图5-95　绘制针脚线

图5-99　绘制与填充鞋底

Step 8 ▶ 选择绘制的针脚线，在"线条样式"下拉列表框中选择虚线选项，选择鞋尖的针脚线，将轮廓线的CMYK值分别设置为"43、56、76、0"，如图5-96所示。

Step 11 ▶ 选择所有绘制的图形，在属性栏中单击"轮廓"按钮 创建对象轮廓，设置CMYK值分别为"16、16、0、0"，取消轮廓，置于底层，略微向上放置图形，如图5-100所示。

图5-100　填充鞋子

Step 12 ▶ 导入"涂料背景.jpg"图片，置于底层，完成本例的制作，如图5-101所示。

图5-96　设置针脚线

Step 9 ▶ 在鞋带区域绘制黑色的正圆，取消轮廓，填充为黑色，如图5-97所示。使用"钢笔工具" 在鞋带孔的下一个孔中绘制鞋带，设置轮廓粗细为"0.5pt"，填充为白色，如图5-98所示。

图5-101　设置背景

5.7.2 设置轮廓颜色

轮廓线的颜色可以将轮廓与对象区分开。默认的轮廓线颜色是黑色，用户可以将其设置为其他颜色，以使轮廓线效果更加丰富美观。下面介绍设置轮廓颜色的常用方法。

1. 设置常用轮廓色

在"轮廓笔"对话框和"对象属性"泊坞窗中，都可设置常用的轮廓颜色。此外，选择绘制的图形或线条后，在调色板中需要的颜色块上单击鼠标右键，或将色块拖动至轮廓线上都可快速设置常用轮廓线的颜色，如图5-102所示。

图5-102 右击色块

2. 设置精确轮廓色

若常用的轮廓色无法满足轮廓编辑的需求，用户可以按Shift+F12组合键打开如图5-103所示的"轮廓颜色"对话框，在其中可选择更为丰富的颜色，选择后单击 确定 按钮应用颜色。

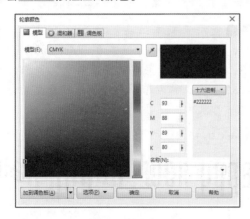

图5-103 设置轮廓颜色

知识解析："轮廓颜色"对话框介绍

◆ 填充方式：通过选项卡的方式提供了模型、混合器和调色板3种填充方式，选择其中的任意一种方式都可填充对象轮廓。

◆ "模型"下拉列表框：用于选择颜色的模式，包括RGB、CMYK、HSB和Lab等模式。不同的颜色模式将得到不同的填充效果。常用的模式为CMYK模式。设置颜色模式后，可在对话框中单击选择颜色或在参数值数值框中输入数值来确定颜色，如图5-104所示。

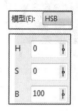

图5-104 选择颜色的模式

◆ "吸管"按钮：单击该按钮，可在界面中单击吸取颜色，如图5-105所示。

图5-105 吸取轮廓颜色

◆ "名称"下拉列表框：用于选择预置的一些标准颜色，如红、白、青、绿、黄等。

◆ 加到调色板(A) ▼ 按钮：设置好颜色后，单击该按钮，可将设置的颜色添加到调色板中，方便以后直接使用。

◆ 选项(P) ▼ 按钮：设置好颜色后，单击该按钮，可在弹出的下拉列表中设置对换颜色和颜色查看器类型。

技巧秒杀

选择"窗口"/"泊坞窗"/"彩色"命令，打开"颜色泊坞窗"，在其中可使用同样的方法设置填充方式、颜色模式和填充的颜色，设置完成后单击 轮廓(O) 按钮，也可设置丰富的轮廓颜色，如图5-106所示。

图5-106　"颜色泊坞窗"

5.7.3　清除轮廓

在实际绘图过程中，对封闭的轮廓填色后，可能需要清除轮廓线，以使绘制的图形更加美观、简洁，如图5-107所示。

图5-107　清除轮廓

删除轮廓常见的方法有两种，分别介绍如下。

◆ 通过属性栏设置：在属性栏或"轮廓笔"对话框

中设置"轮廓宽度"为"无"。

◆ 通过调色板设置：选择要删除轮廓的对象，用鼠标右键单击调色板上的"无色"色块⊠。

5.7.4　将轮廓转换为对象

作为线条或轮廓，只能对其宽度、样式和平均颜色进行设置。若要作为对象进行操作，如进行填充渐变、图样或底纹等，则需要选择轮廓线后，按Shift+Ctrl+Q组合键将轮廓线转换为对象。

实例操作：用轮廓转换制作渐变字

● 光盘\素材\第5章\光圈.jpg　● 光盘\效果\第5章\渐变字.cdr
● 光盘\实例演示\第5章\制作渐变字

本例将使用文本工具输入文本，通过将轮廓转换为对象的方法制作文本轮廓的渐变填充，其最终效果如图5-108所示。

图5-108　渐变字效果

Step 1 ▶ 使用"文本工具"字输入文本"happy new"，在属性栏中设置字体为"Mekanik LET"，如图5-109所示。使用"封套工具"双击，在虚线上添加节点，拖动节点和控制手柄调整蓝色的虚线，以调整文本的外观，如图5-110所示。

图5-109　输入文本　　　图5-110　调整文本外观

Step 2 ▶ 单击选择输入的文本，按Ctrl+Q组合键转换为曲线，在属性栏中设置"轮廓宽度"为"1.5pt"，将轮廓设置为任意颜色，选择"对象"/"将轮廓转换为对象"命令，将轮廓移动到一边，如图5-111所示。

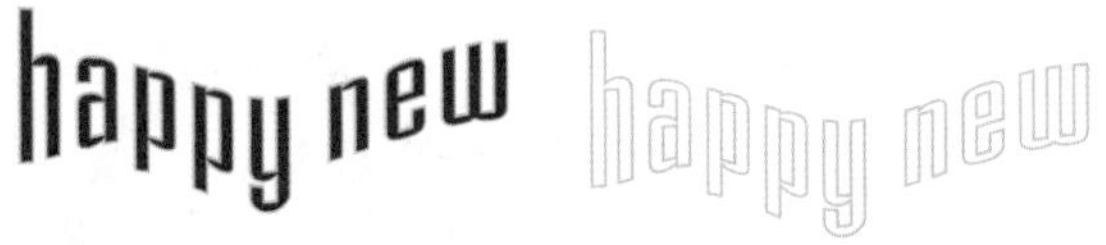

happy new *happy new*

图5-111　将轮廓转换为对象

Step 3 ▶ 单击选择输入的文本，在属性栏中设置"轮廓宽度"为"4.0pt"。选择"对象"/"将轮廓转换为对象"命令，将轮廓移动到一边，如图5-112所示。

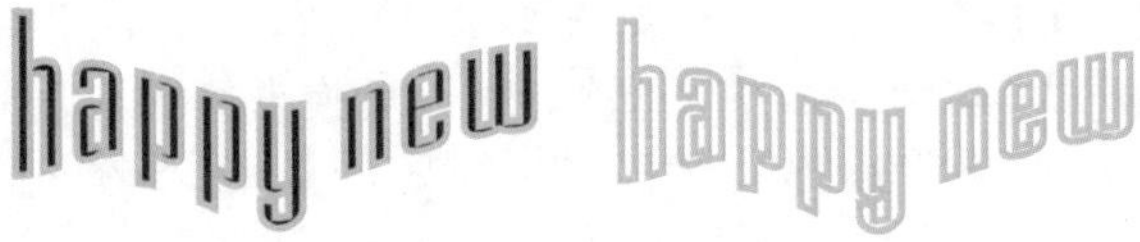

happy new *happy new*

图5-112　将轮廓转换为对象

Step 4 ▶ 选择粗轮廓对象，在状态栏中双击"填充色"按钮，打开"编辑填充"对话框，单击"渐变填充"按钮，在颜色条上双击添加颜色控制点，调整控制点位置，分别设置起点到终点的CMYK值为"0、100、0、0"、"100、100、0、0"、"60、0、20、0"、"40、0、100、0"和"0、0、100、0"，如图5-113所示。

图5-113　渐变填充轮廓

Step 5 ▶ 使用鼠标右键拖动粗轮廓对象到细轮廓对象上，释放鼠标，在弹出的快捷菜单中选择"复制所有属性"命令，复制粗轮廓的渐变填充属性，如图5-114所示。

图5-114　复制对象属性

Step 6 ▶ 复制输入的文本，中心对齐粗轮廓与复制的文本，将文本置于上方，同时选择文本与粗轮廓，选择"排列"/"造型"/"合并"命令，合并轮廓与文本，如图5-115所示。

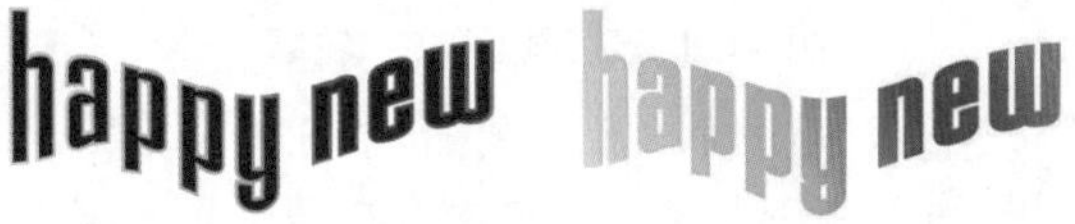

happy new happy new

图5-115　合并文本

Step 7 ▶ 选择文本，使用"透明度工具"从上向下拖动创建渐变透明效果。中心对齐渐变透明文本、合并的文本轮廓、细轮廓，将细轮廓置于顶层，将渐变透明文本置于中间，如图5-116所示。

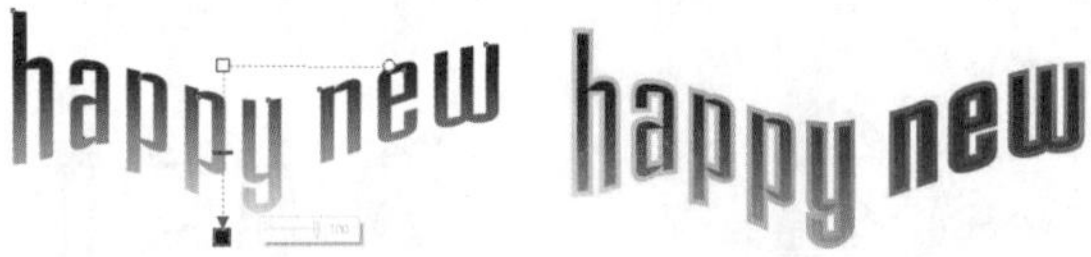

happy new happy new

图5-116　创建渐变透明

Step 8 ▶ 使用"文本工具"字输入文本"year"，在属性栏中设置字体为"Mekanik LET"，设置"轮廓宽度"为"3.0pt"，按Shift+Ctrl+Q组合键将轮廓线转换为对象，将轮廓对象移动到一边，如图5-117所示。

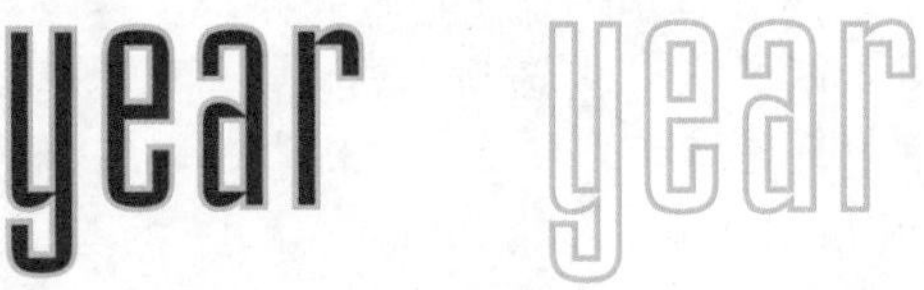

year year

图5-117　将轮廓转换为对象

Step 9 ▶ 选择轮廓，打开"编辑填充"对话框，单击"渐变填充"按钮，在颜色条上双击添加颜色控制点，调整控制点位置，分别设置起点到终点的

CMYK值为"0、24、0、0"、"42、29、0、0"、"27、0、5、0"、"10、0、40、0"、"1、0、29、0"和"0、38、7、0"，如图5-118所示。

图5-118　渐变填充文本轮廓

Step 10 ▶ 复制轮廓对象，打开"编辑填充"对话框，单击"渐变填充"按钮，在颜色条上双击添加颜色控制点，调整控制点位置，分别更改起点到终点的CMYK值为"0、97、22、0"、"91、68、0、0"、"67、5、0、0"、"40、0、100、0"、"4、0、91、0"和"0、100、55、0"，如图5-119所示。

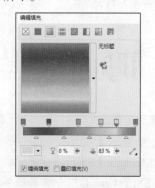

图5-119　渐变填充文本轮廓

Step 11 ▶ 选择颜色较深的渐变轮廓，选择"位图"/"转换为位图"命令，将其转换为位图，选择"位图"/"模糊"/"高斯式模糊"命令，在打开的对话框中设置模糊的半径为"8.0"，单击 确定 按钮，如图5-120所示。

图5-120　模糊文本轮廓

Step 12 ▶ 中心对齐文本year的两个轮廓，将细轮廓置于顶层，按Ctrl+G组合键群组这两个轮廓，查看效果。绘制圆，将轮廓设置为"3.0pt"，按Shift+Ctrl+Q组合键将轮廓线转换为对象，复制happy new的渐变填充，如图5-121所示。

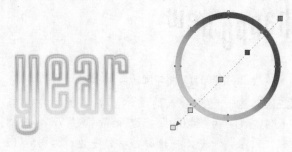

图5-121　将圆的轮廓转换为对象

Step 13 ▶ 选择渐变填充的圆轮廓，选择"位图"/"转换为位图"命令，将其转换为位图，选择"位图"/"模糊"/"高斯式模糊"命令，在打开的对话框中设置模糊的半径为"8.0"，单击 确定 按钮，如图5-122所示。

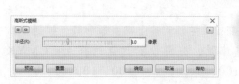

图5-122　模糊圆环

Step 14 ▶ 绘制大小不等的圆，使用前面所讲的将轮廓线转换为对象和模糊对象的方法，制作其他圆环和模糊圆，放置在文本四周，如图5-123所示。导入"光圈.jpg"背景图片，置于底层完成本例的制作，如图5-124所示。

图5-123　制作其他光圈　　图5-124　导入背景

知识大爆炸
————线条与轮廓编辑技巧

1. 曲线与控制手柄的关系

在使用贝塞尔工具、钢笔工具和形状工具时，经常会使用控制手柄来调节曲线的弯曲度和弯曲方向。因此了解控制手柄与曲线的关系对绘制曲线至关重要。

控制手柄的方向决定曲线弯曲的方向，控制手柄在下方时，曲线向下弯曲；反之则向上弯曲。控制手柄离曲线较近时，曲线的曲度较小；控制手柄离曲线较远时，曲线的曲度则较大。曲线的控制手柄可分左、右两个，蓝色的箭头非常形象地指明了曲线的方向。

2. 如何判断曲线与直线

使用形状工具选择线段中的某个节点时，如果该节点显示为空心方框，表示当前节点所在的这一截线段为直线段；当该节点显示为实心方块时，则表示当前节点所在的这一截线段为曲线段。

3. 统一设置轮廓

绘制复杂的图形时，用户可以绘制完图形后再对图形统一设置轮廓，以免重复设置轮廓而降低工作效率。

读书笔记

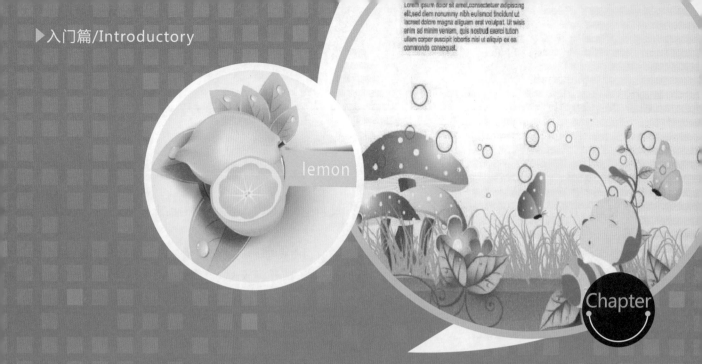

01 02 03 04 05 **06** 07 08 09 10 11 12 13 ......

颜色的应用

本章导读 ●

　　一件好的设计作品离不开颜色的运用和搭配，各种不同的色彩搭配会给人不同的感觉。在CorelDRAW X7中，提供了多样的填充方式，除了均匀填充、渐变填充、图样填充、底纹填充和PostScript填充，还提供了智能填充、滴管填充、交互式填充和网状填充等特殊的填充效果。本章将讲解这些填充工具的具体使用方法，以及填充开放曲线的方法，从而将绘图引入色彩世界。

6.1 编辑颜色工具的使用

使用填充工具可以方便地为图形设置均匀填充、渐变填充、图样填充、底纹填充和PostScript底纹填充等，不同的颜色填充方式将得到不同的颜色填充效果，下面分别进行讲解。

6.1.1 均匀填充

均匀填充即单色填充，可通过"编辑填充"对话框进行。在该对话框中，用户不仅可以选择丰富的颜色，还可以选择填充的模式，包括模型、混合器和调色板3种。

实例操作：均匀填充蜜蜂宝宝

● 光盘\素材\第6章\蜜蜂宝宝\ ● 光盘\效果\第6章\蜜蜂宝宝.cdr
● 光盘\实例演示\第6章\均匀填充蜜蜂宝宝

下面通过分别使用均匀填充的模型、混合器和调色板模式填充蜜蜂宝宝并导入背景，使蜜蜂宝宝更加生动活泼，效果如图6-1所示。

图6-1 填充蜜蜂宝宝效果

Step 1 ▶ 打开"蜜蜂宝宝.cdr"文档，按住Shift键依次单击脑袋周围的发髻图形，单击工具箱中的"编辑填充工具"按钮，打开"编辑填充"对话框，单击"均匀填充"按钮，单击"模型"按钮，拖动颜色滑块选择颜色范围，在颜色面板中单击需要的颜色，在右侧面板中将显示选择颜色的CMYK值，这里设置为"91、58、12、0"，单击 确定 按钮，返回操作界面查看填充效果，如图6-2所示。

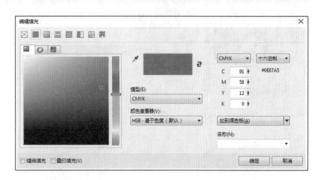

图6-2 模型填充

Step 2 ▶ 选择脸部，单击"混合器"按钮，将鼠标光标放在光圈上，然后旋转并移动，在右侧面板中将显示选择颜色的CMYK值，这里设置为"0、18、24、0"，单击 确定 按钮，效果如图6-3所示。

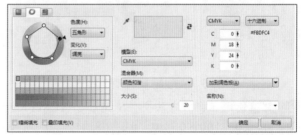

图6-3 混合器填充

Step 3 ▶ 选择脸上的图形，单击"调色板"按钮 ▦，拖动颜色滑块选择需要的颜色条，在右侧面板中设置CMYK值为"73、82、90、64"，单击 确定 按钮，效果如图6-4所示。

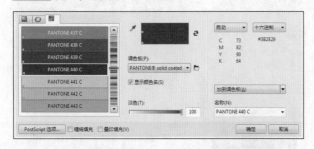

Step 6 ▶ 按Ctrl+G组合键群组蜜蜂宝宝所有的图形，在属性栏中设置"轮廓粗细"为"无"，取消轮廓。导入"花纹.jpg"图片，如图6-7所示。选择该图片，按Ctrl+End组合键置于底层，调整位置，完成本例的制作。

图6-7　取消轮廓并导入背景

💬 知识解析：模型填充选项介绍 ·······················●

图6-4　调色板填充

Step 4 ▶ 使用相同的方法填充围巾为"白色"，填充手臂的CMYK值为"60、0、20、0"，填充肚子的CMYK值为"69、16、16、0"，效果如图6-5所示。

图6-5　填充围巾、手臂与肚子

Step 5 ▶ 使用相同的方法交替填充肚子的CMYK值为"0、20、100、0"和"91、58、12、0"，如图6-6所示。

图6-6　填充肚子花纹

◆ "滴管"按钮 🖉：单击该按钮，可在界面中单击吸取填充的颜色。

◆ "组件"数值框：用于输入具体的颜色参数值。

◆ "颜色预览"窗口：位于窗口右上角，用于显示当前的填充颜色和对话框中选择的颜色。单击右侧的"对换颜色"按钮 ⮂，可对换上下颜色，如图6-8所示。

图6-8　颜色预览

◆ "模型"下拉列表框：用于设置颜色的色彩模式，包括RGB、CMYK、HSB和Lab等方式。

◆ 选项(P) ▶ 按钮：设置好颜色后，单击该按钮，可设置对换颜色和颜色查看器类型。"对换颜色"是指将"颜色预览"窗口上下颜色对换。

◆ 加到调色板(A) ▶ 按钮：单击该按钮，可将设置的颜色添加到调色板中，方便以后直接使用。

◆ "颜色查看器"下拉列表框：用于设置颜色的查看方式，如图6-9所示为设置为"RGB-三维加色"颜色查看器的效果。

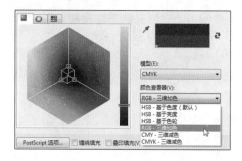

图6-9　设置颜色查看器

💬知识解析：混合器填充选项介绍 ⋯⋯⋯⋯⋯⋯⋯•

◆ "色度"下拉列表框：用于选择对话框中色样的显示范围和所显示色样之间的关系，包括主色、补充色、三角形1、三角形2、矩形和五角形6种，如图6-10所示。不同的选项，颜色列表中的渐变色的颜色和排数也会有所不同。

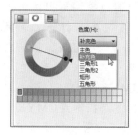 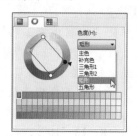

图6-10　设置色度

◆ "变化"下拉列表框：用于选择显示色样的色调，包括无、调冷色调、调暖色调、调暗、调亮和降低饱和度6种，如图6-11所示。

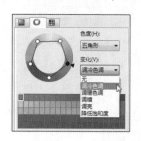 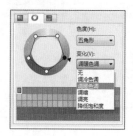

图6-11　设置色调

◆ "混合器"下拉列表框：设置"颜色和谐"外的"颜色调和"界面，设置"颜色调和"界面后，可通过设置四角的颜色来调和颜色，如图6-12所示。

 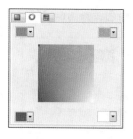

图6-12　颜色调和界面

◆ "大小"数值框：用于设置显示色样的列数。数值越大，相邻两列色样间颜色差值越小，如图6-13所示。

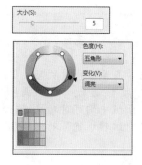 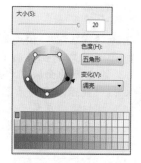

图6-13　设置色样的列数

💬知识解析：调色板填充选项介绍 ⋯⋯⋯⋯⋯⋯⋯•

◆ "调色板"下拉列表框：用于选择调色板，如图6-14所示。单击其后的"打开调色板"按钮 🖿，可在打开的对话框中选择保存在电脑中需要载入的调色板。

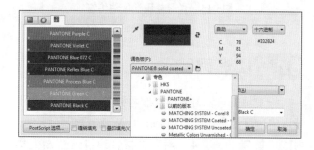

图6-14　选择与载入调色板

◆ "名称"下拉列表框：用于显示选择颜色的名称。

◆ "淡色"数值框：当在"调色板"下拉列表框中选择PANTONE®solid coated选项后，可通过在该数值框中输入数值，或拖动滑块来减淡或加深颜色，如图6-15所示。

图6-15　减淡与加深颜色

技巧秒杀

选择"窗口"/"泊坞窗"/"对象属性"命令，打开"对象属性"泊坞窗，单击"填充"按钮 ，在打开的面板中单击"显示颜色滑块"按钮 、"显示颜色查看器"按钮 或"显示调色板"按钮 ，在展开的各面板中均可对对象进行均匀填充，其填充方式与"编辑填充"对话框相似，如图6-16所示。

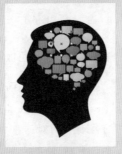

图6-16　"对象属性"泊坞窗

6.1.2　渐变填充

渐变填充可以为图形添加两种或两种以上的平滑渐进的过度色彩效果。CorelDRAW X7提供了线性、射线、圆锥和方角4种渐变类型，通过这些渐变填充，可以制作出色彩复杂、质感逼真的作品。

实例操作：使用渐变填充绘制香水瓶

● 光盘\素材\第6章\背景.jpg　　● 光盘\效果\第6章\香水瓶.cdr
● 光盘\实例演示\第6章\使用渐变填充绘制香水瓶

绘制瓶子之类的图形，为了增强其逼真感，一般都需要使用渐变填充，下面将利用渐变填充制作香水瓶，其最终效果如图6-17所示。

图6-17　香水瓶效果

Step 1 ▶ 新建空白文档，绘制瓶盖图形，单击工具箱中的"编辑填充工具"按钮 ，打开"编辑填充"对话框，单击"渐变填充"按钮 ，保持默认设置不变，在颜色条单击选择起点控制点，在"颜色"下拉列表框中设置CMYK值为"1、4、4、1"，使用同样的方法设置终点控制点CMYK值为"5、18、13、10"，在"节点位置"数值框中输入"61%"，单击 确定 按钮，返回操作界面查看渐变填充效果，如图6-18所示。

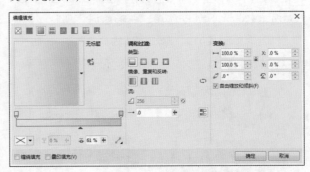

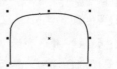

图6-18　渐变填充瓶盖

Step 2 ▶ 在瓶盖左边缘绘制图形，打开"编辑填充"对话框，单击"渐变填充"按钮▣，保持默认设置不变，在颜色条双击添加节点，选择节点后，设置其颜色，这里将起点到终点的CMYK值设置为"7、27、26、3"、"5、19、17、0"、"23、44、39、0"和"12、34、27、0"，拖动节点，调整各节点位置，返回操作界面，效果如图6-19所示。

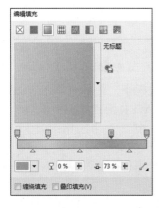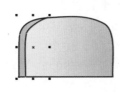

图6-19　渐变填充图形

Step 3 ▶ 在瓶盖右边缘绘制图形，在"编辑填充"对话框中单击"渐变填充"按钮▣，在颜色条上双击添加节点或拖动节点设置渐变，将起点到终点的CMYK值设置为"2、11、11、3"、"0、0、0、0"、"7、14、5、0"、"7、25、17、5"和"7、18、12、0"，返回操作界面，效果如图6-20所示。

图6-20　渐变填充图形

Step 4 ▶ 在瓶盖下方绘制图形，使用相同方法设置渐变，将起点到终点的CMYK值设置为"7、38、35、2"、"6、37、33、2"、"0、18、15、0"、"4、22、18、0"和"7、36、27、3"，返回操作界面，效果如图6-21所示。

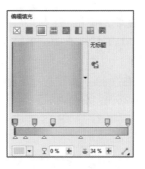

图6-21　渐变填充图形

Step 5 ▶ 在下方继续绘制矩形，使用相同方法设置渐变，将起点到终点的CMYK值设置为"30、78、67、67"、"17、91、64、16"、"0、0、0、0"、"0、0、0、0"、"23、77、75、60"、"45、78、75、64"、"11、65、49、4"、"4、56、47、4"和"38、89、45、57"，返回操作界面效果，如图6-22所示。

图6-22　渐变填充图形

Step 6 ▶ 在矩形中下方绘制等宽的矩形，使用相同方法设置渐变，将起点到终点的CMYK值设置为"12、42、42、27"、"0、0、0、0"、"4、32、28、0"、"18、42、47、25"、"9、36、37、3"和"45、78、75、64"，返回操作界面，效果如图6-23所示。

图6-23　渐变填充图形

Step 7 ▶ 在下方继续绘制图形，使用相同的方法设置渐变，将起点到终点的CMYK值设置为"0、83、63、21"、"0、0、0、0"、"0、0、0、0"、"0、64、50、0"和"0、83、63、21"，返回操作界面，完成瓶盖的绘制，效果如图6-24所示。

图6-24　混合器填充

Step 8 ▶ 在瓶盖下方绘制瓶身，使用相同方法设置渐变，将起点到终点的CMYK值设置为"12、42、42、27"、"0、0、0、0"、"4、32、28、0"、"18、42、47、25"和"9、36、37、3"，在"变换"栏中设置"渐变角度"为"90.0°"，返回操作界面，效果如图6-25所示。

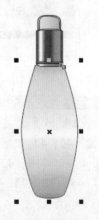

图6-25　混合器填充

Step 9 ▶ 在瓶身上绘制高光区域图形，均填充为白色，使用"透明工具"🔧拖动中间略大的图形为其创建辐射透明渐变。单击中间略小的图形，为其创建线性渐变，单击起点控制点，在出现的"透明"数值框中输入"29"，使用"透明工具"🔧单击瓶底的图形，在出现的数值框中设置透明值为"40"，使用相同的方法设置其他图形的透明值为"15"，效果如图6-26所示。

图6-26　制作高光效果

Step 10 ▶ 在瓶底绘制暗光部分，使用相同方法设置渐变，将起点到终点的CMYK值设置为"0、69、65、0"、"0、69、65、0"、"0、36、64、0"和"0、8、10、4"，在"变换"栏中设置"渐变角度"为"90.0°"，返回操作界面，效果如图6-27所示。

图6-27　制作暗光效果

Step 11 ▶ 绘制瓶底，将CMYK值设置为"0、69、65、0"。框选所有图形按Ctrl+G组合键群组，在属性栏中取消轮廓，效果如图6-28所示。

图6-28　绘制瓶底并取消轮廓

Step 12 ▶ 使用"文本工具"字在瓶子上单击，输入文本，选择文本按住Ctrl+Q组合键转换为曲线，使用相同方法设置渐变填充，将起点到终点的CMYK值设置为"30、78、67、67"、"17、91、33、2"、"45、78、75、64"、"4、56、47、4"和"38、89、45、37"，返回操作界面，效果如图6-29所示。

图6-29　渐变填充文本

Step 13 ▶ 群组所有香水瓶对象，镜像复制香水瓶，选择"位图"/"转换为位图"命令，将其转换为位图，使用"透明工具"拖动位图，为其创建线性渐变透明。导入"背景.jpg"图片，如图6-30所示。复制并放大文本，放置到背景右上角，将背景置于底层完成本例的制作。

图6-30　导入背景

💬知识解析：**渐变填充选项介绍** ·············●

◆　"线性渐变填充"按钮▢：单击该按钮可设置两种或多种颜色之间的直线渐变填充效果，如图6-31所示。

图6-31　线性渐变填充效果

◆　"椭圆形渐变填充"按钮▢：单击该按钮可设置以一点为中心，以同心圆的形式向四周方向放射的一种颜色渐变效果。辐射渐变填充能够充分展现出球体的光线变幻效果和光晕效果，如图6-32所示。

图6-32　椭圆形渐变填充效果

◆　"圆锥形渐变填充"按钮▢：单击该按钮可设置模拟光线落在圆锥上的视觉效果，从而为图形创造类似圆锥的颜色渐变效果，如图6-33所示。

图6-33　圆锥形渐变填充效果

◆　"矩形渐变填充"按钮▢：单击该按钮可设置以同心方形的形式从对象中心向外扩散的颜色渐变填充方式，可绘制出类似内发光或者透明几何体的效果，如图6-34所示。

图6-34　矩形渐变填充效果

数值框中可设置节点处颜色的透明度。

◆ **"节点位置"数值框**：单击颜色条上的三角形，使其呈黑色显示，在该数值框中可设置节点或颜色分隔点在颜色条上的位置。

◆ **"颜色挑选器"下拉列表框**：在该下拉列表框中可以选择程序自带的渐变效果或个人存储的颜色效果，如图6-35所示。

◆ **"调和方向"按钮**：单击该按钮，在弹出的下拉列表中提供了线性颜色调和、顺时针颜色调和和逆时针颜色调和3种调和方向，选择不同的选项可得到不同的效果。

◆ **镜像、重复与反转**：单击"默认渐变填充"按钮可设置一开始颜色为开始、以结束颜色为结束的渐变填充；单击"重复与镜像"按钮可设置重复并镜像渐变填充；单击"重复"按钮可重复渐变填充。如图6-38所示分别为原渐变、重复与镜像渐变、重复渐变的效果。

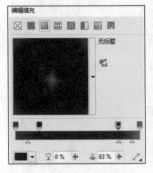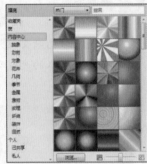

图6-35　颜色挑选器

◆ **"另存为新"按钮**：设置好渐变填充颜色后，单击该按钮可打开"保存图样"对话框，在其中设置图样的名称、标签和类别后，单击 OK 按钮可将其保存到"颜色挑选器"下拉列表框指定的类别中，如图6-36所示。

◆ **"节点颜色"下拉列表框**：在颜色条上单击选择颜色节点后，在该下拉列表框中可设置节点处的颜色，如图6-37所示。

图6-38　镜像、重复与反转渐变

◆ **"步长"数值框**：该设置默认为未启用状态，单击右侧的"设置默认值"按钮即可启用。启用后，可在数值框中输入渐变的层次，层数越多，渐变填充的效果越细腻，如图6-39所示。

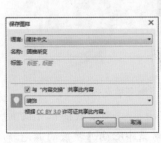

图6-36　保存图样　　图6-37　设置节点颜色

◆ **"节点透明度"数值框**：选择颜色节点后，在该

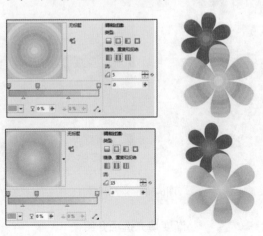

图6-39　设置渐变步长

◆ "加速"数值框：指定渐变填充从一种颜色调和为另一种颜色的速度。

◆ "平滑"按钮█：单击该按钮可在渐变填充节点之间创建更加平滑的颜色过渡。

◆ "填充宽度"与"填充高度"数值框：以对象宽度或高度的百分比形式，指定填充的宽度或高度，如图6-40所示。

图6-40　设置渐变填充高度与宽度

◆ x与y数值框：设置上下或左右移动填充的中心，如图6-41所示。

图6-41　设置渐变填充中心位置

◆ "倾斜"数值框：设置以指定的角度倾斜填充，如图6-42所示。

图6-42　设置倾斜渐变填充

◆ "角度"数值框：沿顺时针方向或逆时针方向旋转颜色渐变序列，如图6-43所示。

◆ ☑自由缩放和倾斜(F) 复选框：选中该复选框后，允许填充不按比例倾斜或延展。

◆ ☑缠绕填充 复选框：选中该复选框后，可以应用所选填充到合并对象的交叉区域。

◆ ☑叠印填充(V) 复选框：选中该复选框后，让填充印在底层颜色的上方。

图6-43　设置渐变填充角度

技巧秒杀

用户可在"对象属性"泊坞窗中单击"填充"按钮◆，在打开的面板中单击"渐变填充"按钮█，使用在"编辑填充"对话框中渐变填充的方法来渐变填充对象，如图6-44所示。

图6-44　"对象属性"泊坞窗

6.1.3　图样填充

图样填充可以将预设的多种图案按平铺的方式对图形进行填充。CorelDRAW X7中提供了矢量图样填充、位图图样填充、双色图样填充3种图样填充方式供用户选择，下面分别进行介绍。

1. 矢量图样填充

矢量图样填充是指使用矢量图样填充图形。选择需要填充图样的图形，在"编辑填充"对话框中单击"向量图样填充"按钮█，在"填充挑选器"下拉列表框中选择需要的图样填充样式，单击 确定 按钮即可把图案样式填充到对象上，如图6-45所示为使用矢量图样填充填充拖鞋鞋底。

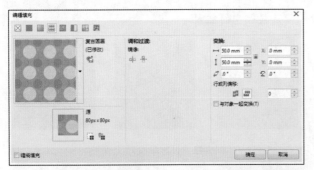

开"导入"对话框，如图6-48所示。在其中选择
保存在电脑中的矢量图样文件，单击 导入 ▼ 按钮
即可将其应用到对象上。

图6-47 创建与应用图样填充

图6-48 导入图样填充样式

图6-45 矢量图样填充

💬 知识解析：**矢量图样填充选项介绍**…………●

◆ "颜色挑选器"下拉列表框：在该下拉列表框中
可以选择自带或保存的各种类型的矢量图样，如
图6-46所示。

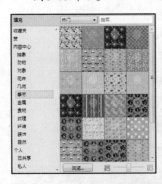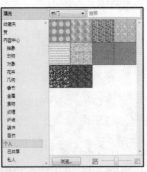

图6-46 选择矢量图样填充样式

◆ "来自工作空间的新源"按钮 ：单击该按钮，
返回到工作区，鼠标光标呈 ⌐ 形状，拖动鼠标
框选工作区的图形，按Enter键即可将框选的图
样填充到对象中，如图6-47所示为将创建的图样
填充在内衣上。

◆ "来自文件的新源"按钮 ：单击该按钮，可打

◆ "水平镜像平铺"按钮 ⊕ 或"垂直镜像平铺"按
钮 ⊟：单击对应的按钮，可使图样在平铺排列
时，在交界部分互为镜像。如图6-49所示为水平
镜像前后的效果。

图6-49 水平镜像图样填充

◆ "填充宽度"与"填充高度"数值框：以对象宽
度或高度的百分比形式，指定填充图样的宽度或

高度。

◆ x与y数值框：设置上下或左右移动填充图样的中心。

◆ "倾斜"数值框：设置以指定的角度倾斜填充图样。

◆ "角度"数值框：沿顺时针方向或逆时针方向旋转填充图样。

◆ "行偏移"按钮⊞或"列偏移"按钮⊞：单击对应的按钮，在其后的数值框中可以平铺高度或宽度的百分比形式指定行或列偏移值，如图6-50所示为行偏移45%前后的对比效果。

图6-50 行偏移效果

◆ ☑与对象一起变换(T) 复选框：选中该复选框，可以应用所选填充到合并对象的交叉区域。

2. 位图图样填充

选择需要填充图样的图形，在"编辑填充"对话框中单击"位图图样填充"按钮⊞，在"填充挑选器"下拉列表框中可选择需要的图样填充样式，单击 确定 按钮，即可把位图图样填充到对象上，如图6-51所示为填充红色皮革的效果。

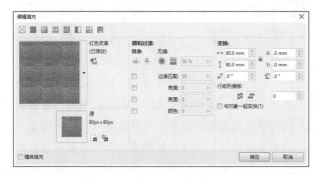

图6-51 位图图样填充

图6-51 位图图样填充（续）

💬知识解析：**位图图样填充选项介绍** ··············●

◆ "颜色挑选器"下拉列表框：在该下拉列表框中可以选择自带或保存的各种类型的位图图样。

◆ "径向调和"按钮◉：单击该按钮，可设置辐射无缝调和效果，如图6-52所示为径向调和前后的对比效果。

图6-52 径向调和效果

◆ "线性调和"按钮▤：单击该按钮，在其后的数值框中可设置线性无缝调和的值，如图6-53所示为线性调和前后的效果。

图6-53 线性调和效果

◆ "边缘匹配"数值框：选中前面的复选框，在该数值框中可设置平滑图样填充边缘与其对应边缘的颜色过渡。

◆ "亮度"数值框：选中前面的复选框，第一个"亮度"数值框用于提高或降低图样的亮度，如图6-54所示；第二个"亮度"数值框用于提高或降低图样的灰度对比度。

图6-54 提高或降低图样的亮度

◆ "颜色"数值框：选中前面的复选框，在该数值框中可提高或降低图样的颜色对比度，如图6-55所示为提高颜色对比度的前后效果。

图6-55 提高或降低图样的颜色对比度

技巧秒杀

在设置亮度与颜色对比度时，在数值框中输入正的数值可提高图样的亮度或颜色对比度；输入负的数值可降低图样的亮度或颜色对比度。

3. 双色图样填充

双色图样填充是指允许对象的填充只有两种图案样式。在"编辑填充"对话框中单击"双色图样填充"按钮，选择需要的双色图样，在"颜色"下拉列表框中分别设置前景、背景颜色。单击 确定 按钮即可，如图6-56所示为填充五角星的效果。

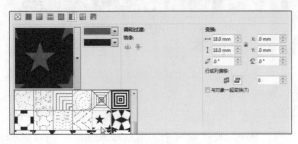

图6-56 双色图样填充

图6-56 双色图样填充（续）

知识解析：**双色图样填充选项介绍**

◆ "前景颜色"下拉列表框：在该下拉列表框中可设置双色图样中花纹的颜色，如图6-57所示。

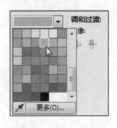

图6-57 设置前景颜色

◆ "背景颜色"下拉列表框：在该下拉列表框中可以设置背景的颜色，如图6-58所示。

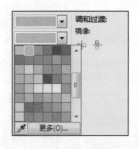

图6-58 设置背景颜色

6.1.4 底纹填充

底纹填充也称纹理填充，是指利用天然材料的外观来填充对象。选择需要填充底纹的图形，在"编辑填充"对话框中单击"底纹填充"按钮，在"填充挑选器"下拉列表框中选择需要的底纹图样，在右侧的面板中可对底纹的软度、密度和亮度等进行设置，不同的底纹选项，其设置的选项也有所不同。设置完成后，单击 确定 按钮即可，如图6-59所示为填充霓虹切割的效果。

图6-59　底纹填充

💬知识解析：**底纹填充选项介绍** ············•

◆ "**样品**"下拉列表框：在该下拉列表框中提供
了多个底纹样品。选择对应的样品选项后，在
上面的列表框中可选择该样品的底纹，如图6-60
所示。

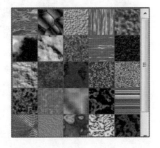

图6-60　选择底纹样品

◆ "**保存底纹**"按钮 + ：选择底纹样式后，在右侧
的面板中进行设置后，单击该按钮可打开"保存
底纹为"对话框，在其中设置底纹名称与保持的
样品库即可，如图6-61所示。

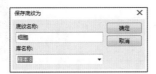

图6-61　保存设置的底纹

◆ "**删除底纹**"按钮 ━ ：单击该按钮可删除当前的
底纹样式。

◆ 变换(T)... 按钮：单击该按钮可打开"变换"对
话框，在其中可对镜像、宽度、高度、倾斜角
度、旋转角度和行列偏移等进行设置，如图6-62
所示。

◆ 选项(O)... 按钮：单击该按钮可打开"底纹选项"
对话框，在其中可对位图分辨率、平铺宽度进行
设置，如图6-63所示。

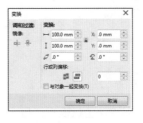

图6-62　"变换"对话框　　图6-63　"底纹选项"对话框

◆ 随机化(R) 按钮：单击该按钮可使用不同的参数重
新设置底纹。若不满意当前随机化底纹效果，可
多次单击该按钮。

6.1.5　PostScript填充

　　PostScript填充是建立在数学公式基础上的一种特
殊纹理填充方式。该填充方式具有纹理细腻的特点，
用于较大面积的填充。

　　选择需要填充的图形，在"编辑填充"对话框
中单击"PostScript填充"按钮 ，在中间的下拉列表
框中选择需要的图样，在右侧的面板中可对图样的参
数进行设置。设置完成后，单击 确定 按钮即可，如
图6-64所示为应用石壁填充的效果。

图6-64　PostScript填充

选择的PostScript填充图样不同，右侧"参数"栏中设置的参数可能也会有所不同。

图6-64　PostScript填充（续）

6.2 应用调色板

调色板是放置在工作区中的一块颜色面板，单击其中的色块可以快速为图形填充颜色。除了使用默认的调色板填色外，还可根据个人需要选择、创建或编辑调色板。下面对调色板相关知识进行详细介绍。

6.2.1 填充对象

CorelDRAW X7中提供了多种调色板模式，用户只需选择"窗口"/"调色板"命令，在弹出的子菜单中选择相应的调色板模式，即可打开调色板，如图6-65所示。使用调色板填色的方法很简单，选择需要填充的对象，单击调色板中需要颜色的色块即可。

图6-65　打开CMYK调色板

再次选择已经打开的调色板命令，取消前面的勾选标记可关闭调色板。

实例操作：制作名片

● 光盘\素材\第6章\名片背景.cdr　● 光盘\效果\第6章\名片.cdr
● 光盘\实例演示\第6章\制作名片

名片是标识姓名及其所属组织、公司单位和联系方法的纸片，名片是新朋友互相认识、自我介绍的最快且有效的方法。本例将利用默认调色板填充名片中的元素，最终效果如图6-66所示。

图6-66　名片效果

Step 1 ▶ 新建空白文档，绘制92mm×56mm大小的圆角矩形，设置"转角半径"为"4"，在调色板中单击白色色块填充为白色，继续绘制具有两个圆角的矩形，在调色板中单击黑色色块，填充为黑色，如图6-67所示。

图6-67　绘制名片轮廓

Step 2 ▶ 在黑色矩形中间绘制对称标志，选择第一个图形，在调色板中单击酒绿色色块填充为"酒绿色"；选择第二个图形，在调色板中单击洋红色色块填充为"洋红色"，如图6-68所示。

图6-68 填充标志

Step 3 ▶ 选择第三个图形，在调色板中单击黄色色块填充为"黄色"；选择第四个图形，在调色板中单击青色色块填充为"青色"，如图6-69所示。

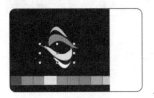 

图6-69 填充标志

Step 4 ▶ 使用"文本工具" 字 输入英文文本"Logo"，使用调色板填充为"白色"，按Ctrl+K组合键拆分，分别调节各字母的大小、角度和位置，使其分布在标志两边，效果如图6-70所示。

图6-70 输入文本

Step 5 ▶ 群组标志与文本，复制群组图形，粘贴到名片右侧，填充为"黑色"，使用"文本工具" 字 输入文本，将标志与文本旋转90°，完成名片正面制作，如图6-71所示。复制群组图形和名片矩形，制作名片背面，使用调色板将复制的矩形填充为"10%黑色"，将复制的群组图形填充为"20%黑色"，如图6-72所示。

读书笔记 ▶

 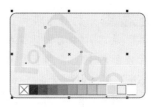

图6-71 名片正面 图6-72 制作名片背面

Step 6 ▶ 复制群组的标志图形，将其放置于名片左侧，将字母的颜色更改为"黑色"，在名片右侧绘制6个圆角矩形。注意矩形右侧对齐名片右边缘，下方的5个矩形等高，并等距排列这5个矩形，如图6-73所示。

图6-73 绘制与排列圆角矩形

Step 7 ▶ 使用"文本工具" 字 在各圆角矩形中输入文本。将第一个矩形中的文本的字号分别设置为"12pt"和"6pt"。将冒号后面的文本的字号设置为"6pt"。将冒号及之前的文本字号设置为"9pt"，使用调色依次填充为"红色"、"黄色"、"酒绿"和"天蓝"，当填充最后一个时，在调色板的紫色色块上按住鼠标左键不放，在弹出的面板中单击第二排的第四个色块，填充文本，如图6-74所示。

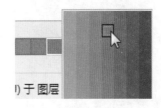 

图6-74 输入与填充文本

技巧秒杀

调色板具有调色功能，在任意色块上按住鼠标左键不放，都将打开该色块不同深浅的颜色面板。此外，在调色板中使用颜色后，颜色将自动添加到下方的"文档调色板"中，下次使用时，直接在其中单击色块即可使用该颜色。

Step 8 ▶ 分别群组名片正面和背面，使用"阴影工具"从名片中心向边缘拖动创建阴影效果，旋转名片正面和背面，将正面置于顶层。复制"名片背景.cdr"文档中的背景，如图6-75所示，置于名片顶层完成本例的制作。

图6-75 创建阴影效果

❓答疑解惑：

可以在已填充的对象上添加少量其他颜色吗？

可以在已填充的对象上添加其他颜色。其方法为：选择填充的对象，然后按住Ctrl键不放，使用鼠标左键在调色板中单击或拖动想要添加的颜色色块到对象上即可。一次添色效果不明显，可多次进行颜色添加，如图6-76所示为在白色上多次添加酒绿色的效果。

图6-76 添加颜色

6.2.2 添加颜色到调色板

若调色板中的颜色不能满足作品编辑的需要，可选择将喜欢的颜色添加到调色板，以便快速填充对象，提高工作效率。添加颜色到调色板的方法有3种，下面分别进行介绍。

1. 从选定的内容中添加

选择已填充的对象，然后打开需要添加颜色的调色板，在调色板上方单击▶按钮，在弹出的下拉列表中选择"从选定内容添加"选项，即可将对象上的颜色添加到调色板中，如图6-77所示。

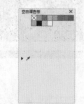

图6-77 从选定的内容中添加颜色

2. 从文档中添加

选择已填充的对象，然后打开需要添加颜色的调色板，在调色板上方单击▶按钮，在弹出的下拉列表中选择"从文档添加"选项，即可将对象上的颜色添加到调色板中，如图6-78所示。

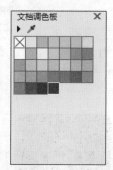

图6-78 从文档中添加颜色

3. 使用滴管添加

在调色板中单击"滴管"按钮 🖋，当鼠标光标变为 🖋 形状时，在工作区中单击颜色，可快速将该颜色添加到调色板中，如图6-79所示。若需要同时添加多种颜色到调色板，可在单击颜色色块时按住Ctrl键不放，连续单击需要添加的颜色。

技巧秒杀

在添加颜色到调色板中时，若该调色板中已有该颜色，调色板中将不会增加颜色色块。

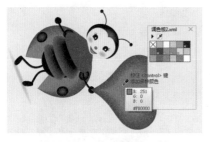 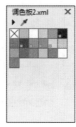

图6-79 使用滴管添加颜色

 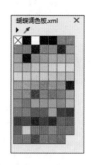

图6-81 从文档中创建调色板

6.2.3 创建调色板

用户不仅可以利用程序提供的默认调色板，还可根据需要创建自己的调色板，创建调色板后，还可以随时进行编辑。下面对常见的创建调色板的方法进行介绍。

◆ **从对象中创建**：选择已填充的对象，选择"窗口"/"调色板"/"从选择中创建调色板"命令，将打开"另存为"对话框，设置调色板的路径与名称后，单击 保存(S) 按钮，即可保存创建的调色板，如图6-80所示。

图6-80 从对象中创建调色板

◆ **从文档中创建**：打开设置填充颜色的文档，选择"窗口"/"调色板"/"从文档中创建调色板"命令，也可打开"另存为"对话框，根据文档中的颜色创建并保存调色板。如图6-81所示为根据文档创建的蝴蝶调色板。

> **技巧秒杀**
>
> 创建调色板时，默认会将其保存在"库"/"文档"/"我的调色板"路径中。

◆ **创建空白调色板**：若要创建空白调色板，可选择"窗口"/"调色板"/"调色板管理器"命令，打开"调色板管理器"泊坞窗，在其中可查看所有调色板。在上方单击"创建一个新的空白调色板"按钮 ，打开"另存为"对话框，保存创建的空白调色板即可，如图6-82所示。

图6-82 创建空白调色板

6.2.4 打开创建的调色板

当需要使用创建的调色板时，可选择"窗口"/"调色板"/"打开调色板"命令，在打开的"打开调色板"对话框中选择调色板的保存路径，选择需打开的调色板，单击 打开(O) 按钮即可将其打开，如图6-83所示。

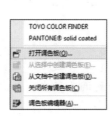 

图6-83 打开创建的调色板

6.2.5 编辑调色板

除了在调色板中添加颜色外，用户还可选择"窗口"/"调色板"/"调色板编辑器"命令，在打开的"调色板编辑器"对话框中对调色板的颜色进行删除、编辑和排序等操作，如图6-84所示。

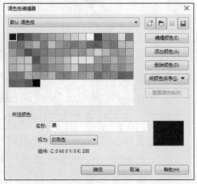

图6-84 "调色板编辑器"对话框

💬 知识解析："调色板编辑器"对话框介绍 ……•

◆ "调色板"下拉列表框：用于选择需要编辑的调色板。

◆ "新建调色板"按钮🖻：单击该按钮可打开"新建调色板"对话框，设置路径与名称可新建空白调色板。

◆ "打开调色板"按钮🖻：单击该按钮可打开"打开调色板"对话框，设置调色板路径，并选择调色板，即可打开需要的调色板。

◆ "保存调色板"按钮🖫：单击该按钮可保存新编辑的调色板。

◆ "另存为调色板"按钮🖫：单击该按钮可将当前编辑的调色板另存为新的调色板。

◆ 编辑颜色(E)按钮：在对话框的调色板中单击需要编辑的颜色，单击该按钮可打开"选择颜色"对话框，在其中可设置新的颜色。

◆ 添加颜色(A)按钮：单击该按钮可打开"选择颜色"对话框，在其中选择需要添加的颜色后，单击 确定 按钮，即可将其添加到调色板中，如图6-85所示。

图6-85 添加颜色

◆ 删除颜色(D)按钮：在对话框的调色板中单击选择色样，单击该按钮可打开提示对话框，单击 是(Y) 按钮可删除该色样。

◆ 将颜色排序(S) ▼按钮：单击该按钮，可打开色样排序方式的列表，在该列表中可选择任意一种排序方式作为所选调色板中色样的排序方式，如图6-86所示为按饱和度排列色样的效果。

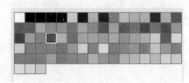

图6-86 按饱和度排列色样

◆ 重置调色板(R)按钮：单击该按钮可打开提示对话框提示会删除一些颜色，单击 是(Y) 按钮，即可将调色板恢复到原始设置，但新建的调色板不能进行重置。

◆ "名称"文本框：显示对话框所选颜色的名称。

◆ "视为"下拉列表框：设置所选颜色是"专色"还是"印刷色"。

◆ 组件：显示所选色样颜色模式的各参数值。

┌─ 技巧秒杀 ────

在删除颜色提示对话框中，选中 ☑不再显示此消息 复选框，在下次删除颜色时，将不会再出现该对话框，若取消选中该复选框，下次删除颜色时，会继续出现提示对话框。

6.3 应用其他填充工具

在CorelDRAW X7中，除了可利用常用的编辑填充工具和调色板来填充对象外，还可利用其他填充工具来提高填充的效率，如交互式填充工具、交互式网状工具、滴管工具和智能填充工具等，下面分别进行介绍。

6.3.1 使用交互式填充工具

使用"交互式填充工具" 可以填充图形的单色、渐变颜色、图样、底纹和PostScript底纹，其作用与"编辑填充工具"相似。选择填充图形后，再选择"交互式填充工具" ，用户即可利用其属性栏方便、快捷地填充或修改图形的填充颜色。

■ 实例操作： 制作唇膏海报

● 光盘\素材\第6章\美女.jpg　● 光盘\效果\第6章\唇膏海报.cdr
● 光盘\实例演示\第6章\制作唇膏海报

本例将利用交互式填充工具中的渐变填充来体现唇膏各部分的质感，制作逼真的唇膏效果，效果如图6-87所示。

图6-87　唇膏海报效果

Step 1 ▶ 新建空白文档，绘制矩形，按Ctrl+Q组合键转换为曲线，调整其外部轮廓，如图6-88所示。选择"交互式填充工具" ，在属性栏中单击"渐变填充"按钮 ，在矩形上从左到右水平拖动鼠标，创建渐变填充，在虚线上双击可添加节点；按住节点不放进行拖动调整节点位置，取消轮廓，如图6-89所示。

图6-88　编辑瓶身形状　图6-89　渐变填充瓶身

Step 2 ▶ 单击选择节点，在出现的工具栏中的"颜色"下拉列表框中设置选择节点的颜色。这里设置起点到终点的CMYK值分别为"34、47、71、0"、"100、100、100、100"、"100、100、100、100"、"53、69、100、17"、"13、30、69、0"、"100、100、100、100"、"100、100、100、100"、"0、0、11、0"、"4、9、40、0"、"100、100、100、100"和"100、100、100、100"，如图6-90所示。

图6-90　更改渐变节点颜色

Step 3 ▶ 取消形状轮廓，在形状下方绘制瓶底内层图形，取消轮廓，使用相同方法创建渐变填充，设置起点到终点的CMYK值分别为"46、80、100、12"、"21、46、70、0"、"0、2、9、0"、"34、61、89、6"、"51、75、95、15"和"11、17、52、0"，如图6-91所示。

图6-91　交互式渐变填充瓶底内层

Step 4 ▶ 在形状下方绘制瓶底外层图形，取消轮廓，使用相同方法创建渐变填充，设置起点到终点的CMYK值分别为"49、63、94、8"、"7、16、31、0"、"0、2、9、0"、"13、18、37、0"、"39、69、93、9"、"50、69、94、15"和"24、35、49、0"，如图6-92所示。

图6-92 交互式渐变填充瓶底外层

Step 5 ▶ 在形状上方绘制口红图形，取消轮廓，使用相同的方法创建渐变填充，设置起点到终点的CMYK值分别为"3、56、20、0"、"18、77、48、0"、"25、84、59、0"、"24、84、58、0"、"5、47、19、0"、"5、40、16、0"和"17、87、48、0"，如图6-93所示。

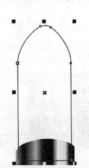

图6-93 交互式渐变填充口红

Step 6 ▶ 将口红置于瓶子下方，在形状上方绘制口红头，取消轮廓，使用"交互式填充工具"从左上向右下拖动创建渐变填充，设置起点到终点的CMYK值分别为"24、84、58、0"和"7、48、21、0"，如图6-94所示。

图6-94 交互式渐变填充口红头

Step 7 ▶ 在口红左侧绘制瓶盖，取消轮廓，然后使用相同的方法创建渐变填充，设置起点到终点的CMYK值分别为"100、100、100、100"、"46、32、36、0"、"41、27、22、0"、"100、100、100、100"、"100、100、100、100"、"5、40、16、0"、"91、86、67、52"、"53、40、35、0"和"100、100、100、100"，如图6-95所示。

图6-95 交互式渐变填充瓶盖

Step 8 ▶ 分别群组口红与瓶盖，执行复制并镜像操作，使用"透明工具"分别拖动复制的对象，创建渐变透明效果，以制作倒影效果，如图6-96所示。

图6-96 制作倒影效果

Step 9 ▶ 双击"矩形工具"按钮创建背景矩形，填充CMYK值为"100、100、100、100"，导入"美女.jpg"图片置于右侧，如图6-97所示。使用"文本工具"输入文本，调整大小，将字体设置为MS Gothic，拖动瓶底到文本上，释放鼠标，在弹出的菜单中选择"复制所有属性"命令，复制瓶底的属性到文本，如图6-98所示。

图6-97　设置背景与导入图片　　图6-98　输入文本

💬**知识解析**：**交互式填充工具选项介绍** ·············•

◆ "无填充"按钮⊠：单击该按钮可取消已有的填充效果。

◆ "均匀填充"按钮■：单击该按钮可在属性栏中弹出"颜色"下拉列表，在其中可选择对象的填充颜色，如图6-99所示。

◆ "渐变填充"按钮■：单击该按钮可在属性栏中弹出渐变填充的参数设置选项。在其中单击渐变类型按钮，再在对象上拖动鼠标创建渐变填充，单击选择节点后，可在属性栏中设置节点颜色、颜色透明度和节点位置等参数，如图6-100所示。

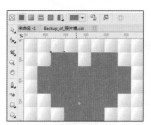 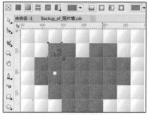

图6-99　均匀填充效果　　图6-100　渐变效果

◆ "向量图样填充"按钮▦：单击该按钮，可在"颜色填充器"下拉列表框中选择向量图样填充对象，拖动对象上的控制柄可设置填充中心、缩放或旋转图样，如图6-101所示。

◆ "位图图样填充"按钮▦：单击该按钮，可在"颜色填充器"下拉列表框中选择位图图样填充对象，如图6-102所示。

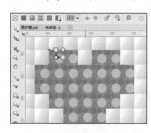 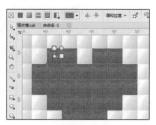

图6-101　向量图样填充效果　　图6-102　位图填充

◆ "双色图样填充"按钮▦：单击该按钮，可在"颜色填充器"下拉列表框中选择双色图样填充对象，在属性栏中可设置前景和背景的颜色，如图6-103所示。

◆ "底纹填充"按钮▦：单击▦按钮右下角，在弹出的面板中单击该按钮，可使用底纹填充对象，在属性栏中可设置样品与花纹，如图6-104所示。

 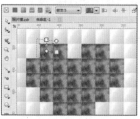

图6-103　双色图样填充效果　　图6-104　底纹填充效果

◆ "PostScript填充"按钮▦：单击▦按钮右下角，在弹出的面板中单击该按钮，可使用底纹填充对象，在属性栏中可选择PostScript填充样式，如图6-105所示。

◆ "复制属性"按钮▦：选择对象，单击该按钮，在已设置填充效果的对象上单击，可将填充属性复制到选择的对象上，如图6-106所示。

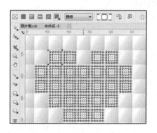

图6-105　PostScript填充效果　　图6-106　复制属性

◆ "编辑填充"按钮▦：单击该按钮，可打开"编辑填充"对话框进行详细的填充设置。

读书笔记▷

6.3.2 使用网状填充工具

网状填充工具主要通过单击填充节点来对一个对象填充多种颜色，被填充对象上将出现分割网状填充区域的经纬线，从而创造出自然而柔和的过渡填充，体现出图形的光影效果和质感。

▓实例操作： 绘制逼真柠檬

● 光盘\素材\第6章\绿叶.jpg   ● 光盘\效果\第6章\柠檬.cdr
● 光盘\实例演示\第6章\绘制逼真柠檬

本例将利用网站填充工具来填充绘制的柠檬，以表现柠檬的表面不同颜色与光感的效果，如图6-107所示。

图6-107　柠檬效果

Step 1 ▶ 新建空白文档，绘制柠檬的轮廓，取消选择绘制的图形，单击"网状填充工具"按钮 ，在属性栏中设置"行"为"9"，"列"为"6"，按Enter键应用设置，使用"网状填充工具"单击绘制的柠檬，创建填充网格，如图6-108所示。

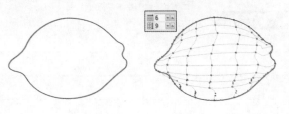

图6-108　创建填充网格

Step 2 ▶ 拖动网格上的节点，调整各节点位置，选

择节点，拖动节点上出现的控制柄调整曲线的弧度，在调整过程中可通过属性栏更改节点类型为对称节点或尖突节点，方便曲线的调整，调整后的效果如图6-109所示。

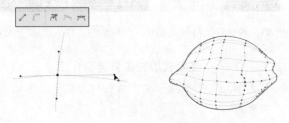

图6-109　调整网格曲线

Step 3 ▶ 单击选择左侧的节点，在属性栏中的"颜色"下拉列表框中将CMYK值设置为"38、52、100、0"，按住Shift键单击选择需要填充该颜色的节点，统一填充该颜色，如图6-110所示。

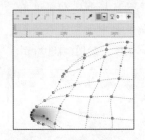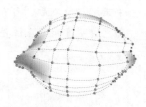

图6-110　填充节点颜色

Step 4 ▶ 用同样的方法统一填充相同颜色的节点，将较外层的CMYK值设置为"10、22、96、0"，如图6-111所示；将较内层的CMYK值设置为"10、23、99、0"，如图6-112所示。

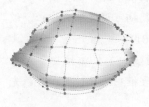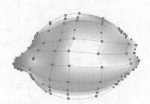

图6-111　填充节点颜色　　　图6-112　填充节点颜色

Step 5 ▶ 从上到下分别将中间的6个节点的CMYK值设置为"4、7、69、0"，"3、7、67、0"，"2、2、47、0"，"3、9、66、0"，"2、2、47、0"和"2、2、47、0"，如图6-113所示；将下面一二排节点的CMYK值设置为"20、44、100、2"，如图6-114所示。

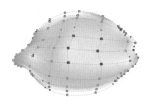 

图6-113 填充中间节点颜色　图6-114 填充下面节点颜色

Step 6 ▶ 填充上面空白区域节点的CMYK值为"6、16、92、0"，填充右侧空白区域节点的CMYK值为"2、11、75、0"，完成柠檬绘制，如图6-115所示；绘制大小不同的图形，分别填充CMYK值为"3、6、11、0"和"4、13、80、4"，复制并组合绘制图形，将其放置在柠檬表面作为斑纹，如图6-116所示。

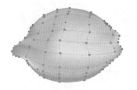 

图6-115 填充网格节点　　图6-116 绘制与填充斑纹

Step 7 ▶ 绘制柠檬蒂图形，取消轮廓，使用相同的方法创建行和列均为"4"的网格填充，调整节点位置与曲线弧度，按照图6-117所示的顺序填充节点的颜色，分别设置节点的CMYK值为"60、35、81、18"，"28、29、77、1"和"9、23、86、0"。

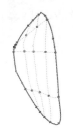   

图6-117 绘制与填充柠檬蒂图形

Step 8 ▶ 绘制茎图形，使用相同方法创建5列4行的网格填充，调整节点位置与曲线弧度，按照图6-118所示的顺序填充节点的颜色，分别设置节点的CMYK值为"62、64、80、73"和"71、36、82、24"。

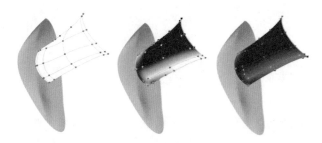

图6-118 绘制与填充茎图形

Step 9 ▶ 绘制茎头图形，取消轮廓，使用相同的方法创建4列3行的网格填充，调整节点位置与曲线弧度，按照图6-119所示的顺序填充节点的颜色，分别设置节点的CMYK值为"11、6、38、0"和"25、23、66、0"。

图6-119 绘制与填充茎头

Step 10 ▶ 继续填充茎头节点的颜色，取消轮廓，分别设置节点的CMYK值为"16、22、64、0"，"2、3、25、0"，如图6-120所示；群组柠檬蒂、茎和茎头，放置在柠檬头上，完成柠檬绘制，如图6-121所示。

图6-120 绘制与填充茎头　　图6-121 柠檬效果

Step 11 ▶ 绘制柠檬切面椭圆图形，使用相同的方法创建6行6列的网格填充，调整节点位置与曲线弧度。将中心节点填充为白色；再填充外层和内层的节点；最后填充第二圈的节点。分别设置填充的CMYK值为"0、0、0、0"，"9、19、80、0"和"12、30、98、0"，如图6-122所示。

图6-122　绘制与填充柠檬切面外层

Step 12 ▶ 复制并缩小柠檬切面作为柠檬切面中间层椭圆，更改第三圈节点的颜色为"1、3、20、0"，更改其余节点的颜色为"5、3、20、0"，如图6-123所示。绘制果肉轮廓，创建线性渐变填充，设置起点到终点的CMYK值分别为"5、13、67、0"，"7、10、49、0"，"6、10、71、0"和"10、19、69、0"，创建6行4列的网格填充，调整节点位置与曲线幅度更改填充效果，如图6-124所示。

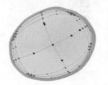

图6-123　制作中间层　　　图6-124　制作果肉

Step 13 ▶ 绘制中间的图形，填充为白色，使用"透明工具" 创建椭圆渐变透明效果，如图6-125所示；绘制中心部分的图形，创建如图6-126所示的网格填充效果，设置CMYK值分别为"5、13、67、0"，"7、10、49、0"，"6、10、71、0"和"10、19、69、0"；在中心周围绘制长短不一的线条，并填充橙子中心位置的颜色，如图6-127所示。

图6-125　透明效果　图6-126　网格填充　图6-127　添加线条

Step 14 ▶ 绘制月牙状图形，取消轮廓，使用相同方法创建4行6列的网格填充，调整节点位置与曲线弧度，设置第一、二行部分行节点的CMYK值为"8、24、90、0"，设置第三行节点的CMYK值为"9、

23、98、0"，如图6-128所示。

图6-128　创建填充网格

Step 15 ▶ 继续填充月牙下面的节点，设置CMYK值为"20、46、100、3"，将其置于切面柠檬下方，将果肉与中间的白色图形转换为位图，选择"位图"/"模糊"/"高斯式模糊"命令，在打开的对话框中设置模糊半径为"4"，效果如图6-129所示。

图6-129　半个柠檬效果

Step 16 ▶ 单击"交互式阴影工具"按钮 ，分别在两个柠檬上拖动鼠标创建阴影效果。导入"绿叶.jpg"图片作为背景，在右侧输入文本，完成本例的制作，如图6-130所示。

图6-130　制作阴影并导入背景

技巧秒杀

除了可通过属性栏设置网格的行数和列数，还可通过双击虚线添加交叉节点。若在边线上双击可单独添加一行或一列，若在图形中双击可添加行列交叉线，双击已有的节点可以删除网格线。

💬知识解析：**网状填充工具选项介绍** ······················•

◆ **"网格大小"数值框**：在第一个"网格大小"数值框中可以设置网格的列数；在第二个"网格大小"数值框中可以设置网格的行数，如图6-131所示。

◆ **"选取模式"下拉列表框**：用于设置框选多个节点的模式，包括矩形与手绘两种，如图6-132所示为手绘选取模式。

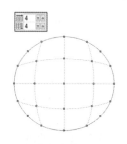 

图6-131　网格大小　　图6-132　设置手绘选取模式

◆ **"添加交叉点"按钮**：在需要添加交叉点的位置单击，再单击该按钮可添加一个交叉点。

◆ **"删除节点"按钮**：单击选择节点，再单击该按钮可删除选择节点与网格线。

◆ **"转换为线条"按钮**：单击该按钮可将曲线网格转换为直线。

◆ **"转换为曲线"按钮**：单击该按钮可将直线网格转换为取消。

◆ **"尖突节点"按钮**：转换节点为尖突节点，以方便在调整节点两边的控制柄时，节点两边的线条不受影响，如图6-133所示。

◆ **"平滑节点"按钮**：转换节点为平滑节点，可提高曲线的圆滑度，如图6-134所示。

◆ **"对称节点"按钮**：转换节点为对称节点，调节一边的控制柄时，另一边控制柄会跟着调节，如图6-135所示。

图6-133　尖突节点　图6-134　平滑节点　图6-135　对称节点

◆ **"取样颜色"按钮**：选择节点后，单击该按钮，在界面中需要的颜色上单击，可将吸取的颜色应用到选择的节点上。

◆ **"透明度"数值框**：用于设置选择节点的颜色透明度。

◆ **"曲线平滑度"数值框**：选择多个节点后，通过更改节点的数量来更改曲线的平滑度。

◆ **"平滑网状颜色"按钮**：单击可减少网状填充中的硬边缘，使填充颜色过渡更加自然。

◆ **"复制网状填充"按钮**：选择对象，单击该按钮，再单击以设置网状填充的对象，可将网格行列数和节点颜色复制到选择的对象上。

◆ **"清除网状"按钮**：选择设置网状填充的对象，单击该按钮可清除设置的网状填充效果。

6.3.3　使用滴管工具

滴管工具可以快速地将工作区已有的颜色等属性应用于当前对象。滴管工具分为两种，即颜色滴管工具和属性滴管工具，下面分别进行介绍。

1. 颜色滴管工具

颜色滴管工具用于吸取对象的颜色应用于当前对象。单击工具箱中的"颜色滴管工具"按钮，当鼠标光标变为 形状后，在需吸取颜色的对象上单击鼠标，当鼠标光标变为 形状后，再单击需要填充的对象即可，如图6-136所示。若在其属性栏中单击"选择颜色"按钮和"应用颜色"按钮，可重复使用滴管工具填充不同的对象。

图6-136　使用颜色滴管工具

💬知识解析：**颜色滴管工具选项介绍**·········

◆ "选择颜色"按钮☑：单击该按钮，可切换到选择颜色的模式。

◆ "应用颜色"按钮⬥：单击该按钮，可切换到应用颜色的模式。

◆ 从桌面选择 按钮：单击该按钮，可从桌面的任意位置取样颜色。

◆ "1×1"按钮⬀：单击该按钮，可取样单位像素的颜色值。

◆ "2×2"按钮⬀：单击该按钮，可取样2×2像素区域平均的颜色值。

◆ "5×5"按钮⬀：单击该按钮，可取样5×5像素区域平均的颜色值。

◆ 添加到调色板 · 按钮：单击该按钮，可将选择的颜色添加到调色板。

2. 属性滴管工具

属性滴管工具不仅能将其他对象的颜色应用于当前对象，还能将其他对象的轮廓、渐变、变换、封套和透镜等效果应用于当前对象。单击工具箱中的"属性滴管工具"按钮⬀，在属性栏中设置需要应用的属性，当鼠标光标变为⬀形状后，在需选择属性的对象上单击鼠标，当鼠标光标变为⬥形状后，再单击需要应用属性的对象即可。如图6-137所示为选择与应用透镜效果。

图6-137　使用"属性滴管工具"

💬知识解析：**属性滴管工具选项介绍**·········

◆ "选择颜色"按钮☑：单击该按钮，可切换到选择对象属性的模式。

◆ "应用颜色"按钮⬥：单击该按钮，可切换到应用对象属性的模式。

◆ 属性 · 按钮：单击该按钮，在弹出的面板中可通过选中对应的复选框来设置复制轮廓、填充和文本属性，如图6-138所示。

◆ 变换 · 按钮：单击该按钮，在弹出的面板中可设置复制大小、旋转和位置属性，如图6-139所示。

◆ 效果 · 按钮：单击该按钮，在弹出的面板中可设置复制透视点、封套、混合和立体化等效果属性，如图6-140所示。

图6-138　属性设置　图6-139　变换设置　图6-140　效果设置

6.3.4　使用智能填充工具

智能填充工具不仅可以填充单个对象，还能够检测多个对象的边缘，对多个对象进行合并填充，或对多个对象的交叉区域进行填充。下面介绍其填充的方法。

1. 填充单个图形

在工具箱中单击"智能填充工具"按钮⬢，在其属性栏中分别设置"填充选项"与"轮廓"后，单击选择需要填充的对象即可，如图6-141所示。

图6-141　填充单个图形

2. 多个对象合并填充

使用"智能填充工具" 可以将多个重叠对象合并填充为一个新的对象。其方法为：选择多个重叠的对象，设置填充颜色与轮廓后，使用"智能填充工具" 在页面空白位置单击，如图6-142所示。

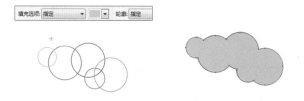

图6-142　多个对象合并填充

3. 交叉区域填充

使用"智能填充工具" 可以将多个重叠对象的交叉区域填充为一个新的独立对象。其方法为：选择多个重叠的对象，设置填充颜色与轮廓后，使用"智能填充工具" 在交叉区域的内部单击即可，如图6-143所示。

图6-143　交叉区域填充

▦实例操作：使用智能填充制作标志

- 光盘\效果\第6章\标志.cdr
- 光盘\实例演示\第6章\使用智能填充制作标志

本例将使用智能填充工具来填充标志各部分的颜色，其最终效果如图6-144所示。

图6-144　标志效果

Step 1▶ 新建空白文档，绘制椭圆，打开"变换"泊坞窗，设置"旋转角度"为"30.0"，"副本"为"5"，单击 应用 按钮应用设置，效果如图6-145所示。

图6-145　旋转与复制椭圆

Step 2▶ 在工具箱中单击"智能填充工具" ，在属性栏中设置填充颜色的CMYK值为"86、44、0、0"，单击左上角外层的形状进行填充。使用相同方法填充其他11个外层形状，顺时针设置CMYK值分别为"100、86、4、0"、"75、82、0、0"、"84、100、4、0"、"21、92、0、0"、"0、91、84、0"、"0、100、83、0"、"0、64、93、0"、"0、78、100、0"、"0、35、94、0"、"51、0、94、0"和"82、21、92、0"，如图6-146所示。

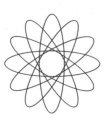

图6-146　智能填充外层形状

Step 3▶ 使用相同的方法分别填充倒数第2层和倒数第3层的形状，注意将各层的颜色错开，效果如图6-147所示。

技巧秒杀

倒数第2层和倒数第3层的颜色与外层相同，用户可先创建智能填充图形，再使用"颜色滴管工具"按钮 进行快速填充。

图6-147 填充第二层和第三层颜色

Step 4 ▶ 在右侧输入文本，设置文本字体为Incised901 CT BT，选择文本按Ctrl+Q组合键转换为曲线，按Ctrl+K组合键拆分各个字母，添加轮廓，取消填充，调整字母的形状，将字母排列成如图6-148所示的样式。

图6-148 调整文本曲线与位置

Step 5 ▶ 使用"智能填充工具" 为文本交叉的区域分别填充不同的颜色，再分别为文本填充不同的颜色，取消轮廓，效果如图6-149所示。

图6-149 为文本填充颜色

Step 6 ▶ 将文本群组并移动到标志右下角，使用"智能填充工具" 将文本与标志相交的区域填充

为白色，如图6-150所示。使用"透明工具" 拖动文本，为其创建渐变透明效果作为倒影，效果如图6-151所示，完成本例的制作。

 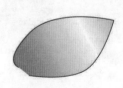

图6-150 填充交叉区域 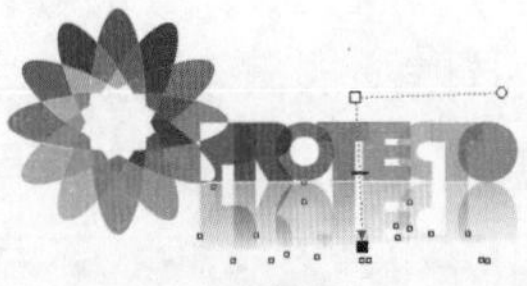 　　图6-151 制作文本倒影

💬**知识解析：** **智能填充工具选项介绍** ·············•

◆ "填充选项"下拉列表框：将选择的填充属性应用到新对象，包括"指定"、"使用默认值"和"无填充"3个选项。

◆ "填充色"下拉列表框：将"填充选项"设置为"指定"后，可通过该下拉列表框设置智能填充的颜色。

◆ "轮廓选项"下拉列表框：将选择的轮廓属性应用到新对象，包括"指定"、"使用默认值"和"无轮廓"3个选项。

◆ "轮廓粗细"数值框：将"轮廓选项"设置为"指定"后，可通过该数值框设置智能填充对象的轮廓粗细。

◆ "轮廓颜色"下拉列表框：将"轮廓选项"设置为"指定"后，可通过该数值框设置智能填充对象的轮廓颜色。

6.4 特殊的填充设置

在填充对象时，可能会遇到不能填充的情况，且默认都是无填充色的，为了方便操作和便于识别，用户可通过一些特殊的填充设置，来解决这些问题。

6.4.1 填充开放曲线

默认情况下，使用填充工具只能对封闭的曲线进行填充颜色，若要填充开放曲线，需选择"工具"/"选项"命令，打开"选项"对话框，在其中展开"文档"/"常规"选项，在右侧的设置区域中选中 ☑ **填充开放式曲线(F)** 复选框，然后单击 确定 按钮，即

可对开放曲线进行填充，如图6-152所示。

图6-152 填充开放曲线

6.4.2 设置默认填充

在CorelDRAW X7中，默认情况下绘制的图形是无填充色的图形，只有黑色的轮廓线。用户可将常用到的颜色设置为默认颜色，以增加图形的美感，提高图形绘制速度。

在未选择任何对象的情况下，单击调色板中的颜色或打开"编辑填充"对话框，在其中选择颜色，单击 确定 按钮，即可打开"更改文档默认值"对话框，在其中选择应用该颜色的对象类型，这里选中

☑图形 复选框，单击 确定 按钮，即可将选择的颜色设置为默认颜色，如图6-153所示。

图6-153 设置默认填充

 知识大爆炸
——颜色查看与应用相关知识

1. 快速查看颜色的色值

若是填充了一种颜色，可选择对象，在状态栏中查看颜色的色值；若是利用了渐变填充等方式，可选择颜色节点，在状态栏中查看节点处颜色的色值。对于群组的对象或位图花纹等，可选择"颜色滴管工具" ，当鼠标光标变为 形状后，将其移动到颜色上，将在弹出的面板中提示颜色的色值。

2. 填充颜色不显示

在设置网状填充或其他填充效果时，可能遇到填充的颜色不显示的情况，这时可先将文档的颜色模式更改为彩色的模式，如增强模式，若不能解决问题，可能是软件停机运行的问题，可重启软件或电脑来解决该问题。

读书笔记

Chapter

01 02 03 04 05 06 **07** 08 09 10 11 12 13 ......

笔刷修饰与造型

本章导读 ●

　　在绘制图形的过程中，用户可以使用一些笔刷修饰与造型工具来帮助处理图形，如使用笔刷修饰功能可以对图形的边缘进行修饰，绘制不同的笔触效果，或进行平滑、粗糙和变形处理；使用裁剪功能和图形造型功能可以快速裁剪多个对象，得到需要的轮廓图形。

7.1 艺术笔工具

艺术笔工具与手绘工具的使用方法相同，但艺术笔工具可以绘制出一些特殊的笔触效果，如带箭头的笔触、填充了彩虹图案的笔触等。艺术笔工具包括预设、笔刷、喷涂、书法和压力5种样式，不同的样式可以绘制出不同的图案、笔触效果。

7.1.1 预设

在使用艺术笔工具绘制图形前，用户可通过"艺术笔工具" ☑属性栏中的"预设"按钮☑来更改默认的艺术笔设置，如图7-1所示。

图7-1 预设属性

💬知识解析：**预设选项介绍** ·················

◆ **"预设笔触"下拉列表框**：用于选取笔触样式来创建图形，如图7-2所示为使用选择的笔触样式绘制的花纹效果。

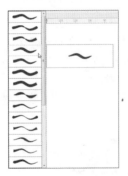

图7-2 预设笔触样式

> **技巧秒杀**
>
> 用户还可选择"窗口"/"效果"/"艺术笔"命令，打开"艺术笔"泊坞窗，在其中选择笔触样式，若单击"浏览"按钮□，可打开未显示在"预设笔触"下拉列表框中的其他笔触效果。

◆ **"手绘平滑"数值框**：调整手绘线条的平滑度，最大值为100。

◆ **"笔触宽度"数值框**：用于设置画笔绘制的线条

的最大宽度。

◆ **"随对象一起缩放笔触"按钮**：单击该按钮，缩放画笔绘制的对象时，线条宽度也会跟着发生变化。

◆ **"边框"按钮**：单击该按钮，可隐藏或重新显示对象四周的控制点。

7.1.2 笔刷

笔刷可以模拟填充笔刷绘制的效果。在"艺术笔工具" ☑属性栏中单击"笔刷"按钮 ，可绘制各种类别的笔刷笔触，如书法、滚动、飞溅和符号等。

实例操作：利用笔刷制作色环

● 光盘\效果\第7章\色环.cdr
● 光盘\实例演示\第7章\利用笔刷制作色环

本例将绘制圆形，利用"笔刷笔触"下拉列表框中的色环样式来快速制作色环效果。

Step 1 ▶ 新建空白文档，单击工具箱中的"椭圆形工具"按钮○，将鼠标光标移至绘图区，按住Ctrl键的同时拖动鼠标绘制圆，在其属性栏中的"轮廓宽度"数值框中输入"50mm"，按Enter键确认设置，如图7-3所示。

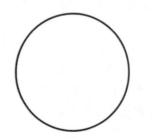

图7-3 创建可选颜色调整图层

Step 2 ▶ 按I键切换到"艺术笔工具" ☑，在其属性栏中单击"笔刷"按钮，在"类别"下拉列表框中选择"艺术笔"选项，在"笔刷笔触"下拉列表框中选择需要的艺术笔触样式，在"笔触宽度"数值框中输入"50.0mm"。按Enter键即可完成色环的制作，如图7-4所示。

图7-4 应用笔刷样式

💬 知识解析：笔刷选项介绍

◆ "类别"下拉列表框：用于选择要使用的笔刷类别，如图7-5所示。
◆ "笔刷笔触"下拉列表框：用于选择相应的笔刷类别的笔刷样式，如图7-6所示为符号类别中的部分笔触样式。

图7-5 笔刷类别　　图7-6 符号笔触样式

◆ "浏览"按钮：单击该按钮可以打开"浏览文件夹"对话框，在其中可浏览硬盘中的艺术笔刷文件，选择艺术笔刷即可导入使用，如图7-7所示。
◆ "保存艺术笔触"按钮：单击该按钮可以打开"另存为"对话框，设置名称后，保持默认路径，可将选择的图形图案保存为笔刷样式，如图7-8所示。若要查看或应用保存的笔刷样式，可在"类别"下拉列表框中选择增加的"自定义"选项，再在"笔刷笔触"下拉列表框进行选择或查看即可。

图7-7 打开笔触样式　　图7-8 保存笔触样式

◆ "删除"按钮：选择自定义的笔触样式后，单击该按钮，可删除自定义的笔触样式。

7.1.3 喷涂

CorelDRAW可在线条上喷涂一组对象。在"艺术笔工具"属性栏中单击"喷涂"按钮，即可绘制食物、脚印、音乐和星形等组合图形的笔触效果。

🎬 实例操作：喷涂鱼缸中的世界

● 光盘\素材\第7章\鱼缸.jpg　　● 光盘\效果\第7章\鱼缸.cdr
● 光盘\实例演示\第7章\喷涂鱼缸中的世界

本例将在空鱼缸中通过喷涂的图样来创建鱼缸中的金鱼、小草和石头，以丰富鱼缸，效果如图7-9所示。

图7-9 喷涂鱼缸中的世界

Step 1 ▶ 新建空白文档，导入"鱼缸.jpg"图片，单击"艺术笔工具"按钮，在属性栏中单击"喷涂"按钮，在"类别"下拉列表中选择"其他"选项，在"喷射图样"下拉列表框中选择金鱼选项，按住鼠标左键拖动绘制喷涂路径，如图7-10

所示。

图7-10　创建金鱼喷涂

Step 2 ▶ 选择喷涂图形，按Ctrl+K组合键执行拆分操作，删除拆分出的线条，如图7-11所示。按Ctrl+U组合键取消群组操作，分别调整金鱼位置和气泡的位置，如图7-12所示。

图7-11　拆分路径与图形　　图7-12　调整图形位置

Step 3 ▶ 在喷涂属性栏中的"类别"下拉列表中选择"植物"选项，在"喷射图样"下拉列表框中选择三叶草选项。单击■按钮，打开"创建播放列表"对话框，单击■■按钮，清空"播放列表"列表中的图案，在"喷涂列表"列表框中选择"图像7"选项，单击■■按钮，将其添加到播放列表，如图7-13所示。单击■■按钮返回操作界面，按住鼠标左键拖动绘制三叶草喷涂路径，如图7-14所示。

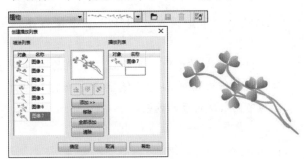

图7-13　选择三叶草喷涂图案　图7-14　创建三叶草喷涂

Step 4 ▶ 复制三叶草喷涂图形，在属性栏中单击

"随对象一起缩放笔触"按钮，再拖动三叶草角上的控制点将其缩小，将所有三叶草图案置于金鱼的下层，如图7-15所示。

图7-15　复制与缩放三叶草喷涂

Step 5 ▶ 在喷涂属性栏中的"类别"下拉列表框中选择"对象"选项，在"喷射图样"下拉列表框中选择石头选项。按住鼠标左键拖动绘制喷涂路径，按Ctrl+K组合键拆分路径与图形，如图7-16所示。按Ctrl+U组合键取消群组操作，对石头执行复制、旋转和缩放操作，调整各个石头的位置，将其置于鱼缸底部，如图7-17所示。

图7-16　拆分路径与图形　　图7-17　复制与调整位置

Step 6 ▶ 在鱼缸上绘制水位图形，取消轮廓，如图7-18所示。将填充的CMYK值设置为"20、0、0、20"，使用"透明度工具" 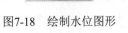拖动创建渐变透明效果，在属性栏中单击"椭圆形渐变透明"按钮□，调整起点、终点与控制柄位置，将中间的滑块拖动至终点，如图7-19所示。将其转换为位图，选择"位图"/"模糊"/"高斯式模糊"命令，设置"模糊半径"为"4"，完成本例的制作。

 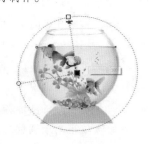

图7-18　绘制水位图形　　图7-19　创建椭圆渐变透明

💬知识解析：**喷涂选项介绍** ••••••••••••••••••

◆ "类别"下拉列表：用于选择要使用的喷射的类别，如图7-20所示。

◆ "喷射图样"下拉列表框：用于选择相应的喷射类别的喷射图案样式或图案组，如图7-21所示。

图7-20 喷射类别　　　图7-21 喷射图样

◆ "喷涂列表选项"按钮：单击该按钮，可以打开"创建播放列表"对话框，在其中可单击 ▢删除 按钮清空播放列表，单击 ▢添加>> 按钮将需要的对象添加到播放列表，通过控制添加顺序可设置喷涂对象的顺序。

◆ "喷涂对象的大小"数值框：上面的数值框用于统一调整喷涂的所有图案在笔触长度中的百分比，值越小，图案越小，图案间的间距越大，如图7-22所示；单击🔒按钮，即可在下面的数值框中调整喷涂的图案相对于前一图案的百分比，如图7-23所示。

图7-22 统一缩小喷涂对象　图7-23 逐步缩小喷涂对象

◆ "顺序"下拉列表：用于选择一种喷涂对象的顺序，包括顺序、随机和按方向3种。

◆ "添加到喷涂列表"按钮：单击该按钮，可将选择的对象添加到"自定义"类别的"喷射图样"下拉列表框中。

◆ "每个色块中的图像数和图像间距"数值框：上方的数值框用于调整每个间距点处喷涂的对象的数目，如图7-24所示；下方的数值框用于调整笔

触长度中各间距点的间距，如图7-25所示。

图7-24 间距点的对象数目　图7-25 调整间距点的间距

◆ "旋转"按钮：单击该按钮，可以在弹出的面板中设置喷涂对象旋转角度，如图7-26所示。

◆ "偏移"按钮：单击该按钮，可以在弹出的面板中设置偏移方向和距离，如图7-27所示。

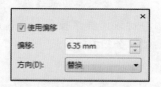

图7-26 旋转面板　　　图7-27 偏移面板

7.1.4 书法

书法是指在绘制线条时模拟书法钢笔的效果。在"艺术笔工具"属性栏中单击"书法"按钮，拖动鼠标绘制书法线条，通过其属性栏可更改书法线条的方向和笔头的角度，以更改书法线条的粗细变换效果，其属性栏如图7-28所示。

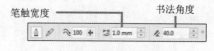

图7-28 书法属性栏

💬知识解析：**书法选项介绍** ••••••••••••••

◆ "笔触宽度"数值框：用于设置书法线条的宽度。

◆ "书法角度"数值框：用于设置笔尖的倾斜角度，最大值为360°，最小值为0°，如图7-29所示为不同书法角度的效果。

图7-29 不同书法角度效果

7.1.5 压力

通过"艺术笔工具"属性栏中的"压力"按钮，可以创建出各种粗细的压感线条。压感线条的绘制和设置与书法线条相似，但没有笔触角度设置，因此，用压力绘制出的曲线更加顺畅、圆润，如图7-30所示。

图7-30　压力线条效果

7.2 笔刷工具

利用CorelDRAW X7中的一些笔刷工具可以对曲线或图形的边缘进行各种造型处理，如平滑边缘、涂抹边缘、粗糙边缘、转动边缘等操作，以满足不同编辑的需要。下面将对常用的笔刷工具及其使用方法进行介绍。

7.2.1 平滑笔刷工具

"平滑笔刷工具"可以平滑弯曲的对象，以移除锯齿状边缘，并减少其节点数量。其使用方法为：使用"平滑笔刷工具"在不平滑的轮廓处按住鼠标不放或沿轮廓拖动鼠标，可以使不平滑线段变得平滑。在其属性栏中可对笔尖半径与速度进行设置，如图7-31所示。

图7-31　平滑边缘

💬**知识解析：平滑笔刷工具选项介绍**

◆ "笔尖半径"数值框：用于设置平滑笔刷的大小。

技巧秒杀

若按住Shift键的同时在文档窗口中朝向笔尖中心拖动，可以减小大小；向笔尖中心外侧拖动可以增加大小。

◆ "速度"数值框：用于设置平滑效果的速度。

◆ "笔压"按钮：单击该按钮，可使用数字笔的压力来控制效果。

7.2.2 涂抹笔刷工具

使用"涂抹笔刷工具"沿轮廓拖动鼠标，轮廓键沿拖动的路径分布轮廓。还可使用"涂抹笔刷工具"的属性栏改变涂抹笔刷的笔尖大小、笔刷力度、涂抹样式。

实例操作：绘制黄昏景色

● 光盘\效果\第7章\黄昏景色.cdr
● 光盘\实例演示\第7章\绘制黄昏景色

本例将使用"涂抹笔刷工具"来处理草地、动物的轮廓，并配合艺术笔和网状工具制作黄昏的景色，效果如图7-32所示。

图7-32　黄昏景色

Step 1 ▶ 新建横向的空白文档，绘制与页面等宽的草地大致轮廓，在工具箱中单击"涂抹笔刷工具"按钮，在属性栏中设置"笔尖半径"为"4.0mm"，将"压力"设置为"100"，单击"尖状涂抹"按钮，拖动草地上边缘的轮廓边缘，创建草地效果，如图7-33所示。

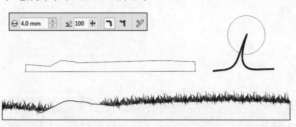

图7-33　绘制草地效果

技巧秒杀

在进行涂抹前，尽量使用"形状工具"多添加一些节点，以方便进行草地的涂抹，当一次涂抹效果不佳时，可继续在突起的部分进行涂抹。

Step 2 ▶ 在草地上绘制大象轮廓，在"涂抹笔刷工具"属性栏中单击"平滑涂抹"按钮，涂抹边缘，创建如图7-34所示的线性渐变填充效果，将起点与终点的CMYK值分别设置为"0、0、0、100"和"0、40、60、20"。

图7-34　绘制与填充大象

Step 3 ▶ 复制并缩小大象，制作小象，放于其后，单击"艺术笔工具"按钮，在喷涂属性栏中的"类别"下拉列表中选择"植物"选项，在"喷射图样"下拉列表中选择大树选项。拖动直线绘制喷涂图形，按Ctrl+K组合键拆分，按Ctrl+U组合键取消群组操作，保留如图7-35所示的大树，移至草地右侧，将其填充为黑色。

图7-35　喷涂与填充大树

Step 4 ▶ 在草地上空绘制老鹰，取消轮廓填充为黑色，复制老鹰，执行旋转、缩小操作，放置于合适位置，效果如图7-36所示。

图7-36　绘制与复制老鹰

Step 5 ▶ 绘制夕阳，填充CMYK值为"0、18、67、0"，取消轮廓，选择"位图"/"转换为位图"命令，将其转换为位图，选择"位图"/"模糊"/"高斯式模糊"命令，设置"模糊半径"为"100"，将其置于大象与草地后面，效果如图7-37所示。

图7-37　制作夕阳效果

Step 6 ▶ 复制并垂直镜像草地及其上的对象，增加高度。为草地创建如图7-38所示的线性渐变填充效果，将起点与终点的CMYK值分别设置为"0、0、0、100"和"0、40、60、20"；绘制页面大小的矩形，创建3行3列的网格填充，取消轮廓，调整填充节点的位置，设置如图7-39所示的填充颜色。

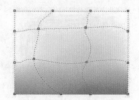

图7-38　制作倒影效果　　　图7-39　使用网状填充

Step 7 ▶ 将网状填充背景置于图形后面，群组所有图形，创建页面大小的矩形，右键拖动组合对象到页面中，拖动时注意对齐右上角，释放鼠标，在弹出的菜单中选择"图框精确剪裁内部"命令，将图形剪裁到矩形内，如图7-40所示。取消轮廓，完成本例的制作。

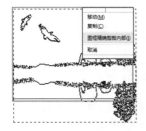

图7-40　使用矩形剪裁组合图形

💬知识解析：**涂抹笔刷工具选项介绍**⋯⋯⋯⋯⋯•

◆ **"压力"数值框**：用于设置涂抹效果的强度，值越大，效果越突出。

◆ **"平滑涂抹"按钮**：单击该按钮，可涂抹出平滑的曲线，如图7-41所示。

◆ **"尖状涂抹"按钮**：单击该按钮，可涂抹出带有尖角的曲线，如图7-42所示。

图7-41　平滑涂抹效果　　图7-42　尖状涂抹效果

技巧秒杀

用户不仅可涂抹单个对象轮廓，还可同时涂抹多个轮廓，如图7-43所示；此外，不仅可以向外涂抹曲线，也可向内涂抹曲线，如图7-44所示。

图7-43　涂抹多个轮廓　　图7-44　向内涂抹

7.2.3 转动笔刷工具

转动笔刷工具可以将图形边缘的曲线按指定方向进行旋转。用户不仅可以对曲线进行转动，还可对面进行转动，下面分别进行介绍。

1. 线段的转动

在工具箱中单击"平滑笔刷工具"按钮，将鼠标光标移动到曲线上，按住鼠标左键将出现转动效果，当达到需要的效果时释放鼠标即可。需要注意的是，鼠标光标中心在曲线上的位置将影响转动效果，有以下几种常见情况。

◆ **尖角转动**：当笔刷中心在曲线外时，按住鼠标左键，将出现旋转后的形状为尖角，如图7-45所示。

图7-45　尖角转动

◆ **圆角转动**：当笔刷中心在曲线上，按住鼠标左键，将出现旋转后的形状为圆角，如图7-46所示。

图7-46　圆角转动

◆ **单线条螺纹转动**：笔刷中心在曲线起点或终点时，按住鼠标左键，将出现单线条螺纹转动效果，如图7-47所示。

图7-47　单线条螺纹转动效果

2. 面的转动

使用"平滑笔刷工具"选择要涂抹的面，将鼠标光标移动到面的边缘上，按住鼠标左键将出现转动效果，如图7-48所示。

图7-48　面的转动效果

💬 **知识解析：转动笔刷工具选项介绍** ·············●

◆ **"笔尖半径"数值框**：设置转动笔刷的大小，值越大，转动的效果范围越大。

◆ **"速度"数值框**：用于设置按住鼠标左键时，转动的速度。

◆ **"顺时针转动"按钮** ⊙：单击该按钮，可设置顺时针转动效果，如图7-49所示。

◆ **"逆时针转动"按钮** ⊙：单击该按钮，可设置逆时针转动效果，如图7-50所示。

图7-49　顺时针转动效果　　图7-50　逆时针转动效果

7.2.4　吸引笔刷工具

使用吸引笔刷工具可以将笔刷范围内的边缘向笔刷中心回缩，产生被中点吸引的效果。吸引对象的方法有如下两种。

◆ **按住鼠标左键吸引**：单击"吸引笔刷工具"按钮 ⤵，在属性栏中设置笔刷的大小与速度，使笔刷圆能框住吸引边缘的范围，单击选择对象，在需要吸引的位置按住鼠标左键不放，即可执行吸引操作，如图7-51所示。

图7-51　吸引效果

◆ **涂抹吸引**：若在吸引过程中拖动鼠标可创建涂抹吸引效果，如图7-52所示。

图7-52　涂抹吸引效果

7.2.5　排斥笔刷工具

排斥笔刷工具与吸引笔刷工具的作用相反，用于将笔刷范围内的边缘向笔刷边缘扩张，产生推挤出的效果。其使用方法与吸引笔刷工具相似，在属性栏中设置笔刷大小和速度后，在需要排斥的区域按住鼠标左键不放，即可产生排斥效果。在执行排斥时，可能遇到以下两种情况。

◆ **向外鼓出**：当笔刷中心在对象内时，排斥效果将向外鼓出，如图7-53所示。

◆ **向内凹陷**：当笔刷中心在对象外部时，排斥效果将向内凹陷，如图7-54所示。

图7-53　向外鼓出排斥效果　　图7-54　向内凹陷排斥效果

7.2.6　沾染笔刷工具

沾染笔刷工具与涂抹笔刷工具的作用相似，都是沿对象轮廓拖动来改变对象的形状。不同的是，在"沾染笔刷工具" ⤴ 的属性栏中还可对笔刷的干燥、笔方位和笔倾斜等属性进行设置，以便涂抹出更加符合需要的形状，如图7-55所示。

图7-55　沾染笔刷工具涂抹效果

💬知识解析：**沾染笔刷工具选项介绍** ....

◆ "干燥"数值框：设置笔刷在涂抹时变宽或变窄，值越大越窄，如图7-56所示。

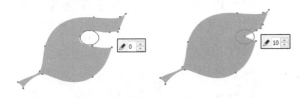

图7-56　不同干燥值的效果

◆ "笔倾斜"数值框：指定笔刷的倾斜角度，不同角度具有不同的笔刷形状，最小值为15°，最大值为90°。笔倾斜值越接近90°，笔刷形状越接近圆。涂抹时变宽或变窄，值越大越窄，如图7-57所示。

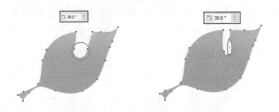

图7-57　不同笔倾斜度的效果

◆ "笔方位"数值框：指定笔刷圆的旋转角度，绘制出不同的效果，如图7-58所示。

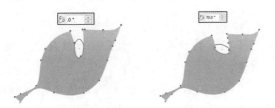

图7-58　不同笔刷角度的效果

技巧秒杀

沾染笔刷工具不能用于群组对象。当从对象外向对象内部拖动时可涂抹凹状效果；当从对象内部向外涂抹时，可涂抹凸状效果。

7.2.7　粗糙笔刷工具

使用"粗糙笔刷工具"拖动图形轮廓，可在

平滑的曲线上产生粗糙的轮廓效果。在使用"粗糙笔刷"工具时，若没有将对象轮廓转换为曲线，系统会自动将轮廓转换为曲线。

实例操作： 绘制毛茸茸的小恶魔

● 光盘\效果\第7章\小恶魔.cdr
● 光盘\实例演示\第7章\绘制毛茸茸的小恶魔

本例将利用"粗糙笔刷工具"来粗糙小恶魔脑袋的边缘，并添加小恶魔的眼睛、嘴巴等部位，最后创建阴影完成制作，效果如图7-59所示。

图7-59　小恶魔效果

Step 1 ▶ 新建空白文档，绘制椭圆，按Ctrl+Q组合键转换为曲线，调整轮廓边缘，效果如图7-60所示。单击"粗糙笔刷工具"按钮，在属性栏中设置"笔尖大小"为"20.0mm"，设置"尖突频率"为"10"，设置"干燥"为"10"，设置"笔倾斜"为"30.0°"，按住鼠标左键在边缘上拖动，产生粗糙效果，如图7-61所示。

图7-60　绘制脑袋　　　图7-61　粗糙边缘

Step 2 ▶ 使用相同的方法重复涂抹边缘，使其呈现毛茸茸的边缘效果，如图7-62所示。将轮廓设置为"2.00mm"，将轮廓和填充色的CMYK值设置为"63、93、0、100"，如图7-63所示。

图7-62 边缘效果　　　图7-63 填充效果

Step 3 ▶ 选择轮廓图形，为其创建使用"透明度工具" 拖动创建渐变透明效果，调整起点、终点与控制柄位置，如图7-64所示。绘制眼睛圆，取消轮廓，创建椭圆渐变填充效果，设置起点颜色为"白色"，终点的颜色为"10%黑色"，绘制眼睛上的其他图形，分别填充为"浅黄"和"黑色"，效果如图7-65所示。

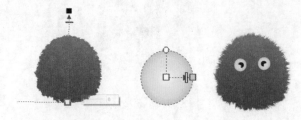

图7-64 创建渐变透明效果　　图7-65 绘制眼睛

> **操作解谜**　创建渐变透明效果的目的是制作渐变的颜色效果。若创建边界或将轮廓转换为对象，再进行渐变填充，也可实现相同的效果，但会占用电脑大量内存，可能导致电脑死机。

Step 4 ▶ 绘制圆，设置CMYK值为"0、60、80、0"，取消轮廓，选择"位图"/"转换为位图"命令转换为位图，选择"模糊"/"高斯式模糊"命令，在打开的对话框中设置模糊半径为"80"，返回操作界面，复制模糊图形，分别置于脑袋上层、眼睛下侧的位置，效果如图7-66所示。

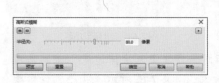

图7-66 设置模糊圆

Step 5 ▶ 绘制嘴巴，取消轮廓填充为黑色，如图7-67所示；绘制舌头，创建如图7-68所示的线性渐变填充效果，调整起点与终点位置，将起点与终点的CMYK值分别设置为"0、0、0、100"和"0、100、100、0"；使用"阴影工具" 拖动创建如图7-69所示的阴影效果，在属性栏将"阴影羽化"设置为"60"，完成本例的制作。

图7-67 绘制嘴巴　图7-68 绘制舌头　图7-69 阴影效果

💬 **知识解析：粗糙笔刷工具选项介绍** ·················●

◆ **"尖突频率"数值框**：通过输入数值改变粗糙突出的数量，最小值为1，最大值为10，值越小，尖突越平缓，如图7-70所示。

图7-70 不同尖突频率值的效果

◆ **"干燥"数值框**：用于更改粗糙区域尖突的数量。

◆ **"笔倾斜"数值框**：通过输入数值改变粗糙的倾斜度，最大值为90°，最小值为0°。值越小，粗糙突出的效果越明显，如图7-71所示。

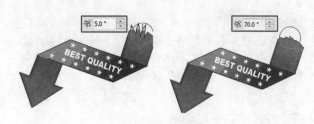

图7-71 不同笔倾斜值的效果

7.3 多图拼接

并不是所有形状都必须通过手绘才能得到，用户可以使用多个图形进行不同的拼接操作，得到需要的效果。在CorelDRAW X7的"对象"菜单中提供了合并、修剪、相交、简化和创建边界等7种造型功能，下面分别对这些功能进行介绍。

7.3.1 合并图形

合并图形是指将多个图形焊接到一起，新生成的图形具有单一的轮廓，将沿用目标对象的填充和轮廓属性。合并图形的方法大致有3种，下面分别进行介绍。

1. 通过属性栏合并

选择需要合并的所有图形对象，在属性栏中间将出现常用的造型按钮，单击"合并"按钮🔁即可新生成一个合并对象，如图7-72所示。

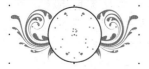

图7-72　合并图形

> **技巧秒杀**
>
> 需要注意的是，若框选对象，合并后的对象属性将应用最底层的图形属性；若点选对象，合并后的对象属性将应用最后选择的图形属性。

2. 通过菜单合并

选择需要合并的所有图形对象，选择"对象"/"造型"/"合并"命令，也可实现合并效果，如图7-73所示。

图7-73　合并图形

3. 使用"造型"泊坞窗合并

使用"造型"泊坞窗的"焊接"功能可以更加精确地合并对象，并设置是否保留原目标对象。选择需要合并的某个图形对象，选择"对象"/"造型"/"造型"命令，即可打开"造型"泊坞窗。

▓ 实例操作：绘制兔子一家

- 光盘\效果\第7章\兔子一家.cdr
- 光盘\实例演示\第7章\绘制卡通兔子

本例将使用"造型"泊坞窗的"焊接"功能来合并小兔子、心形与圆形，制作兔子一家的效果，如图7-74所示。

图7-74　兔子一家效果

Step 1 ▶ 新建横向的空白文档，绘制宽度为10.5mm、高度与页面相同的矩形，打开"变换"泊坞窗，单击"位置"按钮◉，在x数值框中输入"15.0mm"，设置相对位置为右中，在"副本"数值框中输入"19"，单击 应用 按钮，以均匀间距复制矩形到页面，取消轮廓，填充为不同的颜色，效果如图7-75所示。

图7-75　制作彩色条纹背景

Step 2 ▶ 绘制心形和圆，复制一个圆，使用"交互式调和工具" 从一个圆到另一个圆拖动，创建交互式调和效果，如图7-76所示；在属性栏中单击"路径属性"按钮 ，在弹出的下拉列表中选择"新路径"选项，这时鼠标光标呈 形状，单击绘制的心形，调整首尾圆的位置，使其布满整个心形路径，在属性栏中将"调和步长"设置为"28"，效果如图7-77所示。

图7-76　创建调和效果　　　图7-77　指定调和路径

Step 3 ▶ 选择调和的图形，按Ctrl+K组合键拆分，按Ctrl+U组合键取消群组，选择所有圆，选择"对象"/"造型"/"造型"命令，打开"造型"泊坞窗，在"造型"下拉列表框中选择"焊接"选项，单击 焊接到 按钮，鼠标呈 形状时单击心形，此时便得到焊接后的效果，如图7-78所示。

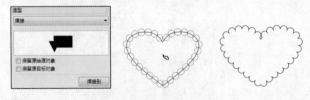

图7-78　合并圆与心形

Step 4 ▶ 取消合并心形的轮廓，填充CMYK值为"20、0、20、0"，重复复制并缩小心形，分别更改CMYK值为"20、20、0、0"、"0、13、6、0"、"白色"，将4个心形叠放在页面中间，效果如图7-79所示。分别绘制兔子的耳朵与身体，使用相同的方法将兔子的耳朵焊接到身体上，取消轮廓，填充CMYK值为"0、12、24、0"，如图7-80所示。

图7-79　设置心形　　　图7-80　合并与填充兔子

Step 5 ▶ 绘制兔子的眼睛、鼻子、胡须，填充CMYK值为"71、75、68、36"，绘制腮红和领带，分别填充CMYK值为"0、42、5、0"和"0、12、24、0"，如图7-81所示。使用相同的方法分别绘制兔妈妈和兔宝宝们，填充为不同的颜色，效果如图7-82所示。

图7-81　绘制脸部　　　图7-82　绘制兔妈妈和兔宝宝

Step 6 ▶ 绘制蝴蝶与心形，执行复制与旋转等操作，取消轮廓，填充为不同的颜色，调整大小，将蝴蝶放置在左侧，将心形放置在右上角，效果如图7-83所示。使用"文本工具" 字 在彩色心形下方输入文本，设置文本字体为Amelia BT，将"The"文本的CMYK值设置为"55、100、57、16"，将"rabbit a"文本的CMYK值设置为"1、67、41、0"，调整文本大小，效果如图7-84所示，完成本例的制作。

图7-83　绘制蝴蝶与心形　　　图7-84　输入文本

💬 **知识解析：焊接选项介绍** ••••••••••••

◆ ☑保留原始源对象 复选框：选中该复选框，可在焊接后保留来源对象的副本。

◆ ☑保留原目标对象 复选框：选中该复选框，则可在焊接后保留焊接对象的副本。

7.3.2 修剪图形

修剪图形是指从目标对象上剪掉与另一个对象重叠的部分，从而生成新的对象。新对象属性与目标对象保持一致。修剪对象的方法和合并对象的方法相似，主要有以下几种。

◆ 通过"修剪"按钮：选择需要修剪的多个重叠图形，在属性栏中单击"修剪"按钮 🗗，即可得到修剪的效果。若框选对象，将使用顶层的对象裁剪底层的对象；若点选对象，将使用先选择的对象裁剪后选择的对象。如图7-85所示为相同对象的不同修剪效果。

图7-85　修剪图形

◆ 通过"修剪"命令：选择需要修剪的多个重叠图形，选择"对象"/"造型"/"修剪"命令。

◆ 通过"造型"泊坞窗：在"造型"泊坞窗的下拉列表框中选择"修剪"选项，然后单击 修剪 按钮。鼠标光标呈 🔫 形状时单击被修剪的对象，此时即可得到修剪后的效果，如图7-86所示为使用蝴蝶修剪心形的效果。

图7-86　修剪图形

🔲 实例操作：绘制小水滴

● 光盘\素材\第7章\树叶.jpg　　● 光盘\效果\第7章\水滴.cdr
● 光盘\实例演示\第7章\绘制小水滴

本例将利用修剪椭圆并添加透明与阴影效果，来制作小水滴效果，如图7-87所示。

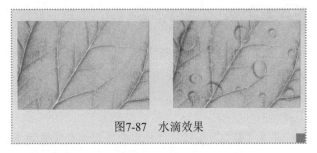

图7-87　水滴效果

Step 1 ▶ 新建空白文档，绘制椭圆，取消轮廓，填充CMYK值为"76、25、100、0"，使用"透明度工具" 🐾 拖动创建渐变透明效果，调整起点、终点与控制柄位置，效果如图7-88所示。

图7-88　填充椭圆并设置透明度

Step 2 ▶ 使用"阴影工具" 🔲 拖动创建如图7-89所示的阴影效果，在属性栏中将"阴影羽化"设置为"30"。选择图形按Ctrl+K组合键拆分阴影与图形，同时选择阴影与图形，在属性栏中单击"修剪"按钮 🗗，即可得到如图7-90所示的修剪效果。

图7-89　制作阴影效果　　　图7-90　修剪阴影

Step 3 ▶ 绘制两个相交的椭圆，使用修剪的方法得到月牙状图形，取消轮廓填充为白色。使用"透明度工具" 🐾 创建渐变透明效果，在属性栏中单击"椭圆形渐变透明"按钮 🔲，更改起点为"白色"。设置"终点"为"黑色"，将其置于水滴上，效果如图7-91所示。导入"树叶.jpg"图片，对水珠执行复制、旋转与缩放操作，分布在树叶上。

图7-91　制作高光效果

7.3.3 相交图形

相交图形是指保留多个图形相交部分来创建新对象，新对象的尺寸和形状与重叠区域完全相同，其属性则与目标对象一致。相交图形的方法主要有以下几种。

◆ **通过"相交"按钮**：选择需要得到相交区域的多个重叠图形，在属性栏中单击"相交"按钮，即可得到相交区域的效果，如图7-92所示。若框选对象，相交对象将沿用底层图形的属性；若点选对象，相交对象将沿用最后选择的对象的属性。

图7-92　创建相交图形

◆ **通过"相交"命令**：选择需要相交的多个重叠图形，选择"对象"/"造型"/"相交"命令。

◆ **通过"造型"泊坞窗**：在"造型"泊坞窗的下拉列表框中选择"相交"选项，然后单击 相交对象 按钮。鼠标光标呈 形状时单击目标对象，此时可得到相交图形，并沿用目标图形的属性，如图7-93所示。

图7-93　创建相交图形

7.3.4 简化图形

简化功能与修剪相似，不同的是，简化功能与对象的选择顺序无关，只与图形放置的图层位置有关，上一图层对象将简化下一图层对象。简化图形的方法主要有以下几种。

◆ **通过"简化"按钮**：选择需要修剪的多个重叠图形，在属性栏中单击"简化"按钮，即可得到简化效果，如图7-94所示。

图7-94　简化图形

◆ **通过"简化"命令**：选择需要简化的多个重叠图形，选择"对象"/"造型"/"简化"命令。

◆ **通过"造型"泊坞窗**：选择需要简化的多个重叠图形，在"造型"泊坞窗的下拉列表框中选择"简化"选项，然后单击 应用 按钮，即可查看简化效果，如图7-95所示。

图7-95　简化图形

7.3.5 移除后面对象

移除后面对象是指清除后面图形的同时，清除底层图形与最上层图形的重叠部分，保留最上层图形对象的非重叠部分。移除后面图形对象的方法有以下几种。

◆ **通过"移除后面对象"按钮**：选择多个重叠图形后，在属性栏中单击"移除后面对象"按钮。

◆ **通过"移除后面对象"命令**：选择多个重叠图形后，选择"对象"/"造型"/"移除后面对象"命令即可。

◆ **通过"造型"泊坞窗**：选择多个重叠图形后，在"造型"泊坞窗的下拉列表框中选择"移除后面对象"选项，单击 应用 按钮即可，如图7-96所示。

图7-96　移除后面对象

7.3.6　移除前面对象

移除前面对象是指清除最上层的图形以及与最下层的图形的重叠部分，并保留最下层图形的非重叠部分。移除前面图形对象的方法有以下几种。

◆ 通过"移除前面对象"按钮：选择多个重叠图形后，在属性栏中单击"移除前面对象"按钮 。

◆ 通过"移除前面对象"命令：选择多个重叠图形后，选择"对象"/"造型"/"移除前面对象"命令即可。

◆ 通过"造型"泊坞窗：选择多个重叠图形后，在"造型"泊坞窗的下拉列表框中选择"移除前面对象"选项，单击 应用 按钮即可，如图7-97所示。

图7-97　移除前面对象

7.3.7　创建图形边界

创建边界是指将在保持原有对象不变的情况下，创建所有轮廓的边缘轮廓。创建边界的方法主要有以下几种。

◆ 通过"创建边界"按钮：选择多个重叠图形后，在属性栏中单击"边界"按钮 。

◆ 通过"创建边界"命令：选择多个重叠图形后，选择"对象"/"造型"/"边界"命令。

◆ 通过"造型"泊坞窗：选择多个重叠图形后，在"造型"泊坞窗的下拉列表框中选择"边界"选项，单击 应用 按钮即可，如图7-98所示。

图7-98　创建图形边界

技巧秒杀

若在"造型"泊坞窗中选中 ☑放到选定对象后面 复选框，对象的轮廓将放置在原图形的后面。若选中 ☑保留原对象 复选框，可保留原图形。

读书笔记

7.4　裁剪图形

在CorelRDAW X7中，用户不仅可以对矢量图形或导入的位图进行矩形裁剪，还可使用图文框精确裁剪对象功能为指定的形状进行精确的裁剪。下面分别进行介绍。

7.4.1　裁剪工具

单击"裁剪工具"按钮 后，鼠标光标将呈 形状，这时在图形中拖动，可绘制需要保留区域的矩形框，按Enter键即可裁剪其余部分。当对绘制的保留区域不满意时，可拖动矩形框四周的控制点来更改保留区域大小，如图7-99所示；在绘制裁剪范围后，单击范围内的区域，在四角将出现旋转符号，拖动四角的旋转符号，将可对裁剪区域进行旋转操作，如图7-100所示。

图7-99　调整裁剪区域　　图7-100　旋转裁剪区域

知识解析：**裁剪工具选项介绍**

◆ "裁剪位置"数值框：通过设置x、y坐标来指定裁剪区域的左上角控制点位置。

◆ "裁剪大小"数值框：通过设置宽度与高度来指定裁剪区域的大小。

◆ "旋转角度"数值框：设置裁剪区域的旋转角度。

◆ "清除裁剪选择框"按钮 ：单击该按钮，可退出裁剪模式并取消裁剪。

7.4.2　图文框精确裁剪对象

图文框精确裁剪对象是指将图形或图片置入到绘制好的任意形状的路径中。若置入图形的大小、位置等不符合需要，用户还可对其进行编辑。下面将对图文框精确裁剪对象的相关操作进行介绍。

1. 放置Powerclip图文框

将所选的对象放置于图文框中是精确裁剪对象最基本的操作，其常见的方法有两种，分别介绍如下。

◆ 选择菜单命令：选择需要放置于图文框中的图像，选择"对象"/"图文框精确裁剪"/"置于图文框内部"命令，这时，鼠标光标呈 ➡ 形状，将其移至图文框上单击，即可将所选的图形置于该图文框中，如图7-101所示。

图7-101　将对象放置于图文框中

◆ 拖动鼠标：选择需要放置于图文框中的图像，在

按住鼠标右键的同时将对象拖动至图文框上，当鼠标光标呈 ⊕ 形状时释放鼠标右键，在弹出的快捷菜单中选择"图框精确裁剪内部"命令，所选对象将被置入到图文框内部，如图7-102所示。

图7-102　将对象放置于图文框中

2. 编辑图文框内容

对对象进行精确裁剪后，选择对象，在出现的工具栏中单击"编辑图文框"按钮 ，将进入图文框内部，在其中可对置入的对象进行缩放、旋转或移动等操作，使其更加符合需要。

实例操作：果冻包装设计

● 光盘\素材\第7章\果冻包装\　　● 光盘\效果\第7章\果冻包装.cdr
● 光盘\实例演示\第7章\果冻包装设计

本例将使用绘制的果冻桶来精确裁剪水果图片，并对图框中的图片进行编辑，制作果冻包装效果，如图7-103所示。

图7-103　果冻包装效果

Step 1 ▶ 新建空白文档，绘制桶盖上部分形状，取消轮廓，创建椭圆形渐变填充，设置起点到终点的CMYK值分别为"29、100、100、0"、"18、100、100、0"、"0、82、58、0"和"0、43、22、0"，效果如图7-104所示。

图7-104 绘制与填充桶盖上部分

Step 2 ▶ 在下方绘制椭圆形，取消轮廓，创建如图7-105所示的线性渐变填充效果，设置起点到终点的CMYK值分别为"42、100、100、9"和"9、99、90、0"，将其放于底层，作为盖底。

图7-105 制作盖底渐变效果

Step 3 ▶ 复制椭圆，将两个椭圆重叠，裁剪月牙形状，作为桶盖边，取消轮廓，填充CMYK值为"13、98、99、0"。使用"阴影工具" 拖动创建如图7-106所示的阴影效果，在属性栏中将"不透明度"设置为"70"。选择图形，按Ctrl+K组合键拆分阴影与图形，使用"形状工具" 调整阴影边缘，使其只在桶盖边缘下方显示，效果如图7-107所示。

图7-106 制作盖边图形　　图7-107 制作阴影效果

Step 4 ▶ 绘制梯形作为桶身，取消轮廓，创建如图7-108所示的线性渐变填充效果，设置起点到终点的CMYK值分别为"98、73、56、23"、"86、49、39、0"、"42、0、13、0"、"42、0、13、0"、"86、49、39、0"和"98、73、56、23"。

图7-108 渐变填充桶身

Step 5 ▶ 在桶身左上角绘制标签图形，取消轮廓，

创建如图7-109所示的线性渐变填充，设置起点到终点的CMYK值分别为"13、98、97、0"、"1、83、62、0"、"0、81、58、0"和"13、98、99、0"。在边缘处绘制粗细为0.5mm的白色线条，如图7-110所示。

图7-109 渐变填充标签图形　　图7-110 绘制线条

Step 6 ▶ 导入并选择"水果1.jpg"图片，选择"对象"/"图文框精确裁剪"/"置于图文框内部"命令，这时，鼠标光标呈 ➡ 形状，将其移至桶身上单击，效果如图7-111所示。

图7-111 图文框精确裁剪

Step 7 ▶ 选择桶身图形，在出现的功能按钮栏上单击"编辑内容"按钮，进入图文框内部，选择图片，将其移动至下方并旋转图片，编辑完成后，单击功能按钮栏上的"结束编辑"按钮，效果如图7-112所示。

图7-112 编辑图文框内容

Step 8 ▶ 复制桶身图形，填充为白色，使用"透明度工具" 拖动创建渐变透明效果，调整起点、终点与控制柄位置，在桶身左侧边缘处创建高光效果，如图7-113所示。使用相同的方法在桶身右侧边缘处创建高光效果。在标签上绘制两个相连的白色

轮廓的心形，在其下方输入文本，设置字体为"华文行楷"，在桶身中间输入文本，设置文本字体为Amelia BT，调整合适的大小，设置为白色，如图7-114所示。

图7-113　制作侧面高光　　　图7-114　输入文本

Step 9 ▶ 群组包装的所有图形，使用"阴影工具" 拖动创建如图7-115所示的阴影效果，在属性栏中将"阴影羽化"设置为"60"。复制完成果冻的包装，按Ctrl+K组合键拆分阴影并取消群组，移开上面两层渐变透明的桶身图形，选择渐变填充的桶身图形，更改起点到终点的CMYK值分别为"63、100、84、59"、"43、100、65、5"、"2、72、0、0"、"2、72、0、0"、"43、100、65、5"和"63、100、84、59"，效果如图7-116所示。

图7-115　制作阴影效果　　　图7-116　更改桶身填色

Step 10 ▶ 将移开的透明渐变再次叠放在桶身上，群组红色桶身所有图形，缩小红色包装，置于蓝色包装下层的左侧，如图7-117所示。导入"水果2.jg"和"水果3.jg"图片，放于包装周围，完成本例的制作，如图7-118所示。

图7-117　组合包装　　　图7-118　放置水果图片

3. 提取图文框内容

若需要使用图文框中的图片或图形，可通过提取内容功能将其提取出来。提取内容的方法主要有以下几种。

◆ **通过菜单命令**：选择图文框精确裁剪对象，选择"效果"/"图文框精确裁剪"/"提取内容"命令，或在其上单击鼠标右键，在弹出的快捷菜单中选择"提取内容"命令。

◆ **通过功能按钮栏**：选择图文框后，在图文框下方出现的功能按钮栏上单击"提取内容"按钮 ，如图7-119所示。

图7-119　提取图文框内容

4. 锁定Powerclip的内容

锁定Powerclip的内容，可以在变换图文框对象时，保持内容不受影响。如图7-120所示为锁定后，旋转图文框，图文框内容不受影响。锁定Powerclip的内容的方法主要有以下几种。

图7-120　锁定Powerclip的内容

◆ **通过菜单命令**：选择图文框精确裁剪对象，选择"效果"/"图文框精确裁剪"/"锁定Powerclip的内容"命令，或在其上单击鼠标右键，在弹出的快捷菜单中选择"锁定Powerclip的内容"命令。

◆ **通过功能按钮栏**：选择图文框后，在图文框下方出现的功能按钮栏上单击"锁定Powerclip的内容"按钮 。

读书笔记

7.5 图形区域删除处理

当裁剪功能不能满足图形区域删除处理的需要时，可使用刻刀工具、橡皮擦工具和虚拟段删除工具来进行处理，以保留需要的部分，下面分别进行讲解。

7.5.1 橡皮擦工具

使用"橡皮擦工具" 可以将图形或位图中不需要的部分擦除，并自动封闭擦除部分。当擦除错误时，使用"形状工具" 可对擦除的区域进行编辑，从而生成新的图形。在使用"橡皮擦工具" 过程中，用户还可以通过属性栏设置笔触的宽度和形状。擦除对象的方法主要有以下两种。

◆ **直线擦除**：选择图形，使用"橡皮擦工具" 单击确定擦除起点，移动鼠标，再在擦除结束点位置单击，即可沿两点相连的直线擦除对象，如图7-121所示。

◆ **沿手绘线擦除**：选择图形，使用"橡皮擦工具" 在需要擦除的区域按住鼠标左键进行拖动，涂抹擦除区域，将会沿手绘线擦除对象，如图7-122所示。

图7-121 直线擦除　　　图7-122 沿手绘线擦除

知识解析：**橡皮擦工具选项介绍**

◆ **"笔尖大小"数值框**：输入数值可改变橡皮擦笔尖的大小。

◆ **"圆形笔尖"按钮○**：单击该按钮，可将橡皮擦设置为圆形笔尖，擦除效果如图7-123所示。

◆ **"方形笔尖"按钮□**：单击该按钮，可将橡皮擦设置为方形笔尖，擦除效果如图7-124所示。

图7-123 圆形笔尖擦除　　　图7-124 方形笔尖擦除

◆ **"减少节点"按钮□**：单击该按钮，可保持擦除区的所有节点。

7.5.2 刻刀工具

使用"刻刀工具" 可以把一个对象切割为几部分，并且被切割后的部分默认为封闭对象。与橡皮擦工具" 相似，用户可选择沿直线切割或沿手绘线切割，下面分别进行介绍。

1. 沿直线切割

选择图形，单击"刻刀工具"按钮，将鼠标光标移到对象上，当鼠标光标呈 形状时，单击鼠标左键确定切割的起点。向下拖动鼠标，此时会出现一条切割线，当到达切割的终点时鼠标光标呈 形状，再次单击鼠标左键确定切割的终点。完成切割操作后，移动一段距离即可看出切割效果，如图7-125所示。

图7-125　直线切割效果

2. 沿手绘线切割

选择图形，单击"刻刀工具"按钮 ✐，将光标移动到需要切割的起点位置，当鼠标光标变成 ⬝ 形状时，按住鼠标左键不放并拖动绘制切割线，到达终点位置时释放鼠标即可沿绘制的线段切割对象，如图7-126所示。

图7-126　沿手绘线切割效果

▦ 实例操作：绘制鼠标

● 光盘\效果\第7章\鼠标.cdr
● 光盘\实例演示\第7章\绘制鼠标

本例将利用"刻刀工具" ✐ 来分割鼠标的各部分，并对分割后的部分进行渐变填充，最后制作分割背景，其最终效果如图7-127所示。

图7-127　鼠标效果

Step 1 ▶ 新建空白文档，绘制鼠标轮廓，复制轮廓，单击"刻刀工具"按钮 ✐，将鼠标光标移动到需要切割的起点位置，当鼠标光标变成 ⬝ 形状时，按住Shift键的同时，按住鼠标左键不放并拖动，调整曲线的弧度，绘制切割线，到达终点位置时释放鼠标，切割鼠标按键，如图7-128所示。

图7-128　切割鼠标按键

Step 2 ▶ 使用相同的方法切割上部分的图形为左、右两个按键，分别为两个图形创建椭圆形渐变填充，设置起点到终点的CMYK值分别为"5、2、4、0"、"20、15、13、0"和"44、35、29、0"，如图7-129所示。

图7-129　分割与填充左右按键

Step 3 ▶ 在分割线中间绘制椭圆，切割椭圆为两部分，分别为两个图形创建椭圆形渐变填充，设置起点、终点的CMYK值分别为"8、5、5、0"和"35、29、25、0"，如图7-130所示。

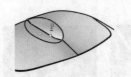 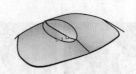

图7-130　分割与填充椭圆

Step 4 ▶ 在椭圆中绘制椭圆，取消轮廓，填充为黑色。在其上绘制鼠标滚轮，取消轮廓，渐变填充鼠标滚轮，设置起点到终点的CMYK值分别为"100、96、65、54"、"85、76、50、13"、"76、62、37、0"、"49、38、33、0"和"36、25、18、0"，如图7-131所示。

 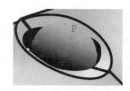

图7-131　绘制与填充滚轮

Step 5 ▶ 使用相同的方法切割鼠标，为上部分的图形创建渐变填充效果，设置起点到终点的CMYK值分别为"40、100、100、7"、"13、51、32、0"、"45、98、100、16"、"45、98、100、16"、"30、89、100、0"和"53、100、100、40"，如图7-132所示。

 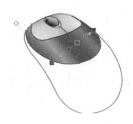

图7-132　分割与渐变填充图形

Step 6 ▶ 使用相同的方法切割鼠标，为下部分的图形创建渐变填充效果，设置起点到终点的CMYK值分别为"36、27、23、0"、"56、45、40、0"、"56、45、40、0"和"42、31、29、0"，如图7-133所示。

图7-133　分割与渐变填充图形

Step 7 ▶ 在灰色渐变的图形上绘制高光轮廓，填充为白色，取消轮廓，使用"阴影工具"拖动创建阴影效果，在属性栏中将"阴影不透明度"值设置为"100"，将"阴影羽化"值设置为"15"，"阴影颜色"设置为"白色"，"合并模式"设置为"正常"，如图7-134所示。按Ctrl+K组合键拆分阴影，删除原图形，将上面的红色渐变图形置于上层，效果如图7-135所示。

图7-134　设置高光阴影　　　　图7-135　拆分阴影

Step 8 ▶ 线性渐变填充底层的图形，设置起点、终点的CMYK值分别为"100、96、65、54"和"58、44、29、0"，如图7-136所示。绘制带箭头的线条，设置线条粗细为"2.0pt"，将一端连接在鼠标上，在属性栏中设置线的另一端为如图7-137所示的箭头。取消所有鼠标轮廓，选择鼠标轮廓，填充为黑色，置于底层，使用"阴影工具"拖动创建阴影效果，如图7-138所示。

图7-136　创建渐变　图7-137　绘制线条　图7-138　制作阴影

Step 9 ▶ 使用相同的方法为鼠标线创建阴影效果，群组并复制鼠标，按住Ctrl键单击选择红色渐变图形，更改渐变颜色，设置起点到终点的CMYK值分别为"100、100、0、0"、"60、29、0、0"、"88、79、0、0"、"88、79、0、0"、"75、49、0、0"和"100、100、49、2"，如图7-139所示。将其放于红色鼠标右侧。

图7-139　更改鼠标渐变效果

Step 10 ▶ 创建页面背景矩形，创建线性渐变填充效果，设置起点、终点的CMYK值分别为"27、21、20、0"和"0、0、0、0"，如图7-140所示。使用"刻刀工具" ✐ 在页面背景矩形上手绘分割线条，如图7-141所示。

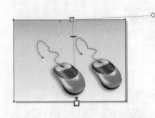 

图7-140　更改鼠标渐变效果　　图7-141　分割矩形

Step 11 ▶ 继续绘制多条分割线，分割背景，取消轮廓，效果如图7-142所示。在"艺术笔工具" 的"喷涂"属性栏中的"类别"下拉列表中选择"对象"选项，在"喷射图样"下拉列表框中选择如图7-143所示的图样，绘制喷涂路径，按Ctrl+K组合键拆分图形，取消群组，选择其中的电脑图形，将其置于鼠标下层，删除拆分出的线条与其他图形，调整鼠标与电脑的位置和大小，完成本例的制作。

 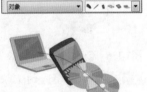

图7-142　背景切割效果　　图7-143　绘制喷涂图样

💬知识解析：**刻刀工具选项介绍**

◆ "保留为一个对象"按钮：单击激活该按钮，可将对象拆分为一个对象的两个子路径，且不能分别移动拆分的图形，双击可以进行整体编辑。

◆ "切割时自动闭合"按钮：单击激活该按钮，可在分割时自动闭合路径。若未激活该按钮，则拆分的图形为未闭合的曲线，且会取消填充效果。如图7-144所示为激活前后的对比效果。

读书笔记 ▶

图7-144　切割时自动闭合前后的效果

7.5.3　虚拟段删除工具

"虚拟段删除工具" 可以删除重叠对象中相交部分的线段，从而产生新的图形形状。其方法为：选择对象，单击"虚拟段删除工具" ，将鼠标光标移至相交部分，当鼠标光标呈 形状时，单击鼠标即可完成虚拟段的删除，也可在要删除线段周围拖出一个虚线框，释放鼠标删除多条虚拟线段，如图7-145所示为使用"虚拟段删除工具" 单击删除第二层相交线条后的效果。

图7-145　虚拟段删除工具

❓**答疑解惑：**

单击删除多余的线条后，图形为什么不能进行填充呢？

使用"虚拟段删除工具" 删除线条后，节点是断开的，若需要进行填充，可使用"形状工具" 进行节点的连接。

技巧秒杀

"虚拟段删除工具" 不能对群组的对象、文本、阴影和图像等进行操作。

知识大爆炸
——笔刷、图形裁剪与造型相关知识

1. 区分目标和来源对象

在造型过程中，如果用框选方式选择对象，最先创建的对象为目标对象，其他的均是来源对象；用点选方式选择对象，最后一个点选对象将为目标对象，其他的则是来源对象。

2. 还原图文框

当从PowerClip 图框中将内容提取出来后，会发现图框呈线叉显示，为了还原图框对象，选择 PowerClip 图文框后，单击鼠标右键，在弹出的快捷菜单中选择"框类型"/"无"命令即可。

3. 裁剪注意事项

在进行图形裁剪时，应注意把握整体感觉，尽量不把一个完整的图形裁剪开。同时，在一个具有多个对象的文档中裁剪某一对象时，需要先选择需要裁剪的图形，再使用裁剪工具进行裁剪，若直接使用裁剪工具拖动裁剪，可能导致其他对象被裁剪掉。

4. 使用下载的艺术笔刷

在"艺术笔工具" 中提供的笔刷笔触样式虽然丰富，但还是有限。为了编辑的特殊需要，用户还可下载并导入一些cdr笔刷笔触样式进行使用。CorelDRAW X7中笔刷的默认保存路径是"系统盘:\Documents and Settings\用户名\Application Data\Corel\CorelDRAW Graphics Suite X7\User Draw\CustomMediaStrokes"，用户只需将下载的笔刷直接粘贴到该路径的文件夹中，然后在艺术笔属性栏中单击"浏览"按钮 ，打开"浏览文件夹"对话框，在其中选择下载的艺术笔刷，即可导入使用，如图7-146所示。

图7-146 使用下载的艺术笔刷

读书笔记

黑夜传说

FASHION CONCEPT

Chapter

01 02 03 04 05 06 07 **08** 09 10 11 12 13 ......

文本编辑与处理

本章导读

　　文本是平面设计创作中重要的组成部分，文本能够直观地反映用户所需要表达的信息。创建文本后，往往需要对文本进行字体、字号等格式的设置及段落文本处理，以此来美化文本，本章将主要对这些文本美化操作进行详细介绍。除此之外，还将讲解文本的自动更正设置，与图形转换、混排，从而使文本输入更加精确、版面更加美观。

8.1 输入文本

在CorelDRAW X7中，用户可以根据需要输入两种类型的文本，即美术文本和段落文本。美术文本具有矢量图的属性，而段落文本对格式的要求更高。除此之外，还可以复制外部文本来提高文本编辑的速度。

8.1.1 美术文本

美术字文本常用于添加少量文字，用户可以将其作为矢量图进行编辑，如设置填充颜色、轮廓等属性。

1. 创建美术文本

在工具箱中单击"文本工具"按钮 字，将鼠标光标移到页面需要输入文本的位置，单击鼠标左键，鼠标光标呈|形状，选择合适的输入法后，即可在此处输入文本内容，如图8-1所示。

图8-1　美术文本效果

2. 选择文本

选择文本是设置文本属性的前提，选择文本的方式主要有以下几种。

◆ 选择全部字符：选择全部字符和选择对象的方法相似，使用"选择工具" 直接单击需要选择的文本即可。

◆ 选择部分字符：当需要对文本部分字符进行选择时，可单击要选择文本的起点，按住鼠标左键不放拖动到终点位置，释放鼠标即可选择，选择的文本呈现蓝色底纹显示，如图8-2所示。

图8-2　选择部分字符

实例操作：制作纸板字效果

● 光盘\素材\第8章\背景.jpg、铅笔.cdr
● 光盘\效果\第8章\纸板字.cdr
● 光盘\实例演示\第8章\制作纸板字效果

本例将创建美术字，设置美术字，并用编辑矢量图的方法拆分美术字，然后为美术字添加阴影效果，并制作悬挂效果，如图8-3所示。

图8-3　纸板字效果

Step 1 ▶ 新建空白文档，在工具箱中单击"文本工具"按钮 字，在工作区中单击鼠标输入文本"2014"，拖动鼠标选择文本，在属性栏中的"字体列表"下拉列表框中选择"Shotgun BT"选项，在"字体大小"下拉列表框中选择"200pt"选项，按Ctrl+K组合键拆分输入的文本，使用"选择工具" 直接单击选择单个数字，旋转文本到合适角度，如图8-4所示。

2014 2014

图8-4　输入与旋转文本

Step 2 ▶ 选择"2"，创建线性渐变填充效果，设置起点到终点的CMYK值为"5、28、96、0"和"3、0、91、0"，使用相同的方法依次设置其他数字的渐变填充的CMYK值为"71、12、0、0"和"83、35、3、0"；"38、0、85、0"和"58、11、100、0"；"0、80、40、0"和"2、93、59、0"，如图8-5所示。

图8-5　渐变填充美术文本

Step 3 ▶ 导入"背景.jpg"图片，将其置于页面后面，选择文本，按Ctrl+Q组合键转换为曲线，在属性栏中设置"轮廓宽度"为"16pt"，按Shift+Ctrl+Q组合键将文本的轮廓转换为对象，将轮廓对象填充为"白色"，将渐变数字对象置于轮廓对象上面，效果如图8-6所示。

图8-6　设置美术文本的轮廓

Step 4 ▶ 选择文本，使用"阴影工具" 从中心向外拖动创建阴影效果，在属性栏中将"阴影羽化"设置为"5"。单击"羽化方向"按钮，在弹出的下拉列表框中选择"平均"选项，使用相同的方法为其他数字和轮廓对象创建阴影效果，效果如图8-7所示。

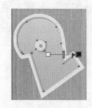

图8-7　创建阴影效果

Step 5 ▶ 选择文本轮廓对象，按Ctrl+C组合键复制，按Ctrl+V组合键原位粘贴，使用"阴影工具" 从中心向左下角拖动更改阴影效果，在属性栏中将"阴影羽化"值设置为"10"，使用相同的方法复制其他轮廓对象，并创建相同的阴影效果，效果如图8-8所示。

图8-8　复制与更改阴影效果

Step 6 ▶ 复制"铅笔.cdr"文档中的铅笔图形，将其放置在数字上方，绘制线条连接铅笔和数字中间的孔。将线条粗细设置为"2.0pt"，颜色的CMYK值设置为"2、0、27、0"，使用相同的方法为线条创建阴影效果，调整线条的叠放层次，制作悬挂效果，如图8-9所示，完成本例的制作。

图8-9　制作悬挂效果

8.1.2 段落文本

在制作一些画册、杂志等文档时，往往需要编排很多文字，利用段落文本可以方便地进行文本的字距、位置调整等，使其更加适应版面的需要。

1. 创建段落文本

在工具箱中单击"文本工具"按钮，将鼠标光标移到页面需要输入段落文本的位置，按住鼠标进行拖动，确定文本框大小后释放鼠标，即可绘制文本框，选择合适的输入法后，直接输入文本即可，当排满一行后，将自动换行，若一段完成，可按Enter键换行，如图8-10所示。

图8-10　段落文本效果

2. 调整与链接文本框

当输入超出文本框容量的文本时，超出的部分便会自动隐藏起来，这时文本框将显示为红色，拖动文本框四周的控制点，将未显示出的段落文本显示出来。调整文本框大小后，还是无法容纳段落文本时，用户可将其链接到其他文本框中，其方法为：选择文本框，单击文本框下方的▼控制点，鼠标光标呈◤形状，将鼠标光标移至新建的文本框上，鼠标光标呈➡形状，单击即可将溢出的文本链接到新建的空白文本框中，如图8-11所示。

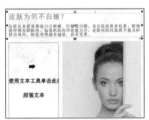

图8-11　链接文本框

3. 设置文本框颜色与垂直对齐方式

按Ctrl+T组合键打开"文本属性"泊坞窗，单击"图文框"按钮，在展开的面板中可对文本框的颜色进行设置，单击"垂直对齐"按钮，可对其文本在文本框中的垂直对齐方式进行设置，如图8-12所示为设置垂直居中对齐的效果。

图8-12　垂直居中对齐效果

4. 显示与隐藏文本框

在创建段落文本后，可看见一个黑色的虚线框，为了排版的美观性，用户可选择将其隐藏起来。其方法为：选择"文本"/"段落文本框"/"显示段落文本框"命令，取消命令前的勾选标记即可。若需再次显示文本框，需要选中命令前的勾选标记即可。

5. 使文本框适合框架

选择文本框后，可选择"文本"/"段落文本框"/"使文本框适合框架"命令来调整文本，使其适合文本框的大小。

8.1.3　文本类型的转换

创建美术文本与段落文本后，用户可以根据需要进行相互转换，其转换方法分别如下。

◆ **将美术文本转换为段落文本**：选择需要转换的美术文本，在文本上单击鼠标右键，在弹出的快捷菜单中选择"转换为段落文本"命令即可，或按Ctrl+F8组合键转换，如图8-13所示。

图8-13　将美术文本转换为段落文本

◆ **将段落文本转换为美术文本**：选择需要转换的段落文本，在文本上单击鼠标右键，在弹出的快捷菜单中选择"转换为美术字"命令，或按Ctrl+F8组合键转换。

8.1.4　文本的导入、复制与粘贴

使用导入、复制与粘贴文本的方法可快速将其他文档或网页中的文本应用到CorelDRAW X7中，以节约时间，提高文本输入效率。下面分别对导入文本、复制与粘贴文本的方法进行介绍。

1. 导入文本

选择"文件"/"导入"命令或按Ctrl+I组合键，在打开的对话框中选择需要的文本文件，然后单击 导入 按钮，即可打开"导入/粘贴文本"对话框，在其中设置导入文本的格式选项，单击 确定(O) 按钮，返回操作界面，拖动鼠标绘制文本框即可将文本导入，如图8-14所示。

图8-14　导入文本

💬 知识解析：　"导入/粘贴文本"对话框 ⋯⋯⋯⋯

◆ ⊙保持字体和格式(M) 单选按钮：选中该单选按钮，文本将以原系统的设置样式进行导入。

◆ ⊙仅保持格式(F) 单选按钮：选中该单选按钮，文本将以原系统的字号，当前系统的字体样式进行导入。

◆ ⊙摒弃字体和格式(D) 单选按钮：选中该单选按钮，文本将以当前系统设置的样式进行导入。

◆ ☑强制 CMYK 黑色(B) 复选框：选中该复选框，文本将转换为CMYK的颜色模式进行导入。

2. 复制与粘贴文本

在其他文档或网页中拖动鼠标选择所需的文字，按Ctrl+C组合键复制文字，切换到CorelDRAW X7中，使用"文本工具"图单击定位文本插入点，按Ctrl+V组合键，即可打开"导入/粘贴文本"对话框，设置粘贴方式后，单击 确定(O) 按钮可以粘贴为美术文本；若使用"文本工具"图拖动鼠标创建文本框再进行粘贴，可以粘贴为段落文本。

8.1.5　在图形中输入文本

在CorelDRAW X7中，用户可以将文本输入到自定义的图形内，或将已有的文本置入到图形中。下面分别进行介绍。

1. 输入文本

选择封闭路径的图形，选择"文本工具"图，将鼠标光标移到绘制图形里侧的边缘上，当鼠标光标呈 形状时，单击鼠标左键，此时将出现段落文本框，在文本框中输入需要的文字即可，如图8-15所示。

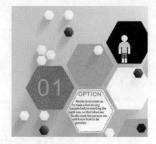

图8-15　在图形中输入文本

2. 内置已有文本

若已经存在一段文本，用户除了可通过复制的方法将其置于图形内部外，还可按住鼠标右键拖动文本到封闭图形上，释放鼠标右键，在弹出的快捷菜单中选择"内置文本"命令，可将已有文本置入到图形中，如图8-16所示。

图8-16　在图形中内置已有文本

技巧秒杀

在图形中输入或内置文本后，选择"对象"/"拆分路径内的段落文本"命令，或按Ctrl+K组合键，可使路径图形与段落文本分离。

8.1.6 输入路径文本

在输入文本的过程中，用户可以根据需要在绘制的曲线或图形边缘上输入文本，或将已有的文本附着在曲线或图形边缘上，形成特殊的文字效果。

1. 在路径上输入文本

选择曲线或图形，选择"文本工具" 字，将鼠标光标移到曲线上或绘制图形的外侧的边缘上，当鼠标光标呈 I 形状时，单击鼠标左键，插入文本插入点，输入文本即可，输入的文本将自动沿图形或曲线边缘进行分布，如图8-17所示。

图8-17　在路径上输入文本

实例操作：制作环形咖啡印章

- 光盘\效果\第8章\咖啡标志.cdr
- 光盘\实例演示\第8章\环形咖啡印章

本例将在圆形轮廓上创建美术字，并设置美术字的字体与大小，设置其与路径的距离，创建环形咖啡印章效果，如图8-18所示。

图8-18　咖啡印章效果

Step 1 ▶ 新建横向的空白文档，创建背景矩形，取消轮廓，填充CMYK值为"62、93、85、55"，在其上绘制圆形，取消轮廓，填充CMYK值为"54、

98、93、42"，复制圆形，平均分布在页面上，如图8-19所示。

图8-19　绘制背景

技巧秒杀

在分布圆时，相邻两排的圆是错落放置的。可通过"步长与重复"或"变换"泊坞窗来实现。

Step 2 ▶ 在背景中心绘制圆，取消轮廓，填充CMYK值为"7、13、23、0"；复制并缩小圆形，将轮廓粗细设置为"2.0pt"，线条样式设置为虚线，线条颜色的CMYK值设置为"64、100、97、62"；复制并缩小圆，更改填充的CMYK值为"18、22、34、0"；复制并缩小底层的圆。将4个圆中心对齐，效果如图8-20所示。

图8-20　制作4个同心圆

Step 3 ▶ 在圆形中间绘制咖啡杯和咖啡豆的轮廓，填充CMYK值为"64、100、97、62"，取消轮廓。在咖啡杯上绘制心形标志和杯柄口，填充CMYK值为"7、13、23、0"，取消轮廓，如图8-21所示。

图8-21　制作咖啡杯

Step 4 ▶ 选择中心的圆，单击"文本工具"按钮 字，在圆外侧的边缘上单击，输入文本，将字体设置

为"Arial"，字号设置为"16pt"，设置字体颜色的CMYK值为"57、77、88、32"，如图8-22所示。在属性栏中的"与路径的距离"数值框中输入"3.0mm"，在"偏移"数值框中输入"2.5mm"，效果如图8-23所示。

图8-22　输入路径文本　　图8-23　设置路径距离效果

Step 5 ▶ 将鼠标光标移到圆外侧的边缘上，当鼠标光标呈I形状时，单击鼠标左键，输入文本，将字体设置为"Calisto MT"，字号设置为"32pt"，设置字体颜色的CMYK值为"57、100、88、49"，如图8-24所示。在属性栏中单击"水平镜像文本"按钮和"处置镜像文本"按钮，在文本中间分别添加一个空格，更改"与路径的距离"值为"12.0mm"，在"偏移"数值框中输入"197.8mm"，使其居于下半圆，效果如图8-25所示。

图8-24　输入路径文本　　图8-25　镜像文本效果

Step 6 ▶ 在文字上绘制圆，将轮廓粗细设置为"2.0pt"，设置轮廓色的CMYK值为"7、13、23、0"，如图8-26所示。复制并选择线条，使用"裁剪工具"裁剪没有文字的线段，使用"阴影工具"从中心向右下角拖动创建阴影，如图8-27所示，完成本例的制作。

图8-26　绘制圆　　　　图8-27　创建阴影

💬 **知识解析：路径文本设置选项介绍** ·········

◆ "文本方向"下拉列表框：用于设置文本在路径上的分布方向，如图8-28所示为不同分布方向的效果。

图8-28　设置文本方向

◆ "与路径的距离"数值框：用于设置文本与路径的间距值，如图8-29所示为不同间距的效果。

图8-29　设置文本与路径的间距

◆ "偏移"数值框：用于调整文本偏移量，为"0"时，文本将位于图形上方的边缘上，输入数值将顺时针旋转位置，如图8-30所示。

图8-30　偏移文本

◆ "水平镜像文本"按钮：单击该按钮，可水平镜像路径上的文本。

◆ "处置镜像文本"按钮：单击该按钮，可处置镜像路径上的文本。

◆ 贴齐标记▼按钮：单击该按钮，可在弹出的面板中设置贴齐文本到路径的间距增量。

┌─ **技巧秒杀** ─────────

设置路径的距离值与偏移值时，图形的大小会影响效果。相同的值，图形越小，效果越明显。

2. 使文本适合路径

若需将已有文本附着在路径上，可按住鼠标右键拖动文本到路径上，释放鼠标右键，在弹出的快捷菜单中选择"使文本适合路径"命令即可，如图8-31所示。

图8-31　使文本适合路径

3. 拆分路径与文本

有时为了制作文本沿路径分布的效果，需要先绘

制曲线，设置好文本路径效果后，为了使图形更加美观，可将路径设置为无颜色，或按Ctrl+K组合键拆分路径与文本，再删除路径即可。删除路径后，文本的路径效果不会发生更改，如图8-32所示。

图8-32　拆分路径与文本

8.2 安装字体库

CorelDRAW X7字体列表中的字体来源于系统自带的一些最基本的字体，为了满足设计的需要，用户可在网上下载并安装一些用于设计的特殊字体。

8.2.1 从系统盘安装

到字体网站下载字体文件，一般下载下来的是.zip或.rar格式的压缩文件，解压后就得到字体文件，一般为.ttf格式。打开"计算机"窗口，在地址栏中输入"系统盘（默认为C盘）:\WINDOWS\Fonts"，打开Windows字体文件夹，如图8-33所示。复制解压出来的字体文件，粘贴到Windows字体文件夹中，即完成字体安装，安装成功后，在CorelDRAW X7的字体列表中即可使用安装的字体。

图8-33　Windows字体文件夹窗口

> **技巧秒杀**
>
> 在字体文件上单击鼠标右键，在弹出的快捷菜单中选择"安装"命令，可快速进行字体的安装。

> **❓答疑解惑：**
>
> 安装字体后，为什么在CorelDRAW X7的字体列表中没有找到？
>
> 安装字体后，需要重新打开CorelDRAW X7，才能在软件的字体列表中找到并使用安装的字体。

8.2.2 从控制面板安装

用户还可以通过"控制面板"窗口进行字体的安装。在系统桌面上选择"开始"/"控制面板"命令，打开"控制面板"窗口，双击"字体超级链接"，打开"字体"窗口，在其中可查看当前系统中安装的所有字体，将下载的字体文件复制到该窗口中即可完成安装，如图8-34所示。

图8-34　从控制面板安装字体

8.3 文本美化

创建文本后，文本的格式为默认的格式。通常情况下，需要对其进行再次编辑，才能达到需要的效果。用户可以对文本的基本属性进行设置，如设置文本的颜色、字体、字号、字符效果和字间距等。

8.3.1 文本属性设置

使用"文本工具" 圉输入文本后，用户可通过其属性栏设置文本的字体、字号等属性，如图8-35所示为文本工具属性栏。

图8-35　文本工具属性栏

💬知识解析：**文本工具属性栏选项介绍** ……………●

◆ "字体列表"下拉列表框：选择文本后，在该下拉列表框中可为文本选择不同的字体，如图8-36所示。若熟悉字体，也可直接输入字体名称。

图8-36　字体设置

◆ "字体大小"下拉列表框：选择文本后，在该下拉列表框中可为文本选择字号大小，单位为pt，设置的值越大，文本越大，也可直接输入字号。

◆ "粗体"按钮 B：单击该按钮，可将输入的文本加粗，效果如图8-37所示。注意某些字体不能进行加粗。

◆ "斜体"按钮 Z：单击该按钮，可将输入的文本倾斜，效果如图8-38所示。注意某些字体不能进行倾斜。

◆ "下划线"按钮 U：单击该按钮，可为输入的文本添加下滑线，效果如图8-39所示。

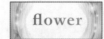

图8-37　加粗效果　图8-38　倾斜效果　图8-39　下划线效果

◆ "文本对齐"按钮 ：单击该按钮，在弹出的下拉列表框中选择文本在文本框中或图形中的对齐方式，不同对齐方式的效果如图8-40所示。

图8-40　对齐文本

◆ "项目符号列表"按钮▤：单击该按钮，可为选择的文本添加项目符号，效果如图8-41所示。再次单击可以取消项目符号。

◆ "首字下沉"按钮▤：单击该按钮，可为选择的段落文本添加首字下沉的效果，如图8-42所示。再次单击可以取消首字下沉效果。

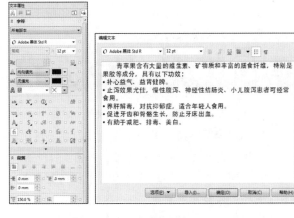

图8-41　项目符号列表效果　　图8-42　首字下沉效果

◆ "文本属性"按钮▤：单击该按钮，打开"文本属性"泊坞窗，在其中可对字符属性、段落属性、图文框和分栏等进行设置，如图8-43所示。

◆ "编辑文本"按钮▤：单击该按钮，打开如图8-44所示的"编辑文本"对话框，在其中可添加或删除文本，也可对选择的文本进行字体、字号等设置。

图8-43　文本属性　　　图8-44　编辑文本

技巧秒杀

若需要在段落中添加文本，可使用"文本工具"▤单击需要添加文本的位置，插入文本插入点，然后输入添加的文本即可。

◆ "将文本更改为水平方向"按钮▤：单击该按钮，可将选择的文本更改为水平方向。

◆ "将文本更改为垂直方向"按钮▥：单击该按钮，可将选择的文本更改为垂直方向，如图8-45所示。

图8-45　更改文本方向

◆ "交互式OpenType"按钮▣：单击该按钮后，当某种OpenType功能用于选定的文本时，在屏幕上显示指示。

8.3.2　文本字符设置

在CorelDRAW X7中，通过"文本属性"泊坞窗的"字符"栏中，不仅可对文本的字体、字号等属性进行设置，还可为文本添加下划线、设置字间距、设置文本的填充效果和特殊格式等。在属性栏中单击"文本属性"按钮▣，或选择"文本"/"文本属形"命令，都可打开"文本属性"泊坞窗，在其中进行设置即可，如图8-46所示。

图8-46　设置文本字符效果

💬知识解析：**文本字符设置选项介绍** ·············•

◆ "**脚本**"下拉列表框：选择要限制的文本类型。默认选择"所有脚本"选项，当选择"拉丁文"选项时，在该泊坞窗中设置的各选项将只对选择文本中的英文和数字起作用；当选择"亚洲"选项时，只对选择中的中文起作用。

◆ "**字体列表**"下拉列表框：用于设置选择文本的字体。

◆ "**字体样式**"下拉列表框：用于设置选择文本的字体加粗或倾斜样式。

◆ "**下划线**"按钮👙：单击该按钮，可在弹出的下拉列表框中选择下划线样式，如图8-47所示为单细下划线效果。

图8-47 单细下划线效果

◆ "**字距调整范围**"数值框：拖动鼠标选择需要设置字符间距的文本，输入数值可调整字距，如图8-48所示为不同字距的效果。

图8-48 不同字距的效果

◆ "**填充类型**"下拉列表框：用于设置文本的填充类型，包括均匀填充、渐变填充、双色图案填充、位图图样填充、PostScript填充和底纹填充。选择不同的填充方式，将展开对应的填充选项，如图8-49所示为不同的文本填充方式的效果。

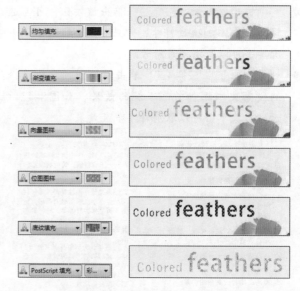

图8-49 不同的文本填充方式

技巧秒杀

在"填充类型"下拉列表框后单击…按钮，可打开"编辑填充"对话框，在其中可使用填充图形的方法填充文本。

◆ "**底纹填充**"下拉列表框：在该下拉列表框中可以选择一种填充方式来填充文字的背景，其填充方法与填充文本的方法一样，如图8-50所示为纯色底纹与渐变底纹的效果。

图8-50 底纹填充效果

◆ "**轮廓宽度**"下拉列表框：在该下拉列表框中可以选择或输入文本轮廓的宽度，如图8-51所示。

◆ "**轮廓颜色**"下拉列表框：在该下拉列表框中可以选择文本轮廓的颜色，如图8-52所示。单击其后的…按钮，可打开"轮廓笔"对话框，其中可对文本的轮廓进行详细的设置。

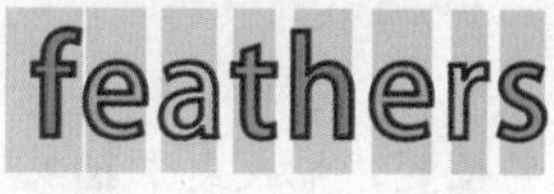

图8-51 设置文本轮廓 　　图8-52 设置文本轮廓颜色

◆ "字符效果"面板：在该面板中可设置大写字母、上下标、分数等特殊字符效果，如图8-53所示为添加上标的效果。

图8-53　设置上标效果

◆ "字符删除线"下拉列表框：在该下拉列表框中可以为选择的字符添加删除线效果，如图8-54所示。

◆ "字符上划线"下拉列表框：在该下拉列表框中可以为选择的字符添加上划线效果，如图8-55所示。

图8-54　字符删除线效果　　图8-55　字符上划线效果

◆ "字符水平偏移"数值框：输入数值，可设置选择字符水平移动的间距，如图8-56所示。

◆ "字符垂直偏移"数值框：输入数值，可设置字符垂直移动的间距，如图8-57所示。

图8-56　水平偏移字符　　图8-57　垂直偏移字符

◆ "字符角度"数值框：输入数值，可设置选择字符的旋转角度，如图8-58所示。

图8-58　旋转字符

技巧秒杀

使用"形状工具"单击文本，这时文本中每个字符左下角都将出现空心显示的字符节点，单击需要移动或旋转字符的节点，节点呈黑色实心显示，在属性栏中也可单独对该字符的字体、字号、偏移和旋转等属性进行设置。

实例操作：制作气泡字

● 光盘\效果\第8章\气泡.jpg　● 光盘\效果\第8章\气泡字.cdr
● 光盘\实例演示\第8章\制作气泡字

本例将创建美术字，并设置美术字的字体、渐变填充效果和轮廓效果，配合造型操作与透明工具的运用，制作气泡字体效果，如图8-59所示。

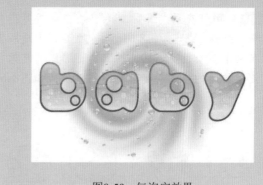

图8-59　气泡字效果

Step 1 ▶ 新建横向的空白文档，单击"文本工具"按钮，单击输入美术文本，将字体设置为"Bambina"，使用"交互式填充工具"在文本上拖动创建线性渐变填充效果，设置起点、终点的CMYK值分别为"9、0、89、0"和"0、60、0、0"，如图8-60所示。

图8-60　输入与渐变填充美术文本

Step 2 ▶ 选择"文本"/"文本属形"命令，打开"文本属性"泊坞窗，在"字符"栏的"轮廓宽度"下拉列表框中选择"3.0pt"选项，在"轮廓颜色"下拉列表框中设置轮廓颜色的CMYK值为"56、91、85、40"，效果如图8-61所示。

图8-61　设置文本轮廓

Step 3 ▶ 原位复制文本，填充为白色，在其上绘制如图8-62所示的形状。选择绘制的形状与白色的文本，在属性栏中单击"移除前面对象"按钮 ，得到修剪效果。

图8-62　修剪文本

Step 4 ▶ 使用"交互式透明工具" 拖动裁剪得到的上部分图形，创建如图8-63所示的线性渐变透明效果。在文本上绘制高光区域，取消轮廓，填充为白色，使用相同的方法创建渐变透明效果，如图8-64所示。

图8-63　创建透明渐变　　　图8-64　绘制高光区域

Step 5 ▶ 在文本上绘制大小不等的多个圆，取消轮廓，填充为白色，使用相同的方法为其创建不同的透明效果，如图8-65所示。导入"气泡.jpg"图片，按Ctrl+End组合键置于底层，如图8-66所示，完成本例的制作。

图8-65　绘制透明圆　　　图8-66　导入背景

8.3.3　段落文本设置

对于创建的段落文本，除了可以设置其字符属性外，还可通过"文本属性"泊坞窗的"段落"栏对

字间距、行间距、段落间距和段落缩进等属性进行设置，如图8-67所示。

图8-67　设置段落文本

知识解析：段落文本选项介绍

◆ "无水平对齐"按钮 ：将文本插入点定位到需要设置对齐方式的段落中，单击该按钮，可取消对齐设置。

◆ "左对齐"按钮 ：单击该按钮，可靠左边框对齐段落文本。

◆ "居中对齐"按钮 ：单击该按钮，可沿中心线对称对齐段落文本。

◆ "右对齐"按钮 ：单击该按钮，可靠左边框对齐段落文本。

◆ "两端对齐"按钮 ：单击该按钮，可使除最后一行文本外的段落文本左右两侧都对齐。

◆ "强制两端对齐"按钮 ：单击该按钮，可使除最后一行文本外的段落文本左右两侧都对齐。

◆ "调整间距设置"按钮 ：单击该按钮，可打开如图8-68所示的"间距设置"对话框，在其中的"水平对齐"下拉列表框中选择"全部调整"或"强制调整"选项后，可对最大字间距、最小字间距和最大字符间距进行设置，以使段落文本左右两侧都对齐。

图8-68　"间距设置"对话框

◆ "首行缩进"数值框：设置段落第一行相对于第二行靠右缩进的值，一般为两个字符的间距，如图8-69所示。

◆ "左缩进"数值框：设置段落文本左侧距离左边框的间距值，如图8-70所示。若需设置首行缩进，则首行缩进值为左缩进前的首行缩进值与左缩进值的和。

图8-69　首行缩进效果　　　图8-70　左缩进效果

◆ "右缩进"数值框：设置段落文本右侧距离右边框的间距值，如图8-71所示。

◆ "段前间距"数值框：设置段落前距离上一段落之间的距离，如图8-72所示。

图8-71　右缩进效果　　　图8-72　段前间距设置效果

◆ "段后间距"数值框：设置段落后距离下一段落之间的距离，如图8-73所示。

◆ "行间距"数值框：设置段落中每行的距离，如图8-74所示。

图8-73　段后间距设置效果　　图8-74　行间距设置效果

◆ "垂直字距单位"按钮 ％字符高度▼：单击该按钮，

在弹出的下拉列表中可设置行间距、段落间距的表现方式。

◆ "字符间距"数值框：设置英文字母与字母的间距或中文字与字的间距，设置范围为0%～2000%，如图8-75所示。

◆ "字间距"数值框：指定英文单词与单词之间的距离，对中文设置无效，设置范围为100%～2000%，如图8-76所示。

图8-75　字符间距设置效果　　图8-76　字间距设置效果

◆ "语言间距"数值框：控制文档中多语言文本的间距，设置范围为0%～2000%。

实例操作：杂志排版

● 光盘\素材\第8章\杂志排版　● 光盘\效果\第8章\杂志排版.cdr
● 光盘\实例演示\第8章\杂志排版

　　本例将在CorelDRAW X7中对图片和文字进行排版，并通过设置文本的字符格式与段落格式来美化整个杂志版面，效果如图8-77所示。

图8-77　杂志排版效果

Step 1 ▶ 新建横向的空白文档，单击"网格工具"按钮 ，拖动鼠标绘制3行6列的网格，规划布局的版块，导入"杂志排版"文件夹中除"戒指.png"图片外的所有图片，调整图片大小并裁剪图片，参照网格放置在网格下方，各图片的放置位置如图8-78所示。

图8-78　绘制网格并布局图片

Step 2 ▶ 按Crtl+U组合键取消网格群组，将第二排的前3个网格填充为白色，并在第三个白色网格中导入"戒指.png"图片，如图8-79所示。使用"文本工具" 图 在第一个白色网格中拖动鼠标创建网格大小的段落文本框，选择"杂志文本.txt"文档中的相关文本，按Ctrl+C组合键复制。切换到CorelDRAW中，使用"文本工具" 图 单击文本框，按Ctrl+V组合键粘贴文本，设置字体为"Arial"，字号为"7.0pt"，如图8-80所示。

图8-82　设置段落的首行缩进

Step 5 ▶ 复制"杂志文本.txt"文档中的相关文本，使用相同的方法在右上角和右下角的网格中创建段落文本，设置相同的段落格式和字符格式，选择"文本"/"段落文本框"/"显示段落文本框"命令，将显示的文本框取消，如图8-83所示。

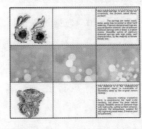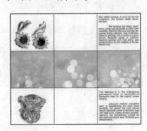

图8-83　取消段落文本框的显示

图8-79　打散与填充网格　　　图8-80　复制段落文本

Step 3 ▶ 拖动鼠标选择文本框中的所有文本，打开"文本属性"泊坞窗，在"段落"栏中单击"两端对齐"按钮 ，设置"首行缩进"、"左缩进"和"右缩进"的值均为"2.0mm"，设置"段前间距"为"200.0%"，"行间距"为"90.0%"，"字间距"为"150.0%"，"字符间距"为".0%"，效果如图8-81所示。

Step 6 ▶ 复制"杂志文本.txt"文档中价格的相关文本，设置字体为"Myriad Hebrew"，字号为"40pt"。将其移动到第二行的第二个网格中，继续复制产品名称文本，设置字体为"Harlow Solid Italic"，调整大小，将其置于价格下方，在右下角绘制矩形块，分别填充CMYK值为"55、49、26、0"、"100、89、66、52"和"47、0、13、0"，效果如图8-84所示。

Step 7 ▶ 使用相同方法继续复制并设置其他产品价格与名称，调整矩形小方块的位置，如图8-85所示。取消所有网格矩形的轮廓，为杂志添加边框，完成本例的制作。

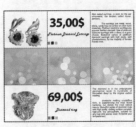

图8-81　设置文本段落属性

图8-84　复制价格等信息　　　图8-85　调整方块位置

Step 4 ▶ 单击将鼠标光标插入到第二段文本中，打开"文本属性"泊坞窗，在"段落"栏中更改"首行缩进"的值为"13.0mm"，效果如图8-82所示。

8.3.4 艺术文本设置

除了输入已有的字体样式的文本，用户还可以自己编辑字体的外观。在编辑字体外观时，通常需要涉及一些拆分、转曲等操作，下面分别进行介绍。

1. 拆分与合并文本

拆分文字是指将一段连续的文本拆分为单个的文字，方便进行单个文字的调整。选择文本后，按Ctrl+K组合键即可进行拆分，如图8-86所示。当需要将多个单独的文字作为一个对象进行编辑时，可按Ctrl+L组合键进行合并。

图8-86 拆分文本效果

2. 将文本转换为曲线

将文本转换为曲线不仅能摆脱文本字体的限制，还可对文本进行一些矢量图的编辑操作。选择美术文本或段落文本，然后按Ctrl+Q组合键即可将选择的文本转换为曲线，转换为曲线后，用户可使用"形状工具" 来编辑文字的样式，如图8-87所示。

图8-87 将文本转换为曲线

技巧秒杀

选择需要转换为曲线的文本，单击鼠标右键，在弹出的快捷菜单中选择"转换为曲线"命令，也可将文本转换为曲线。

实例操作：艺术文本设计

● 光盘\素材\第8章\黑夜.jpg ● 光盘\效果\第8章\艺术文本设计.cdr
● 光盘\实例演示\第8章\艺术文本设计

艺术文本设计表达的含义丰富，常用于表现商品属性和企业经营信息，广泛用于宣传、广告、商标、标语等。本例将使用文本转曲的方法在原有字体的基础上创作艺术字效果，如图8-88所示。

图8-88 艺术字效果

Step 1 ▶ 新建横向的空白文档，导入"黑夜.jpg"图片，在图片中间输入文本"黑夜传说"，在属性栏中设置字体为"华文楷体"，字体颜色为"白色"，如图8-89所示。选择输入的文本，按Ctrl+Q组合键转换为曲线，按Ctrl+K组合键拆分曲线，得到如图8-90所示的效果。

图8-89 输入文本　　　图8-90 转曲与拆分曲线

Step 2 ▶ 选择文本，使用"形状工具" 单击选择节点。调整文字的曲线轮廓，可以同时选择多个节点进行调整，注意将竖笔画加粗，将点笔画变宽，调整后的效果如图8-91所示。按Ctrl+G组合键分别群组各个文字，为其设置2pt宽的白色轮廓，调整每个文字的位置，调整后的效果如图8-92所示。

图8-91 编辑文本曲线　　图8-92 调整文字的位置

Step 3 ▶ 群组所有文本曲线，使用"阴影工具" 🔲 拖动创建阴影效果，在属性栏中将"阴影不透明度"值设置为"60"，将"阴影羽化"值设置为"40"，"阴影颜色"设置为"白色"，"合并模式"设置为"添加"，如图8-93所示。选择文本，将其转换为位图，选择"位图"/"模糊"/"高斯式模糊"命令，将其模糊半径设置为"4"，效果如图8-94所示。

图8-93 制作白色发光效果　　图8-94 设置文本模糊效果

Step 4 ▶ 按Ctrl+F11组合键打开"插入字符"泊坞窗，在"字体"下拉列表框中选择"Holidaypi BT"选项，将"插入字符"列表框中的猫图形拖动到"夜"字上，调整图形大小，效果如图8-95所示，完成本例的制作。

图8-95 插入特殊字符

8.3.5 插入特殊字符

在CorelDRAW X7中，一些字体样式提供了特殊丰富的字符效果，用户可通过"插入字符"泊坞窗将

其作为一个字符或对象插入到工作区中，其插入方法分别介绍如下。

◆ **作为字符插入**：单击"文本工具"按钮 ⚏，单击定位文本插入点，选择"文本"/"插入字符"命令，打开"插入字符"泊坞窗，设置字符的字体后，在字符列表框中双击作为字符插入的字符图形即可，如图8-96所示。

图8-96 作为字符插入

◆ **作为对象插入**：在"插入字符"泊坞窗中单击作为对象的字符，按住鼠标左键不放，将其拖动到工作区中即可，如图8-97所示。

图8-97 作为对象插入

💬 **知识解析：** "插入字符"泊坞窗选项介绍 ⋯⋯⋯●

◆ **"字体"下拉列表框**：指定插入符号的字体，不同字体具有不同的字符样式，如图8-98所示。

图8-98 不同字体的字符样式

◆ "字符过滤器"下拉列表框：指定插入符号的识别性。"整个字体"表示可以识别所有字符，其余选项则只对指定的符号进行识别，如图8-99所示。

◆ "缩放"滑块：拖动滑块可设置字符列表框中字符的显示比例。

读书笔记

图8-99　字符过滤器

8.4　文本排版

在同一页面创建大量的文本时，就需要对文本进行一些排版处理，以确保页面整体的美观性，下面分别对文本排版常见的操作进行介绍。

8.4.1　自动断字

在输入英文时，经常会遇到行末出现大量空格，导致行尾排版参差不齐的情况，这时，可以设置自动断字来美化排版。自动断字是将不能排入一行的单词进行拆分，设置自动断字的方法很简单，只需选择段落文本后，选择"文本"/"断字设置"命令，打开"断字"对话框，在其中设置断字规则后，再选择"文本"/"使用断字"命令，即可在文本段落中自动断字，如图8-100所示。

图8-100　自动断字设置

技巧秒杀

断字功能适用于在应用程序中安装了相应的写入工具的任何语言。

知识解析："断字"对话框选项介绍

◆ ☑自动连接段落文本(A)复选框：选中该复选框，将启用断字功能。

◆ ☑大写单词分隔符(C)复选框：选中该复选框后，会自动在大写单词中断字。

◆ ☑使用全部大写分隔单词(W)复选框：选中该复选框后，会自动断开包含所有大写字母的单词。

◆ "最小字长"文本框：在该文本框中可设置断字的最小单词长度。

◆ "之前最少字符"文本框：在该文本框中可设置要在单词中开始断字的前部分最小字符数。

◆ "之后最少字符"文本框：在该文本框中可设置要在单词中开始断字的后部分最小字符数。

◆ "到右页边距的距离"文本框：在该文本框中可设置断字的区域，若单词超出了右页边距指定的范围，那么就会将该单词移到下一行。

读书笔记

设置断字后，为何断字中间有连接线？

　　该连接线又称连字符，表示连接的两端是一个单词。用户也可添加连字符，其方法为：单击"文本工具"按钮字，单击定位文本插入点，选择"文本"/"插入格式化代码"命令，在弹出的子菜单中选择相应的子命令，可插入短划线、空格等连字符，如图8-101所示。

图8-101　插入格式化代码

8.4.2　添加制表位

　　添加制表位可以设置对齐段落内文本的间隔距离，保证段落文本按照一定的方式进行对齐。选择"文本"/"制表位"命令，将打开"制表位设置"对话框，在其中可对制表位置、前导符选项进行设置。

实例操作：制作目录

● 光盘\效果\第8章\目录.cdr
● 光盘\实例演示\第8章\制作目录

　　在许多数据中都带有目录，对阅读可起到引导的作用。本例将利用制表位的功能来制作一份目录，效果如图8-102所示。

图8-102　目录效果

Step 1 ▶ 新建空白文档，导入"目录背景.jpg"图片，调整图片大小，使其覆盖整个页面，在图片上绘制矩形，取消轮廓，填充为白色，设置透明度为"15"，如图8-103所示。在矩形上输入目录内容，将"目录"的字体设置为"黑体"，字号设置为"66pt"，将目录内容文本的字体设置为"汉仪中黑简"、字号设置为"16pt"，得到如图8-104所示的效果。

图8-103　绘制透明矩形　　　　图8-104　输入目录

Step 2 ▶ 选择目录内容文本，选择"文本"/"制表位"命令，打开"制表位设置"对话框，单击 添加(A) 按钮，在首行添加制表位，在添加的"制表位位置"数值框中输入"10mm"，单击其后的 添加(A) 按钮，在弹出的下拉列表中选择"开"选项，单击 前导符选项(L)... 按钮，打开"前导符设置"对话框，如图8-105所示。在"字符"下拉列表框中选择如图8-106所示的选项，在"间距"数值框中输入"0"，依次单击 确定 按钮。

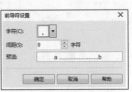

图8-105　添加制表位　　　　图8-106　设置前导符

Step 3 ▶ 返回操作界面，此时在工作区顶部的标尺上显示出前导符的终止位置，将鼠标光标移动到 图标上，按住鼠标左键不放拖动至需要终止的位置，如图8-107所示。

图8-107　设置制表位终止位置

Step 4 ▶ 将鼠标光标移至目录与页码之间的位置，单击定位文本插入点，按Tab键在目录与页码之间生成前导符，如图8-108所示。完成本例的制作。

图8-108　生成前导符

💬知识解析："制表位设置"对话框选项介绍⋯⋯⋯

◆ "制表位位置"数值框：用于设置添加制表位的位置。

◆ 添加(A) 按钮：单击该按钮，可添加新的制表位位置到制表位位置列表中。

◆ 移除(R) 按钮：单击该按钮，可将制表位列表中选择的制表位删除。

◆ 全部移除(E) 按钮：单击该按钮，可将制表位列表中全部的制表位删除。

◆ 前导符选项(L)... 按钮：单击该按钮，打开"前导符设置"对话框，在"字符"下拉列表框中可设置前导符的样式；在"间距"数值框中可输入前导符的间距值；在"预览"栏中可预览设置的前导符效果，如图8-109所示。

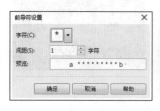

图8-109　设置前导符

8.4.3　首字下沉

首字下沉即是将段落文本中的第一个字放大。首字下沉可以使读者在视觉上形成强烈的对比。选择"文本"/"首字下沉"命令，打开"首字下沉"对话框。在其中可对下沉行数、下沉后的空格、下沉方式进行设置，如图8-110所示。

图8-110　首字下沉效果

💬知识解析："首字下沉"对话框选项介绍⋯⋯⋯

◆ ☑使用首字下沉(U) 复选框：选中该复选框，可启用首字下沉效果。

◆ "下沉行数"数值框：设置首字下沉的行数，默认为3行。

◆ "首字下沉后的空格"数值框：设置首字下沉后首字与右侧文本的间距值。

◆ ☑首字下沉使用悬挂式缩进(E) 复选框：选中该复选框，首字下沉的效果将在整个段落文本中悬挂式缩进，如图8-111所示。

图8-111　悬挂式缩进效果

◆ ☑预览(P) 复选框：选中该复选框，可预览设置的首字下沉效果。

8.4.4　断行规则

对于大多数亚洲语言而言，除了少数例外情况，一行文本可以在任意两个字符间断开。使用断行规则可将不能断行的字符进行设置，如前导字符、下随字符和字符溢值。其方法为：选择文本后，选择"文本"/"断行规则"命令，在打开的"亚洲断行规则"对话框中即可进行设置，如图8-112所示为断行后，行首不为句号的效果。

图8-112　断行规则

💬知识解析："亚洲断行规则"对话框选项介绍

◆ 前导字符：选中 ☑前导字符(L) 复选框，在右侧的文本框中可设置选择的字符不能出现在行头。

◆ 下随字符：选中 ☑下随字符(F) 复选框，在右侧的文本框中可设置选择的字符不能出现在行尾，一行可以在下随字符之后断开，也可以在下随字符前边的字符之前断开。

◆ 字符溢值：选中 ☑字符溢值(W) 复选框，在右侧的文本框中可设置选择的字符不换行，而是延伸到右侧页边距或底部页边距之外。

◆ 重置(R) 按钮：单击该按钮，可重新设置前导字符、下随字符和字符溢值。

8.4.5　分栏

分栏是指在保持文本框大小不变的情况下将文本框中的文字排列成两栏或两栏以上。分栏常用于书籍、报刊之中，是重要的排版技巧之一。其方法为：选择"文本"/"栏"命令，在打开的"栏设置"对话框中即可进行分栏操作。

实例操作：分栏排版杂志

● 光盘\素材\第8章\素材.cdr ● 光盘\效果\第8章\分栏排版杂志.cdr
● 光盘\实例演示\第8章\分栏排版杂志

进行杂志排版时，很多时候会使用分栏排的方式。本例将利用分栏排功能制作杂志内页，效果如图8-113所示。

图8-113　分栏排版杂志效果

Step 1 ▶ 新建横向的空白文档，导入"美女.jpg"图片，调整图片大小，将其置于页面靠左侧位置，在页面上绘制黑色矩形，调整位置，确定版块分布，如图8-114所示。在图片右侧绘制文本框输入文本，设置字体为"Algerian"，字号为"8pt"，如图8-115所示。

图8-114　导入图片　　　图8-115　输入段落文本

Step 2 ▶ 在图片上输入美术文本，设置字体为"BauerBodni Titl BT"，字号为"16pt"，如图8-116所示。在黑色矩形上绘制两个段落文本框，分别输入文本，设置字体为"Arial"，设置左侧文本框的字号为"7pt"，设置右侧文本框的字号为"6pt"，在"文本属性"泊坞窗中单击"强制两端对齐"按钮 ，如图8-117所示。

图8-116　输入美术文本　　　图8-117　输入段落文本

Step 3 ▶ 在图片右侧输入美术文本，设置字体为

"BauerBodni Titl BT"，字号为"90pt"，按Ctrl+K组合键拆分文本，将首字母和尾字母放大，如图8-118所示。在尾字母上方输入文本，设置字体为"Compacta Bd BT"，字号为"14pt"，字体颜色的CMYK值为"62、100、99、59"，如图8-119所示。

图8-118　拆分文本　　　　图8-119　输入美术文本

Step 4 ▶ 创建段落文本，将标题字体设置为"Adobe Gothic Std B"，字号设置为"8pt"，将正文字体设置为"Arial"，字号设置为"6pt"，拖动鼠标选择文本框中的所有文本，打开"文本属性"泊坞窗，在"段落"栏中单击"两端对齐"按钮▤，设置首行缩进值为"5.0mm"，设置"段前间距"为"150.0%"，效果如图8-120所示。

图8-120　输入美术文本

Step 5 ▶ 选择"文本"/"栏"命令，打开"栏设置"对话框，在"栏数"数值框中输入"2"，在"栏间宽度"数值框中输入"8"。选中 ☑栏宽相等(E) 复选框和 ⦿保持当前图文框宽度(M) 单选按钮，如图8-121所示。单击 确定 按钮完成本例的制作。

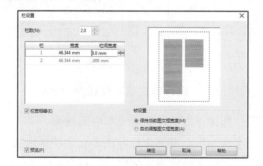

图8-121　设置分栏

💬 **知识解析：** "栏设置"对话框选项介绍 ⋯⋯⋯⋯⋯⋯•

◆ "栏数"数值框：输入数值可设置段落文本分栏数目，如图8-122所示为3栏排的效果。

◆ ☑栏宽相等(E)复选框：选中该复选框，可设置分栏后各栏的宽度相等。

◆ "宽度"数值框：取消选中 ☐栏宽相等(E)复选框，在该数值框中可设置各栏的宽度不相等，如图8-123所示为不同栏宽的效果。

图8-122　3栏排效果　　　　图8-123　不同栏宽效果

◆ "栏间宽度"数值框：输入数值可设置段落文本分栏后栏与栏之间的间距。

◆ ⦿保持当前图文框宽度(M)单选按钮：选中该单选按钮后，调整各栏的宽度和栏间宽度时，文本框的宽度不会进行调整。如设置其中一栏宽度，其他栏宽度将自动进行调整。

◆ ⦿自动调整图文框宽度(A)单选按钮：选中该单选按钮后，当对段落文本进行分栏时，系统可以根据设置的栏宽自动调整文本框的宽度。

8.4.6　项目符号

在输入并列的段落文本时，为了体现其并列的特征，在排版时，可为其添加各种项目符号，从而使段落排列为统一的格式，使版面看起来更加清晰直观。其方法为：选择并列的段落文本后，选择"文本"/"项目符号"命令，在打开的"项目符号"对话框中即可对项目符号进行设置，如图8-124所示。

技巧秒杀

设置项目符号后，文本将自动向右移动，且在为一个段落添加项目符号后，按Enter键换行，将在下一段自动添加项目符号。

图8-124　添加项目符号

💬知识解析："项目符号设置"对话框选项介绍 ⋯⋯

◆ ☑使用项目符号(U) 复选框：选中该复选框，可启用项目符号设置。

◆ "字体"下拉列表框：用于设置项目符号的字体。

◆ "符号"下拉列表框：选择字体后，在该下拉列表框中可选择该字体的特殊符号作为段落的项目符号。

◆ "大小"数值框：输入数值设置项目符号的大小，也可拖动鼠标选择项目符号，在属性栏中进行设置。

◆ "基线位移"数值框：输入数值设置该项目符号在垂直方向上的偏移量。当参数为正值时，项目符号向上偏移；当参数为负值时，项目符号向下偏移，如图8-125所示。

图8-125　项目符号基线位移效果

◆ ☑项目符号的列表使用悬挂式缩进(E) 复选框：选中该复选框，添加的项目符号将在整个段落文本中悬挂式缩进，如图8-126所示为选中前后的效果。

图8-126　悬挂式缩进项目符号

◆ "文本图文框到项目符号"数值框：输入数值可设置文本和项目符号到段落图文框或文本框的距离。

◆ "到文本的项目符号"数值框：输入数值可设置文本到项目符号的距离。

◆ ☑预览(P) 复选框：选中该复选框，可预览设置的项目符号效果。

8.4.7 图文混排

　　一篇好的文档不仅要求有规范的文本格式，还要求搭配图片来吸引眼球，营造舒适的阅读环境。将段落文本围绕图片进行排列，可以使画面更加美观。将图片或图形放置在段落文本上，单击属性栏中的"文本换行"按钮 🔲，在弹出的下拉列表中即可选择一种图文混排效果，如图8-127所示。

图8-127　图文混排

💬知识解析：换行样式选项介绍 ⋯⋯⋯⋯⋯⋯⋯

◆ 无：选择该选项将取消文本绕图效果。

◆ 文本从左向右排列（轮廓图）：选择该选项，使文本沿对象的轮廓左侧排列，如图8-128所示。

◆ 文本从右向左排列（轮廓图）：在"轮廓图"栏中选择该选项，使文本沿对象的轮廓右侧排列，如图8-129所示。

图8-128　文本从左向右排列　图8-129　文本从右向左排列

◆ 跨式文本（轮廓图）：在"轮廓图"栏中选择该选项，使文本沿对象的整个轮廓排列，如图8-130所示。

◆ 文本从左向右排列（正方形）：在"正方形"栏中选择该选项，使文本沿对象的左边界框排列，如图8-131所示。

图8-130　跨式文本　　　图8-131　文本从左向右排列

◆ 文本从右向左排列（正方形）：在"正方形"栏中选择该选项，使文本沿对象的右边界框排列，

如图8-132所示。

◆ 跨式文本（正方形）：在"正方形"栏中选择该选项，使文本沿对象的整个边界框进行排列，如图8-133所示。

图8-132　文本从右向左排列　　　图8-133　跨式文本

◆ 上/下（正方形）：在"正方形"栏中选择该选项，使文本沿对象的整个边界框的上边缘和下边缘进行排列，如图8-134所示。

◆ "文本换行偏移"数值框：输入数值可设置对象轮廓或边界框到文本的距离，如图8-135所示为设置5mm的效果。

图8-134　上/下　　　图8-135　文本换行偏移

8.5 查找与替换文本

在大量文本的文档中，用户可以通过查找和替换文本功能，将文档中需要查看或更改的大量相同的文字或词语进行更改。这样不仅能保证文本的精确性，还提高了文本编辑和更改的速度。

8.5.1 查找文本

当需要查看含有大量文本内容的文档时，查看某个单个文本对象就比较麻烦，这时可以使用查找文本的方法快速查看需要的文本信息。

选择需要执行查找的文本，选择"编辑"/"查找并替换"/"查找文本"命令，打开"查找文本"对话框，在"查找"文本框中输入需要查找的文本内容，然后单击 按钮，即可查找输入的文本，如图8-136所示。

图8-136　查找文本

💬知识解析：**"查找文本"对话框选项介绍**·········•

◆ "查找"文本框：用于输入需要查找的文本。

◆ ▶按钮：单击该按钮，可以在弹出的下拉列表中选择一些特殊符号，并将其输入到"查找"文本框中。

◆ 查找下一个(N)按钮：单击该按钮，可查看下一处查找到的文本。

◆ ☑区分大小写(C)复选框：选中该复选框，可区分大小写。如查找Fashion，将不会查找fashion。

◆ ☑仅查找整个单词(I)复选框：选中该复选框，可设置仅查找整个单词。如查找in，将不会查找meaning中的in。

▎技巧秒杀

若按Alt+F3组合键，可快速打开"查找文本"对话框，查找完成后将打开查找结束的提示对话框。

8.5.2　替换文本

使用替换文本功能可以替换查找的文本，对于出现大量重复的错误特别实用。选择需要执行查找的文本，选择"编辑"/"查找并替换"/"替换文本"命令，打开"替换文本"对话框，在"查找"文本框中输入需要替换的文本，在"替换为"文本框中输入替换后的文本，然后单击 全部替换(P) 按钮即可，如图8-137所示。

图8-137　替换文本

💬知识解析：**"替换文本"对话框选项介绍**·········•

◆ "查找"文本框：用于输入需要查找的文本。

◆ "替换为"文本框：用于输入需要替换的文本。

◆ 查找下一个(N)按钮：单击该按钮，可查看下一处查找到的文本。

◆ 替换(E)按钮：单击该按钮，可将查找选择的文本进行替换。用于逐一替换文本。

◆ 全部替换(P)按钮：单击该按钮，可对所有查找到的文本进行替换。

8.6 使用书写工具

在输入大量文字的文档中，可以通过书写工具进行拼音、语法和同义词错误检查，并能对这些错误快速地进行自动更正，以确保文档的准确性。

8.6.1 拼写检查

使用拼写检查功能可以检查出拼错的单词、重复的单词及不规则的以大写字母开头的单词。

选择"文本"/"书写工具"/"拼写检查"命令，即可自动执行拼写检查，并打开"书写工具"对话框，错误的文本将呈现高亮显示，且会在"替换"文本框中出现正确的文本，若没有出现，可手动输入正确的文本，单击 替换(E) 按钮进行替换，检查完成后，可打开"拼写检查器"对话框，单击 是(Y) 按钮可结束替换，如图8-138所示。

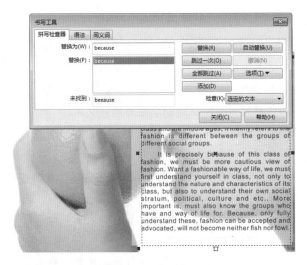

图8-138 拼写检查

💬知识解析：**拼写检查器选项介绍** ·········●

- "替换为"文本框：检查出拼写错误后将自动显示在该文本框中，也可在其中输入正确的文本。

- "替换"文本框：检查出拼写错误后将提供一些正确的替换单词，选择后即可将其输入到"替换为"文本框中。

- "未找到"文本框：显示或描述找到的错误拼写的单词。

- [替换(E)]按钮：单击该按钮，可将错误的文本替换为"替换为"文本框中的文本。

- [跳过一次(O)]按钮：单击该按钮，可忽略一次当前检查到的拼写错误。

- [全部跳过(A)]按钮：单击该按钮，可忽略所有检查到的拼写错误。

- [添加(D)]按钮：单击该按钮，可将"替换为"文本框中的单词添加到"查找"列表框。

- [自动替换(U)]按钮：单击该按钮，将自动替换所有拼写检查错误。

- [撤消(N)]按钮：单击该按钮，可以撤销执行的替换操作。

- "检查"下拉列表框：设置进行拼写检查的范围。

- [选项(T)▼]按钮：单击该按钮，在弹出的下拉列表中设置拼写检查的规则与语言，如图8-139所示。

图8-139 设置拼写检查规则

- [帮助(H)]按钮：单击该按钮，可在打开的对话框中查看拼写检查的含义与方法等。

8.6.2 语法检查

使用语法检查功能可以检查整个文档或文档的某一部分的语法、拼写及样式错误。还可以使用建议的句子替换有语法错误的句子。

其设置方法与拼写检查相似。选择"文本"/"书写工具"/"语法"命令，即可自动执行语法检查，并打开"书写工具"对话框，错误的文本将呈高亮显示，输入正确的句子，单击[替换(E)]按钮进行替换即可，如图8-140所示。

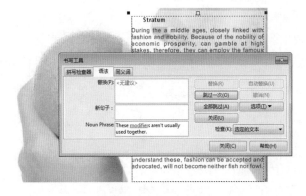

图8-140 设置语法检查

8.6.3 同义词查询

使用同义词查询功能可以查找选择单词的同义词、反义词和相关单词，并进行替换。

其设置方法与拼写检查相似。选择"文本"/"书写工具"/"同义词"命令，打开"书写工具"对话框，选择"同义词"选项卡，选择或输入需要查询的单词的同义词，单击 查寻(L) 按钮进行查询，在其下的列表框中将显示查到的同义词，单击 替换(E) 按钮可替换原文本，如图8-141所示。单击 选项(T)▼ 按钮，可在弹出的下拉列表中设置查询的类型。

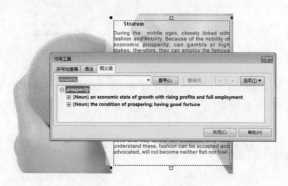

图8-141　同义词查询

8.6.4　快速更正

使用快速更正功能可自动更正拼错的单词或大写错误。选择文本后，选择"文本"/"书写工具"/"快速更正"命令，打开"选项"对话框，在其中进行相应的设置即可，如图8-142所示。

图8-142　快速更正

知识解析：快速更正选项介绍

◆ ☑句首字母大写(F) 复选框：选中该复选框，当句首字母未大写时，将自动更正为大写。

◆ ☑改写两个缩写，连续大写(S) 复选框：选中该复选框，当使用缩写时，将自动更正为连续大写。

◆ ☑大写日期名称(N) 复选框：选中该复选框，当输入日期时，将自动更正为大写。

◆ ☑自动超链接(M) 复选框：选中该复选框，当输入网址时，将自动更正为超链接

◆ "语言"下拉列表框：设置自动更正的语言。

◆ ☑将直引号变换成印刷引号(T) 复选框：选中该复选框，当输入直引号时，将自动更正为印刷引号。

◆ ☑在数字后直接使用引号(N)-6' 复选框：选中该复选框，允许在数字后直接输入引号。

◆ ☑录入时替换文本(P) 复选框：选中该复选框，可设置并启用快速更正的词语。

◆ "替换"文本框：用于输入容易输错的单词或缩略语。

◆ "以"文本框：用于输入单词或缩略语的正确样式。

◆ 添加(A) 按钮：单击该按钮，可将自定义更正的词语添加到自动更正单词的列表框中。

◆ 删除(D) 按钮：在自动更正单词的列表框中选择不需要的更正选项，单击该按钮可进行删除。

◆ 替换(E) 按钮：在自动更正单词的列表框中选择需要更改的选项，在"替换"文本框或"以"文本框中输入新的更正词语，单击该按钮可替换原更正词条。

读书笔记

8.7 文本统计、选择与设置

在CorelDRAW X7中，用户不仅可以根据需要对文本的信息进行统计，还可利用新的字体乐园功能对文本进行设置和选择。除此之外，还可以对字体列表的显示进行设置。

8.7.1 文本统计

使用文本统计功能可以对文本的段落、字符数、字体等信息进行统计。选择"文本"/"文本统计"命令，即可打开"统计"对话框，在其中可查看文本各项统计信息，如图8-143所示。

图8-143　文本统计

8.7.2 字体乐园

使用字体乐园功能可以以不同的字体和字体大小查看同一示例文本，以帮助用户为项目选择更合适的字体。设置完成后，还可将设置好的文本复制到文档中。

1. 预览字体效果

选择"文本"/"字体乐园"命令，在打开的"字体乐园"泊坞窗中分别选择各项目，在"字体"下拉列表框中选择不同的字体，即可预览字体效果，如图8-144所示。

图8-144　预览字体效果

💬 **知识解析：　"字体乐园"泊坞窗选项介绍**⋯⋯⋯●

◆ **"字体"下拉列表框**：为选择的项目设置不同的字体。

◆ **"单行"按钮**▤：单击该按钮，将以单行文本的形式显示示例，该模式为默认的模式。

◆ **"多行"按钮**☰：单击该按钮，将以多行文本的形式显示示例，如图8-145所示。

◆ **"瀑布式"按钮**☰：单击该按钮，将以单行文本且字体逐渐增大的形式显示所选示例，如图8-146所示。

图8-145　多行显示效果　　图8-146　瀑布式显示效果

◆ **"缩放滑块"按钮**▤：拖动可以调整示例文本的大小。

◆ **"添加另一示例"超链接**：单击该超链接，将添加一条项目，可用于设置并预览示例文本的其他字体效果。

2. 操作文本示例

除了单击"添加另一示例"超链接添加文本示例外，用户还可进行粘贴、删除文本示例等操作，分别介绍如下。

◆ **更改文本示例**：系统会默认显示一些文本示例，用户可双击预设的文本示例，将鼠标光标插入到其中，拖动鼠标选择预设的文本示例，再输入需要的文本。

◆ **删除文本示例**：单击选择文本示例，然后单击示例右上角的"关闭"按钮✖。

◆ **更改文本示例的顺序**：按住鼠标左键将文本示例拖动到列表中的新位置，释放鼠标即可。

◆ 将文本示例应用到文档中：选择文本示例，单击泊坞窗下方的 复制 按钮，或按Ctrl+C组合键复制。使用"文本工具"字 在要放置文本示例的位置单击，按Ctrl+V组合键粘贴。也可在文本示例上按住鼠标左键，将其拖动到工作区，如图8-147所示。

图8-147　使用字体乐园中的文本

8.7.3　设置字体列表

选择"文本"/"字体列表选项"命令，在打开的"选项"对话框中可对字体列表显示内容、显示的最近使用的字体数、字体列表中使用的字体大小等进行设置，如图8-148所示。

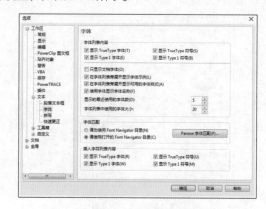

图8-148　设置字体列表

知识大爆炸
——文本编辑与显示相关知识

1. 段落文本与美术字文本编辑问题

段落文本与美术字文本是CorelDRAW中的两种文本类型，在编辑美术字与段落文本前需要注意以下几点。

◆ 文本应用：美术字文本主要适用于制作字的特殊效果，而段落文本则适用于文字较多而需要进行排版处理的情况。

◆ 缩进设置：缩进只针对段落文本，美术字文本不能设置缩进。

◆ 文本转换：在将段落文本转换为美术文本之前，需要将文本框中的文字完全显示出来，才能进行转换。

2. 正确显示任何语言的文本

在 CorelDRAW X7中，添加至文档的所有文本均使用Unicode字符集进行编码，当打开或导入含文本的绘图时，CorelDRAW将把文件中使用的编码系统转换成Unicode。若导入的旧文档中含使用特定代码页，CorelDRAW将把代码页转换成Unicode。若打开文档时未指定代码页，那么CorelDRAW将使用默认代码页转换文本。这时，可能会导致一些文本不能在CorelDRAW中正确显示。用户可将这些文本使用相应的代码页将文本恢复为Unicode，以正确显示文本。其设置方法为：选择显示不正确的文本，选择"文本"/"编码"命令，在打开的"文本编码"对话框中选择能够使文本可读的编码设置即可。

3. 文字转换为曲线问题

　　若需要将全部文本转换为曲线，可先全部解散群组，然后选择"编辑"/"全选"/"文本"命令，再执行转换为曲线操作，选择"文本"/"文本统计信息"命令，在打开的对话框中可查看是否已全部转换为曲线。当某些文本无法转换为曲线时，可能有以下几种原因：

◆ 文字进行了交互式立体化效果未分离。这时，用户可以在创建文本时，先转换为曲线，再进行交互式立体化效果。

◆ 文字进行了图框精确剪裁。

◆ 尽量不要使用带GB2312的字体，这类字体在转换成曲线后，笔画交叉的地方会出现明显的镂空。

4. 字体问题

　　建议非CDR文字先复制在记事本中，编辑好后再复制到CorelDRAW中，以清除原文本的格式。用户可先在属性栏中设置字体、字号，按Enter键，在打开的对话框中更改默认的字体和字号。此外，如果重装电脑，下载安装的字体一定要备份，否则会丢失这些字体。

读书笔记

09

01 02 03 04 05 06 07 08 09 10 11 12 13 ......

应用 表格

本章导读 ●

　　在绘图排版过程中，使用表格可以更好地表现文字内容，使版面更加丰富和美观。在CorelDRAW X7中，用户不仅可以轻松绘制出各种表格类型，还可更改表格的属性和格式。除此之外，还可对表格进行添加、删除、合并和拆分单元格操作，以及为表格添加文字图片或设置表格的背景。

9.1 创建表格

在CorelDRAW X7中，创建新的表格的方法主要有两种，即由"表格工具"创建或使用"表格"菜单命令创建，下面分别进行介绍。

9.1.1 表格工具创建

在工具箱中单击"文本工具"按钮，在弹出的下拉列表中单击"表格工具"按钮，鼠标光标呈形状，移动鼠标光标到绘图区，按住鼠标左键不放，拖动鼠标即可绘制表格，如图9-1所示。创建表格后，在表格工具属性栏中可重新设置表格的行列。

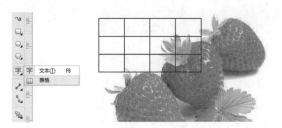

图9-1 使用表格工具创建表格

> **技巧秒杀**
>
> 若"文本工具"按钮右下角没有下拉按钮，表示表格工具没有显示出来，这时可单击"快速自定义"按钮，在弹出的列表中选中表格前的复选框，将其显示出来。

9.1.2 使用菜单命令创建

选择"表格"/"创建新表格"命令，打开"创建新表格"对话框，在其中对创建表格的行数、栏数、高度以及宽度进行设置，设置完成后单击 确定 按钮，即可在页面中心创建一个指定行列数和大小的表格，如图9-2所示。

图9-2 使用菜单命令创建表格

> **技巧秒杀**
>
> 创建表格后，使用"文本工具"在表格的单元格中单击，即可将文本插入点定位到其中，并显示虚线的文本框，切换到合适的输入法后，输入需要的文本即可。

9.2 文本与表格的相互转换

除了创建新的表格外，还需要在表格中输入文本。若已存在输入表格的纯文本，用户可将文本转换为表格，以提高表格创建的效率。当然用户也可将表格转换为纯文本，下面分别进行介绍。

9.2.1 将文本转换为表格

选择或输入转换为表格的文本，需要注意的是，各单元格文本间需要用逗号、制表位或段落等符号或格式隔开。选择"表格"/"将文本转换为表格"命令，打开如图9-3所示的"将文本转换为表格"对话框，设置创建列的分隔符，单击 确定 按钮即可。

图9-3 文本转换为表格

9.2.2 将表格转换为文本

选择输入文本的表格，选择"表格"/"将表格转换为文本"命令，将打开"将表格转换为文本"对话框，选中相应的单选按钮，设置文本间的分隔符，这里选中 ⊙ 用户定义(U): 单选按钮，在其后的文本框中输入"*"，单击 确定 按钮即可，返回工作界面，如图9-4所示。

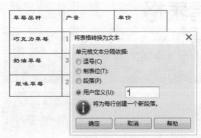

图9-4　将表格转换为文本

9.3 表格设置

默认创建的表格可能不能满足数据输入的需要，用户可对其行数、列数、颜色、边框等属性进行设置，使制作的表格更加实用与美观。

9.3.1 表格属性设置

选择创建的表格，将展开表格工具属性栏，如图9-5所示。通过该属性栏可对表格的属性进行设置。

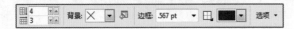

图9-5　表格工具属性栏

💬 知识解析：**表格工具属性栏** ·····················●

◆ **"行数"数值框**：选择表格后，输入数值可设置表格的行数。

◆ **"列数"数值框**：选择表格后，输入数值可设置表格的列数。

◆ **"背景"下拉列表框**：单击其后的 ▾ 按钮，在弹出的下拉列表框中可选择纯色填充表格，如图9-6所示。单击 ✍ 按钮可吸取颜色进行填充，单击 更多(O)... 按钮可选择更多的颜色。

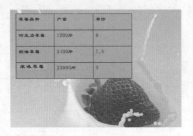

图9-6　设置表格纯色背景

◆ **"编辑填充"按钮** ◱：单击该按钮，将打开"编辑填充"对话框，在该对话框中可以使用渐变填充、向量图样、位图图样、底纹图样、双色图样等方式填充表格背景，其填充方法与填充图形的方法一样，如图9-7所示。

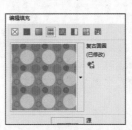
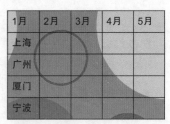

图9-7　设置表格背景

◆ **"轮廓宽度"下拉列表框**：设置边框样式后，在该下拉列表框中可设置表格边框的粗细。

◆ **"边框"按钮** ⊞：单击该按钮右下角的下拉按钮，在弹出的下拉列表中可选择用于设置的边框，默认为"外部"，如图9-8所示。

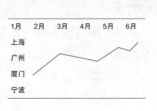

图9-8　设置表格边框

怎么设置表格边框为虚线呢？

单击"边框"按钮⊞，在弹出的下拉列表中选择需要设置为虚线的边框。按F12键打开"轮廓笔"对话框，在其中可对指定边框的宽度、颜色和边框的线条样式进行设置，如图9-9所示。

图9-9　设置表格边框线样式

若需要取消表格的边框，可先单击"边框"按钮⊞，在弹出的下拉列表中选择"全部"选项，然后在"轮廓宽度"数值框中输入"0"，按Enter键即可。

◆ "轮廓颜色"下拉列表框：设置选择边框的颜色，如图9-10所示。

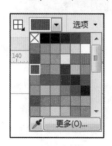

图9-10　设置表格边框颜色

◆ 选项 ▾ 按钮：单击该按钮，可在弹出的下拉列表框中设置"在键入时自动调整单元格大小"或"单独的单元格边框"。选中 ☑在键入时自动调整单元格大小 复选框后，在单元格中输入文本时，单元格的

大小会随输入文本的大小和多少而改变。若选中 ☑单独的单元格边框 复选框，可在"水平单元格间距"和"垂直单元格间距"数值框中设置单元格的距离，如图9-11所示。

图9-11　设置表格单元格的距离

实例操作：绘制明信片

● 光盘\素材\第9章\花纹.cdr　　● 光盘\效果\第9章\明信片.cdr
● 光盘\实例演示\第9章\绘制明信片

在制作一些等距的线条时，可使用表格功能来快速实现，本例将利用表格来制作明信片上的等间距虚线，效果如图9-12所示。

图9-12　明信片效果

Step 1 ▶ 新建空白文档，复制"花纹.cdr"文档中的背景，在其上输入美术文本，将字体设置为"Baskerville Old Face"，字号设置为"38pt"，设置字体颜色的CMYK值为"60、67、76、20"，如图9-13所示。在其下输入美术文本，设置相同的字体，将字号设置为"14pt"，设置字体颜色的CMYK值为"59、60、78、11"，如图9-14所示。

图9-13　输入美术文本　　　图9-14　设置美术文本

Step 2 ▶ 选择"表格"/"创建新表格"命令，打开"创建新表格"对话框，在其中设置行数为"4"，栏数为"1"，单击 ▭确定 按钮，如图9-15所示。返回操作界面，调整创建表格大小与位置，效果如图9-16所示。

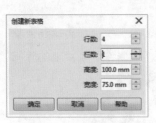

图9-15　创建表格　　　图9-16　调整大小与位置

Step 3 ▶ 选择表格，在属性栏中单击"边框"按钮 田 右下角的下拉按钮，在弹出的下拉列表中选择"全部"选项，如图9-17所示。按F12键打开"轮廓笔"对话框，设置轮廓颜色的CMYK值为"60、67、76、20"，轮廓粗细为"0.567pt"，样式为"虚线"，单击 ▭确定 按钮，如图9-18所示。

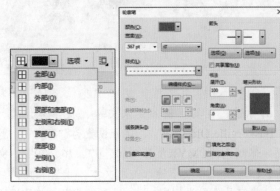

图9-17　选择"全部"选项　　　图9-18　设置边框

Step 4 ▶ 返回操作界面，继续选择表格，在属性栏

中单击"边框"按钮 田 右下角的下拉按钮，在弹出的下拉列表中选择"左侧和右侧"选项，在"轮廓宽度"下拉列表框中选择"无"选项，取消两边的边框，如图9-19所示。

图9-19　取消两边的边框

Step 5 ▶ 输入美术文本"dear"，将字体设置为"FlemishScript BT"，字号设置为"34pt"，设置字体颜色的CMYK值为"60、67、76、20"，如图9-20所示。选择所有文本，按Ctrl+Q组合键转换为曲线，复制"花纹.cdr"中的花纹，放于如图9-21所示的位置，选择背景外的所有对象，在属性栏中旋转"350°"，完成本例的制作。

图9-20　输入美术文本　　　图9-21　放置花纹

9.3.2　单元格属性设置

单元格是指表格中的小方格，拖动鼠标选择单元格，将展开单元格属性设置属性栏，如图9-22所示。通过该属性栏不仅可以单独设置单元格的边框与填充效果，还可设置页面距、拆分与合并单元格。

图9-22　单元格属性栏

💬知识解析： **单元格属性设置选项介绍**

◆ 页边距 ▼按钮：单击该按钮，可弹出如图9-23所示的设置面板，在其中可对单元格到4个边的距离进行设置，单击🔒按钮可分别设置不同的距离。再次单击可统一设置相同的距离。

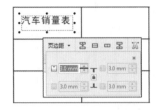 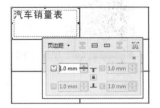

图9-23　设置页边距

◆ "合并单元格"按钮🔲：选择多个相邻的单元格后，单击该按钮，可将其合并为一个单元格，如图9-24所示。

图9-24　合并单元格

◆ "撤销合并单元格"按钮🔲：对多个单元格执行合并操作后，单击该按钮，可将合并的单元格还原为没有执行合并之前的独立单元格状态。

◆ "水平拆分单元格"按钮▭：选择一个单元格后，单击该按钮，可打开如图9-25所示的"拆分单元格"对话框，设置拆分的行数后单击 确定 按钮，可将一个单元格拆分为多行单元格。

图9-25　水平拆分单元格

◆ "垂直拆分单元格"按钮▯：选择一个单元格后，单击该按钮，可打开如图9-26所示的"拆分单元格"对话框，设置拆分的栏数后单击 确定

按钮，可将一个单元格拆分为多列单元格。

图9-26　垂直拆分单元格

🎬**实例操作：** 制作挂历

● 光盘\素材\第9章\挂历.jpg　● 光盘\效果\第9章\挂历.cdr
● 光盘\实例演示\第9章\制作挂历

挂历是查看日期的重要工具，为了使日期分布更加清晰和直观，可以用表格来体现日期，并可对单元格属性进行设置，最终效果如图9-27所示。

图9-27　挂历效果

Step 1 ▶ 新建空白文档，导入"挂历.jpg"图片，绘制如图9-28所示的曲线，在路径上输入美术文本，将字体设置为"Aurora BdCn BT"。放大并渐变填充文本，设置起点与终点的CMYK值分别为"0、100、0、0"和"0、0、0、0"，如图9-29所示。

图9-28　沿路径输入文本　　图9-29　渐变填充文本

Step 2 ▶ 使用"立体化工具" 拖动文本，创建立体化效果，在属性栏中单击"立体化颜色"按钮，在弹出的面板中单击"使用递减的颜色"按钮，效果如图9-30所示。

图9-30　创建立体化效果

Step 3 ▶ 在文本上绘制大小不等的多个圆，填充为白色，取消轮廓，使用"透明工具" 单击圆，在出现的数值框中为其设置不同的透明度，如图9-31所示。

图9-31　创建透明圆

Step 4 ▶ 选择"表格"/"创建新表格"命令，打开"创建新表格"对话框，在其中设置行数为"8"，栏数为"7"，高度为"48.0mm"，宽度为"41.0mm"，单击 确定 按钮，如图9-32所示。返回操作界面，将创建的表格移动到图片左下角，效果如图9-33所示。

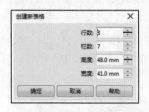

图9-32　创建表格　　　图9-33　调整表格

Step 5 ▶ 拖动鼠标选择首行的单元格，单击"合并单元格"按钮 将其合并为一个单元格，保持选择状态，按F10键打开"编辑填充"对话框，在其中设置线性渐变填充单元格，设置起点与终点的CMYK

值分别为"0、0、100、0"和"0、0、0、0"，单击 确定 按钮，返回操作界面，效果如图9-34所示。

图9-34　合并与渐变填充单元格

Step 6 ▶ 选择首行单元格，在属性栏中单击 页边距 按钮，在弹出的面板中将页边距统一设置为"0.5mm"，如图9-35所示。使用"文本工具" 字 单击单元格，输入月份文本，将字体设置为"BankGothic Lt BT"，字号设置为"13pt"，如图9-36所示。

图9-35　设置页边距　　　图9-36　输入文本

Step 7 ▶ 选择首行外的其他单元格，在属性栏中单击 页边距 按钮，在弹出的面板中单击 按钮，分别设置上、下、左、右边距的值为"1.8mm"、"0.2mm"、"0.5mm"和"0.5mm"，如图9-37所示。输入星期的首字母和号数，将字体设置为"Arial"，字号设置为"9.5pt"，单击"加粗"按钮 加粗，将第一列的颜色设置为"0、100、0、0"，将其余列的颜色设置为"100、0、0、0"，如图9-38所示。

图9-37　设置页边距　　　图9-38　输入文本

Step 8 ▶ 选择表格，在属性栏中单击"边框"按钮
□ 右下角的下拉按钮，在弹出的下拉列表中选择
"全部"选项，在"轮廓宽度"下拉列表框中选择
"无"选项，取消表格边框，如图9-39所示。

图9-39　取消表格边框

Step 9 ▶ 复制表格，水平平均分布表格，更改表格
的数据为其他月份文本，更改表格首行的渐变填充
颜色，分别为"53、100、59、16"，"1、76、
0、0"，"54、91、0、0"；"53、58、0、0"，
"97、62、49、5"；"97、65、60、20"和"0、
0、0、100"，效果如图9-40所示。

Step 10 ▶ 继续复制表格，更改表格数据，注意同一
列的表格的首行设置为相同的渐变填充，完成日期
的制作，如图9-41所示。绘制日历版块矩形，取消
轮廓，填充为"10%黑"，创建如图9-42所示的椭圆
形渐变填充，完成本例的制作。

图9-40　复制与更改表格

图9-41　日历效果　　　图9-42　椭圆形渐变填充

技巧秒杀

在表格中输入文本时，可以直接使用文本工具 **字**
单击单元格，定位文本插入点到单元格中，再进
行输入，当输入的文本大于单元格的容量时，单
元格中的文本将不会显示，且出现红色虚线框，
这时可通过增大单元格或缩小文本、减少字数来
使其显示出来。

9.4　操作表格

在编辑表格数据的过程中可能会遇到一些插入数据或删除数据等操作，这时就需要使用到选择单元
格、插入单元格或删除单元格等操作，下面分别进行介绍。

9.4.1　选择单元格

在对表格的行列或单元格进行编辑前，需要先对
所需编辑的表格对象进行选取。下面分别介绍常用的
选择方法。

1. 选择单个单元格

选择单元格的方法主要有以下两种。

◆ **菜单命令选择**：选择表格对象，单击"表格工

具"按钮□，单击需要选择的任意单元格，选择
"表格" / "选择" / "单元格"命令，选择的单元
格将出现底纹斜线，如图9-43所示。

图9-43　选择单元格

◆ **拖动鼠标选择**：在单元格中向右拖动鼠标，也可选择单元格。

技巧秒杀

若单元格中有文本，将文本插入点定位到其中，拖动时将先选择文本，继续进行拖动即可选择该单元格。同时，将文本插入点定位到单元格中，双击鼠标也可快速选择单元格中的文本。

2. 选择一行单元格

在需要选择的行中单击，再选择"表格"/"选择"/"行"命令即可。也可选择表格，选择"表格工具" 🔲，将鼠标光标移动到选择行的左侧，当鼠标光标呈 ➡ 形状时，单击鼠标即可选择该行单元格，如图9-44所示。

图9-44　选择一行单元格

3. 选择一列单元格

在需要选择的列中单击，再选择"表格"/"选择"/"列"命令，或选择"表格工具" 🔲 后，将鼠标光标移动到选择列的上方，当鼠标光标呈 ⬇ 形状时，单击鼠标即可选择该列，如图9-45所示。

图9-45　选择一列单元格

4. 选择整个单元格

选择表格，选择"表格"/"选择"/"表格"命

令，或选择"表格工具" 🔲 后，将鼠标光标移动到表格左上角，当鼠标光标呈 ➘ 形状时，单击鼠标即可，如图9-46所示。

图9-46　选择整个表格

5. 选择多处单元格

使用拖动鼠标的方法可选择连续的单元格，若要同时选择多处单元格，可先选择一处单元格，按住Ctrl键不放，此时，鼠标光标呈 ➕ 形状，任意拖动选择其他位置的单元格，选择完成后释放Ctrl键即可，如图9-47所示。

图9-47　选择多处单元格

9.4.2　插入单元格

当需要在制作好的表格上添加数据信息时，就需要使用到插入单元格的命令。选择任意单元格，选择"表格"/"插入"命令，可以在弹出的子菜单中选择在选择单元格上、下、左、右插入行或列，如图9-48所示。

图9-48　插入单元格命令

💬知识解析：**插入单元格命令介绍** ·····················

◆ **行上方**：选择任意单元格，选择"表格"/"插入"/"行上方"命令，可以在选择单元格上方插入行，且插入行与选择的单元格属性一致，如图9-49所示。

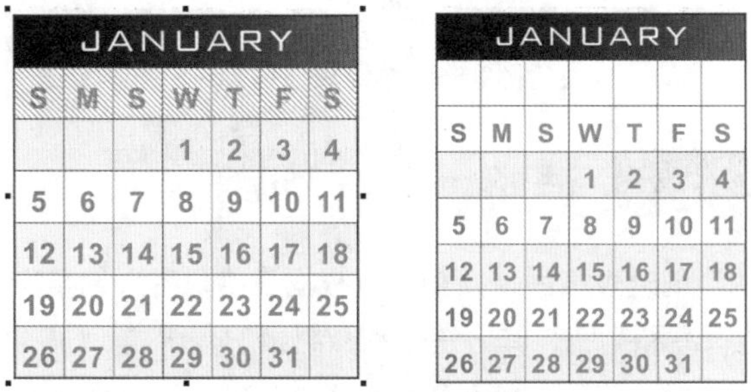

图9-49　在单元格上方插入行单元格

◆ **行下方**：选择任意单元格，选择"表格"/"插入"/"行下方"命令，可以在选择的单元格下方插入行，如图9-50所示。

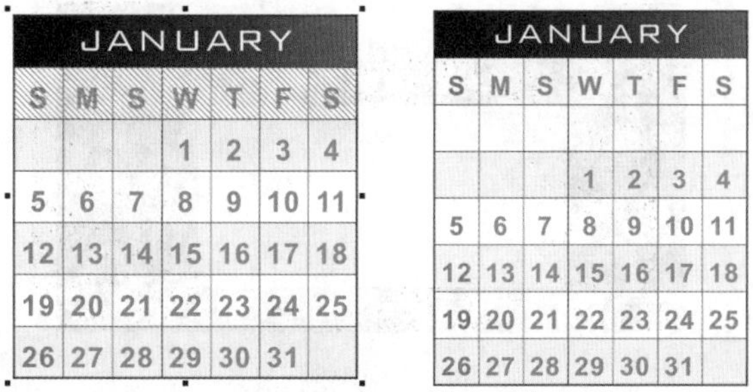

图9-50　在单元格下方插入行单元格

◆ **列左侧**：选择任意单元格，选择"表格"/"插入"/"列左侧"命令，可以在选择单元格左侧插入列单元格，如图9-51所示。

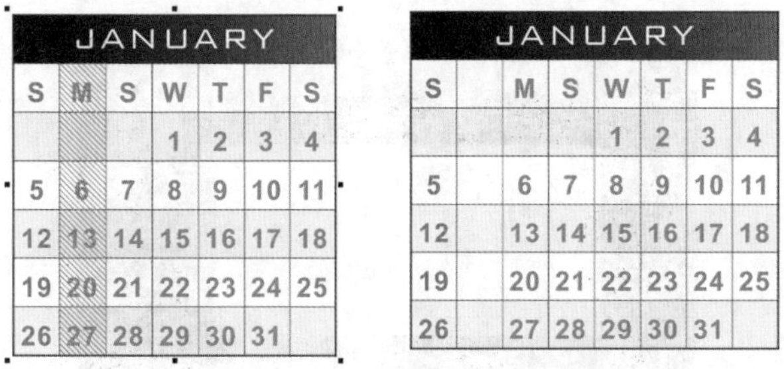

图9-51　在单元格左侧插入列单元格

◆ **列右侧**：选择任意单元格，选择"表格"/"插入"/"列右侧"命令，可以在选择单元格右侧插入列单元格，如图9-52所示。

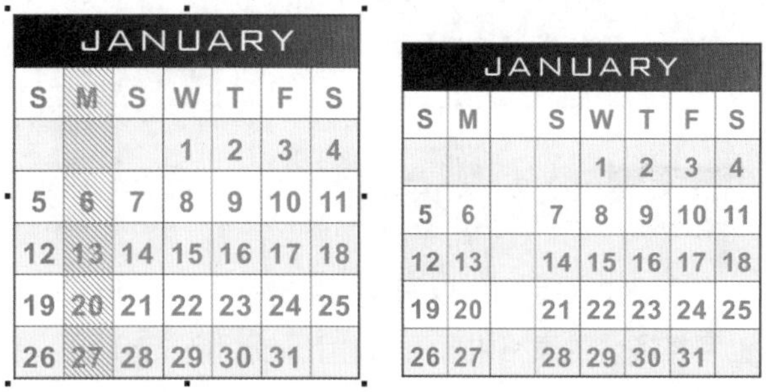

图9-52　在单元格右侧插入列单元格

◆ **插入行**：选择任意单元格，选择"表格"/"插入"/"插入行"命令，将打开"插入行"对话框，在其中可对插入的行数和位置进行设置，如图9-53所示。

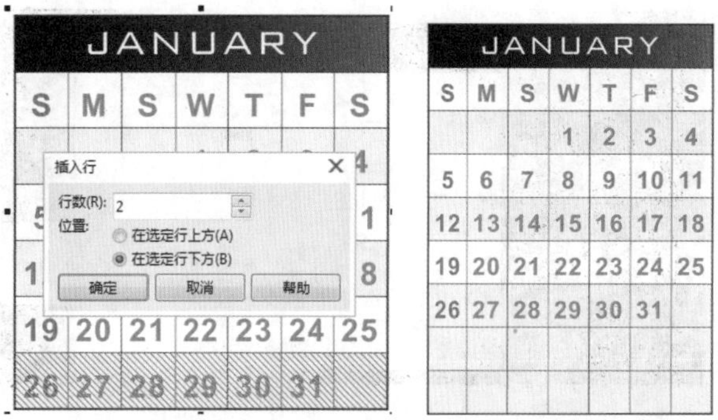

图9-53　插入行

◆ **插入列**：选择任意单元格，选择"表格"/"插入"/"插入列"命令，将打开"插入列"对话框，在其中可对插入的列数和位置进行设置，如图9-54所示。

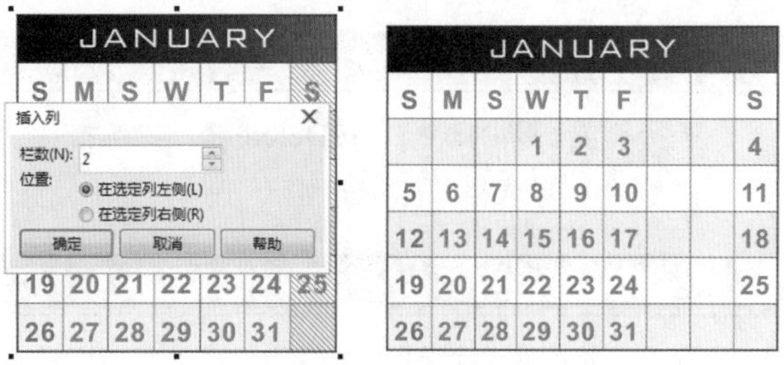

图9-54　插入列

技巧秒杀

选择多行或多列后，选择"表格"/"插入"/"行上方（行下方）"命令，或"表格"/"插入"/"列上方（列下方）"命令，也可插入多行或多列。

9.4.3 删除单元格

创建表格后，可以根据需要删除多余的行或列，也可将多余的表格内容清除，下面分别进行介绍。

1. 删除行

选择需删除的行后，选择"表格"/"删除"/"行"命令，或在选择的单元格上单击鼠标右键，在弹出的快捷菜单中选择"删除"/"行"命令，如图9-55所示。

图9-55 删除行

2. 删除列

选择需删除的列后，选择"表格"/"删除"/"列"命令，或在选择的单元格上单击鼠标右键，在弹出的快捷菜单中选择"删除"/"列"命令。

3. 删除表格

选择需要删除的表格，按Delete键，或选择"表格"/"删除"/"表格"命令即可。

4. 删除表格内容

双击或拖动鼠标选择单元格中的文本，按Delete键或Backspace键将其删除即可，如图9-56所示。

图9-56 删除表格内容

9.4.4 调整行高与列宽

创建表格后，用户可以根据表格内容来调整表格的行高和列宽，其方法分别介绍如下。

◆ 调整行高：选择需要调整行高的行，在属性栏中的"单元格高度"数值框中输入数值，即可调整行高，也可使用"表格工具"🔳，将鼠标光标移动到行线上，当鼠标光标呈↕形状时，拖动鼠标调整行高，如图9-57所示。

图9-57 调整行高

◆ 调整列宽：选择需要调整列宽的列，在属性栏的"单元格宽度"数值框中输入数值，即可调整列宽，也可使用"表格工具"🔳，将鼠标光标移动到列线上，当鼠标光标呈↔形状时，拖动鼠标调整列宽，如图9-58所示。

图9-58 调整列宽

技巧秒杀

通过鼠标调整行高或列宽时，将在相邻的行或列之间调整，总值不会变化（除了最后一行或最后一列）。而在属性栏中输入行高或列宽值将只对选择的行或列进行设置，其他单元格不受影响。

9.4.5 平均分布行列

手动调整行列后将导致表格的行列分布不均，若需要将其均匀分布，选择需要平均分布的行（列），选择"表格"/"分布"/"平均分布行（列）"命令，如图9-59所示为平均分布行列前后的效果。

图9-59　平均分布行列

9.4.6 设置单元格对齐

在单元格输入文本后，为了增加表格的美观度，可设置文本在单元格中的水平与垂直对齐方式，下面分别进行介绍。

1. 设置水平对齐方式

选择单元格中的文本，在属性栏中单击"文本对齐"按钮，在弹出的下拉列表中选择需要的对齐方式即可，如图9-60所示。

图9-60　设置强制调整对齐

2. 设置垂直对齐方式

设置单元格垂直对齐方式的方法有如下两种。

◆ 通过属性栏：选择单元格中的文本，在属性栏中单击"垂直对齐"按钮，在弹出的下拉列表中选择需要的对齐方式即可，如图9-61所示为底部垂直对齐的效果。

图9-61　底部垂直对齐

◆ 通过"文本属性"泊坞窗：若要统一设置表格所有文本的垂直对齐方式，可在选择表格后打开"文本属性"泊坞窗，在"图文框"栏中单击"垂直对齐"按钮，在弹出的下拉列表中选择需要的垂直对齐方式即可，如图9-62所示。

图9-62　居中垂直对齐

9.4.7 在单元格中添加图像

除了可以在单元格中输入文本，还可以将图形或位图添加到单元格中。在单元格中添加图像的常用方法有两种，下面分别进行介绍。

◆ 复制到单元格中：将图形或位图调整到合适的大小，复制图形或位图，使用"表格工具"单击单元格，将鼠标光标插入到其中进行粘贴即可，如图9-63所示。

图9-63　复制图片到单元格中

读书笔记

◆ **置入单元格内部**：在图片上按住鼠标右键不放，将其拖动到单元格中，释放鼠标后，在弹出的快捷菜单中选择"置于单元格内部"命令，即可插入矢量图或位图，如图9-64所示。

图9-64　置入图片

技巧秒杀

使用复制的方法将图片粘贴到单元格后，图片是作为特殊字体进行嵌入的，用户可通过设置字体大小来调整图片大小，而置入的图片任然保持图片的属性，可通过拖动图片四角来调整大小。

知识大爆炸
——表格应用相关知识

1. 将表格作为对象处理

用户可以像处理其他对象那样处理表格，如调整表格位置、调整表格大小、旋转表格、镜像表格、锁定表格、将表格转换为位图、拆分表格等处理，如图9-65所示。注意拆分表格后，将得到表格边框线、单元格和单个的文本。

图9-65　旋转、镜像与拆分表格

2. 认识Excel

使用CorelDRAW X7只能轻松绘制出各种表格类型，填充数据并设置表格的属性，若遇到各种复杂的表格数据处理，可使用处理表格的专业软件——Excel。利用Excel电子表格功能不仅可以对数据进行输入，还可设置工作表的格式，包括设置数据类型、设置字体和对齐方式、设置边框与底纹等，以达到外观更加美观大方、内容更加层次分明的效果。此外，利用Excel电子表格还可对数据进行计算、分析与统计，从而轻松地完成各种复杂的数据处理，提高工作效率，如图9-66所示为使用Excel 2013制作的表格。

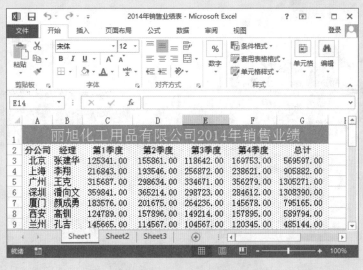

图9-66　使用Excel 2013制作的表格

读书笔记

Chapter

01 02 03 04 05 06 07 08 09 10 **10** 11 12 13 ·······

制作矢量图的特殊效果

本章导读 ●

　　在CorelDRAW X7中提供了一些丰富的特殊效果工具，如调和工具、变形工具、阴影工具和透镜等，通过这些工具可以帮助用户处理一些特殊效果的图形。本章将具体讲解这些工具的使用方法，以提高读者图形绘制的水平。

10.1 创建调和效果

调和效果是对矢量图产生效果。调和是渐变的一种方式，不仅可以将一个图形的颜色渐变过渡到另一个图形上，还能将一个图形的形状平滑过渡到另一个图形，并且在这两个图形对象之间会生成一系列的中间过渡对象。

10.1.1 调和效果

CorelDRAW X7中提供了3种调和方式，包括直线调和、沿路径调和、复合调和。下面分别对创建3种调和方式的方法进行介绍。

1. 直线调和

直线调和是最常用的调和方式。将调和的两个对象放置在需要的位置，在工具箱中单击"调和工具"按钮，在起始对象上按住鼠标左键不放，向另一个对象拖动鼠标，即可在两个对象间创建直线调和效果，如图10-1所示。

图10-1　直线调和效果

技巧秒杀

在调和对象时，若将对象复制并缩小，更改颜色并中心对齐，可制作辐射渐变效果，如图10-2所示。若调和两条不同颜色的曲线，可得到梦幻彩带的效果，如图10-3所示。

图10-2　辐射渐变效果

图10-3　线条调和效果

2. 沿路径调和

沿路径调和对象是指沿绘制的曲线调和路径，在工具箱中单击"调和工具"按钮，按住Alt键不放，在需要创建调和的起始图形上按住鼠标左键不放并向另一图形拖动，此时将会自动出现一条手绘线。当鼠标光标移动到终止对象时，在拖动的轨迹上将会显示出一系列的调和图形，如图10-4所示。

图10-4　沿手绘路经调和效果

3. 复合调和

复合调和对象是指在调和的对象上继续进行调和，同时可以自由选择直线调和或沿路径调和，如图10-5所示。

图10-5　复合调和效果

10.1.2 设置调和属性

创建出调和图形之后，若满意调和效果，可在"调和工具"属性栏中应用预设调和、设置调和

的步长、更改调和方向和路径，其属性栏如图10-6
所示。

图10-6 "调和工具"属性栏

💬知识解析：**调和工具属性栏选项介绍**···········•

◆ "预设"下拉列表框：同时选择调和的对象后，
在该下拉列表框中可使用预设的调和方式，如
图10-7所示为使用预设的环绕调和效果。

图10-7 使用预设的环绕调和效果

◆ "添加预设"按钮＋：单击该按钮，打开"另存
为"对话框，在其中可将当前选择的调和对象保
存为预设。

◆ "删除预设"按钮－：在"预设"下拉列表框中
选择自定义的预设样式后，单击该按钮，可删除
自定义的预设调和效果。

◆ "调和步长"数值框：单击"调和步长"按钮
🔲，激活其后的"调和步长"数值框，输入数值可
控制中间对象的个数，如图10-8所示为调和步长
分别为20和5的效果。

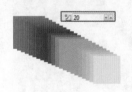 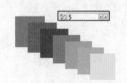

图10-8 设置调和步长

◆ "调和间距"数值框：单击"调和步长"按钮
↦，激活其后的"调和间距"数值框，输入数值
可控制调和对象的间距，如图10-9所示为调和间
距分别为6和12的效果。

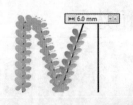 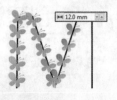

图10-9 设置调和间距

◆ "调和方向"数值框：在该数值框中输入数值，
可将调和效果沿图形的中心或调和路径的中心进
行旋转，这种旋转只限于直线调和图形，而且旋
转的只是调和图形之间的图形，起始图形和结束
图形均不变，如图10-10所示为调和方向分别为
0°和45°的效果。

图10-10 设置调和方向

◆ "环绕调和"按钮🔲：按调和方向在对象之间产
生环绕式的调和效果，该按钮只有在设置了调和
方向时才能使用，如图10-11所示。

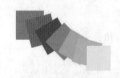

图10-11 环绕调和效果

◆ "直接调和"按钮🔲：该方式为默认的调和方
式，单击该按钮后，直接在所选对象的填充颜色
之间进行颜色过渡，如图10-12所示。

◆ "顺时针调和"按钮🔲：单击该按钮后，可使选
择对象上的颜色按色盘中顺时针方向进行颜色过
渡，如图10-13所示。

图10-12 直接调和效果　　图10-13 顺时针调和效果

◆ "逆时针调和"按钮：单击该按钮后，可使调和对象上的颜色按色盘中逆时针方向进行颜色过渡，如图10-14所示。

图10-14　逆时针调和效果

◆ "对象和颜色加速"按钮：单击该按钮，将打开"对象和颜色加速"面板，拖动"对象"和"颜色"滑块可调整形状和颜色的加速效果，值越大，开始变化的位置越靠近起始对象，如图10-15所示。单击🔒按钮，可分别调整"对象"和"颜色"滑块。

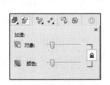

图10-15　设置对象和颜色加速

◆ "调整加速大小"按钮：单击该按钮，可调整调和对象大小更改的速率。

◆ "路径属性"按钮：单击该按钮后，在弹出的下拉列表中可设置新的路径、显示路径或从路径中分离，如图10-16所示。

◆ "更多调和选项"按钮：单击该按钮后，在弹出的下拉列表中可设置映射节点、拆分、融合始端、融合末端、沿全路径调和、旋转全部对象，如图10-17所示。

图10-16　路径属性　　　图10-17　更多调和选项

◆ "起始与结束属性"按钮：单击该按钮后，在弹出的下拉列表中可设置新起点、显示起点、设置新终点、显示终点，如图10-18所示。

◆ "清除调和"按钮：单击该按钮，可清除选择的调和对象的调和效果，如图10-19所示。

图10-18　起始与结束属性　　　图10-19　清除调和

◆ "复制调和属性"按钮：选择调和对象，单击该按钮后，鼠标光标将呈➡形状，单击目标调和对象，可将目标调和对象的调和效果复制到选择的对象上，如图10-20所示。

图10-20　复制调和属性

技巧秒杀

选择"效果"/"调和"命令，可打开"调和"泊坞窗，在其中也可对调和的步长、方向、加速、颜色调和、路径等属性进行设置，设置完成后单击 应用 按钮即可，如图10-21所示。

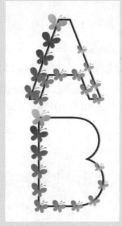

图10-21　"调和"泊坞窗

实例操作：制作斑斓的孔雀

● 光盘\素材\第10章\小草.cdr ● 光盘\效果\第10章\孔雀.cdr
● 光盘\实例演示\第10章\制作斑斓的孔雀

　　本例将利用交互式调和效果来制作一只色彩斑斓的孔雀，效果如图10-22所示。

图10-22　孔雀效果

Step 1 ▶ 新建空白文档，使用"多边形工具" 在绘图页面中绘制一个正八边形，将图形填充颜色的CMYK值设置为"0、0、100、0"，取消轮廓，如图10-23所示。使用"交互式变形工具" 在图形的中下部单击并向左拖动鼠标光标对图形进行交互式变形操作，如图10-24所示。

图10-23　绘制八边形　　图10-24　制作变形效果

Step 2 ▶ 在图形下方绘制一个椭圆，填充为白色，取消轮廓，如图10-25所示。使用"交互式调和工具" 将黄色的图形拖动到白色的图形上创建调和效果，如图10-26所示。

图10-25　绘制椭圆　　图10-26　创建调和效果

Step 3 ▶ 选择调和对象，在属性栏中单击"逆时针调和"按钮 更改调和效果，如图10-27所示。复制黄色的图形，再次复制并放大图形，将其填充为红色，并置于黄色图形底层，使用"交互式调和工具" 拖动创建调和效果，在属性栏中单击"调和步长"按钮 ，在"调和步长"数值框中输入"5"，效果如图10-28所示。

图10-27　逆时针调和效果　　图10-28　创建调和效果

Step 4 ▶ 将红色调和图形置于前一调和图形的底层，在中间绘制椭圆，将图形填充颜色的CMYK值设置为"0、60、100、0"，取消轮廓，作为孔雀脖子，如图10-29所示。使用"交互式调和工具" 在橙色图形上单击并拖动鼠标光标到白色的图形上，创建调和效果，如图10-30所示。

图10-29　绘制脖子　　图10-30　创建调和效果

Step 5 ▶ 在脖子上方绘制八边形，将图形填充颜色的CMYK值设置为"0、60、100、0"，取消轮廓，如图10-31所示。使用"交互式变形工具" 在图形的下方单击并向左拖动鼠标光标对图形进行交互式变形操作，效果如图10-32所示。

图10-31　绘制八边形　　图10-32　制作变形效果

Step 6 ▶ 旋转脑袋上的变形八边形，绘制脑袋、嘴巴和眼睛，取消轮廓，如图10-33所示。绘制爪子，创建椭圆形渐变填充效果，设置起点到终点的CMYK值分别为"10、58、100、0"、"19、74、100、0"、"30、91、100、0"、"51、96、100、33"和"73、93、96、70"，取消轮廓，如图10-34所示。

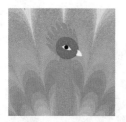 

图10-33　绘制脑袋、嘴巴和眼睛　　图10-34　填充爪子

Step 7 ▶ 使用相同的方法制作另一只爪子，更改起点与终点的位置，置于孔雀下方，群组所有孔雀图形，使用"阴影工具" 在爪子下方向左上拖动，制作阴影效果，如图10-35所示。复制"小草.cdr"中的图形，置于孔雀左下角位置，如图10-36所示。完成本例的制作。

图10-35　创建阴影　　　　图10-36　复制小草

10.1.3　设置调和路径

调和对象后，用户可对调和的路径进行设置，包括设置新的调和路径、显示调和的路径、拆分调和对象与路径等，下面分别进行介绍。

1. 设置新的调和路径

选择调和对象，在属性栏中单击"路径属性"按钮 ，在弹出的下拉列表中选择"新路径"选项，这时鼠标光标呈 形状，单击新的路径，即可将调和对象附着到新的路径上，如图10-37所示。

图10-37　设置新的调和路径

2. 从路径分离

选择调和对象，在属性栏中单击"路径属性"按钮 ，在弹出的下拉列表中选择"从路径分离"选项，可将调和对象从路径中分离出来，且调和方式转换为直线调和，如图10-38所示。

图10-38　从路径分离调和对象

3. 显示与编辑路径

选择调和对象，在属性栏中单击"路径属性"按钮 ，在弹出的下拉列表中选择"显示路径"选项，将选择调和对象的路径，使用"形状工具" 可以对该路径进行编辑，如图10-39所示。

图10-39　显示与编辑路径

4. 沿全路径调和

选择路径中的调和对象，在属性栏中单击"更多调和选项"按钮 ，在弹出的下拉列表中选择"沿全路径调和"选项，自动将调和对象沿全路径调和，如图10-40所示。

图10-40　沿全路径调和

5. 拆分调和路径

拆分路径可以分为两种情况，将一段调和路径拆分为多段路径，或将路径与调和对象进行拆分，下面分别进行介绍。

◆ **拆分为多个调和对象**：选择路径中的调和对象，在属性栏中单击"更多调和选项"按钮🔲，在弹出的下拉列表中选择"拆分"选项，这时鼠标光标呈 ✐ 形状，在需要拆分位置上的对象上单击，即可将一个调和对象拆分为两个调和对象，如图10-41所示。

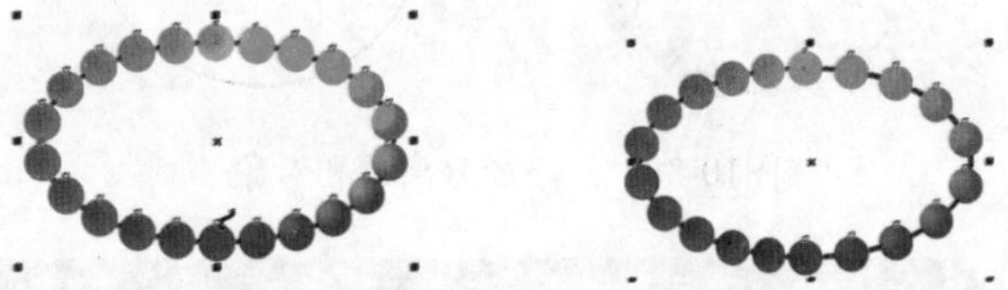

图10-41　拆分为多个调和对象

◆ **拆分路径与调和对象**：选择路径中的调和对象，按Ctrl+K组合键，可在不改变调和路径的情况下将路径分离出来，如图10-42所示。拆分后，取消群组，可单独编辑调和的每个对象。

　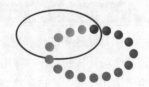

图10-42　拆分路径与调和对象

实例操作：制作巧克力奶油字

● 光盘\素材\第10章\蛋糕.jpg　　● 光盘\效果\第10章\奶油字.cdr
● 光盘\实例演示\第10章\制作巧克力奶油字

　　本例将利用交互式调和功能和路径的应用功能来制作巧克力奶油字，效果如图10-43所示。

图10-43　巧克力奶油字效果

Step 1 ▶ 新建空白文档，按F8键，输入文字"Happy Birthday"，按住Shift键调整文字大小，将文本字体设置为"Monotype Corsiva"，如图10-44所示。按Ctrl+K组合键将文字解散为单一的字符，再按Ctrl+Q组合键将字符转换成曲线，选择字符H，取消填充，将轮廓设置为黑色，如图10-45所示。

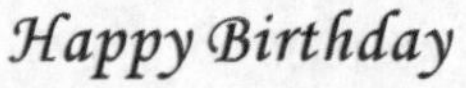

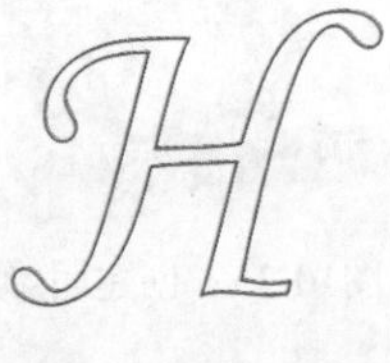

Happy Birthday

图10-44　输入文本　　　　图10-45　保留文字轮廓

Step 2 ▶ 使用"形状工具"🔲调整文本的轮廓，选择需要断开的节点，在属性栏中单击"断开节点"按钮🔲，通过删除节点将不需要的线条删除，如图10-46所示。

图10-46　编辑文本轮廓

Step 3 ▶ 绘制正圆，创建线性渐变填充效果，设置起点到终点的CMYK值分别为"55、85、100、39"、"12、7、27、0"、"0、0、0、60"、"0、0、0、0"和"0、0、0、20"，取消轮廓，如图10-47所示。复制圆并移动距离，使用"交互式调和工具" 创建调和效果，如图10-48所示。

图10-47　渐变填充圆　　　图10-48　创建调和效果

Step 4 ▶ 选择调和圆，在属性栏中单击"路径属性"按钮 ，在弹出的下拉列表中选择"新路径"选项，这时鼠标光标呈 形状，单击新的路径，即可将调和对象附着到新的路径上，如图10-49所示。

图10-49　设置新路径

Step 5 ▶ 选择调和对象，在属性栏中单击"更多调和选项"按钮 ，在弹出的下拉列表中选择"沿全路径调和"选项，自动将调和对象沿全路径调和，如图10-50所示。保持选择状态，在属性栏中单击"调和步长"按钮 ，在"调和步长"数值框中输入"500"，效果如图10-51所示。

图10-50　沿全路径调和　　　图10-51　设置调和步长

技巧秒杀

在设置调和的步长时，由于文本轮廓的大小不同，因此，设置的调和步长和调和效果也有所不同，用户可根据实际需要进行设置。

Step 6 ▶ 使用相同的方法取消其他字符的颜色填充，设置轮廓并编辑轮廓外形，删除多余的线条，最后使文字变成路径。复制调和对象，将其分别沿各个字符分布，效果如图10-52所示。

图10-52　为其他字符添加调和效果

Step 7 ▶ 导入蛋糕图像，将文字放置在其上，在右下角绘制三角形，填充为白色，取消轮廓，使用"透明工具" 单击三角形，设置其透明值为"60"，在右下角继续绘制条形，取消轮廓，设置填充的CMYK值为"54、87、100、36"，如图10-53所示，完成本例的制作。

图10-53　导入背景并装饰画面

10.1.4 编辑调和对象

调和对象后，用户不仅可以对调和路径进行设置，还可对调和对象进行编辑，如更改调和对象、变更调和顺序等。

1. 更改调和顺序

选择调和对象，选择"对象"/"顺序"/"逆序"命令，可将调和对象的排列顺序进行更改，如图10-54所示。

图10-54　更改调和顺序

2. 显示与变更起始对象

选择调和对象，在属性栏中单击"起始与结束属性"按钮，在弹出的下拉列表中选择"显示起点"选项，将可查看调和对象的起始对象，如图10-55所示。若单击"起始与结束属性"按钮，在弹出的下拉列表中选择"新起点"选项，鼠标光标呈形状，单击需要作为起始对象的图形即可，如图10-56所示。需要注意的是，新的起始对象的叠放顺序必须在原调和对象的后面。

图10-55　显示起始对象

图10-56　变更起始对象

3. 显示与变更结束对象

选择调和对象，在属性栏中单击"起始与结束属性"按钮，在弹出的下拉列表中选择"显示终点"选项，可查看调和对象的终点对象。单击"起始与结束属性"按钮，在弹出的下拉列表中选择"新终点"选项，鼠标光标呈形状，单击需要作为起始对象的图形即可，如图10-57所示。需要注意的是，新的终点对象的叠放顺序必须在原调和对象的前面。

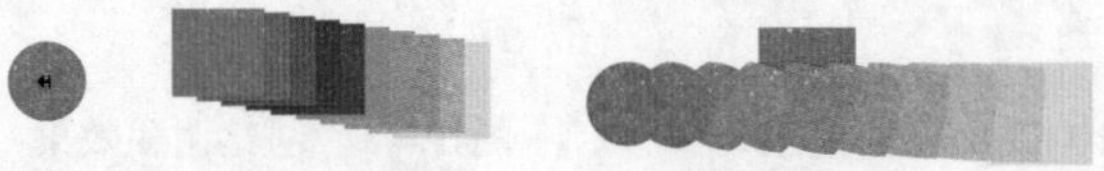

图10-57　变更结束对象

❓答疑解惑：

如何快速区别调和对象的起始对象与终止对象呢？

在创建调和对象后，起始对象始终位于下层，而终止对象始终位于上层，与拖动的先后顺序无关。

读书笔记 ▶

----

⑩.2　创建变形效果

使用变形工具可以对图形进行扭曲变形，从而形成一些特殊的效果。变形包括推拉变形、拉链变形和扭曲变形3种方式，这3种方式可以同时适用于图形和文本对象，下面分别进行介绍。

10.2.1　推拉变形

推拉变形即通过推拉对象的节点而产生的变形效果。下面将对推拉变形相关知识进行介绍。

1. 创建推拉变形

推拉变形包括"推"和"拉"两个方面，"推"是指将变形图形的节点向内推进的效果；"拉"是指将变形图形的节点向外拉出的效果。下面分别进行介绍。

◆ 推变形：在工具箱中单击"变形工具"按钮，选择需要应用变形的图形，在其工具属性栏中单击"推拉变形"按钮，鼠标光标变成形状时，将鼠标光标移动到图形上，按住鼠标左键不放向右拖动，执行"推"的变形操作，效果如图10-58所示。

图10-58　推变形效果

◆ 拉变形：在变形工具 的属性栏中单击"推拉变形"按钮，将鼠标光标移动到图形上，按住鼠标左键不放向左拖动，可执行"拉"的变形操作，效果如图10-59所示。

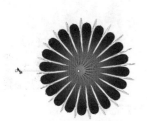

图10-59　拉变形效果

技巧秒杀

在创建推拉变形时，不同的起点位置将产生不同的推拉效果。同时，创建推拉变形效果后，还可拖动起点与终点的位置来改变推拉变形效果。

2. 推拉变形属性设置

创建推拉变形后，可通过属性栏对变形效果进行设置，如图10-60所示。

图10-60　推拉变形属性栏

💬 知识解析：推拉变形属性栏选项介绍

◆ "预设"下拉列表框：同时选择调和的对象后，在该下拉列表框中可使用预设的调和方式，如图10-61所示为使用预设的拉角与推角的效果。

图10-61　拉角与推角效果

◆ "添加预设"按钮 ＋：单击该按钮，可将当前选择的变形方式保存为预设。

◆ "删除预设"按钮 －：单击该按钮，可删除"预设"下拉列表框中选择的自定义的预设变形样式。

◆ "居中变形"按钮 ：单击该按钮，可将当前变形的起点调整为对象的中心，如图10-62所示为单击该按钮前后的区别。

图10-62　居中变形

◆ "推拉振幅"数值框：输入数值可设置选择对象的推进拉出的程度。输入正值为向外拉出，输入负值为向内推进，值越靠近0，推进拉出的变形程度越小，最大值为200，最小值为-200。如图10-63所示为不同推拉振幅的效果。

图10-63　设置推拉振幅

◆ "添加新变形"按钮 ：单击该按钮，可将当前变形的对象转换为新对象，并可在该变形对象上再次应用变形效果。

◆ "清除变形"按钮 ：单击该按钮，可清除选择的变形对象的变形效果。

◆ "复制变形属性"按钮 ：选择变形对象，单击该按钮后，可将目标变形对象的变形效果复制到选择的对象上。

实例操作：制作光斑效果

● 光盘\素材\第10章\万圣节.cdr ● 光盘\效果\第10章\万圣节.cdr
● 光盘\实例演示\第10章\制作光斑效果

本例将利用推拉变形工具快速将圆形制作成光斑的效果，如图10-64所示。

图10-64　光斑效果

Step 1 ▶ 打开"万圣节.cdr"文档，如图10-65所示。在南瓜上绘制圆形，取消轮廓，设置填充的CMYK值为"0、0、24、0"，如图10-66所示。

图10-65　打开素材　　　图10-66　绘制与渐变填充圆

Step 2 ▶ 在工具箱中单击"变形工具"按钮，选择绘制的圆，在属性栏中单击"推拉变形"按钮，鼠标光标呈形状时，将鼠标光标移动到圆中心位置，按住鼠标左键不放向右拖动，创建变形效果，如图10-67所示。在属性栏中的"推拉振幅"数值框中输入"90"，效果如图10-68所示。

技巧秒杀

在创建以中心为起点的变形效果时，可直接在"推拉振幅"数值框中输入数值得到变形效果。

图10-67　创建变形效果　　　图10-68　查看变形效果

Step 3 ▶ 选择变形的对象，选择"位图"/"转换为位图"命令，将该对象转换为位图，选择"位图"/"模糊"/"高斯式模糊"命令，打开"高斯式模式"对话框，设置模糊半径为"1"，单击 确定 按钮，返回操作界面，模糊效果如图10-69所示。复制并调整变形制作的光斑图像，分布于其他地方，完成本例的制作。

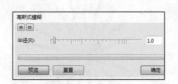

图10-69　设置模糊光斑

10.2.2　拉链变形

拉链变形允许将对象的边缘调整为锯齿效果。创建拉链变形后，在属性栏还可对创建的拉链变形的频率、振幅进行调整。

1. 创建拉链变形

在工具箱中单击"变形工具"按钮，选择需要应用变形的图形，在属性栏中单击"拉链变形"按钮，在图形上拖动鼠标即可创建拉链变形效果，如图10-70所示。

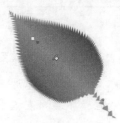

图10-70　拉链变形效果

创建拉链变形后，可通过拖动调节线中间的滑块来调节尖角锯齿的数量，滑块越靠近调节线的终点，锯齿数量越多，且控制线越长，锯齿越高，如图10-71所示。

图10-71　调整调节线滑块位置与长度

2. 拉链变形属性设置

在"变形工具" 🔄 的属性栏中单击"拉链变形"按钮 ✿，将打开如图10-72所示的属性栏，在其中可对拉链变形的频率、振幅、变形效果等进行调整。

图10-72　拉链变形属性栏

💬知识解析：**拉链变形属性栏选项介绍** ·············●

◆ **"拉链振幅"数值框**：输入数值可调整拉链变形锯齿的高度，如图10-73所示。

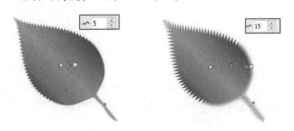

图10-73　设置拉链振幅

◆ **"拉链频率"数值框**：输入数值可调整拉链变形锯齿的数量，如图10-74所示。

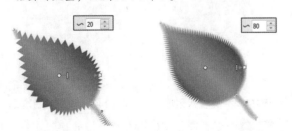

图10-74　设置拉链频率

◆ **"随机变形"按钮** ▫：单击该按钮，可设置随机变形效果，包括不同的拉链振幅和拉链频率，如图10-75所示。

图10-75　随机拉链变形

◆ **"平滑变形"按钮** ▨：单击该按钮，可将锯齿的角进行平滑处理，如图10-76所示。

图10-76　平滑拉链变形

◆ **"局限变形"按钮** ▨：单击该按钮，可随着变形的进行过程降低变形的效果，如图10-77所示。

图10-77　局限拉链变形

技巧秒杀

随机变形、平滑变形和局限变形是可以搭配使用的，如图10-78所示为同时使用随机变形、平滑变形的效果。

图10-78　混合拉链变形

▌实例操作： 制作复杂花朵

● 光盘\素材\第10章\小草.cdr　　● 光盘\效果\第10章\花朵.cdr
● 光盘\实例演示\第10章\制作复杂花朵

　　本例将利用拉链变形工具快速制作不同样式的复杂花朵效果，如图10-79所示。

图10-79　花朵效果

Step 1 ▶ 新建空白文档，绘制锐度为"35°"的六角星，如图10-80所示。选择绘制的六角星，按Ctrl+Q组合键将其转换为曲线，使用"形状工具" 调整六角星的轮廓，调整后只保留中间的12个节点，如图10-81所示。

图10-80　绘制六角星　　　图10-81　调整星形轮廓

Step 2 ▶ 选择绘制的六角星，取消轮廓，创建椭圆形渐变填充效果，设置起点、终点的CMYK值分别为"25、98、0、0"和"0、55、15、0"，如图10-82所示。

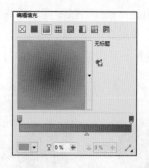　　

图10-82　渐变填充六角星

Step 3 ▶ 选择六角星，按Alt+F9组合键，打开"变换"泊坞窗，在其中设置缩放比例为"85%"，副本为"4"，单击 应用 按钮，得到如图10-83所示的效果。

图10-83　缩放与复制六角星

Step 4 ▶ 分别选择第2～5层六角星，在属性栏中依次旋转20°、40°、60°、80°，得到如图10-84所示的效果。群组并选择所有六边形，在工具箱中单击"变形工具"按钮 ，在属性栏中单击"拉链变形"按钮 ，在"拉链振幅"数值框中输入"100"，在"拉链频率"数值框中输入"2"，按Enter键得到如图10-85所示的效果。

　　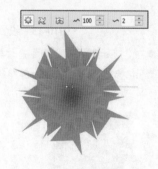

图10-84　旋转六角星　　　图10-85　设置拉链变形

Step 5 ▶ 绘制正圆，按Ctrl+Q组合键转换为曲线，在形状工具属性栏中单击"闭合曲线"按钮 ，选择圆上方断开的两个节点，在属性栏中单击"连接两个节点"按钮，取消轮廓，创建椭圆形渐变填充效果，设置起点、终点的CMYK值分别为"0、55、100、0"和"2、5、92、0"，如图10-86所示。

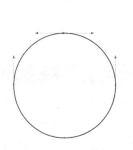
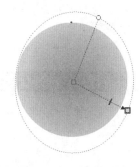

图10-86　渐变填充圆

> **操作解谜**
>
> 绘制的圆转换为曲线后模式是闭合的，可以填充颜色，但在设置变形时，不能得到均匀的变形效果，因此，需要取消闭合曲线，将断开的节点连接起来。

Step 6 ▶ 选择变形对象，在工具箱中单击"变形工具"按钮，在属性栏中单击"拉链变形"按钮，在"拉链振幅"数值框中输入"17"，在"拉链频率"数值框中输入"4"，按Enter键得到如图10-87所示的效果。单击"平滑变形"按钮，效果如图10-88所示。

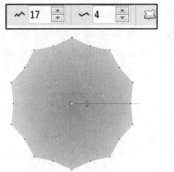

图10-87　创建拉链变形　　　图10-88　设置平滑变形

Step 7 ▶ 打开"变换"泊坞窗，在其中设置缩放比例为"95%"，副本为"13"，单击 应用 按钮，旋转每层的图形，得到如图10-89所示的效果。

图10-89　复制、缩小与旋转图形

Step 8 ▶ 绘制无断开节点的正圆，取消轮廓填充为任意颜色，选择圆，在"变形工具"的属性栏中单击"拉链变形"按钮，在"拉链振幅"数值框中输入"32"，在"拉链频率"数值框中输入"8"，按Enter键得到如图10-90所示的效果。选择变形对象，在"变形工具"的属性栏中单击"推拉变形"按钮，在属性栏中的"推拉振幅"数值框中输入"50"，按Enter键得到如图10-91所示的效果。

图10-90　创建拉链变形　　　图10-91　创建推拉变形

Step 9 ▶ 复制、群组并选择黄色变形花朵，在"变形工具"的属性栏中单击"复制变形属性"按钮，鼠标光标呈 ➡ 形状，单击推拉变形对象，将推拉变形效果复制到换色花朵上，效果如图10-92所示。

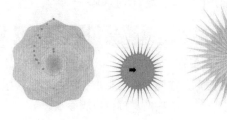

图10-92　复制变形属性

Step 10 ▶ 复制与缩放花朵，在花朵下面绘制花茎，将其轮廓粗细设置为1～2pt，如图10-93所示。选择绘制的花茎，按Shift+Ctrl+Q组合键将花茎曲线转换为对象，为其添加线性渐变填充效果，设置起点、终点的CMYK值分别为"92、52、100、24"和

"65、12、100、0"，效果如图10-94所示。

图10-93 绘制花茎　　　图10-94 渐变填充花茎

Step 11 ▶ 复制"小草.cdr"文档中的树叶，执行移动旋转与缩放操作，为花朵添加花叶，如图10-95所示。继续复制其他小草与石头，调整叠放层次，得到如图10-96所示的效果，为页面添加淡黄色背景，完成本例的制作。

图10-95 制作花叶　　　图10-96 添加其他对象

10.2.3 扭曲变形

扭曲变形可以使对象绕变形中心进行旋转，以产生螺旋状的效果。创建扭曲变形后，可在属性栏中对创建的扭曲变形的方向、旋转角度等进行调整。

1. 创建扭曲变形

在工具箱中单击"变形工具"按钮 ，选择需要应用变形的图形，在属性栏中单击"扭曲变形"按钮 ，在图形上拖动鼠标即可创建扭曲变形效果，如图10-97所示。

图10-97 扭曲变形效果

技巧秒杀

在创建扭曲变形时，将出现角度控制线，位于水平方向的控制线无法移动，拖动另一条控制线可创建扭曲变形效果。两条控制线的角度越大，扭曲的效果越明显。向水平控制线下方拖动可顺时针旋转扭曲对象；向水平控制线上方拖动可逆时针旋转扭曲对象。

2. 扭曲变形属性设置

在变形工具按钮 属性栏中单击"扭曲变形"按钮 ，将展开扭曲变形属性栏，如图10-98所示。

图10-98 扭曲变形属性栏

知识解析：扭曲变形属性栏选项介绍 ·············

◆ "顺时针旋转"按钮 ：单击该按钮，将顺时针扭曲选择的对象，如图10-99所示。

◆ "逆时针旋转"按钮 ：单击该按钮，将逆时针扭曲选择的对象，如图10-100所示。

图10-99 顺时针旋转扭曲　　图10-100 逆时针旋转扭曲

◆ "完整旋转"数值框：输入数值可设置完整旋转的次数，如图10-101所示为完整旋转一次的效果。

图10-101 完整旋转扭曲

◆ "附加角度"数值框：输入数值可调整超出变形

完整旋转的度数，如图10-102所示为不同附加角度的效果。

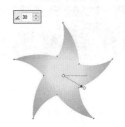

图10-102　设置扭曲变形的附加角度

实例操作：制作旋转背景

● 光盘\素材\第10章\人物.cdr　● 光盘\效果\第10章\旋转背景.cdr
● 光盘\实例演示\第10章\制作旋转背景

本例将利用扭曲变形工具快速制作旋转的背景效果，如图10-103所示。

图10-103　旋转背景效果

Step 1 ▶ 新建空白文档，绘制三角形，为其创建线性渐变填充效果，如图10-104所示。使用复制与镜像的方法得到其他7个三角形，拼凑成矩形，创建不同的渐变填充颜色，效果如图10-105所示。

图10-104　填充三角形　　　图10-105　复制与镜像三角形

Step 2 ▶ 沿矩形边缘和中心点继续使用复制与镜像的方法在四角创建四角图形，创建不同的渐变填充

颜色效果，如图10-106所示。

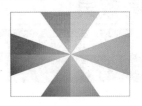

图10-106　绘制与填充四角形

Step 3 ▶ 绘制边数为"60"、锐度为"98"的星形，取消轮廓填充为白色，如图10-107所示。群组并选择所有图形，在"变形工具"按钮 属性栏中单击"扭曲变形"按钮 和单击"逆时针旋转"按钮 ，在"附加角度"数值框中输入"175"，按Enter键得到如图10-108所示的扭曲变形效果。

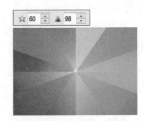

图10-107　绘制多角星形　　　图10-108　创建扭曲变形

Step 4 ▶ 旋转扭曲图形，并在扭曲变形对象上绘制矩形，使用图框精确裁剪的方法将扭曲图形植入到矩形框内，效果如图10-109所示。

图10-109　调整星形轮廓

Step 5 ▶ 绘制正五角星，取消轮廓，填充为白色，复制并缩放星形，分散放在背景中，导入"人物.cdr"图形，置于背景中，效果如图10-110所示。

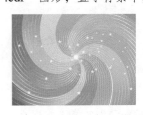

图10-110　装饰背景

10.3 创建阴影效果

使用阴影工具可以为图形添加阴影效果，使图形看起来具有立体感，更加逼真。图形、位图、文字等大多数图形对象都可以添加阴影效果。

10.3.1 添加阴影

在工具箱中的"调和工具" 上单击鼠标右键，在弹出的面板中单击"阴影工具"按钮，单击对象，并在需要添加阴影的位置拖动鼠标即可添加阴影效果，拖动的起点位置不同，创建的阴影效果也有所不同，下面分别进行介绍。

◆ **从中心拖动**：将鼠标光标移动到对象中心位置，按住鼠标左键不放进行拖动，即可从中点沿拖动的控制点产生阴影，如图10-111所示。调整控制线中间的滑块可调整阴影的不透明度，如图10-112所示。

图10-111　从中心创建阴影　图10-112　调整阴影不透明度

◆ **从底端拖动**：将鼠标光标移动到对象底端中点位置，按住鼠标左键不放并拖动，即可从底端中点沿控制线产生阴影，如图10-113所示。

◆ **从顶端拖动**：将鼠标光标移动到对象中心位置，按住鼠标左键不放并拖动，即可从顶端中点沿控制线产生阴影，如图10-114所示。

图10-113　从底端创建阴影　图10-114　从顶端创建阴影

◆ **从左端拖动**：将鼠标光标移动到对象左端中点位

置，按住鼠标左键不放并拖动，即可从左端中点沿控制线产生阴影，如图10-115所示。

◆ **从右端拖动**：将鼠标光标移动到对象右端中点位置，按住鼠标左键不放并拖动，即可从右端中点沿控制线产生阴影，如图10-116所示。

图10-115　从左端创建阴影　图10-116　从右端创建阴影

技巧秒杀

创建阴影后，将鼠标光标移至起点节点上，可拖动到其他位置。

10.3.2 设置阴影属性

单击"阴影工具"按钮后，将打开阴影工具的属性栏，如图10-117所示。通过该属性栏可设置阴影参数，使阴影效果更自然。

图10-117　"阴影工具"属性栏

知识解析：阴影工具属性栏选项介绍

◆ **"预设"下拉列表框**：在该下拉列表框中可选择预置的阴影样式，如图10-118所示。单击其后的＋按钮，可将当前选择对象的阴影效果添加到预设列表中，单击－按钮可删除自定义预设的阴影样式。

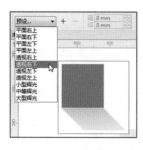

图10-118　应用预设阴影样式

◆ "阴影水平偏移"数值框：在该数值框中可设置阴影在水平方向上与对象的间距，如图10-119所示为不同阴影水平偏移值的效果。需要注意的是，只有从对象中心创建阴影才能激活该设置。

图10-119　设置阴影水平偏移

◆ "阴影垂直偏移"数值框：在该数值框中可设置阴影在垂直方向上与对象的间距。

◆ "阴影角度"数值框：在该数值框中可设置阴影的方向，如图10-120所示。

图10-120　设置阴影方向

◆ "阴影延展"数值框：在该数值框中可调整阴影的长度，取消范围为0～100，默认为"50"，当输入大于50的值时将延长阴影；当输入小于50的值时将缩短阴影，如图10-121所示。

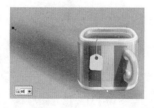

图10-121　调整阴影长度

◆ "阴影淡出"数值框：在该数值框中可设置阴影的淡出效果，值越大，淡出效果越明显，如图10-122所示。

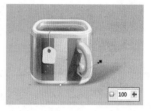

图10-122　调整阴影淡出效果

◆ "阴影的不透明"数值框：在该数值框中可设置阴影的透明度，如图10-123所示。

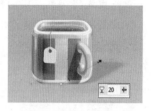

图10-123　调整阴影透明度

◆ "阴影羽化"数值框：在该数值框中可设置阴影边缘的模糊程度，值越大越模糊，且模糊的边缘越粗，如图10-124所示。

图10-124　调整阴影羽化值

◆ "羽化方向"按钮：单击该按钮，在弹出的下拉列表中可设置羽化方向，如图10-125所示分别为向内羽化和向外羽化的效果。

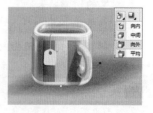

图10-125　调整阴影羽化的方向

◆ "羽化边缘"按钮：单击该按钮，在弹出的下拉列表中可设置羽化的类型。

◆ "阴影颜色"下拉列表框：可设置交互式阴影的颜色，如图10-126所示。

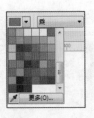

图10-126　调整阴影颜色

◆ "合并模式"下拉列表框：在该下拉列表框中可选择阴影的合并模式，默认为"乘"，不同的合并模式将得到不同的阴影效果，如图10-127所示为乘与除的合并模式效果。

图10-127　调整阴影合并模式

技巧秒杀

在设置浅色的阴影颜色时，使用"乘"合并模式将不能很好地显示阴影效果，如白色。

◆ "清除阴影"按钮：单击该按钮，可清除选择对象的阴影效果。

◆ "复制变形属性"按钮：单击该按钮后，可将目标变形对象的阴影效果复制到选择的对象上。

▓实例操作：制作水晶按钮

● 光盘\效果\第10章\水晶按钮.cdr
● 光盘\实例演示\第10章\制作水晶按钮

本例将利用阴影工具来制作按钮的水晶质感，包括设置阴影的透明值、羽化值、阴影颜色和合并模式、拆分阴影等，效果如图10-128所示。

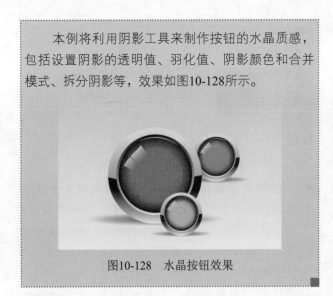

图10-128　水晶按钮效果

Step 1 ▶ 新建空白文档，绘制正圆，取消轮廓，为其创建线性渐变填充效果，设置起点、终点的CMYK值分别为"0、0、0、10"和"0、0、0、70"，如图10-129所示。在圆上绘制曲线，使用"智能填充工具"单击曲线与圆下半截相交区域，创建智能填充对象，效果如图10-130所示。

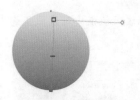

图10-129　渐变填充圆　　图10-130　创建智能填充对象

Step 2 ▶ 为智能填充对象创建渐变填充颜色效果，设置起点、终点的CMYK值分别为"0、0、0、100"和"0、0、0、0"，如图10-131所示。复制并缩小正圆，中心对齐两个圆，更改渐变填充效果，如图10-132所示。

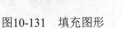

图10-131　填充图形　　　图10-132　复制与编辑圆

Step 3 ▶ 复制并缩小正圆，中心对齐3个圆，更改渐变填充效果，如图10-133所示。再次复制并缩小正圆，填充CMYK值为"0、0、0、100"，中心对齐4个圆，效果如图10-134所示。

图10-133　复制与编辑圆　　　图10-134　复制与编辑圆

Step 4 ▶ 复制黑色圆，在工具箱的"调和工具"上单击鼠标右键，在弹出的面板中单击"阴影工具"按钮，将鼠标光标移动到复制圆中心位置，按住鼠标左键不放向右下方拖动创建阴影，效果如图10-135所示。在属性栏中设置"阴影的不透明"为"100"，"阴影羽化"为"15"，"阴影的不透明"为"100"，"羽化方向"为"向内"，"阴影颜色"的CMYK值为"0、95、14、0"，"合并模式"为"常规"，效果如图10-136所示。

图10-135　创建阴影　　　图10-136　设置阴影

Step 5 ▶ 选择创建阴影的图形，按Ctrl+K组合键拆分阴影与圆，删除圆，将阴影置于按钮之中，形成发光的效果，如图10-137所示。在阴影左上角绘制高光图形，取消轮廓，填充为白色，如图10-138所示。

图10-137　拆分阴影并调整位置　　　图10-138　绘制高光

Step 6 ▶ 按Ctrl+U组合键群组高光图形，选择高光图形，使用"透明工具"从左上向右下拖动创建线性透明效果，如图10-139所示。框选按钮图形，复制两个按钮，分别更改阴影的颜色为"0、79、78、4"和"38、0、96、2"，效果如图10-140所示。

图10-139　设置高光透明度　　　图10-140　复制与编辑按钮

Step 7 ▶ 分别群组各个按钮图形，选择红色按钮图形，使用"阴影工具"从下向上拖动鼠标创建阴影效果，在属性栏中设置"阴影的不透明"为"50"，"阴影羽化"为"50"，"合并模式"为"乘"，如图10-141所示。使用相同的方法为其他按钮创建阴影，效果如图10-142所示。

图10-141　创建阴影　　　图10-142　创建阴影

Step 8 ▶ 双击"矩形工具"按钮绘制页面背景矩形，取消轮廓，创建渐变填充颜色效果，设置起点、终点的CMYK值分别为"0、0、0、20"和"0、0、0、0"，如图10-143所示。调整按钮的大小，将其排列成如图10-144所示的效果，完成本例的制作。

图10-143　创建渐变背景　　　图10-144　排列按钮

10.4 创建透明效果

使用透明工具可以将图形设置为透明的状态，与填充效果一样，交互式透明效果也有标准透明效果、渐变透明效果、图样透明效果和底纹透明效果，常用于制作复杂图形文件的背景或底纹。

10.4.1 创建标准透明效果

标准透明效果是指为矢量图、文本和位图创建均匀的透明效果。在工具箱中的"调和工具" 上单击鼠标右键，在弹出的面板中单击"透明工具"按钮 ，在需要创建透明效果的对象上单击，在出现的数值框中输入透明值，按Enter键即可，如图10-145所示。

图10-145　创建标准透明效果

创建标准透明效果后，可在其属性栏中对透明度、应用范围等进行设置，其属性栏如图10-146所示。

![标准透明工具属性栏]

图10-146　标准透明工具属性栏

💬知识解析：均匀透明属性选项介绍 ·················●

◆ "无透明"按钮：单击该按钮，可清除选择对象的透明效果。

◆ "均匀透明"按钮：单击该按钮，可将其他类型的透明切换到均匀透明。

◆ "合并模式"下拉列表框：在其中可以选择透明颜色与下层对象颜色的调和方式。

◆ "透明度挑选器"下拉列表框：在其中可以选择预设的不同的透明效果，如图10-147所示。

◆ "透明度"数值框：用于设置选择对象的透明度，如图10-148所示。

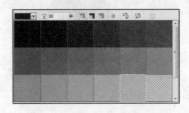

图10-147　应用预设透明度　　图10-148　设置透明度

◆ "全部"按钮：单击该按钮，可将透明效果应用到对象的填充与轮廓上，如图10-149所示。

◆ "填充"按钮：单击该按钮，可将透明效果应用到对象的填充上，轮廓不会应用透明效果，如图10-150所示。

图10-149　全部透明　　　　图10-150　填充透明

◆ "轮廓"按钮：单击该按钮，可将透明效果应用到对象的轮廓上，对象的填充不会应用透明效果，如图10-151所示。

◆ "冻结透明度"按钮：单击该按钮，可冻结透明区域下方的图形，即移动透明区域时，下方的图形跟着移动，如图10-152所示为冻结美女脸部，并移动到其他图像上的效果。

图10-151　轮廓透明　　　　图10-152　冻结透明度

◆ "复制透明度"按钮▣：单击该按钮后，可将目标透明对象的透明效果复制到选择的对象上。

◆ "编辑透明度"按钮▣：单击该按钮，将打开"编辑透明度"对话框，如图10-153所示。在其中可使用编辑颜色的方式来编辑透明度，如设置透明度类型、设置合并模式和透明目标等。

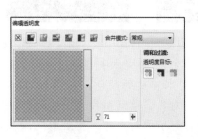

图10-153　"编辑透明度"对话框

实例操作： 制作杂志封面

● 光盘\素材\第10章\脸.jpg　● 光盘\效果\第10章\杂志封面.cdr
● 光盘\实例演示\第10章\制作杂志封面

本例将利用设置透明度在美女脸上制作透明图形，并输入文本，制作新闻杂志封面效果，如图10-154所示。

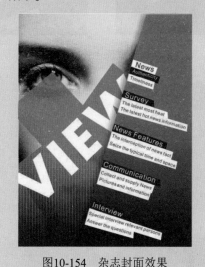

图10-154　杂志封面效果

Step 1 ▶ 新建空白文档，导入"脸.jpg"图片，选择图片，选择"位图"/"模式"/"灰度"命令，将彩色图像转换为灰度模式，如图10-155所示。

图10-155　更改图像颜色模式

Step 2 ▶ 绘制交叉图形，取消轮廓，为其创建渐变填充颜色效果，设置起点、终点的CMYK值分别为"20、100、62、0""0、0、0、100"，如图10-156所示。使用"透明工具"▣单击绘制的图形，在出现的数值框中输入"20"，按Enter键得到透明效果，如图10-157所示。

图10-156　渐变填充图形　　图10-157　创建透明效果

Step 3 ▶ 绘制矩形填充为黑色，复制并缩小矩形，垂直拉开一定距离，使用"调和工具"▣为两个矩形创建调和效果，在属性栏中将"调和步长"设置为"60"，如图10-158所示。使用"透明工具"▣从下向上拖动调和图形，创建线性半透明效果，如图10-159所示。

图10-158　调和矩形　　图10-159　创建半透明效果

Step 4 ▶ 将调和矩形移动到图片左下角，与图片左边和底端的边对齐，复制调和图形，将其分布到图片的下端，效果如图10-160所示。在图片上输入文本"VIEW"，将字体设置为"Aharoai"，字号设置为"160pt"，效果如图10-161所示。

图10-160　分布调和图片　　　图10-161　输入文本

Step 5 ▶ 在图片右侧绘制梯形，取消轮廓，创建渐变填充颜色效果，设置起点、终点的CMYK值分别为"20、100、62、0"和"0、0、0、100"，如图10-162所示。使用"透明工具" 单击绘制的梯形，在出现的数值框中输入"15"，按Enter键得到透明效果，如图10-163所示。

图10-162　渐变填充梯形　　　图10-163　创建透明效果

Step 6 ▶ 选择梯形，使用"阴影工具" 从下中心向左拖动鼠标创建阴影效果，在属性栏中设置"阴影的不透明"为"90"，"阴影羽化"为"10"，效果如图10-164所示。在梯形左侧输入文本，将文本的字体设置为"Arial"，设置标题字号为"16pt"，设置其余文本的字号为"10pt"，设置文字颜色为黑色或白色，旋转并移动所有文本，效果如图10-165所示。

图10-164　创建阴影　　　图10-165　输入与编辑文本

Step 7 ▶ 在文本下方根据文本长度绘制矩形条，取消轮廓设置与文本相反的颜色，如图10-166所示。群组封面所有对象，绘制图片大小的矩形，如图10-167所示。将群组的封面置入到矩形中，以裁剪边缘的阴影效果。

图10-166　为文本添加矩形条　图10-167　图框精确裁剪对象

10.4.2　创建渐变透明效果

与渐变填充一样，透明效果也可以制作出渐变的效果。选择对象，单击"透明工具"按钮 ，在需要创建透明效果的对象上按住鼠标左键不放，即可创建渐变透明效果，如图10-168所示。

图10-168　创建渐变透明效果

创建渐变透明效果后，可在其属性栏对渐变透明的类型、应用范围等进行设置，其属性栏如图10-169所示。

图10-169　渐变透明工具属性栏

💬 **知识解析：渐变透明属性栏选项介绍** ⋯⋯⋯⋯⋯⋯

◆ **"渐变透明"按钮**▣：单击该按钮，可将其他类型的透明效果切换到渐变透明效果。

◆ **"透明度挑选器"下拉列表框**：在其中可以选择预设的不同的渐变透明效果，如图10-170所示为在图像上层的白色图形添加的透明效果。

图10-170　选择预设的渐变透明效果

◆ **"线性渐变透明"按钮**▣：单击该按钮，可将渐变透明效果切换到线性渐变透明效果，如图10-171所示。

◆ **"椭圆形渐变透明"按钮**▣：单击该按钮，可将渐变透明效果切换到椭圆形透明效果，如图10-172所示。

图10-171　线性渐变透明效果　图10-172　椭圆形渐变透明

◆ **"锥形渐变透明"按钮**▣：单击该按钮，可将渐变透明切换到锥形透明效果，如图10-173所示。

◆ **"矩形渐变透明"按钮**▣：单击该按钮，可将渐变透明切换到矩形渐变透明，如图10-174所示。

图10-173　锥形渐变透明　　　图10-174　矩形渐变透明

◆ **"节点透明度"数值框**：选择透明控制柄上的节点，在该数值框中输入数值，可以设置该节点的透明度。

◆ **"节点位置"数值框**：在透明控制线上双击可添加透明节点，单击选择该节点，可在该数值框中输入该节点在控制线上的百分比位置。

◆ **"旋转角度"数值框**：输入数值可设置渐变透明的方向。

◆ **"自由缩放与倾斜"按钮**▨：单击该按钮可显示自由变换虚线，拖动变换线可更改透明角度、透明区域大小，如图10-175所示为倾斜前后的透明效果。

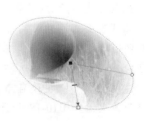

图10-175　自由缩放与倾斜透明区域

实例操作：制作气泡效果

● 光盘\素材\第10章\气泡\　　● 光盘\效果\第10章\气泡.cdr
● 光盘\实例演示\第10章\制作气泡效果

　　气泡是修饰画面常用的对象，而气泡的制作离不开透明工具的使用，本例将利用椭圆形渐变透明工具为画面添加气泡效果，其最终效果如图10-176所示。

图10-176　气泡效果

Step 1 ▶ 新建空白文档，导入"背景.jpg"图片，效果如图10-177所示。选择图片，将图片移动到页面中心，在图片左下角绘制正圆，取消轮廓，填充为白色，如图10-178所示。

图10-177　导入背景　　　图10-178　绘制圆

Step 2 ▶ 使用"透明工具"单击绘制的圆，从中心拖动鼠标创建线性透明效果，在属性栏中单击"椭圆形渐变透明"按钮，在控制线上双击添加透明节点，将其透明度设置为"100"，调整各节点位置，如图10-179所示。原位复制透明圆，使用"透明工具"更改各节点位置，使其右下角呈不透明效果，如图10-180所示。

图10-179　创建椭圆　　图10-180　复制与更改透明圆

Step 3 ▶ 再次原位复制透明圆，使用"透明工具"更改各节点位置，使其左上角呈不透明效果，如图10-181所示。在圆的左侧、左上和右下位置绘制高光区域，填充为白色，取消轮廓，效果如

图10-182所示。

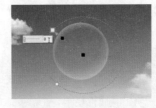　

图10-181　复制与更改透明圆　　图10-182　绘制高光

Step 4 ▶ 单击"阴影工具"按钮，在绘制的高光图形中心向边缘拖动鼠标创建阴影，如图10-183所示。在属性栏中设置"阴影的不透明"为"85"，"阴影羽化"为"8"，"阴影颜色"的CMYK值为"0、0、0、0"，"合并模式"为"常规"，如图10-183所示。选择阴影与图形，按Ctrl+K组合键拆分阴影与图形，删除图形，如图10-184所示。

图10-183　创建阴影　　　图10-184　编辑图形

操作解谜　由于显示的高光区域是模糊的，而使用阴影的羽化设置可以达到模糊的效果，同时，也可将绘制的高光区域转换为位图，再使用高斯式模糊命令将得到相似的模糊效果。

Step 5 ▶ 群组所有气泡图形，复制气泡。执行缩放与旋转等操作，将气泡分布到画面中，如图10-185所示。复制"树叶与花朵.cdr"文档中的树叶与花朵，调整大小，将其置于气泡的下层，如图10-186所示，即可完成本例的制作。

图10-185　复制与调整气泡　　图10-186　复制花朵与树叶

10.4.3 创建图样透明效果

图样透明效果即为对象创建具有透明度的图样。在CorelDRAW X7中提供了向量图样透明、位图图样透明和双色图样透明，下面分别进行介绍。

1. 向量图样透明

在工具箱中单击"透明工具"按钮，再在属性栏中单击"向量图样透明度"按钮，即可为选择的图形添加向量图样透明效果，如图10-187所示。

图10-187　向量图样透明

为对象创建向量图样透明后，可通过其属性栏对图样的透明度、图片的透明度、透明的图样等进行设置，如图10-188所示。

图10-188　向量图样透明工具属性栏

💬知识解析：**向量图样透明工具属性栏介绍**········●

◆ "向量图样透明度"按钮：单击该按钮，可将其他类型的透明效果切换到向量图样透明效果。

◆ "透明度挑选器"下拉列表框：在其中可以选择预设的透明向量图样样式。

◆ "前景透明度"数值框：用于设置填充图样的不透明度，值越大，透明图样越清晰，如图10-189所示。

图10-189　前景透明度

◆ "背景色透明度"数值框：用于设置原图形的不透明度，如图10-190所示。

图10-190　背景色透明度

◆ "反转"按钮：单击该按钮，可将当前填充图样的透明度和原图形的透明度进行替换。

◆ "水平镜像平铺"按钮：单击该按钮，在排列图样时，可使图样相互水平镜像。

◆ "垂直镜像平铺"按钮：单击该按钮，在排列图样时，可使图样相互垂直镜像。

2. 位图图样透明

在工具箱中单击"透明工具"按钮，再在属性栏中单击"位图图样透明度"按钮，即可为选择的图形添加位图图样透明效果，如图10-191所示为图片添加石头位图图样透明的背景效果。

图10-191　位图图样透明

创建位图图样透明后，在属性栏中可对透明参数进行设置，大部分设置与向量图样设置一致，但多了调和过渡的设置，如图10-192所示。

图10-192　位图图样透明工具属性栏

💬知识解析：**位图图样透明工具属性栏介绍**········●

◆ "位图图样透明度"按钮：单击该按钮，可将其他类型的透明效果切换到位图图样透明效果。

◆ "透明度挑选器"下拉列表框：在其中可以选择预设的位图图样样式。

◆ **调和过渡** 按钮：单击该按钮，将打开如图10-193所示的面板。在其中可设置调和方式、边缘匹配、亮度、颜色等。

图10-193　调和过渡面板

技巧秒杀

关于调和过渡参数的含义，在第6章讲解位图图样填充时已讲过，这里不再赘述。

3. 双色图样透明

在工具箱中单击"透明工具"按钮，再在属性栏中单击"双色图样透明度"按钮，即可为选择的图形添加双色图样透明效果，如图10-194所示。

图10-194　双色图样透明

10.4.4　创建底纹透明效果

用户也可使用透明底纹来处理对象，在工具箱中单击"透明工具"按钮，再在属性栏中单击"双色图样透明度"按钮，在弹出的面板中单击"底纹透明度"按钮，即可为选择的对象添加底纹透明效果，如图10-195所示。

图10-195　底纹图样透明

技巧秒杀

在编辑图样、底纹透明时，均可在属性栏中单击"编辑透明度"按钮，打开"编辑透明度"对话框进行编辑。

读书笔记

_____

_____

_____

_____

10.5　应用透镜效果

透镜功能可以在不改变对象属性的前提下，对透镜下方的对象外观进行变化。透镜能够广泛适用于矢量对象和位图对象。在应用透镜时，透镜可作为一个矢量图或位图对象。

10.5.1　创建透镜效果

选择需要创建透镜效果的图形，并将其移至需要改变下一层对象的区域，选择"效果"/"透镜"命令，打开"透镜"泊坞窗，在"透镜"下拉列表框

中选择透镜效果，如变亮、颜色添加、色彩限度、鱼眼、热图、反显、放大等，设置参数后单击按钮，使之呈状态，单击应用按钮即可应用该透镜效果，如图10-196所示。

图10-196　添加透镜效果

💬 知识解析：**透镜类型介绍** ··················●

◆ **无透镜**：用于设置原图形的不透明度，如图10-197所示。

图10-197　无透镜

◆ **变亮**：在透镜下的部分变亮显示，当输入负值时，将变暗显示透镜下的部分，如图10-198所示。

图10-198　变亮透镜

◆ **颜色添加**：在"透镜泊坞窗中设置透镜的颜色，设置的颜色将与透镜下的区域混合显示，如图10-199所示。

图10-199　颜色添加透镜

◆ **色彩限度**：只允许黑色和透镜颜色显示，其他颜色将转换为与透镜相似的颜色，如图10-200所示。

图10-200　色彩限度透镜

◆ **自定义彩色图**：使用两种设置的颜色之间的颜色来表现透镜下方的区域，如图10-201所示。

图10-201　自定义彩色图透镜

◆ **鱼眼**：按比例从中心到边缘逐步放大透镜下方的区域，如图10-202所示。若输入负值，将按比例从中心到边缘缩小透镜下方的区域。

图10-202　鱼眼透镜

◆ **热图**：透镜下方仿红外图像效果显示冷暖等级，如图10-203所示。

图10-203　热图透镜

◆ **反转**：透镜下方显示图像对应的互补色，如图10-204所示。

图10-204　反转透镜

图10-208　线框透镜

◆ **放大**：按设置的倍数放大透镜下方的区域，如图10-205所示。若输入负值，将按倍数缩小透镜下方的区域。

10.5.2 编辑透镜

创建透镜时，除了选择创建透镜的类型，还可通过在"透镜"泊坞窗中选中相应的复选框来对透镜执行冻结、视点和移除表面操作，如图10-209所示。

图10-209　编辑透镜

图10-205　放大透镜

📢**知识解析**：**透镜选项介绍** ···

◆ ☑**冻结**复选框：选中该复选框，单击 应用 按钮将透镜下方的区域转换为透镜的一部分，操作透镜和图像时，透镜区域将不会发生变化，如图10-210所示。

◆ **灰度浓淡**：将透镜下方设置为颜色等值的灰度显示，如图10-206所示。

图10-206　灰度浓淡透镜

图10-210　冻结透镜

◆ ☑**视点**复选框：选中该复选框，可在对象和透镜不进行移动的情况下改变透镜的显示区域。单击其后的 编辑 按钮，可在展开面板的X、Y数值框中设置图形中心位置；单击 结束 按钮可完成设置；单击 应用 按钮应用设置效果，如图10-211所示。

◆ **透明度**：透镜转换为透明彩色玻璃效果，如图10-207所示。

图10-207　透明度透镜

图10-211　更改透镜视点

◆ **线框**：透镜内部允许所选填充颜色和轮廓颜色通过，选中填充与轮廓前的复选框，可指定透镜区域轮廓和填充的颜色，如图10-208所示。

◆ ☑移除表面复选框：选中该复选框，单击 应用 按钮应用设置效果，可使透镜覆盖的位置显示透镜，在空白处不显示透镜，如图10-212所示。若未显示，空白处将显示透镜。

图10-214　添加阴影　　　　图10-215　导入图片

Step 2 ▶ 绘制分隔线条，注意分隔线围成的下方的两个矩形是等大的，将分割线轮廓粗细设置为"3.0pt"，将线条颜色设置为白色，如图10-216所示。在分隔线内部绘制透镜矩形，取消轮廓，分别填充为黄色、蓝色和红色，效果如图10-217所示。

图10-212　移除透镜表面

图10-216　绘制分隔线　　　图10-217　绘制透镜

Step 3 ▶ 选择红色矩形，选择"效果"/"透镜"命令，打开"透镜"泊坞窗，在"透镜"下拉列表框中选择"色彩限度"选项，在"比率"数值框中输入"50"，单击 🔒 按钮，使之呈 🔒 状态，单击 应用 按钮，即可应用该透镜效果，如图10-218所示。

实例操作：使用透镜处理照片

● 光盘\素材\第10章\照片.jpg　● 光盘\效果\第10章\透镜照片.cdr
● 光盘\实例演示\第10章\使用透镜处理照片

　　本例将利用透镜中的颜色，添加透镜和色彩限度透镜功能更改照片不同区域的显示色彩，最终效果如图10-213所示。

图10-213　透镜照片效果

图10-218　应用色彩限度透镜

Step 1 ▶ 新建空白横向文档，绘制页面背景矩形，取消轮廓，填充为白色，用"阴影工具" 🔲 从中心向右下角拖动鼠标创建阴影效果，在属性栏中设置"阴影的不透明"为"50"，"阴影羽化"为"2"，如图10-214所示。导入"照片.jpg"图片，调整大小，置于页面中心位置，如图10-215所示。

Step 4 ▶ 选择蓝色矩形，在"透镜"泊坞窗的"透镜"下拉列表框中选择"色彩添加"选项，在"比率"数值框中输入"30"，单击 🔒 按钮，使之呈 🔒 状态，单击 应用 按钮应用该透镜效果，如图10-219所示。

图10-219　应用色彩添加透镜

Step 5▶ 选择红色矩形，在"透镜"泊坞窗的"透镜"下拉列表框中选择"色彩添加"选项，在"比率"数值框中输入"20"，单击🔒按钮，使之呈🔒状态，单击 应用 按钮应用该透镜效果，如图10-220所示。

图10-220　应用色彩限度透镜

Step 6▶ 在页面左侧绘制矩形，取消轮廓，填充为白色，效果如图10-221所示。在白色矩形上方输入文本，将文本的字体设置为"Arial Blank"，设置字号为"64pt"，设置文本方向为"纵向"，拖动选择字符，分别填充黑、黄、蓝和酒绿色，在下方继续输入文本，设置字体为"Aharoni"，字号为"18pt"，设置不同的文字颜色，如图10-222所示。

图10-221　绘制矩形　　　　图10-222　输入文本

Step 7▶ 在页面左下角绘制不同大小的矩形，取消轮廓，分别填充为不同的颜色，如图10-223所示。选择所有文本，按Ctrl+Q组合键转换为曲线，完成本例的制作。

图10-223　绘制装饰矩形

 知识大爆炸
——特殊效果应用知识

1. 不同效果制作技巧

在为图形添加一些特殊效果时，为了提高速度和达到更逼真的效果，除了要掌握其使用方法，还需要了解其使用技巧，下面分别进行介绍。

（1）阴影

在为对象制作阴影时，应注意光线的位置，阴影的位置应与光线照射的一面相反。同时，除了使用阴影工具制作阴影外，也可通过复制对象置于底层，移动底层对象位置来快速制作阴影。

（2）透明

在制作透明效果时，除了输入透明值，也可通过为控制点选择白色到黑色之间的颜色来调节透明度，白色为不透明，越接近黑色越透明。

（3）调和

在创建调和效果时，不能用由位图、底纹、图案或PostScript填充来填充的调和对象创建颜色渐变。

（4）透镜

在为多个对象使用透镜时，一定要将透镜置于顶层。需要注意的是，不能将透镜效果直接应用于链接群组，如勾划轮廓线的对象、斜角修饰边对象、立体化对象、阴影、段落文本或用艺术笔工具创建的对象。

2. 多对象的特殊效果设置

若需要为多个对象创建相同的特殊效果，如阴影、透明、变形、透镜等效果时，除了使用复制效果的方法快速设置，还可先选择这些对象，再统一进行设置，如图10-224所示。若需要复制特殊效果，可通过属性滴管工具进行。

图10-224　创建相同的特殊效果

01 02 03 04 05 06 07 08 09 10 **11** 12 13 ……

制作三维 立体效果

本章导读

　　除了前面介绍的特殊效果外，本章将对用于打造三维特殊效果的工具进行介绍，如轮廓图、封套、立体化、透视、斜角效果，以帮助用户打造三维立体效果，提高图形绘制的水平。

11.1 轮廓图效果

添加轮廓图效果是指为对象创建到内部或外部的同心线，可以使图形呈现出从内到外的放射层次效果。轮廓图效果广泛应用于创建图形和文字的三维立体效果。创建轮廓图效果后，也可通过属性栏对轮廓图属性进行设置。

11.1.1 创建轮廓图效果

CorelDRAW X7提供了中心、向内和向外3种方式创建轮廓图对象。

1. 创建中心轮廓图

选择创建轮廓图的对象，然后单击工具箱中的"轮廓图工具"按钮▣，再单击属性栏中的"到中心"按钮▣，则自动生成由轮廓到中心依次缩放渐变的层次效果，如图11-1所示。

图11-1　创建中心轮廓图

2. 创建内部轮廓图

选择创建轮廓图的对象，然后单击工具箱中的"轮廓图工具"按钮▣，再单击属性栏中的"内部轮廓"按钮▣，则自动生成由轮廓向图形内部的层次线条效果，如图11-2所示。

图11-2　创建内部轮廓图

3. 创建外部轮廓图

选择创建轮廓图的对象，然后单击工具箱中的"轮廓图工具"按钮▣，再单击属性栏中的"外部轮廓"按钮▣，则自动生成由轮廓向外延展的层次效果，如图11-3所示。

图11-3　创建外部轮廓图

技巧秒杀

使用"轮廓图工具"▣在图形轮廓处按住鼠标左键向图形内部拖动，可创建内部轮廓图，如图11-4所示。若向图形外部拖动可创建外部轮廓图，如图11-5所示。

图11-4　拖动鼠标创建内部轮廓图

图11-5　拖动鼠标创建外部轮廓图

11.1.2 设置轮廓图属性

创建轮廓图后，可在其属性栏中对轮廓图步长、轮廓图偏移、轮廓角等属性进行设置，使其更加符合需要，如图11-6所示。

图11-6 轮廓图工具属性栏

💬知识解析：**轮廓图工具属性栏介绍** ·················•

◆ **"预设"下拉列表框**：选择对象后，在该列表框中可使用预设的内向流动与外向流动轮廓图样式，如图11-7所示。

图11-7 使用预设轮廓图效果

◆ **"添加预设"按钮＋**：单击该按钮，将当前选择的轮廓图效果保存为预设。

◆ **"删除预设"按钮—**：单击该按钮，可删除自定义的预设轮廓图效果。

◆ **"到中心"按钮**：单击该按钮，自动生成由轮廓到中心依次缩放渐变的层次效果，可通过设置"轮廓图偏移"的值来调节层次的多少。

◆ **"内部轮廓"按钮**：单击该按钮，自动生成由轮廓向图形内部的层次线条效果。可通过设置"轮廓图偏移"或"轮廓图步长"的值来调节层次的多少。

◆ **"外部轮廓"按钮**：单击该按钮，可通过设置"轮廓图偏移"或"轮廓图步长"的值来调节层次的多少。

◆ **"轮廓图步长"数值框**：输入数值设置选择轮廓图的轮廓数量，如图11-8所示。

图11-8 设置轮廓图步长

◆ **"轮廓图偏移"数值框**：输入数值可调整各层轮廓之间的间距，如图11-9所示。

图11-9 设置轮廓图偏移

◆ **"轮廓图角"按钮**：单击该按钮，在弹出的下拉列表中可以设置创建轮廓的角，包括斜接角、圆角、斜切角，如图11-10所示为3种轮廓图角的效果。

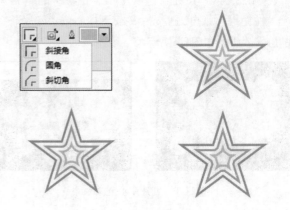

图11-10 设置轮廓图角

◆ **"轮廓色"按钮**：单击该按钮，在弹出的下拉列表中可设置按调色盘中的颜色设置轮廓的过渡颜色，如图11-11所示为3种轮廓色的效果。

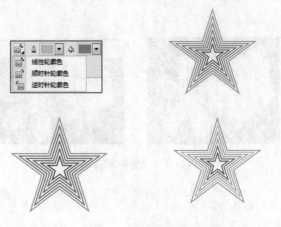

图11-11 设置轮廓色

◆ "轮廓色"下拉列表框：用于设置终点轮廓的颜色，如图11-12所示。

◆ "填充色"下拉列表框：用于设置终点图形的填充颜色，如图11-13所示。

图11-12　设置轮廓色　　　　图11-13　设置填充色

◆ "对象和颜色加速"按钮 ▣：单击该按钮，将打开"对象和颜色加速"面板，在其中可调整轮廓图中对象大小和颜色的变化速率，如图11-14所示。

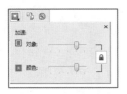

图11-14　对象和颜色加速

◆ "清除轮廓图"按钮 ▣：单击该按钮，可清除选择对象的轮廓图效果。

◆ "复制轮廓图属性"按钮 ▣：单击该按钮，可将目标对象的轮廓图效果复制到选择的对象上。

选择"效果"/"轮廓图"命令，或按Ctrl+F9组合键，打开"轮廓图"泊坞窗，在其中也可对轮廓图参数进行设置，如图11-15所示。

图11-15　通过泊坞窗设置轮廓图效果

● 光盘\素材\第11章\电影海报　● 光盘\效果\第11章\电影海报.cdr
● 光盘\实例演示\第11章\制作电影海报

本例将利用轮廓图效果制作海报文字，最终效果如图11-16所示。

图11-16　电影海报效果

Step 1 ▶ 新建空白文档，导入"背景.png"图片，如图11-17所示。调整图片大小，移至页面中心，在图片上方输入文本，设置文本字体为"Aharoni"，选择文本，按Ctrl+K组合键拆分字符，将首尾两个字符加大，效果如图11-18所示。

图11-17　导入背景　　　图11-18　输入文本

Step 2 ▶ 选择所有文本，按Ctrl+Q组合键将文本转换为曲线，使用"形状工具" ▷ 编辑文本轮廓，注意将笔画端口略微调大，效果如图11-19所示。使用"交互式填充工具" ◈ 为所有文本创建线性渐变填充效果，设置起点到终点的CMYK值分别为"40、0、74、0"和"79、60、100、34"，如图11-20所示。

图11-19　调整文本轮廓　　　图11-20　填充文本

Step 3 ▶ 选择"M"，在"轮廓图工具" 的属性栏中单击"到中心"按钮 ，在"轮廓图偏移"数值框中输入"0.03mm"，设置第一个"填充色"下拉列表框中的颜色为"13、0、42、0"，设置第二个"填充色"下拉列表框中的颜色为"43、18、100、0"，创建轮廓图效果。依次选择其他字符，在"轮廓图工具" 的属性栏中单击"复制轮廓图属性"按钮 ，再单击"M"字符复制效果，如图11-21所示。

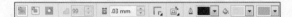

图11-21　创建与复制轮廓图效果

Step 4 ▶ 群组所有文本，使用"阴影工具" 在文本下方向上方拖动创建阴影，在属性栏中设置"阴影的不透明"为"100"，"阴影羽化"为"50"，"阴影颜色"为"白色"，"合并模式"为"常规"，如图11-22所示。在字符"C"左侧输入文本，设置字体为"Bolt Bd BT"，字号为"14pt"，填充为"白色"，如图11-23所示。

图11-22　创建白色阴影　　图11-23　输入文本

Step 5 ▶ 在字符"M"中间绘制眼睛，将眼睛填充为白色，将眼球填充为黑色，取消轮廓，如图11-24所示。导入"怪兽1.png"和"怪兽2.png"图片，分别放置到字符"O"和"C"上，为"怪兽1.png"图片创建阴影，设置"阴影的不透明"为"80"，"阴影羽化"为"5"，"阴影颜色"为"白色"，"合并模式"为"常规"，如图11-25所示。

图11-24　绘制眼睛　　图11-25　创建阴影效果

Step 6 ▶ 导入"怪兽3.png"图片，调整大小放置到图片中下方，如图11-26所示。为"怪兽3.png"图片创建从中心到下方的阴影效果，在属性栏中设置"阴影的不透明"为"70"，"阴影羽化"为"30"，"阴影颜色"为"黑色"，"合并模式"为"乘"，效果如图11-27所示。

图11-26　导入与调整图片　　图11-27　创建阴影效果

Step 7 ▶ 原位复制"背景.png"图片，置于顶层，使用"透明工具" 单击绘制该图片，从右到左拖动鼠标创建线性透明效果，调整透明节点和控制线的位置，创建如图11-28所示的半透明效果。将海报中的文本转换为曲线，完成本例的制作。

图11-28　创建半透明效果

技巧秒杀

创建轮廓图效果后，用户可按Ctrl+K组合键将轮廓与原图分离；按Ctrl+K组合键可拆分轮廓图对象，以分别编辑各轮廓，如图11-29所示。

图11-29　拆分轮廓图

11.2 封套效果

使用封套工具可以对图形、符号、位图和文本等对象创建透视的变形效果，广泛用于字体设计与产品等设计中。在CorelDRAW X7中，除了添加预设的封套模式外，还可根据需要编辑封套外形的形状或使用属性栏对齐，下面进行详细的讲解。

11.2.1 创建封套效果

使用"封套工具"  单击需编辑的对象，在边界框处将自动生成一个蓝色虚线框，用鼠标左键拖曳虚线上的节点可改变对象形状，双击节点可删除节点，在虚线上双击可添加节点，如图11-30所示。

图11-30　创建封套效果

技巧秒杀

在编辑封套的形状时，可在属性栏中选择相应的封套模式，包括直线模式、单弧模式、双弧模式和非强制模式。

11.2.2 设置封套路径

为对象创建封套效果后，可在"封套工具"  属性栏中对封套属性进行设置，如图11-31所示。同时，也可选择"效果"/"封套"命令，在打开的"封套"泊坞窗中设置封套属性。

图11-31　封套工具属性栏

💬 **知识解析：封套工具属性栏选项介绍** ·········●

◆ "预设"下拉列表框：选择对象后，在该下拉列表框中可使用预设的封套样式。

◆ "添加预设"按钮 ＋：单击该按钮，将当前选择的封套效果保存为预设。

◆ "删除预设"按钮 －：单击该按钮，可删除自定义的预设封套效果。

◆ "选取模式"下拉列表框：用于切换选择多个节点时的选择类型，包括矩形与手绘两种，默认为矩形。

◆ "非强制模式"按钮 ✐：单击该按钮，将封套模式变为允许更改节点的自由模式，同时激活前面的节点编辑按钮，用户可使用与形状工具相似的方法编辑节点，如图11-32所示。

◆ "直线模式"按钮 ▱：单击该按钮，将应用由直线组成的封套改变对象形状，封套模式变为允许更改节点的自由模式，如图11-33所示。

图11-32　非强制模式　　　图11-33　直线模式

◆ "单弧模式"按钮 ▱：单击该按钮，可将对象的边线调整为单个拱形弧度，如图11-34所示。

◆ "双弧模式"按钮 ▱：单击该按钮，可将对象的边线调整为两个呈S形弧度，如图11-35所示。

图11-34　单弧模式　　　图11-35　双弧模式

◆ "映射模式"下拉列表框：用于选择封套中对象变形的方式，如图11-36所示。

◆ "保留线条"按钮▨：单击该按钮后，调整封套时，原对象的直线段将不会转换为曲线，如图11-37所示。

图11-36　映射模式　　　图11-37　保留线条

◆ "添加新封套"按钮▨：为对象添加封套后，单击该按钮，可为对象添加新的封套效果，如图11-38所示。

图11-38　添加新封套

◆ "创建封套自"按钮▨：使用"封套工具"▨单击需编辑的对象，单击该按钮，鼠标光标呈➡形状，单击需要作为封套的图形，即可为选择的对象创建对应的封套外形，轻微移动节点，即可创建封套，效果如图11-39所示。

图11-39　使用图形作为封套

技巧秒杀

在选择作为封套外形的图形时，需要保证图形已经转换为曲线，如正方形、圆等。若没有转换为曲线，可按Ctrl+Q组合键将其转换为曲线。

◆ "清除封套"按钮▨：单击该按钮，可清除选择的对象的封套效果。

◆ "复制封套属性"按钮▨：单击该按钮，可将目标对象的封套效果复制到选择的对象上。

▓实例操作：制作变幻彩条

● 光盘\素材\第11章\花纹.cdr　● 光盘\效果\第11章\变幻彩条.cdr
● 光盘\实例演示\第11章\制作变幻彩条

本例将利用封套工具来改变彩条的形状，制作变幻彩条效果，如图11-40所示。

图11-40　变幻彩条效果

Step 1 ▶ 新建空白文档，绘制页面背景矩形，取消轮廓，使用"交互式填充工具"▨为矩形创建椭圆形渐变填充效果，设置起点到终点的CMYK值分别为"0、0、0、20"和"0、0、0、0"，如图11-41所示。使用"图纸工具"▨创建6行1列的图纸，如图11-42所示。

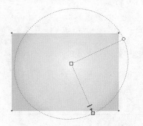 

图11-41　渐变填充图形　　　图11-42　创建图形

Step 2 ▶ 选择图纸图形，在其上单击鼠标右键，在弹出的快捷菜单中选择"取消所有群组"命令，打散图纸，分别填充为不同的颜色，取消轮廓，如图11-43所示。群组所有彩条，使用"封套工具"▨单击群组对象，在属性栏中单击"非强制模式"按钮，编辑轮廓上的节点进行变形，如图11-44所示。

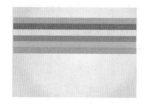
图11-43　填充彩带

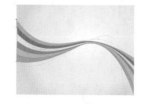
图10-44　变形彩带

Step 3 ▶ 绘制多个大小不等的正圆，取消轮廓，填充为不同的颜色，将正圆中心对齐，制作同心圆效果，如图11-45所示。复制"花纹.cdr"文档中的花纹，置于彩带较窄位置，调整大小完成本例的制作，如图11-46所示。

图11-45　绘制同心圆

图11-46　导入花纹

11.3　透视效果

添加透视点可以通过调整透视点位置改变图形的形态，从而产生立体的效果。常用于产品包装设计、字体设计和一些效果处理。

11.3.1　添加透视点

选择需要添加透视点的图形，选择"效果"/"添加透视点"命令，将鼠标光标移至图形的四角，当鼠标光标呈╋形状时，按住鼠标左键不放进行拖动，至合适位置释放鼠标即可，如图11-47所示为调整透视点前后的效果。

图11-47　添加透视点

透视效果只能运用在矢量图上，位图是无法添加透视效果的，若需要添加，可使用位图描摹功能将其转换为矢量图。

实例操作： 制作iPad

● 光盘\素材\第11章\背景\　　● 光盘\效果\第11章\iPad.cdr
● 光盘\实例演示\第11章\制作iPad

本例将先制作一部iPad，然后复制与旋转制作的iPad，利用透视功能打造立体效果，效果如图11-48所示。

图11-48　iPad效果

Step 1 ▶ 新建空白文档，绘制iPad的圆角矩形，填充CMYK值为"39、31、30、0"，取消轮廓，如图11-49所示。按住Shift键缩小圆角矩形，至合适大小后单击鼠标右键将得到同心矩形，更改填充CMYK值为"73、67、65、78"，如图11-50所示。

图11-49 绘制矩形

图11-50 复制矩形

Step 2 ▶ 选择上层的黑色矩形，在属性栏中设置轮廓粗细为"2pt"，按Shift+Ctrl+Q组合键将轮廓转换为对象，为轮廓对象创建线性渐变填充效果，设置起点到终点的CMYK值分别为"0、0、0、30"、"0、0、0、0"和"39、31、30、0"，如图11-51所示。绘制并填充屏幕和右侧的按钮，如图11-52所示。

图11-51 将轮廓转换为对象

图11-52 绘制屏幕与按钮

Step 3 ▶ 导入"背景1.jpg"图片，调整其大小，使其比屏幕矩形略大，使用鼠标右键拖动图片至屏幕矩形上，使图片完全覆盖屏幕后，释放鼠标，在弹出的快捷菜单中选择"图框精确剪裁内部"命令，如图11-53所示，将图片放置到屏幕矩形中。

图11-53 剪裁屏幕图片

读书笔记 ▶

Step 4 ▶ 绘制高光区域，取消轮廓填充为白色，如图11-54所示。使用"透明工具" 单击高光图形，从上到下拖动鼠标创建线性透明效果，向上拖动控制线中间的滑块，调整半透明效果，如图11-55所示。

图11-54 绘制高光　　图11-55 创建半透明效果

Step 5 ▶ 群组并复制iPad图形，在属性栏中的"旋转"数值框中输入"270"，按Enter键旋转图形，按住Ctrl键单击选择并删除高光区域，重新绘制高光区域，填充为白色，取消轮廓，如图11-56所示。使用相同的方法创建线性透明效果，如图11-57所示。

图11-56 绘制高光　　图11-57 创建半透明效果

Step 6 ▶ 选择位于上层的iPad图形，选择"效果"/"添加透视点"命令，将鼠标光标移至图形的左上角，当鼠标光标呈＋形状时，按住鼠标左键不放向图形内部拖动鼠标，至合适位置释放鼠标创建透视效果，如图11-58所示。

图11-58 创建透视效果

Step 7 ▶ 分别原位复制两个iPad，选择"位图"/"转换为位图"命令，转换为位图，执行垂直镜像并移至原图形下方，使用"透明工具" 创建半透明效果，如图11-59所示。导入"背景2.jpg"图片，调整大小并按Ctrl+End组合键将其置于底层，如图11-60所示。

图11-59　制作倒影　　　图11-60　导入背景

Step 8 ▶ 在图片上输入白色文本，将字体设置为"Arial"，将字号设置为"47.0pt"，如图11-61所示。将"iPad"文本的字号设置为"73.5pt"，单击"加粗"按钮 ⓑ 进行加粗，调整文本间距，使用相同的方法为文本创建线性透明效果，如图11-62所示，完成本例的操作。

图11-61　输入文本　　　图11-62　创建透明效果

11.3.2　清除透视效果

添加透视效果后，若需要还原透视前的效果，可选择"效果"/"清除透视点"命令清除透视效果。

11.3.3　复制透视效果

选择需要添加透视点的对象，选择"效果"/"添加透视点"命令，再选择"效果"/"复制效果"/"建立透视点至"命令，这时鼠标光标呈 ➡ 形状，单击需要目标透视的对象，即可为选择的对象创建相同的透视效果，如图11-63所示。

图11-63　复制透视效果

11.4　立体化效果

立体化效果是指对对象创建三维效果，使其更加形象逼真。三维立体效果在字体设置、Logo设计、产品设计和包装设计等领域应用十分频繁。创建立体化效果后，还可在属性栏中设置立体化参数，如类型、深度、灭点、旋转、斜角、颜色以及照明等。

11.4.1　创建立体化效果

使用"立体化工具" ⬚ 单击需要创建立体化效果的图形，在图形上按住鼠标左键不放，向外拖动鼠标即可创建立体化效果，如图11-64所示。

图11-64　创建立体化效果

创建立体化效果后，拖动鼠标更改控制柄的方向和长短将更改立体化效果，如图11-65所示。

图11-65　更改立体化效果

读书笔记

实例操作： 制作立体字

- 光盘\素材\第11章\藤蔓.jpg ● 光盘\效果\第11章\立体字.cdr
- 光盘\实例演示\第11章\制作立体字

　　本例将利用立体化工具为输入的文本创建立体效果，并拆分立体化效果，分别进行填充，效果如图11-66所示。

图11-66　立体字效果

Step 1 ▶ 新建空白文档，输入文本，在属性栏中将字体设置为"VAGRounded BT"，字号设置为"150.0pt"，效果如图11-67所示。选择输入的文本，为其填充白色，然后将其轮廓颜色设置为黑色。按Ctrl+K组合键将文字打散，按Ctrl+Q组合键将字母转换为图形。保持文本的选择，将其向左倾斜，得到如图11-68所示的效果。

Spring　　　Spring

图11-67　输入文本 　　　　图11-68　倾斜文本

Step 2 ▶ 选择字母图形S，使用"立体化工具" 　单击该字母，在图形上按住鼠标左键不放，向右上拖动鼠标创建立体化效果，在属性栏中将"立体深度"设置为"20"，得到如图11-69所示的效果。

　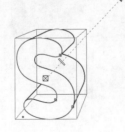

图11-69　创建立体化文本

Step 3 ▶ 在"立体化工具" 　的属性栏中单击"立体化倾斜"按钮 　，在弹出的面板中选中 ☑ 使用斜角修饰边 复选框，在其后的"斜角修饰边深度"和"斜角修饰边角度"数值框中分别输入"1.0mm"和"45.0°"，得到如图11-70所示的切角效果。

图11-70　添加斜角修饰边

Step 4 ▶ 使用"立体化工具" 　单击其他字母，在属性栏中单击"复制立体化属性"按钮 　，再单击字母图形S，将其立体属性复制给其他字母图形，得到如图11-71所示的效果。

图11-71　设置字母立体效果

Step 5 ▶ 使用"立体化工具" 　单击字母图形S，双击立体模型中心，模型四周会出现一个绿色旋转框，调整立体模型的方向，得到如图11-72所示的效果。使用同样的方法旋转其他立体模型，调整各字母的大小、位置与旋转角度，得到如图11-73所示的效果。

图11-72　旋转立体模型 　　　图11-73　组合字母

Step 6 ▶ 选择字母S，按Ctrl+K组合键将立体模型

都打散。为立体侧面创建渐变填充，设置起点到终点的CMYK值为"61、0、98、0"和"61、0、98、0"，将渐变填充效果复制到其他立体侧面，如图11-74所示。

充与阴影效果到其他字母，完成其他字母的制作，如图11-78所示。

图11-74　为立体侧面创建渐变填充

图11-77　创建阴影　　图11-78　制作其他字母效果

Step 7 ▶ 将切角面图形填充为"白色"，取消字母"S"的所有轮廓，选择原形S，在"编辑填充"对话框中单击"底纹填充"按钮 ，在"底纹"列表框中选择如图11-75所示的选项。将"密度"更改为"3"，设置"色调"为"0、24、95、0"，设置"亮度"为"94、49、100、15"，单击 确定 按钮。复制立体侧面，调整叠放顺序，将底纹效果复制到复制的立体侧面上，并设置透明度为"80%"，如图11-76所示。

Step 9 ▶ 创建页面背景矩形，为其创建椭圆形渐变填充，设置起点到终点的CMYK值为"73、41、100、3"和"0、0、0、100"，如图11-79所示。复制"藤蔓.cdr"文档中的图形，将其置于立体字母图形的下方，完成本例的操作，如图11-80所示。

图11-79　创建渐变背景　　图11-80　置入藤蔓效果

11.4.2　设置立体化属性

创建立体化效果后，可通过"立体化工具" 属性栏，或选择"效果" / "立体化"命令，在打开的"立体化"泊坞窗中对立体化的参数进行设置，其属性栏如图11-81所示。

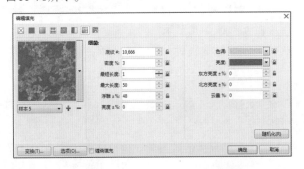

图11-75　底纹填充　　　　图11-76　设置底纹透明

图11-81　"立体化工具"属性栏

💬 **知识解析：立体化工具属性栏选项介绍** ·········

Step 8 ▶ 按Ctrl+U组合键群组图形S的所有对象，使用"阴影工具" 在图形中心向右下方拖动鼠标创建阴影效果，如图11-77所示。复制字母图形S的填

◆ "预设"下拉列表框：选择对象后，在该下拉列表框中可使用预设的立体化样式，如图11-82所示为应用立体左上的效果。

图11-75　底纹填充　　图11-76　设置底纹透明

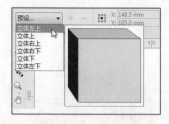

图11-82 应用预设立体化效果

◆ "添加预设"按钮 ➕：单击该按钮，将当前选择的立体化效果保存为预设。

◆ "删除预设"按钮 ➖：单击该按钮，可删除自定义的预设立体化效果。

◆ "立体化类型"下拉列表框：创建立体化效果后，在该下拉列表框中可选择对应的立体化类型应用到对象上，如图11-83所示。

图11-83 设置立体化类型

◆ "灭点坐标"数值框：灭点是指对象透视线相交的消失点，用"×"标记表示，如图11-84所示。在"灭点坐标"的x、y数值框中输入数值可确定立体化效果的灭点位置。

◆ "灭点属性"下拉列表框：在该下拉列表框中可以更改灭点属性，如"灭点锁定到对象"、"灭点锁定到页面"、"复制灭点，自..."和"共享灭点"4个选项，如图11-85所示。

图11-84 设置灭点坐标　图11-85 灭点属性设置面板

◆ "页面或对象灭点"按钮 ：单击该按钮，可将灭点锁定到对象或页面中。

◆ "深度"数值框：在该数值框中输入数值可调整立体化效果的深度，如图11-86所示。最大值为99，最小值为1。

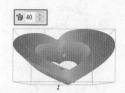

图11-86 设置立体化深度

◆ "立体化旋转"按钮 ：单击该按钮，在打开的面板中可旋转立体化对象的透视角度。

◆ "立体化颜色"按钮 ：单击该按钮，在打开的面板中可设置立体化对象的颜色。

◆ "立体化倾斜"按钮 ：单击该按钮，在打开的面板中可设置立体化对象的斜边效果。

◆ "立体化照明"按钮 ：单击该按钮，在打开的面板中可以为立体化对象添加光照效果，使立体化效果更加强烈。

◆ "清除立体化"按钮 ：单击该按钮，可清除选择对象的立体化效果。

◆ "复制立体化属性"按钮 ：单击该按钮，可将目标对象的立体化效果复制到选择的对象上。

11.4.3 操作立体化灭点

除了移动灭点的位置外，还可在属性栏中的"灭点属性"下拉列表框中选择相应的选项，复制、锁定或共享灭点，下面分别进行介绍。

◆ 灭点锁定到对象：选择"灭点锁定到对象"选项，可将立体化对象的灭点锁定到对象上，即移动对象时，灭点跟着移动，不会改变立体化效果，如图11-87所示。

读书笔记

图11-87 灭点锁定到对象

◆ **灭点锁定到页面**：选择"灭点锁定到页面"选项，可将灭点锁定到页面上，灭点不会随对象位置的移动而移动，当对象移动时，立体效果也会发生相应变化，如图11-88所示。

图11-88 灭点锁定到页面

◆ **复制灭点属性**：选择立体化对象，选择"复制灭点，自…"选项，鼠标光标呈 状态，单击目标对象，可将目标立体化对象的灭点属性复制到选择的立体化对象上，如图11-89所示。

图11-89 复制灭点属性

◆ **共享灭点**：选择立体化对象，选择"共享灭点"选项，单击目标立体化对象，可使选择对象共用目标立体化对象的灭点，在移动任意对象的灭点时，共享的其他对象的灭点也会发生变化，如图11-90所示。

图11-90 共享灭点

11.4.4 旋转立体化效果

选择立体化对象，打开"立体化"泊坞窗，在其中单击"立体化旋转"按钮 ，打开旋转面板，然后使用鼠标左键拖动面板中的立体化数字"3"，即可在页面中通过虚线框预览旋转立体化效果，确认无误后单击 应用 按钮即可，如图11-91所示。

图11-91 旋转立体化效果

💬 **知识解析：三维旋转面板介绍** ·······················•

◆ "**重置**"**按钮** ：进行拖动旋转后，单击该按钮，可恢复到旋转前的正"3"效果。

◆ "**旋转值**"**按钮** ：单击该按钮，将打开"旋转值"面板，在其中输入旋转的x、y、z坐标值可进行精确旋转。

◆ 编辑 **按钮**：单击 应用 按钮后，立体化数字"3"呈灰色不可用状态，单击该按钮，可激活旋转设置，继续进行旋转操作。

◆ 应用 **按钮**：单击该按钮，可应用旋转设置。

11.4.5 调整立体化颜色

在"立体化工具" 的属性栏中单击"立体化颜色"按钮 ，在弹出的"颜色"面板中提供了3种立体化颜色的方式，包括使用对象填充、使用纯色填充和使用递减的颜色填充，下面分别进行介绍。

◆ **使用对象填充**：单击"使用对象填充"按钮 ，可使用文本的填充颜色来填充立体化部分，如

图11-92所示。为了突出立体化效果，应避免使用纯色填充立体化对象。

图11-92 使用对象填充

◆ 使用纯色填充：单击"使用纯色填充"按钮 ，可在面板的第一个颜色下拉列表框中设置立体部分的颜色，如图11-93所示。

图11-93 使用纯色填充

◆ 使用递减的颜色填充：单击"使用递减的颜色填充"按钮 ，可在面板的两个颜色下拉列表框中设置立体部分渐变的两种颜色，如图11-94所示。

图11-94 使用递减的颜色填充

11.4.6 添加斜角修饰边

在"立体化工具" 的属性栏中单击"立体化倾斜"按钮 ，在弹出的面板中选中 ☑使用斜角修饰边 复选框，在其后的"斜角修饰边深度"和"斜角修饰边角度"数值框中可设置斜边的深度和角度，如图11-95所示。

图11-95 添加斜角修饰边

技巧秒杀

添加斜角修饰边，在属性栏中单击"立体化颜色"按钮 ，在弹出的"颜色"面板底部单击"对斜角边使用立体填充"按钮 ，在其后的下拉列表框中可设置斜角边的填充颜色，如图11-96所示。

图11-96 设置斜切边颜色

11.4.7 添加光源

在"立体化工具" 的属性栏中单击"立体化照明"按钮 ，在打开的面板中单击光源图标，使用鼠标在右边的预览框中将光源图标拖动至需要的位置，即可为其添加光源效果。添加光源后，单击选择光源，可在下方的"强度"数值框中设置光线的强度，如图11-97所示。最多可以添加3个光源，添加光源后，光源的另一面将添加阴影效果。

图11-97 添加光源

11.5 斜角效果

对图形添加斜角效果，可以创建出不同的三维立体化效果。斜角效果广泛应用于产品设计、网页按钮设计和字体设计等领域中。在CorelDRAW X7中，用户可以创建两种类型的斜角效果，即柔和斜角效果和浮雕效果，下面分别进行介绍。

11.5.1 创建柔和斜角效果

选择对象，选择"效果"/"斜角"命令，打开"斜角"泊坞窗，在"斜角"泊坞窗的"样式"下拉列表框中选择"柔和边缘"选项，继续设置斜角偏移、阴影颜色和光源控件等参数，单击 应用 按钮，即可添加柔和斜角效果，如图11-98所示。

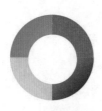

图11-98 创建柔和斜角效果

💬 **知识解析**：斜角设置选项介绍

◆ ◎ **到中心** 单选按钮：选中该单选按钮，可以从中心开始创建斜角，如图11-99所示。

图11-99 从中心开始创建斜角

◆ ◎ **距离** 单选按钮：选中该单选按钮，可以从对象偏移的边缘开始创建斜角，在后面的数值框中可

以设置斜面的宽度，如图11-100所示。

图11-100 从边缘开始创建斜角

◆ **"阴影颜色"** 下拉列表框：在该下拉列表框中可以设置斜面的阴影颜色，如图11-101所示。

图11-101 设置斜角阴影颜色

◆ **"光源颜色"** 下拉列表框：在该下拉列表框中可以设置聚光灯的颜色，该颜色将笼罩在对象上，如图11-102所示。

图11-102 设置斜角光源颜色

◆ **"强度"** 数值框：输入数值将改变光源的强度，值越大，光源越强，对象颜色越浅，范围为0～100。

◆ **"方向"** 数值框：输入数值将改变光源的方向，范围为0～360。

◆ **"高度"** 数值框：输入数值将改变光源的高度，范围为0～99。

技巧秒杀

创建柔和斜角效果后，用户不能删除斜角效果，若要删除可按Ctrl+K组合键拆分斜角效果，然后将斜角效果删除即可。

11.5.2 创建浮雕斜角效果

选择对象，选择"效果"/"斜角"命令，打开"斜角"泊坞窗，在"斜角"泊坞窗的"样式"下拉列表框中选择"浮雕"选项，设置斜角偏移、阴影颜色和光源控件等参数，单击 应用 按钮，即可添加浮雕斜角效果，如图11-103所示。

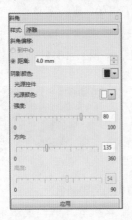

图11-103 创建浮雕斜角效果

实例操作：制作金属字

● 光盘\素材\第11章\星空\   ● 光盘\效果\第11章\星空.cdr
● 光盘\实例演示\第11章\制作金属字

本例将为输入的文本创建浮雕斜角效果，制作三维立体的金属字效果，如图11-104所示。

图11-104 金属字效果

Step 1 ▶ 新建空白文档，导入"星空.jpg"图片，如图11-105所示。在图片上输入文本，在属性栏中将字体设置为"Times New Roman"，字号设置为"99pt"，得到如图11-106所示的效果。

图11-105 导入图片   图11-106 输入文本

Step 2 ▶ 选择输入的文本，打开"编辑填充"对话框，设置渐变填充，设置第1个节点的CMYK值为"70%黑"，设置第3、5、7、9个节点的CMYK值均为"50%黑"，其余节点为"白色"，旋转角度为"57°"，单击 确定 按钮，得到如图11-107所示的效果。

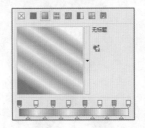

图11-107 渐变填充文本

Step 3 ▶ 选择文本，选择"效果"/"斜角"命令，打开"斜角"泊坞窗，在"斜角"泊坞窗的"样式"下拉列表框中选择"浮雕"选项，设置"斜角偏移"距离为"1.0mm"，设置"阴影颜色"为"黑色"，"光源颜色"为"白色"，设置"强度"、"方向"和"高度"分别为"40"、"315"和"0"，单击 应用 按钮，得到如图11-108所示的斜角效果。

图11-108 创建浮雕斜角效果

Step 4 ▶ 复制"标志.cdr"文档中的标志图案，将其置于文本上方，在文本上方和下方绘制矩形条，并设置矩形条粗细，然后取消轮廓，填充为黑色，如图11-109所示。右键拖动文本到矩形条和标志图形上，释放鼠标，在弹出的快捷菜单中选择"复制填充"命令，得到如图11-110所示的效果。完成本例的制作。

图11-109 绘制矩形

图11-110 复制渐变填充

知识大爆炸
——区分三维与二维

在CorelDRAW X7中绘制的图形大多为二维图形，即平面图，只有x轴、y轴，分别表示长度与宽度，如图11-111所示。创建立体化效果后，就有了三维图形的特征。三维是指在平面二维系中又加入了一个方向向量构成的空间系。三维的坐标轴有3个轴，即x轴、y轴、z轴。其中，x表示左右空间，y表示上下空间，z表示前后空间，如图11-112所示。

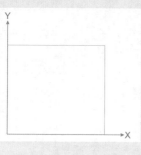

图11-111 二维效果

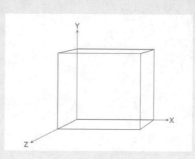

图11-112 三维效果

读书笔记 ▶

01 02 03 04 05 06 07 08 09 10 11 **12** 13······

位图处理

本章导读 ●

　　位图和矢量图的部分操作是一样的，如移动、缩放、裁剪等。若这些编辑不能满足需要，可通过CorelDRAW X7提供的位图处理功能，进行进一步的编辑，如位图的矫正、边框扩充、位图的颜色处理和色调调整等。此外，为了适应文档的需要，用户还可自由转换矢量图与位图。

12.1 位图与矢量图的相互转换

CorelDRAW X7允许矢量图和位图相互转换。通过将矢量图转换为位图，可以应用位图处理的效果，如颜色处理、滤镜添加等；而将位图转换为矢量图后，可进行填充、变形和特效添加等操作。下面分别进行介绍。

12.1.1 矢量图转换为位图

利用CorelDRAW X7绘制的图形为矢量图，也可根据需要将其转换为位图，以方便其他图形处理软件的浏览与使用。选择该图形，选择"位图"/"转换为位图"命令，即可打开"转换为位图"对话框，在其中可对颜色模式、分辨率、背景透明度和光滑处理等位图属性进行设置，单击 确定 按钮，即可转换为位图。转换为位图后，即可调整图形色调与颜色模式等，如图12-1所示。

图12-1 矢量图转换为位图

💬知识解析：**"转换为位图"对话框介绍** ⋯⋯⋯⋯●

◆ **"分辨率"数值框**：设置图形转换为位图后的清晰度，值越大图形越清晰。

◆ **"颜色模式"下拉列表框**：用于设置图形转换为位图后的颜色模式。

◆ ☑**递色处理的(D) 复选框**：选中该复选框，将以模拟的颜色块来显示更多的颜色。该选项只在选择颜

色模式的颜色位图少于256色时才能激活。如图12-2所示为选中前后的区别。

图12-2 递色处理前后的效果

◆ ☑**总是叠印黑色(Y) 复选框**：选中该复选框，可以避免在印刷时套版不准或露白现象。该选项只在选择颜色模式为"GBR色"或"CMYK色"时才能激活。

◆ ☑**光滑处理(A) 复选框**：选中该复选框，可以使图形转换为位图后，位图的边缘锯齿更少、更加平滑。

◆ ☑**透明背景(T) 复选框**：选中该复选框，可以使图形转换为位图后，对象边界框中空白部分呈透明显示。若不选中，显示为白色的背景，如图12-3所示。

图12-3 不透明和透明背景前后的效果

12.1.2 描摹位图

描摹位图功能可以将位图按不同的方式转换为矢量图，以便进行颜色填充、曲线造型等编辑。描摹位图主要有3种方式，即快速描摹位图、中心线描摹位图和轮廓描摹位图，下面分别进行介绍。

1. 快速描摹位图

选择需要转换的位图后，选择"位图"/"快速描摹"命令，或在属性栏中单击 ⿱描摹位图(T) 按钮，在弹出的下拉列表中选择"快速描摹"选项，即可快速将选择的位图转换为矢量图，如图12-4所示。

图12-4　快速描摹位图

技巧秒杀

快速描摹位图后，描摹的矢量图是重叠在原图上的，且呈群组状态，若要进行编辑，可将其移开，并按Ctrl+U组合键取消群组状态。

2. 中心线描摹位图

中心线描摹位图是利用线条的形式来描摹图像，一般用于制作技术图解、线描画或拼板等。选择需要转换的位图后，选择"位图"/"中心线描摹"命令，在弹出的子菜单中提供了两种预设图像类型，即技术图解和线条画，其区别如下。

◆ **技术图解**：选择该图像类型后，可使用很细很淡的线条来描摹黑白图解。

◆ **线条画**：选择该图像类型后，可以使用粗且突出的线条来描摹黑白草图。

在"中心线描摹"子菜单中选择任一命令，都将打开PowerTRACE对话框，在其中可设置跟踪控件的细节、线条平滑度和拐角平滑度等参数，设置完

成后单击 确定 按钮，即可完成中心线描摹位图，如图12-5所示。

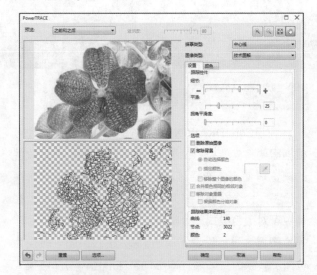

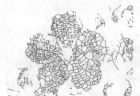

图12-5　中心线描摹位图

3. 轮廓描摹位图

轮廓描摹位图可应用无轮廓的闭合曲线来描摹图像。选择位图，选择"位图"/"轮廓描摹"命令，在弹出的子菜单中提供了6种预设的图像类型，包括线条图、徽标、详细徽标、剪贴画、低质量图像和高质量图像，其区别如下。

◆ **线条图**：选择该图像类型后，可描摹黑白草图和图解，如图12-6所示。

图12-6　线条图

◆ 徽标：选择该图像类型后，可描摹细节和颜色较少的简单徽标，如图12-7所示为徽标描摹效果。

图12-7　徽标描摹

◆ 详细徽标：选择该图像类型后，可描摹颜色较为丰富的复杂精致徽标。

◆ 剪贴画：选择该图像类型后，可根据复杂程度、细节量和颜色数量来描摹常见的对象，如图12-8所示。

图12-8　剪贴画描摹

◆ 低质量图像：选择该图像类型后，可描摹细节不足或相对模糊的照片，如图12-9所示。

图12-9　低质量图像描摹

◆ 高质量图像：选择该图像类型后，可描摹高质量、超精细的相片，如图12-10所示。

图12-10　高质量图像描摹

在执行轮廓描摹位图时，也将打开PowerTRACE对话框，在其中可设置跟踪控件的细节、线条平滑度和拐角平滑度等参数，设置完成后单击 确定 按钮，即可完成轮廓描摹位图，如图12-11所示。

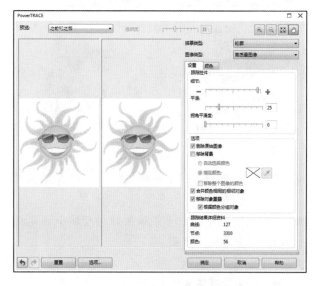

图12-11　轮廓描摹位图

💬知识解析：PowerTRACE对话框介绍 ·············

◆ "预览"下拉列表框：在该下拉列表框中可以选择描摹的预览模式。其中，"之前和之后"选项为默认预览模式，描摹对象和描摹结果排列在预览区内。"较大预览"选项将描摹结果最大化显示，方便查看细节，如图12-12所示；"线框叠加"选项将描摹效果置于描摹效果之后，描摹效果以轮廓线形式显示，如图12-13所示。

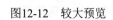

图12-12　较大预览　　　　图12-13　线框叠加

◆ "透明度"数值框：当选择"线框叠加"预览模式可激活透明度设置，值越大，图片底片的透明度越高，如图12-14所示。

图12-14 线框叠加透明度

◆ "放大"按钮：单击该按钮，可放大预览视图，以查看细节。

◆ "缩小"按钮：单击该按钮，可缩小预览视图，以查看整体效果。

◆ "按窗口大小显示"按钮：单击该按钮，可将预览视图按预览窗口大小显示。

◆ "平移"按钮：在预览视图放大后，单击该按钮可平移视图。

◆ "描摹类型"下拉列表框：在快速描摹、中心线描摹和轮廓描摹之间切换。

◆ "图像类型"下拉列表框：选择"描摹类型"后，可在该下拉列表框中设置描摹的图像类型。

◆ "细节"数值框：输入数值或拖动滑块设置描摹的精细程度，值越大，描摹速度越慢。

◆ "平滑"数值框：输入数值或拖动滑块设置描摹效果中线条的平滑程度，值越大，平滑度越高，平滑细节也会减少。

◆ "拐角平滑度"数值框：输入数值或拖动滑块设置描摹效果拐角处的平滑度。

◆ 删除原始图像 复选框：选中该复选框，可在描摹后删除原对象。

◆ 移除背景 复选框：选中该复选框，可在描摹效果中删除背景色块。

◆ 自动选择颜色 单选按钮：选中该单选按钮，可在描摹对象后删除系统默认的背景颜色，通常为白色，如图12-15所示，方格表示透明区域。

图12-15 删除系统识别的背景

◆ 指定颜色 单选按钮：选中该单选按钮，单击其后的"滴管"按钮，可在图像中指定要删除的颜色。

◆ 移除整个图像的颜色 复选框：选中该复选框，可根据选择的颜色删除描摹中所有相同区域，如图12-16所示。

图12-16 删除指定颜色区域

◆ 合并颜色相同的相邻对象 复选框：选中该复选框，可合并描摹中颜色相同且相邻的区域。

◆ 移除对象重叠 复选框：选中该复选框，可删除对象间重叠的部分，以简化描摹对象。

◆ 根据颜色分组对象 复选框：选中该复选框，可根据颜色来区分对象进行移除重叠操作。

◆ 跟踪结果详细资料：显示描摹对象的信息，包括曲线、节点和颜色数目。

◆ "颜色模式"下拉列表框：在PowerTRACE对话框中选择"颜色"选项卡，将打开"颜色"面板，如图12-17所示。在"颜色模式"下拉列表框中可设置描摹的颜色模式。

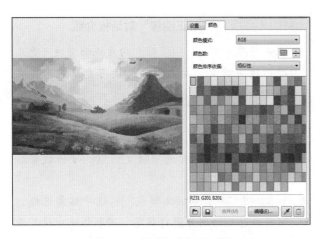

图12-17　描摹颜色设置面板

◆ "颜色数"数值框：输入数值设置描摹显示的颜色数量，最大值为图像本身包含的颜色数量。

◆ "颜色排序依据"下拉列表框：用于选择排序的方式。

◆ "打开调色板"按钮：单击该按钮，可以打开其他保存的调色板。

◆ "保存调色板"按钮：单击该按钮，可将描摹对象的颜色保存到调色板。

◆ 合并(M) 按钮：在颜色面板中按住Ctrl键单击选择多个颜色，单击该按钮，可将选择的多个颜色合并为一个颜色。

◆ 编辑(E)... 按钮：单击该按钮，可编辑或修改选中的颜色。

◆ "选择颜色"按钮：单击该按钮，可以从描摹对象上吸取颜色。

◆ "删除颜色"按钮：单击该按钮，可删除选择的颜色。

◆ "撤销"按钮：单击该按钮，可回到上一步操作。

◆ "重做"按钮：单击该按钮，可重做撤销步骤。

◆ 重置 按钮：单击该按钮，可回到描摹设置前的状态。

◆ 选项... 按钮：单击该按钮，可打开"选项"对话框。默认展开PowerTRACE选项，在其中可设置快速描摹方法、描摹性能、合并颜色，如图12-18所示。

图12-18　设置PowerTRACE选项

12.2 位图处理

在导入位图后，用户可以对其进行重新取样、裁剪、位图边框填充和变换等编辑操作，使其更加满足文档编辑的需要。

12.2.1 重新取样位图

导入位图后，用户可以重新调整位图的尺寸和分辨率。选择导入的位图，选择"位图"/"重新取样"命令，即可打开"重新取样"对话框，在其中重新设置图像大小和分辨率，单击 确定 按钮，即可完成重新取样，如图12-19所示。

图12-19　"重新取样"对话框

💬 知识解析： **"重新取样"对话框介绍** ●

- ☑光滑处理(A) 复选框：选中该复选框，可在调整图像大小和分辨率后消除图像的锯齿。

- ☑保持纵横比(M) 复选框：选中该复选框，可在设置图像大小和分辨率时保持原图的纵横比例。

- ☑保持原始大小(S) 复选框：选中该复选框，可只调整分辨率，不调整图像大小。

技巧秒杀

用户也可使用调整矢量图的方法缩放图像、移动图像、旋转图像、倾斜或裁剪图像。

12.2.2 矫正位图

当导入的位图出现镜头畸变、倾斜或有白边时，用户可以选择"位图"/"矫正图像"命令，打开"矫正图像"对话框，在其中设置旋转角度进行大致纠正，再设置更正镜头畸变、裁剪与网格参数，设置完成后，单击 确定 按钮即可，如图12-20所示。

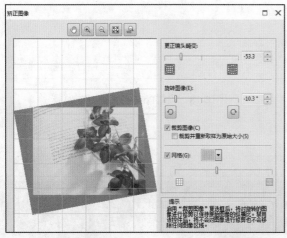

图12-20 矫正位图

💬 知识解析： **"矫正图像"对话框介绍** ●

- **"更正镜头畸变"数值框**：向左拖动滑块可更正桶形镜头畸变，向右拖动滑块可更正枕形镜头畸变。

- **"旋转图像"数值框**：输入数值或拖动滑块来旋转图像角度，预览图像的灰色区域为裁剪部分。

- ☑裁剪图像(C) 复选框：选中该复选框，可将裁剪后的效果预览显示。

- ☑裁剪并重新取样为原始大小(S) 复选框：选中该复选框，可将旋转后的图片进行裁剪，若取消选中该复选框，则只进行旋转操作。

- ☑网格(G): 复选框：选中该复选框，可设置网格的颜色与大小。网格越小，旋转调整越精确。

技巧秒杀

用户不仅可以使用裁剪工具裁剪规矩的位图形状，还可使用形状工具对位图进行调整。

12.2.3 位图边框扩充

在编辑位图时，可使用位图边框扩充功能快速为位图创建白色边框效果。位图边框扩充有两种方式，即自动扩充位图边框和手动扩充位图边框，下面分别进行介绍。

1. 自动扩充位图边框

选择位图，选择"位图"/"位图边框扩充"/"自动扩充位图边框"命令，当命令前出现勾选标记时，表示该命令为激活状态。自动扩充位图边框的效果较为细微，默认情况下，导入的图片均应用了自动扩充位图边框的效果。

2. 手动扩充位图边框

选择位图，选择"位图"/"位图边框扩充"/"手动扩充位图边框"命令，在打开的对话框中可更改扩充边框的高度和宽度，设置完成后单击 确定 按钮，即可完成手动扩充位图边框，效果如图12-21所示。

图12-21　手动扩充位图边框

图12-23　素材效果　　　　图12-24　选择命令

在进行手动扩充边框时，在"位图边框扩充"对话框中选中  复选框，可以按原图的宽高比例进行扩充。

Step 2 ▶ 打开"图像调整实验室"对话框，在右侧设置"温度"为"8000"，"亮度"为"57"，"对比度"为"16"，"高光"为"90"，其余参数均为"0"，在左侧可预览图片设置效果，如图11-25所示。

12.2.4　位图自动调整

选择位图，选择"位图"/"自动调整"命令，可快速调整图像的颜色和对比度，使其色彩更加自然、逼真，如图12-22所示为调整前后的对比效果。

图12-22　位图自动调整

12.2.5　图像调整实验室

"图像调整实验室"功能包含位图调整的多种功能，如调整位图的亮度、饱和度和对比度等。

实例操作：提高图像亮度

● 光盘\素材\第12章\沙滩风光.jpg ● 光盘\效果\第12章\沙滩风光.jpg
● 光盘\实例演示\第12章\提高图像亮度

本例将利用"图像调整实验室"功能对"沙滩风光.jpg"图片进行处理，使原本灰暗的照片变得更加明亮、美观。

Step 1 ▶ 新建空白文档，导入"沙滩风光.jpg"图片，效果如图12-23所示。选择位图，选择"位图"/"图像调整实验室"命令，如图12-24所示。

图12-25　使用图像调整实验室调整图片

Step 3 ▶ 调整完成后单击 确定 按钮，返回操作界面，效果如图12-26所示。选择调整后的图片，选择"文件"/"导出"命令，在打开的对话框中设置导出图片的路径和名称，设置"保存类型"为"JPG-JPEG位图"，选中 只是选定的(O) 复选框，如图12-27所示。依次单击 导出 和 确定 按钮，完成图片的导出。

图12-26　图片调整效果　　　　图12-27　导出图片

💬知识解析："图像调整实验室"对话框选项介绍·•

◆ 自动调整(A) 按钮：单击该按钮，可自动调整图片颜色、对比度等参数。

◆ "选择白点"按钮 ✐：单击该按钮，可在图片中最亮的部分单击，软件将自动调整对比度。

◆ "选择黑点"按钮 ✐：单击该按钮，可在图片最暗的部分单击，软件将自动调整对比度。

◆ 创建快照(P) 按钮：单击该按钮，可为当前设置创建预览效果，并显示在预览区域的下方，用户可对不同设置效果分别创建快照，方便进行效果的对比，单击需要的效果，即可切换到对应快照的预览，如图12-28所示。

图12-28　创建快照

12.2.6 使用位图颜色遮罩

使用位图颜色遮罩功能，用户可以将指定的颜色进行隐藏或显示，以改变位图的视觉效果。

🎬实例操作：隐藏图片背景颜色

● 光盘\素材\第12章\杯子.jpg　　● 光盘\效果\第12章\杯子.cdr
● 光盘\实例演示\第12章\隐藏图片背景颜色

本例将利用"位图颜色遮罩"功能对"杯子.jpg"图片进行处理，隐藏图片背景中的部分颜色。

Step 1 ▶ 新建空白文档，导入"杯子.jpg"图片，选择图片，选择"位图"/"位图颜色遮罩"命令，打开"位图颜色遮罩"泊坞窗，选中 ◉隐藏颜色 单选按钮，在列表框中选择第一项选项，单击 ✐ 按钮，在杯子右侧单击吸取隐藏的颜色，如图12-29所示。

图12-29　吸取隐藏的颜色

Step 2 ▶ 吸取颜色后，选中颜色前的复选框，拖动下方的滑块，将"容限"设置为"8"，单击 应用 按钮，即可查看颜色隐藏效果，如图12-30所示。

图12-30　设置颜色隐藏容限

Step 3 ▶ 在列表框中选择第二个选项，单击 ✐ 按钮，在杯子下方单击吸取隐藏的第二种颜色，选中颜色前的复选框，拖动下方的滑块，将"容限"设置为"13"，单击 应用 按钮，即可查看第二种颜色的隐藏效果，如图12-31所示。

图12-31　设置第二种隐藏颜色

💬 **知识解析：** "位图颜色遮罩" 泊坞窗介绍 ·······●

◆ 🔘隐藏颜色 单选按钮：选中该单选按钮，在下面的列表框中可设置图片隐藏的颜色。

◆ 🔘显示颜色 单选按钮：选中该单选按钮，在下面的面板中可设置图片显示的颜色，如图12-32所示。

图12-32　设置图片显示的颜色

◆ "颜色选择" 按钮🖊️：选择颜色条后，单击该按钮，可在图片中吸取显示或隐藏的颜色。

◆ "编辑颜色" 按钮🖋️：选择颜色条后，单击该按钮，在打开的对话框中可对颜色条中的颜色进行编辑。

◆ "保存遮罩" 按钮💾：单击该按钮，可对选择的颜色遮罩进行保存。

◆ "打开遮罩" 按钮📂：单击该按钮，可打开电脑中保存的颜色遮罩。

◆ "删除遮罩" 按钮🗑️：单击该按钮，可删除选择的颜色遮罩。

12.2.7 转换位图模式

　　CorelDRAW X7提供了丰富的位图颜色模式，在第1章的1.2节对各颜色模式的含义进行了介绍，这里不再赘述。选择位图，选择 "位图" / "模式" 命令，在弹出的子菜单中即可对位图的颜色模式进行转换。但在转换为黑白或双色模式时，需要对参数进行设置，下面分别进行介绍。

1. 转换为黑白模式

　　选择位图，选择 "位图" / "模式" / "黑白" 命令，将打开 "转换为1位" 对话框，如图12-33所示。在其中对转换方法、强度、屏幕类型等参数进行设置

后，单击 [确定] 按钮，即可完成黑白模式的转换。

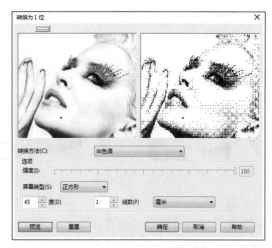

图12-33　"转换为1位" 对话框

💬 **知识解析：** "转换为1位" 对话框选项介绍 ·······●

◆ "转换方法" 下拉列表框：在该下拉列表框中可以选择7种转换方法，不同的转换方法将得到不同的转换效果，如图12-34所示。

图12-34　设置转换方法

◆ "阈值" 数值框：当选择线条图的转换方式时，可通过调整阈值来分隔黑色和白色的范围，值越大，黑色区域的灰色阶级越多，反之越少，如图12-35所示。

图12-35　设置阈值

◆ "强度"数值框：设置运算形成偏差扩散的强度，值越小，扩散越小，反之越大，如图12-36所示为强度分别为71、100的效果。

图12-36　设置强度

◆ "屏幕类型"下拉列表框：在"半色调"转换方法下，可以选择相应的屏幕模式来丰富转换效果，如图12-37所示为固定的8×8的屏幕类型效果。

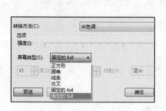

图12-37　设置屏幕类型

◆ "分栏"按钮 ▭：位于对话框左上角，单击可将原图和效果对比显示，再次单击该按钮，可只显示调整效果。

◆ 预览 按钮：设置完成后，单击该按钮，可预览设置效果，再次单击可显示原图像。

◆ 重置 按钮：设置完成后，单击该按钮，可恢复到设置前的状态。

2. 转换双色图像

选择位图，选择"位图"/"模式"/"双色（8位）"命令，打开"双色调"对话框，设置色调类型，接着在下方的列表框中双击色块，在打开的对话框中设置色调的颜色，拖动右侧的曲线，调整双色效果，设置完成后单击 确定 按钮，即可完成双色模式的转换。

读书笔记

实例操作：转换双色图像

● 光盘\素材\第12章\旅行.jpg　　● 光盘\效果\第12章\旅行.cdr
● 光盘\实例演示\第12章\转换双色图像

本例将导入"旅行.jpg"图片，打开"双色调"对话框，将图片处理成绿色和紫色的双色调效果。

Step 1 新建空白文档，导入"旅行.jpg"图片，效果如图12-38所示。选择图片，选择"位图"/"模式"/"双色（8位）"命令，打开"双色调"对话框，在下方的列表框中将出现两个色调选项，如图12-39所示。

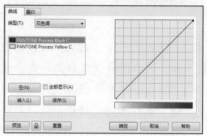

图12-38　素材效果　　图12-39　"双色调"对话框

Step 2 双击第一个颜色选项，打开"选择颜色"对话框，在其中设置颜色的CMYK值为"35、0、100、0"，单击 确定 按钮，返回"双色调"对话框，查看设置的色调效果，使用相同的方法设置第二种色调的CMYK值为"73、89、0、0"，如图12-40所示。

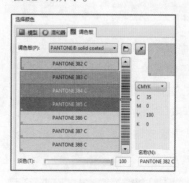

图12-40　设置色调

Step 3 在列表框中选择第一个颜色选项，曲线颜色变为选择的颜色，拖动右侧的曲线，将曲线节点拖动至"178、129"，调整该色调的颜色程度，如图12-41所示。

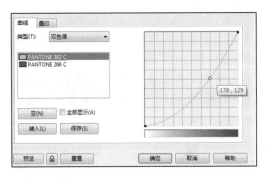

图12-41　调整第一种颜色程度

Step 4 ▶ 在颜色列表框中选择第二个颜色选项，使用相同的方法将曲线上的节点拖动至"101、72"，如图12-42所示。预览无误后，单击 确定 按钮，返回操作界面，查看双色调调整效果，如图12-43所示。

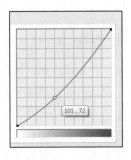

图12-42　调整第二种颜色程度　　图12-43　双色调效果

？答疑解惑：

曲线调整要注意什么？

曲线调整时，可拖动曲线上的其他位置添加点，左边的点为高光区域，中间为灰度区域，右边的点为暗部区域。在调整时注意调节点在3个区域的颜色比例和深浅度，在预览视图中查看调整效果。

12.2.8　编辑位图

选择导入的位图，选择"位图"/"编辑位图"命令，或在属性栏中单击 编辑位图(E)... 按钮，可将位图转到CorelPHOTO-PAINT X7软件中进行编辑，如图12-44所示。编辑完成后，单击 完成编辑 按钮，即可转到CorelDRAW X7中。

图12-44　编辑位图

技巧秒杀

在CorelPHOTO-PAINT X7中编辑位图时，可在选择相应工具后，选择"帮助"/"提示"命令，在打开的"提示"泊坞窗中学习该工具。

读书笔记

12.3　调整位图颜色

在CorelDRAW X7中可以多方位调整位图的颜色，如高反差、局部平衡、调和曲线、伽玛值、替换颜色、取消饱和等，使位图的颜色更加丰富化。

12.3.1　高反差

"高反差"通过调整位图输出颜色的浓度、位图最暗区域和最亮区域颜色的浓淡分布，从而调整位图的亮度、对比度和强度，使高光区域和阴影区域的细节不被丢失。

实例操作：调整图片反差

● 光盘\素材\第12章\途中.jpg　　● 光盘\效果\第12章\途中.cdr
● 光盘\实例演示\第12章\调整图片反差

　　本例将使用"高反差"功能对位图的明暗部颜色进行调整，使位图的颜色反差更加强烈，效果更加完美。

Step 1 ▶ 新建空白文档，导入"途中.jpg"图片，效果如图12-45所示。选择位图图片，选择"效果"/"调整"/"高反差"命令，如图12-46所示。

图12-45　素材效果　　　图12-46　选择"高反差"命令

Step 2 ▶ 打开"高反差"对话框，选中 ◉ 设置输入值(I) 单选按钮，单击"深色吸管"按钮，在位图颜色最深处单击，这里单击行李箱下面区域，将输入裁剪的最小值设置为"5"，再单击"浅色吸管"按钮，然后在位图颜色最浅处单击，这里在太阳中心最亮处单击，将输入裁剪的最大值设置为"219"，如图12-47所示。

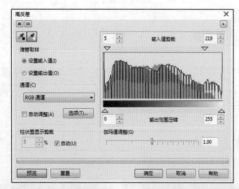

图12-47　吸取最暗区域和最亮区域的颜色值

Step 3 ▶ 在"伽玛值调整"数值框中输入"0.85"，在"通道"下拉列表框中选择"RGB通道"选项，单击 选项(T)... 按钮，在打开的对话框中将"黑色限定"和"白色限定"均设置为"1"，如图12-48所示。依次单击 确定 按钮，返回操作界面，查看设置的高反差效果，如图12-49所示。

图12-48　设置通道限定　　　图12-49　高反差效果

💬 **知识解析："高反差"对话框选项介绍**

◆ "显示预览窗口"按钮：单击该按钮，可打开原图和调整后的效果预览窗口。再次单击可关闭预览窗口。

◆ "最大化预览窗口"按钮：单击该按钮，可最大化显示调整后的效果预览窗口。再次单击可切换到原图和效果图的对比预览窗口。

◆ "深色吸管"按钮：单击该按钮，可取样位图中的深色颜色值。

◆ "浅色吸管"按钮：单击该按钮，可取样位图中的浅色颜色值。

◆ ◉ 设置输入值(I) 单选按钮：选中该单选按钮，通过"深色吸管"和"浅色吸管"吸取颜色值，可重新分布位图颜色。

◆ ◉ 设置输出值(O) 单选按钮：选中该单选按钮，通过"深色吸管"和"浅色吸管"吸取颜色值，可设置输出值的通道值。

技巧秒杀

拖动柱状图上方滑块，或在上方的数值框中输入数值，可设置输入值；拖动柱状图下方的滑块，或在柱状图下方的数值框中输入数值，可设置输出值。

◆ "通道"下拉列表框：在该下拉列表框中可选择通道类型。其中，"RGB通道"用于整体调整位图的颜色范围和分布；"红色通道"用于整体调整位图红色通道的颜色范围和分布；"绿色通道"用于整体调整位图绿色通道的颜色范围和分布；"蓝色通道"用于整体调整位图蓝色通道的颜色范围和分布。设置通道后，设置输入值与伽玛值可调整通道显示亮度和范围，如图12-50所示为红色通道和绿色通道效果。

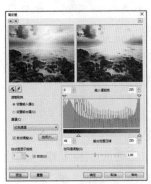

图12-50　红色通道和绿色通道效果

◆ ☑自动调整(A)复选框：选中该复选框，将自动调整当前色阶范围内的像素值。

◆ 选项(T)... 按钮：单击该按钮，将打开"自动调整范围"对话框，在其中可设置自动调整的色阶范围。

◆ "柱状图显示裁剪"数值框：在该数值框中可设置柱状图的显示大小，数值越大，柱状越高，选中其后的☑自动(U)复选框，可以将柱状裁剪设置为自动显示。

◆ "伽玛值调整"数值框：拖动滑块或输入数值可设置图像中所选颜色通道显示亮度和范围。

12.3.2　局部平衡

局部平衡是指通过提高图像各颜色边缘附近的对比度来调整图像的暗部和亮部区域中的细节。选择位图，选择"效果"/"调整"/"局部平衡"命令，打开"局部平衡"对话框，设置像素局部区域的高度与宽度值后单击 确定 按钮，即可调整局部平衡，如图12-51所示。

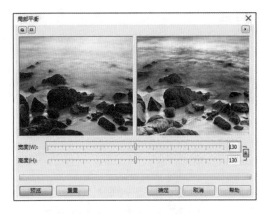

图12-51　调整局部平衡

12.3.3　取样/目标平衡

使用"取样/目标平衡"功能可以通过直接从图像中提取颜色样品来调整图像的颜色值，可以分别从暗色调、中间色调和浅色调中选取色样。

实例操作：更改花朵颜色

● 光盘\素材\第12章\玫瑰.jpg　　● 光盘\效果\第12章\玫瑰.cdr
● 光盘\实例演示\第12章\更改花朵颜色

本例将使用"取样/目标平衡"功能取样位图的暗色调、中间色调和浅色调，并编辑取样颜色，使粉红的玫瑰变为紫色玫瑰。

Step 1▶ 新建空白文档，导入"玫瑰.jpg"图片，如图12-52所示。选择位图图片，选择"效果"/"调整"/"取样/目标平衡"命令，如图12-53所示。

图12-52　素材效果　　　图12-53　选择相应命令

Step 2▶ 打开"样本/目标平衡"对话框，使用"黑色吸管"在图像深绿色区域单击，将颜色添加到"实例"和"目标"栏中。继续使用"中间色调吸管"在玫瑰中心单击，使用"白色吸管"在花瓣边缘单击，添加中间色调和浅色调，如图12-54所示。

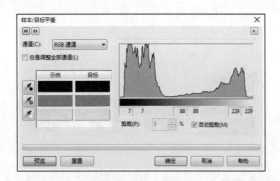

图12-54 取样颜色

Step 3 ▶ 在"目标"栏双击深绿色色块，打开"选择颜色"对话框，设置GRB颜色的值为"8、41、2"，单击 确定 按钮，返回"样本/目标平衡"对话框。用同样的方法设置"中间色调"目标色的GRB值为"164、29、237"，设置"浅色调"目标色的GRB值为"241、225、249"，在对话框左上角单击 按钮，展开预览框，查看设置效果，如图12-55所示。预览无误后单击 确定 按钮，完成操作。

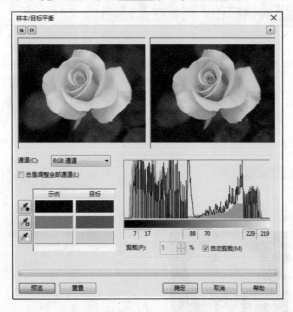

图12-55 编辑取样颜色

技巧秒杀

在编辑取样颜色后，可分别调整每个通道的目标颜色，调整完成后，再返回GRB通道进行微调。需注意的是，在调整过程中无法进行撤销操作，只能单击 重置 按钮进行重置。

12.3.4 调和曲线

使用"调和曲线"功能可以通过调整各通道的单个像素值来精确地修改图像的颜色，包括阴影、中间色调和高光等。

实例操作：处理图片为梦幻效果

● 光盘\素材\第12章\森林女孩.jpg ● 光盘\效果\第12章\森林女孩.cdr
● 光盘\实例演示\第12章\处理图片为梦幻效果

本例将使用"调和曲线"功能分别调整图片的蓝色通道和RGB通道曲线，处理成梦幻的意境效果，如图12-56所示。

图12-56 素材与效果

Step 1 ▶ 新建空白文档，导入并选择"森林女孩.jpg"图片，选择"效果"/"调整"/"调和曲线"命令，打开"调和曲线"对话框，展开预览框，在"活动通道"下拉列表框中选择"蓝色通道"选项，在左侧调整曲线的形状，如图12-57所示。

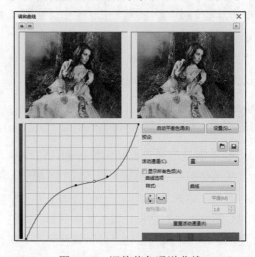

图12-57 调整蓝色通道曲线

在曲线编辑窗口中的曲线上单击鼠标左键，可添加控制点，除了移动控制点调整曲线的形状外，还可在单击控制点后，在下面的x和y数值框中输入数值进行调整。

Step 2 ▶ 在"活动通道"下拉列表框中选择RGB通道选项，在左侧曲线编辑窗口中调整曲线的形状，如图12-58所示。调整完成后，预览调整效果，单击 确定 按钮完成操作。

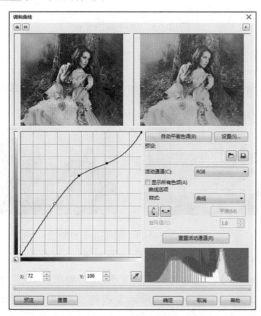

图12-58　调整RGB通道曲线

默认情况下，曲线的控制点向上移动可使图片变亮，反之变暗，S形的曲线可使图像中原来亮的部位越亮，而原来暗的部分越暗，提高图像的对比度。

💬 **知识解析：** "调和曲线"对话框介绍 ………………●

◆ 自动平衡色调(B) 按钮：单击该按钮，可在设置的范围内自动设置自动平衡色调。单击其后的 设置(S) 按钮，可在打开的对话框中设置自动调整的范围。

◆ **预设：** 设置通道后可在该栏设置保存曲线调整，

或打开保存的曲线调整。

◆ **"活动通道"下拉列表框：** 在该下拉列表框中可选择调整曲线的通道，包括RGB通道、红色通道、绿色通道和蓝色通道。

◆ ☑显示所有色频(A) **复选框：** 选中该复选框，可将所有活动通道显示在曲线调整窗口中，如图12-59所示。若未进行调整，显示的曲线将重叠在一起，且只有在选择对应通道后才能调整曲线。

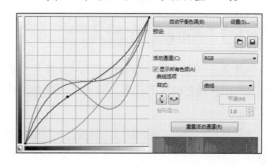

图12-59　显示所有色频

◆ 曲线**"样式"下拉列表框：** 在该下拉列表框中可选择曲线的调节样式，包括"曲线"、"直线"、"手绘"和"伽玛值"。如图12-60所示为直线效果。

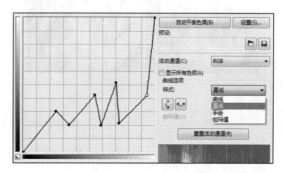

图12-60　曲线样式

◆ **"垂直翻转曲线"按钮** ：单击该按钮，可垂直翻转曲线编辑窗口中的曲线，如图12-61所示。

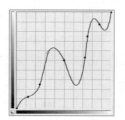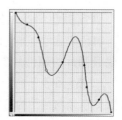

图12-61　垂直翻转曲线

◆ "水平翻转曲线"按钮 ⌒：单击该按钮，可水平翻转曲线编辑窗口中的曲线。

◆ 平滑(M) 按钮：当选择手绘曲线时，单击该按钮，可平滑手绘曲线。

◆ "伽玛值"数值框：当选择伽玛值曲线时，单击可在该数值框中设置曲线左偏移量。

◆ 重置活动通道(R) 按钮：单击该按钮，可重置当前活动通道的设置。

12.3.5 亮度/对比度/强度

亮度用于调整图像的明亮程度；对比度用于调整图像的亮部和暗部的色彩反差；强度用于调整图像的色彩强度。

选择位图，选择"效果"/"调整"/"亮度/对比度/强度"命令，在打开的"亮度/对比度/强度"对话框中拖动滑块或输入数值设置亮度、对比度和强度，设置完成后单击 确定 按钮即可，如图12-62所示。

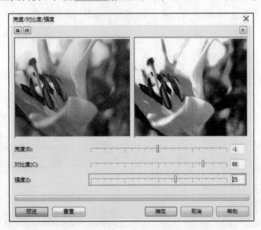

图12-62　调整亮度/对比度/强度

12.3.6 颜色平衡

调整颜色平衡是指将青色、红色、品红、绿色、黄色和蓝色添加到位图中，改变颜色效果，常用于矫正图片的颜色。选择位图，选择"效果"/"调整"/"颜色平衡"命令，打开"颜色平衡"对话框，设置颜色倾向范围的颜色通道后，单击 确定 按钮即可，如图12-63所示。

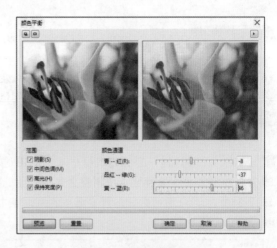

图12-63　调整颜色平衡

💬 知识解析：**颜色平衡范围介绍** ·················

◆ ☑阴影(S) 复选框：选中该复选框，将只对位图的阴影部分进行颜色添加，如图12-64所示。

图12-64　阴影范围颜色平衡

◆ ☑中间色调(M) 复选框：选中该复选框，则仅对位图中的中间色调进行颜色平衡设置，如图12-65所示。

◆ ☑高光(H) 复选框：选中该复选框，则仅对位图高光区域进行颜色平衡设置，如图12-66所示。

图12-65　中间色调颜色平衡　　图12-66　高光区域颜色平衡

◆ ☑保持亮度(P) 复选框：选中该复选框，在调整位图颜色平衡时，位图不会变暗，如图12-67所示为在图12-66的设置上保持亮度的效果。

图12-67　保持亮度

12.3.7 伽玛值

伽玛值用于在较低对比度的区域进行细节强化，并不会影响高光和阴影。选择位图，选择"效果"/"调整"/"伽玛值"命令，打开"伽玛值"对话框，设置"伽玛值"的值即可，值越大，中间色调越浅；值越小，中间色调越深，如图12-68所示。设置完成后单击 确定 按钮即可。

图12-68　调整颜色伽玛值

12.3.8 色度/饱和度/亮度

通过对色度、饱和度和亮度的调整，可改变图像的色相、颜色浓度与亮度。选择位图，选择"效果"/"调整"/"色度/饱和度/亮度"命令，打开"色度/饱和度/亮度"对话框，先设置调整通道的类型，再分别设置"色度"、"饱和度"和"亮度"的值，如图12-69所示。设置完成后单击 确定 按钮即可。

图12-69　调整色度/饱和度/亮度

12.3.9 所选颜色

所选颜色功能可以通过更改图像中红、黄、绿、青、蓝和品红色谱的CMYK值来更改图像颜色。选择位图，选择"效果"/"调整"/"所选颜色"命令，打开"所选颜色"对话框，在"色谱"栏设置更改的色谱，再分别设置青、品红、黄、黑的CMYK值更改色谱的颜色，如图12-70所示。设置完成后单击 确定 按钮即可。

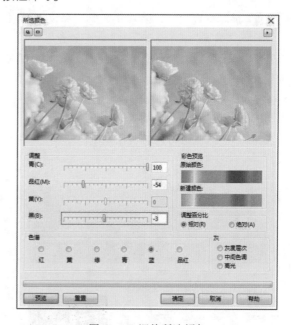

图12-70　调整所选颜色

12.3.10 替换颜色

替换颜色是指将位图中的一种颜色替换成另一种颜色。替换颜色可以批量更改位图中相同的颜色，提高位图处理效率。选择"效果"/"调整"/"替换颜色"命令，在打开的"替换颜色"对话框中，即可执行替换颜色的操作。

实例操作：替换裙子颜色

● 光盘\素材\第12章\海边.jpg ● 光盘\效果\第12章\海边.cdr
● 光盘\实例演示\第12章\替换裙子颜色

　　本例将使用"替换颜色"功能将图片中女孩的裙子颜色处理成红色，图片素材与效果如图12-71所示。

图12-71　素材与效果

Step 1 ▶ 新建空白文档，导入并选择"海边.jpg"图片，选择"效果"/"调整"/"替换颜色"命令，打开"替换颜色"对话框，默认原颜色和替换颜色都为红色，单击"原颜色"右侧的■按钮，在衣服上单击如图12-72所示的浅蓝色区域作为替换颜色，即可查看替换为默认红色的效果。

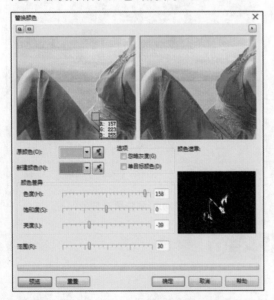

图12-72　选择替换颜色

Step 2 ▶ 在"新建颜色"下拉列表框中设置新颜色的RGB值为"255、153、204"，设置"范围"的值为"48"，如图12-73所示。调整完成后，预览调整效果，单击 确定 按钮，完成颜色替换操作。

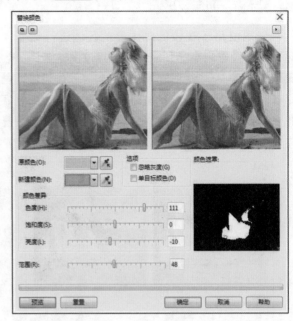

图12-73　设置新建颜色

> **技巧秒杀**
>
> 　　在替换颜色时，选择的位图必须是颜色区分明确的，以免有歧义，而且调整色度、饱和度和亮度时，将更改新建颜色的效果。设置颜色替换范围时，值越大，颜色替换的区域越广。

12.3.11　取消饱和

　　取消饱和可以将位图的每种颜色的饱和度降到零，并将每种颜色转换为与其相对应的灰度。选择位图，选择"效果"/"调整"/"取消饱和度"命令，即可把图片转换成灰度图，如图12-74所示。

图12-74　取消饱和

12.3.12　通道混合器

通道混合器是指通过改变不同颜色通道的数值来改变图像的色调，以平衡位图的颜色。选择位图，选择"效果"/"调整"/"通道混合器"命令，打开"通道混合器"对话框，设置色彩模型后分别拖动"输入通道"中的颜色滑块，单击 确定 按钮，即可快速为图像赋予不同的画面效果和风格，如图12-75所示。

读书笔记

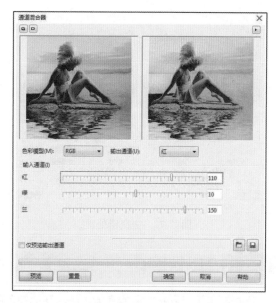

图12-75　设置通道混合器

12.4　位图校正与变换

在CorelDRAW X7中，除了对位图的颜色和色调进行调整，还可以对位图的色斑效果进行校正，或变换位图，制作去交错、反转和极色化等特殊效果。下面将分别进行介绍。

12.4.1　校正位图

校正位图功能可减少图像中的相异像素来减少杂色，使位图效果更佳，常用于尘埃与刮痕处理。选择位图，选择"效果"/"校正"/"尘埃与刮痕"命令，打开"尘埃与刮痕"对话框，在其中设置相应的参数后，单击 确定 按钮即可，如图12-76所示。

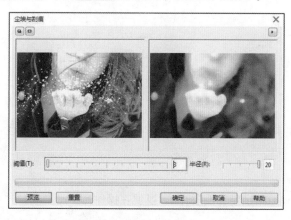

图12-76　尘埃与刮痕处理

知识解析：校正位图参数介绍

◆ "阈值"数值框：用于设置杂点减少的数量，值越少，保留的杂点也就越少。为了保留图像的细节，可将该值设置的大一些。

◆ "半径"数值框：用于设置应用范围大小，值越大，杂点的去除效果越佳，图像细节保留也越少。

12.4.2　去交错

去交错可以将扫描的图像产生的网点或线条删除，提高图像的质量。选择位图，选择"效果"/"变换"/"去交错"命令，打开"去交错"对话框，在其中选择扫描的方式和替换方法后，单击 确定 按钮即可，如图12-77所示。

读书笔记

图12-77　去交错处理

12.4.3 反转颜色

反转颜色可以反转对象的颜色，得到互补颜色的图片，类似于拍摄负片的效果。选择位图，选择"效果"/"变换"/"反转颜色"命令，即可反显位图，如图12-78所示。

图12-78　反转颜色

12.4.4 极色化

极色化可以将图像的颜色色块转换为纯色色块，以减少图像中的色调值数量，简化图像。选择位图，选择"效果"/"变换"/"极色化"命令，打开"极色化"对话框，在其中设置相应的层次值后，单击 确定 按钮即可，如图12-79所示。

图12-79　极色化处理

> **技巧秒杀**
>
> 在调整极色化的层次时，值越小，图像颜色越少，简化效果越明显；值越大，图像的颜色块越多，也就越逼近原图效果。

知识大爆炸
——位图处理相关知识

1. 位图调整注意事项

在位图颜色调整与处理过程中，需要注意以下事项。

（1）转灰图模式

在CorelDRAW X7中，当位图转换为灰度模式后，如果再将其转换为RGB或CMYK模式，原位图的颜色将不能被恢复。

（2）合理利用图层

在处理位图时，用户可以在新建图层上进行编辑，将原图锁定在图层1上，以便在操作时不受影响，方

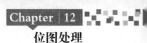

便查看对比效果与描摹原图。

2. 使用Photoshop处理图片

使用CorelDRAW只能对图像的颜色进行粗略的调整，若想对图形进行更加精准的调整，可先使用Photoshop进行调整，再将位图导入到CorelDRAW中进行制作，如图12-80所示。

图12-80　使用Photoshop处理图片

读书笔记

Chapter

13

为位图应用滤镜

本章导读 ●

　　CorelDRAW X7提供了强大的滤镜功能，可以将位图或转换成位图的矢量图进行特殊处理，添加各种特殊效果，包括三维效果、艺术笔触、颜色转换、轮廓图和创造性等，恰当地使用这些滤镜能够丰富画面，使图像产生特殊的艺术效果。

13.1 三维滤镜效果

创建位图的三维滤镜效果可以使位图产生三维旋转、柱面、浮雕、卷页、透视、挤远或挤近、球面等7种不同的三维特殊效果，以增强其空间深度感。

13.1.1 三维旋转

三维旋转可以通过拖动三维模型，为图片制作3D立体的旋转效果。选择位图，选择"位图"/"三维效果"/"三维旋转"命令，即可打开"三维旋转"对话框，在"水平"和"垂直"数值框中输入垂直方向和水平方向上的旋转角度，单击 确定 按钮后，可对图片进行三维旋转，如图13-1所示。

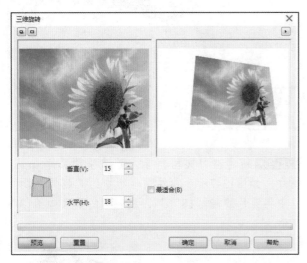

图13-1 三维旋转

技巧秒杀

若选中 ☑最适合(B) 复选框，可以使经过变形后的位图适合于图框大小，如图13-2所示。

图13-2 适合图框大小

13.1.2 柱面

柱面可以制作出图像缠绕在圆柱内侧或外侧的变形效果。选择位图，选择"位图"/"三维效果"/"柱面"命令，打开"柱面"对话框，在该对话框中设置相应的参数后，单击 确定 按钮，即可完成柱面设置，如图13-3所示。

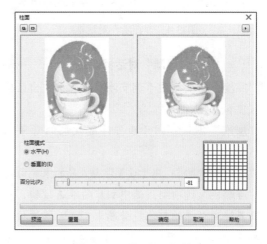

图13-3 "柱面"对话框

💬知识解析："柱面"对话框介绍

◆ "水平"单选按钮：表示沿水平柱面产生的环绕效果。

◆ "垂直的"单选按钮：表示沿垂直柱面产生的环绕效果。

◆ "百分比"滑块：用于调节柱面凹凸的强度。

13.1.3 浮雕

浮雕可以通过勾画图像的轮廓和降低周围的色值来制作出具有深度感的凹陷或负面突出效果。选择位图，选择"位图"/"三维效果"/"浮雕"命令，打开"浮雕"对话框，在其中设置控制深度与角度，单

击 确定 按钮，即可完成浮雕设置，如图13-4所示。

图13-4 "浮雕"对话框

💬知识解析："浮雕"对话框介绍 ················●

◆ "深度"滑块：用于调节浮雕效果中突出区域的深度和角度。

◆ "层次"滑块：用于设置浮雕效果的背景颜色总量。

◆ "方向"数值框：用于设置浮雕效果的采光角度。

◆ "浮雕色"选项组：选中相应的单选按钮，可以设置浮雕效果的颜色。若选中 ⊙其它(T) 单选按钮，可在后面的"颜色"下拉列表框中自定义浮雕色，如图13-5所示。

图13-5 设置浮雕色

13.1.4 卷页

卷页可以为图像四角添加卷曲效果，类似于生活

中纸张角的卷曲效果。

🎬实例操作：制作相册模板

● 光盘\素材\第13章\照片\　　● 光盘\效果\第13章\照片.cdr
● 光盘\实例演示\第13章\制作相册模板

本例将利用"卷页"功能制作卷叶的相册模板，效果如图13-6所示。

图13-6 相册效果

Step 1 ▶ 新建空白文档，导入并选择"照片.jpg"图片，如图13-7所示。在属性栏中的"旋转"数值框中将照片旋转"18°"，旋转后的效果如图13-8所示。

图13-7 导入图片　　图13-8 旋转图片

Step 2 ▶ 选择图片，选择"位图"/"三维效果"/"卷页"命令，打开"卷页"对话框，单击 🔲 按钮将卷页设置到左下角，选中 ⊙不透明(O) 单选按钮，将"卷曲"颜色设置为"30%黑色"，将"背景"颜色设置为"白色"，在"宽度"数值框中输入"50"，在"高度"数值框中输入"42"，如图13-9所示。

图13-9　设置卷页

图13-14　置入花纹

Step 3 ▶ 单击 确定 按钮，即可完成卷页设置，效果如图13-10所示。使用"形状工具"将曲线转换为曲线，并调整图片边缘曲线，为图片制作立体效果，调整后的效果如图13-11所示。

Step 6 ▶ 在照片下方输入文本，调整文本大小，设置为不同的颜色，将字母文本的字体设置为"Arial"，将中文文本的字体设置为"华文楷体"，在文本中间绘制带箭头的绿色线条，设置线宽为"2.0pt"。群组文本和直线，在文本左侧绘制大小不一的6个圆，取消轮廓，填充颜色，如图13-15所示，完成本例的制作。

图13-10　卷页效果　　　图13-11　调整图像边缘曲线

Step 4 ▶ 在图片边缘绘制如图13-12所示的轮廓线，将创建的轮廓填充为白色，取消轮廓，使用"阴影工具"为其创建阴影效果，在属性栏中设置"阴影不透明度"为"60"，"阴影羽化"为"8"，效果如图13-13所示。

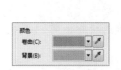

图13-15　输入文本

💬知识解析："卷页"对话框介绍 ⋯⋯⋯⋯⋯⋯•

◆ "定向"工作组：用于设置卷曲的方向为水平或垂直。

◆ "纸张"选项组：用于设置卷曲部分为透明或不透明。

◆ "颜色"选项组：用于设置卷曲部分的颜色和背景的颜色，如图13-16所示。

图13-12　创建边缘　　　图13-13　添加阴影

Step 5 ▶ 群组照片和轮廓图形，分别导入"花朵1.jpg"和"花朵2.jpg"图片，调整导入图片大小，将"花朵1.jpg"图片置于照片左上角的下层，将"花朵2.jpg"图片置于照片右下角的上层，如图13-14所示。

图13-16　设置卷页颜色

◆ "宽度"数值框：设置卷角横向的宽度。

◆ "高度"数值框：设置卷角纵向的高度。

13.1.5 透视

透视可以通过四角的控制点来制作出三维透视的变形效果。选择位图，选择"位图"/"三维效果"/"透视"命令，打开"透视"对话框，将鼠标光标移至调节框中的虚线矩形的四角上，向四边拖动鼠标即可调节透视效果，如图13-17所示。

图13-17 透视效果

💬知识解析："透视"对话框介绍 ⋯⋯⋯⋯●

◆ ◎透视(P) 单选按钮：选中该单选按钮，可以产生透视效果。

◆ ◎切变(S) 单选按钮：选中该单选按钮，可以产生倾斜效果。

◆ ☑最适合(B) 复选框：选中该复选框，可以使变形后的位图适合图框大小。

13.1.6 挤远或挤近

"挤远/挤近"可以以图像的某点为基准，得到拉近或拉远的效果。选择"位图"/"三维效果"/"挤远/挤近"命令，打开"挤远/挤近"对话框，向右拖动滑块表示以基点为中心挤远，向左拖动滑块表示以基点为中心挤近，如图13-18所示。

图13-18 挤远或挤近

默认设置的基点为图片的中心位置，用户可单击🖬按钮，再在预览窗口中单击设置变形的基点，如图13-19所示为将变形基点设置到左侧山峰的挤近变形效果。

图13-19 设置变形基点

13.1.7 球面

球面可以使图像从中心向边缘产生扩展效果，类似于凹凸的球面。选择图片，选择"位图"/"三维效果"/"球面"命令,打开"球面"对话框,拖动"百分比"滑块调整变形程度,如图13-20所示。设置好相关参数后,单击 确定 按钮,即可应用球面变形。

图13-20　球面变形效果

在球面变形时,用户也可单击 ⊞ 按钮,在预览窗口中单击设置变形的基点,如图13-21所示为将变形基点设置到右侧的大树上的挤近变形效果。

图13-21　设置球面变形基点

13.2 艺术笔触效果

在CorelDRAW X7的艺术笔触组中提供了多种不同的艺术笔触特殊效果,如炭笔画、蜡笔画、钢笔画、水彩画等,下面分别进行介绍。

13.2.1 炭笔画

炭笔画用于将图像转为木炭画的效果。利用该效果可以制作出老照片的效果。

■实例操作:制作复古效果

● 光盘\素材\第13章\美女.jpg　　● 光盘\效果\第13章\美女.cdr
● 光盘\实例演示\第13章\制作复古效果

本例将利用"炭笔画"功能和"调和曲线"功能将图片处理成复古效果。

Step 1 ▶ 新建空白文档,导入并选择"美女.jpg"图片,效果如图13-22所示。选择"位图"/"艺术笔触"/"炭笔画"命令,如图13-23所示。

图13-22　导入图片　　图13-23　选择"炭笔画"命令

Step 2 ▶ 打开"炭笔画"对话框,将"大小"值设置为"5",将"边缘"值设置为"0",在预览窗口预览炭笔画设置效果,如图13-24所示。最后单击 确定 按钮,完成炭笔画的设置。

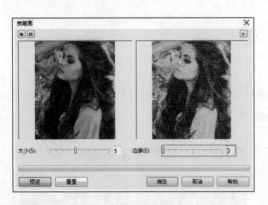

图13-24 炭笔画设置

Step 3 ▶ 选择炭笔画图片，选择"效果"/"调整"/"调和曲线"命令，打开"调和曲线"对话框，将曲线调整"通道"设置为蓝色通道，拖动曲线边框中的曲线，如图13-25所示。设置完成后单击 确定 按钮，返回操作界面可查看最终效果，如图13-26所示。

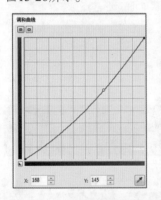 

图13-25 调和蓝色通道曲线　　图13-26 效果

13.2.2 单色蜡笔画

单色蜡笔画可以将位图处理成硬铅笔绘制的效果。选择位图，选择"位图"/"艺术笔触"/"单色蜡笔画"命令，打开"单色蜡笔画"对话框，设置相关参数后单击 确定 按钮即可，如图13-27所示。

图13-27 单色蜡笔画

图13-27 单色蜡笔画（续）

💬**知识解析：** "单色蜡笔画"对话框介绍 ·········●

◆ "单色"选项组：选中对应的单选按钮，可以设置单色蜡笔画的整体色调，并且可同时选中多个复选框设置多个色调。

◆ "纸张颜色"下拉列表框：在该下拉列表框中选择需要的颜色，将其设置为纸张的色调。

◆ "压力"数值框：设置单色蜡笔底纹的明暗度。

◆ "底纹"数值框：设置单色蜡笔底纹的密度。

13.2.3 蜡笔画

蜡笔画可以使图像上产生分散的像素，从而得到蜡笔效果。选择位图，选择"位图"/"艺术笔触"/"蜡笔画"命令，打开"蜡笔画"对话框，拖动"大小"滑块设置蜡笔画背景颜色总量；拖动"轮廓"滑块设置轮廓的大小强度，最后单击 确定 按钮，完成蜡笔画的设置，如图13-28所示。

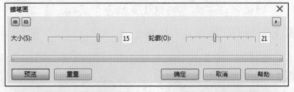

图13-28 蜡笔画

13.2.4 立体派

立体派可以群组图像中相近颜色的像素为方块，使图像呈现出立体派油画风格。选择位图，选择"位图"/"艺术笔触"/"立体派"命令，打开"立体派"对话框，设置相关参数，最后单击 确定 按钮，完成立体派的设置，如图13-29所示。

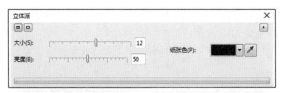

图13-29 立体派

💬知识解析：**"立体派"对话框介绍** ……………●

◆ "大小"数值框：设置画笔的粗细。
◆ "亮度"数值框：设置图像的明暗程度。
◆ "纸张色"下拉列表框：设置立体派效果底纹的颜色。

13.2.5 印象派

印象派可以将位图处理成油性颜料绘画的效果。选择位图，选择"位图"/"艺术笔触"/"印象派"命令，打开"印象派"对话框，设置相关参数，效果如图13-30所示。

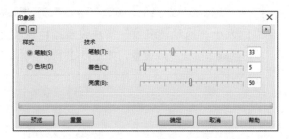

图13-30 印象派

图13-30 印象派（续）

💬知识解析：**"印象派"对话框介绍** ……………●

◆ "样式"选项组：选中 ⊙笔触(S) 单选按钮，将以"笔触"作为构成画面的元素；若选中 ⊙色块(D) 单选按钮，将以"色块"作为构成画面的元素，如图13-31所示为笔触与色块效果。

图13-31 笔触与色块的效果

◆ "笔触"数值框：选择笔触样式后，通过该数值框可设置笔触的大小。
◆ "着色"数值框：设置着色程度。
◆ "亮度"数值框：设置图像的明暗程度。

13.2.6 调色刀

调色刀可重新分配图像中的像素，产生刀痕效果。选择位图，选择"位图"/"艺术笔触"/"调色刀"命令，打开"调色刀"对话框，设置相应参数后，单击 确定 按钮，完成调色刀的设置，如图13-32所示。

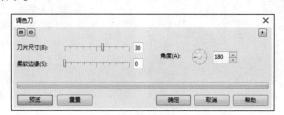

图13-32 调色刀

图13-32　调色刀（续）

💬知识解析：**"调色刀"对话框介绍** ⋯⋯⋯⋯⋯●

◆ **"刀片尺寸"** 数值框：设置调色刀刀痕的大小。

◆ **"柔软边缘"** 数值框：设置调色刀边缘的柔软度。

◆ **"角度"** 数值框：设置调色刀雕刻的方向。

13.2.7 彩色蜡笔画

彩色蜡笔画可将位图处理成彩色蜡笔画效果。选择位图，选择"位图"/"艺术笔触"/"彩色蜡笔画"命令，打开"彩色蜡笔画"对话框，设置相关参数，单击 确定 按钮即可，如图13-33所示。

图13-33　"彩色蜡笔画"对话框

💬知识解析：**"彩色蜡笔画"对话框介绍** ⋯⋯⋯⋯

◆ ◉柔性(S) 单选按钮：设置柔软的蜡笔画效果，如图13-34所示。

◆ ◉油性(O) 单选按钮：设置油性蜡笔画效果，如图13-35所示。

图13-34　柔性彩色蜡笔画　　图13-35　油性彩色蜡笔画

◆ **"笔触大小"** 数值框：设置蜡笔画笔触大小。

◆ **"色度变化"** 数值框：设置调色刀雕刻的方向。

13.2.8 钢笔画

钢笔画可以将位图处理成钢笔与墨水的绘画效果。选择位图，选择"位图"/"艺术笔触"/"钢笔画"命令，打开"钢笔画"对话框，设置相关参数后，单击 确定 按钮即可，如图13-36所示。

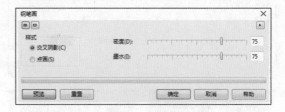

图13-36　"钢笔画"对话框

💬知识解析：**"钢笔画"对话框介绍** ⋯⋯⋯⋯⋯●

◆ **"样式"** 选项组：可通过选中对应的单选按钮，设置"交叉阴影"或"点画"的绘画样式，如图13-37所示为两种样式的钢笔画效果。

图13-37　"交叉阴影"和"点画"钢笔画

◆ **"墨水"** 数值框：设置画面颜色的深浅。

◆ **"密度"** 数值框：设置笔触的密度。

13.2.9 点彩派

点彩派可将图像分解成大量的颜色点效果。选择位图，选择"位图"/"艺术笔触"/"点彩派"命令，打开"点彩派"对话框，拖动"大小"滑块调整颜色点的大小，拖动"亮度"滑块设置颜色点的亮度，单击 确定 按钮完成设置，如图13-38所示。

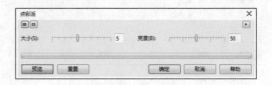

图13-38　点彩派

图13-38　点彩派（续）

13.2.10　木版画

木版画可以使图像分散并层迭像素产生粗糙彩纸堆叠的效果。选择位图，选择"位图"/"艺术笔触"/"木版画"命令，打开"木版画"对话框，设置相关参数后，单击 确定 按钮，如图13-39所示。

图13-39　"木版画"对话框

💬知识解析：**"木版画"对话框介绍** ·············•

◆ "刮痕至"选项组：可通过选中对应的单选按钮设置彩色或黑白的木版画效果，如图13-40所示为彩色或黑白的木版画效果。

图13-40　彩色或黑白的木版画效果

◆ "大小"数值框：设置刮痕的大小。

◆ "密度"数值框：设置刮痕的密度。

13.2.11　素描

素描可以将位图处理成为铅笔素描的效果。选择位图，选择"位图"/"艺术笔触"/"素描"命令，打开"素描"对话框，再设置相关参数，单击 确定 按钮，如图13-41所示。

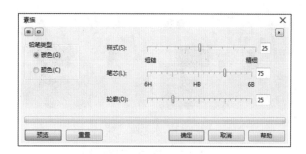

图13-41　"素描"对话框

💬知识解析：**"素描"对话框介绍** ·············•

◆ "铅笔类型"选项组：可通过选中对应的单选按钮，设置碳笔或彩色铅笔效果，如图13-42所示为设置碳色或彩色铅笔的效果。

图13-42　碳笔或彩色铅笔效果

◆ "样式"数值框：设置粗糙到精细的画面效果。

◆ "笔芯"数值框：设置铅笔颜色的深浅。

◆ "轮廓"数值框：设置素描线条的清晰度。

📖 **读书笔记**

13.2.12　水彩画

水彩画功能可以将一幅图像转换为水彩画效果。选择位图，选择"位图"/"艺术笔触"/"水彩画"命令，打开"水彩画"对话框，设置相关参数后，单击 确定 按钮，如图13-43所示。

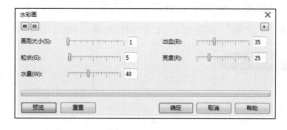

图13-43　水彩画

图13-43　水彩画（续）

💬知识解析：**"水彩画"对话框介绍** ·············●

◆ **"画刷大小"** 数值框：设置水彩画笔刷的大小。

◆ **"粒状"** 数值框：设置纸张底纹的粗糙程度。

◆ **"水量"** 数值框：设置笔刷中的水分值。

◆ **"出血"** 数值框：设置笔刷的速度值。

◆ **"亮度"** 数值框：设置添加水彩画效果后图像的亮度。

图13-45　不同水印画效果

◆ **"颜色变化"** 数值框：设置水印画颜色变化的速度。

13.2.13　水印画

　　水印画可以将位图处理成水彩斑点绘画的效果。选择位图，选择"位图"/"艺术笔触"/"水印画"命令，打开"水印画"对话框，设置相关参数后，单击 确定 按钮，如图13-44所示。

图13-44　"水印画"对话框

💬知识解析：**"水印画"对话框介绍** ·············●

◆ **"变化"** 选项组：可通过选中对应的单选按钮，设置"默认"、"顺序"和"随机"3种水印画效果，如图13-45所示。

◆ **"大小"** 数值框：设置水印画颗粒的大小。

读书笔记 ▶

13.2.14　波纹纸画

　　波纹纸画可以将图像处理成类似在粗糙或有纹理的纸上绘图的效果。选择位图，选择"位图"/"艺术笔触"/"波纹纸画"命令，打开"波纹纸画"对话框，设置相关参数后，单击 确定 按钮，如图13-46所示。

图13-46　"波纹纸画"对话框

💬知识解析：**"波纹纸画"对话框介绍** ·············●

◆ **"笔刷颜色模式"** 选项组：可通过选中对应的单选按钮，设置"颜色"和"黑白"两种波纹纸画效果，如图13-47所示。

图13-47　笔刷颜色模式

◆ **"笔刷压力"** 数值框：设置波纹的笔刷大小。

13.3 模糊效果

"模糊"滤镜可以使位图产生像素柔化、边缘平滑、颜色渐变、图像动感等丰富的画面效果。在CorelDRAW X7中提供了10种不同的模糊特殊效果，下面分别进行介绍。

13.3.1 定向平滑

定向平滑可在像素之间添加微小的模糊效果，使图像中的渐变区域平滑而保留边缘细节和纹理，如图13-48所示。

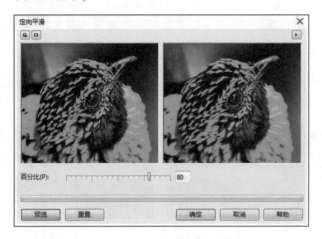

图13-48 定向平滑

13.3.2 高斯式模糊

高斯式模糊使位图按照高斯分配产生朦胧的效果，常用于制作高光、光斑、发光等效果。选择位图，选择"位图"/"模糊"/"高斯式模糊"命令，打开"高斯式模糊"对话框，拖动"半径"滑块设置模糊的程度，单击 确定 按钮即可完成设置。

实例操作： 制作发光效果

● 光盘\效果\第13章\发光效果.cdr
● 光盘\实例演示\第13章\制作发光效果

本例将利用"高斯式模糊"功能制作文本发光效果，效果如图13-49所示。

图13-49 发光效果

Step 1 ▶ 新建横向空白文档，新建背景矩形，在矩形中间输入文本，设置文本的字体为"Lucia BT"，字号为"143pt"，字体颜色为"白色"，效果如图13-50所示。按Ctrl+K组合键将字母拆开，按Ctrl+Q组合键将所有文本转换为曲线，将文本轮廓设置为"4pt"，轮廓色设置为"白色"，加粗显示文本，如图13-51所示。

图13-50 输入文本 　　图13-51 加粗显示文本

Step 2 ▶ 选择文本，按F12键打开"轮廓笔"对话框，设置轮廓角为"圆角"，"斜接限制"为"95.0"，"线条端头"为"圆形"，如图13-52所示。分别移动各字母图形，使各个字母相连，选择所有字母图形，按Ctrl+L组合键合并成一个图形，如图13-53所示。

图13-52 设置轮廓 　　图13-53 合并字母图形

Step 3 ▶ 原位复制文本图形，将轮廓更改为"24pt"，按Shift+Ctrl+Q组合键拆分轮廓对象，将轮廓对象置于文本下层，为其创建线性渐变填充效果，设置起点到终点节点的CMYK值分别为"0、97、100、0"、"5、0、88、0"、"71、0、4、0"和"64、85、0、0"，如图13-54所示。选择渐变图形，选择"位图"/"转换为位图"命令，打开"转换为位图"对话框，单击 确定 按钮，将其转换为位图，如图13-55所示。

图13-54　创建渐变填充　　图13-55　转换为位图

Step 4 ▶ 选择转换为位图的渐变图形，选择"位图"/"模糊"/"高斯式模糊"命令，打开"高斯式模糊"对话框，将"半径"值设置为"50.0"像素，单击 确定 按钮，查看发光效果，如图13-56所示。

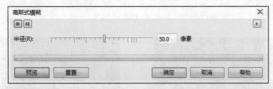

图13-56　制作发光效果

Step 5 ▶ 原位复制发光效果，将其置于黑色背景的上层，选择复制的图形，选择"位图"/"模糊"/"高斯式模糊"命令，打开"高斯式模糊"对话框，将"半径"值设置为"180.0"像素，单击 确定 按钮，查看增强的发光效果，如图13-57所示。

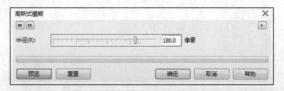

图13-57　增强发光效果

Step 6 ▶ 绘制大小不等的圆，取消轮廓填充为"白色"，使用相同的方法将其转换为位图，设置模糊的半径为"9.0"，如图13-58所示。绘制大小不等的四角星形，使用相同的方法添加高斯式模糊效果，制作光斑效果，如图13-59所示，完成本例的制作。

图13-58　制作圆形光斑　　图13-59　制作星形光斑

13.3.3　锯齿状模糊

锯齿状模糊用于在位图上散播色彩，以最小的变形产生柔和的模糊效果，常用于校正图像，去掉图像小斑点和杂点。选择位图，选择"位图"/"模糊"/"锯齿状模糊"命令，打开"锯齿状模糊"对话框，拖动"宽度"和"高度"滑块设置模糊锯齿的宽度和高度，选中 均衡(S) 复选框，将得到均匀的模糊效果，单击 确定 按钮完成设置，如图13-60所示。

图13-60　锯齿状模糊

图13-60　锯齿状模糊（续）

13.3.4　低通滤波器

低通滤波器用于把位图中的锐边和细节移除只剩下滑阶和低频区域。选择位图，选择"位图"/"模糊"/"低通滤波器"命令，打开"低通滤波器"对话框，拖动"百分比"和"半径"滑块设置模糊锯齿的高度和宽度，单击 确定 按钮完成设置，如图13-61所示。

图13-61　低通滤波器模糊

13.3.5　动态模糊

动态模糊可产生图像运动的幻像。选择位图，选择"位图"/"模糊"/"动态模糊"命令，打开"动态模糊"对话框，设置"间距"、"方向"和"图像外围取样"，设置完成后单击 确定 按钮即可。

实例操作：制作汽车奔跑的效果

● 光盘\素材\第13章\汽车　　● 光盘\效果\第13章\汽车.cdr
● 光盘\实例演示\第13章\制作汽车奔跑的效果

本例将利用"动态模糊"功能制作汽车奔跑的效果。

Step 1 ▶ 新建空白文档，导入"公路.jpg"和"汽车.png"图片，效果如图13-62所示。选择汽车，使用"阴影工具" 从中心到左下角创建阴影效果，如图13-63所示。

图13-62　导入图片　　　　图13-63　创建阴影效果

Step 2 ▶ 选择汽车，选择"位图"/"模糊"/"动态模糊"命令，打开"动态模糊"对话框，将"间距"设置为"30"像素，选中 忽略图像外的像素(I) 单选按钮，单击 确定 按钮，效果如图13-64所示。

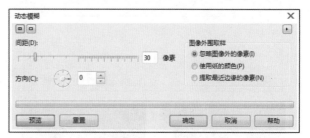

图13-64　制作汽车奔跑效果

知识解析："动态模糊"对话框介绍

◆ "间距"数值框：设置动态模糊的程度，间距越大，动态模糊效果越明显。

◆ "方向"数值框：设置动态模糊的方向，如图13-65所示为不同角度的动态模糊效果。

图13-65　动态模糊的方向

◆ "图像外围取样"选项组：通过选中对应的单选按钮，设置图像外围取样的方式。

13.3.6 放射状模糊

放射状模糊用于产生由中心向外框辐射的模糊效果。选择位图，选择"位图"/"模糊"/"放射状"命令，打开"放射状模糊"对话框，拖动"数量"滑块设置放射模糊的强度，单击 按钮可设置放射模糊的中心，设置完成后单击 确定 按钮即可，如图13-66所示。

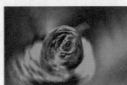

图13-66　放射状模糊

13.3.7 平滑

平滑在邻近的像素间调和差异，使图像产生细微的模糊变化。选择位图，选择"位图"/"模糊"/"平滑"命令，打开"平滑"对话框，拖动"百分比"滑块设置平滑的强度，设置完成后单击 确定 按钮即可，如图13-67所示。

读书笔记 ▶

图13-67　平滑模糊

13.3.8 柔和

柔和用于在没有失掉重要图像细节的基础上平滑调和图像锐边，产生细微的模糊效果。选择位图，选择"位图"/"模糊"/"柔和"命令，打开"柔和"对话框，拖动"百分比"滑块设置柔和模糊的强度，设置完成后单击 确定 按钮即可，如图13-68所示。

图13-68　柔和模糊

13.3.9 缩放

缩放用于从中心向外模糊图像像素，与在不同焦距相机下观察物体的效果相似。选择位图，选择"位图"/"模糊"/"缩放"命令，打开"缩放"对话框，拖动"数量"滑块设置缩放的强度，单击 按钮可设置缩放的中心，设置完成后单击 确定 按钮即可，如图13-69所示。

图13-69 缩放模糊

13.3.10 智能模糊

智能模糊用于从中心向外模糊图像像素，与在不同焦距相机下观察物体的效果相似。选择位图，选择"位图"/"模糊"/"智能模糊"命令，打开"智能模糊"对话框，拖动"数量"滑块设置智能模糊的强度，设置完成后单击 确定 按钮即可，如图13-70所示。

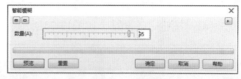

图13-70 智能模糊

13.4 相机效果

在CorelDRAW X7中，相对于以往版本的"相机"滤镜，增加了除"散色"以外的其他4种相机滤镜，如着色、扩散、照片过滤器、棕褐色色调和延时，下面分别进行介绍。

13.4.1 着色

着色可将照片更改为一个色调效果。选择位图，选择"位图"/"相机"/"着色"命令，打开"着色"对话框，拖动"色度"滑块可设置图片的颜色，拖动"饱和度"滑块可设置图片颜色的浓度，单击 确定 按钮完成设置，如图13-71所示。

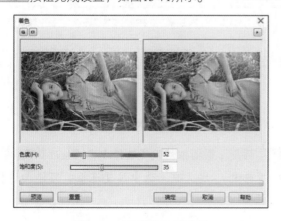

图13-71 "着色"对话框

13.4.2 扩散

扩散可模拟相机原理，使图像形成一种平滑的视觉过渡效果。选择位图，选择"位图"/"相机"/"扩散"命令，打开"扩散"对话框，拖动"层次"滑块设置平滑效果的强度，单击 确定 按钮完成设置，如图13-72所示。

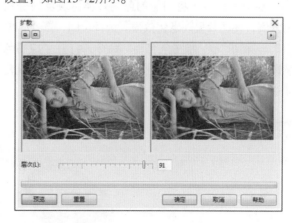

图13-72 "扩散"对话框

13.4.3 照片过滤器

照片过滤器可在图像上蒙上一层彩色半透明效果。选择位图，选择"位图"/"相机"/"照片过滤器"命令，打开"照片过滤器"对话框，设置相关参数，单击 确定 按钮完成设置，如图13-73所示。

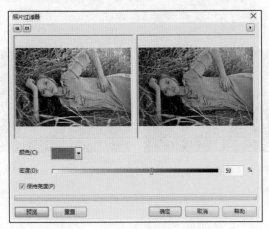

图13-73　"照片过滤器"对话框

💬知识解析：**"照片过滤器"对话框介绍**

◆ "颜色"下拉列表框：设置过滤的颜色。

◆ "密度"数值框：设置过滤色的深浅，值越大，颜色越深。

◆ ☑保持亮度(P) 复选框：选中该复选框，可在调整密度时不减少图片的亮度。

13.4.4 棕褐色色调

棕褐色色调可将图像的色调转换为灰色到棕褐色色调，使图片呈现老化效果。选择位图，选择"位图"/"相机"/"棕褐色色调"命令，打开"棕褐色色调"对话框，拖动"老化量"滑块设置色调，设置完成后单击 确定 按钮，如图13-74所示。

读书笔记

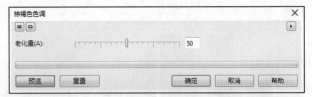

图13-74　棕褐色色调

13.4.5 延时

延时为图像提供了多种图像处理方案，并可为图像创建不同风格的边缘效果。选择位图，选择"位图"/"相机"/"延时"命令，打开"延时"对话框，单击喜欢的处理方案的图片，设置相关参数后单击 确定 按钮完成设置，如图13-75所示。

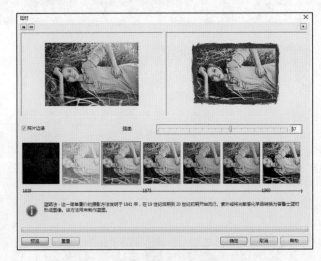

图13-75　"延时"对话框

💬知识解析：**"延时"对话框介绍**

◆ "强度"数值框：设置选择方案的处理强度。

◆ ☑照片边缘 复选框：选中该复选框，可添加边框效果。

13.5 颜色转换效果

颜色转换效果可以改变位图中原有的颜色。在CorelDRAW X7中提供了4种颜色转换效果，下面分别进行介绍。

13.5.1 位平面

位平面可以将位图图像的颜色以红、绿、蓝3种色块平面显示出来。该效果减少了图像颜色。选择位图，选择"位图"/"颜色转换"/"位平面"命令，打开"位平面"对话框，设置相关参数，单击 确定 按钮完成设置，如图13-76所示。

图13-76 "位平面"对话框

💬知识解析："位平面"对话框介绍 ···············

◆ "红"数值框：调整红色在色块平面中的比例。

◆ "绿"数值框：调整绿色在色块平面中的比例。

◆ "蓝"数值框：调整蓝色在色块平面中的比例。

◆ ☑应用于所有位面(A)复选框：选中该复选框，可同时调整3个位面。

13.5.2 半色调

半色调可以使图像产生彩色网板的效果，即由一幅连续色调转变为一系列代表不同色调和不同大小的点组成的图像，该效果减少了图像颜色。选择位图，选择"位图"/"颜色转换"/"半色调"命令，在弹出的"半色调"对话框中设置相关参数，单击 确定 按钮完成设置，如图13-77所示。

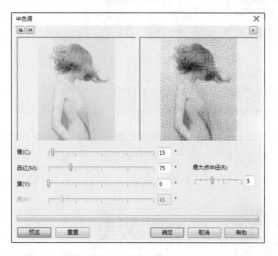

图13-77 "半色调"对话框

💬知识解析："半色调"对话框介绍 ···············•

◆ "青"数值框：调整图像的青色通道。

◆ "品红"数值框：调整图像的品红通道。

◆ "黄"数值框：调整图像的黄色通道。

◆ "黑"数值框：调整图像的黑色通道。

◆ "最大点半径"数值框：设置网眼的大小。

13.5.3 梦幻色调

梦幻色调可以将位图的颜色转换为明快、鲜艳的颜色，以产生高对比的幻觉效果。选择位图，选择"位图"/"颜色转换"/"梦幻色调"命令，打开"梦幻色调"对话框，层次数值越大，位图中颜色参与转换的数量越多，效果变化也就越强烈，单击 确定 按钮完成设置，如图13-78所示。

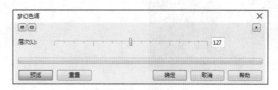

图13-78 梦幻色调

图13-78　梦幻色调（续）

13.5.4　曝光

曝光可以将位图调整为类似底片的效果。选择位图，选择"位图"/"颜色转换"/"曝光"命令，打开"曝光"对话框，拖动"层次"滑块调整曝光

效果，数值越大，光线越强。单击 确定 按钮完成设置，如图13-79所示。

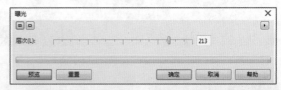

图13-79　曝光

13.6　轮廓图效果

轮廓图效果可以根据图像的对比度，使对象的轮廓突出显示为线条效果。在该滤镜中提供了边缘检测、查找边缘和描摹轮廓3种滤镜效果。

13.6.1　边缘检测

边缘检测可以把位图中的图像边缘检测出来，并将其转换成一置于单色背景中的轮廓线。选择"位图"/"轮廓图"/"边缘检测"命令，打开"边缘检测"对话框，设置好"背景色"和"灵敏度"后，单击 确定 按钮即可，如图13-80所示。

知识解析："边缘检测"对话框介绍

◆ "背景色"选项组：通过选中对应的单选按钮，设置边缘检测后边缘的颜色。

◆ "灵明度"数值框：设置边缘检测的强度，值越大，边缘细节越多。

13.6.2　查找边缘

查找边缘可以将对象边缘搜索出来，并将其转换成软或硬的轮廓线。选择"位图"/"轮廓图"/"查找边缘"命令，打开"查找边缘"对话框，设置对应参数后单击 确定 按钮即可，如图13-81所示。

图13-80　边缘检测

图13-81　"查找边缘"对话框

💬知识解析：**"查找边缘"对话框介绍** ·········•

◆ **"边缘类型"选项组**：通过选中对应的单选按钮，可设置边缘类型为"软"或"纯色"，如图13-82所示。

图13-82　边缘类型效果

◆ **"层次"数值框**：设置边缘查找的强度。

13.6.3　描摹轮廓

描摹轮廓可以快速地勾画出图像的轮廓，而轮廓以外的部分将以白色进行填充。选择"位图"/"轮廓图"/"描摹轮廓"命令，打开"描摹轮廓"对话框，设置对应参数后单击 确定 按钮即可，如图13-83所示。

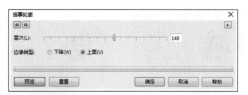

图13-83　描摹轮廓

💬知识解析：**"描摹轮廓"对话框介绍** ·········•

◆ **"层次"数值框**：设置描摹轮廓的强度。

◆ **"边缘类型"选项组**：通过选中对应的单选按钮，可设置边缘类型为"下降"或"上面"，如图13-84所示。

图13-84　边缘类型

13.7　创造性效果

创造性效果可以为图像添加很多具有创意的效果，如常见工艺、晶体化、织物、框架、玻璃砖、马赛克、粒子和天气等效果。"创造性"滤镜提供了14种不同的创造性特殊效果，下面分别进行介绍。

13.7.1　工艺

工艺可以用工艺元素来组织位图形状。选择位图，选择"位图"/"创造性"/"工艺"命令，打开"工艺"对话框，在其中设置样式、单位工艺位图形状的大小、完成值、亮度值和旋转值，设置完成后单击 确定 按钮，如图13-85所示。

图13-85　"工艺"对话框

💬知识解析：**"工艺"对话框介绍** ·········•

◆ **"样式"下拉列表框**：在该下拉列表框中可选择"拼图板"、"齿轮"、"弹珠"、"糖果"、"瓷砖"和"筹码"工艺样式，如图13-86所示。

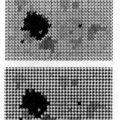

图13-86　不同工艺样式效果

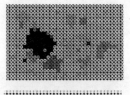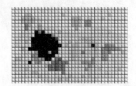

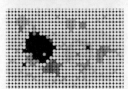

图13-86　不同工艺样式效果（续）

- ◆ "大小"数值框：设置单位工艺位图形状大小。
- ◆ "完成"数值框：设置工艺化的程度，值越大，工艺化效果越明显。
- ◆ "亮度"数值框：设置工艺化后图像的亮度。
- ◆ "旋转"数值框：设置单位工艺化方格的角度。

13.7.2　晶体化

晶体化可以把位图转换成像水晶状拼成的画面效果。选择位图，选择"位图"/"创造性"/"晶体化"命令，打开"晶体化"对话框，拖动"大小"滑块设置晶体的大小，单击[确定]按钮即可，如图13-87所示。

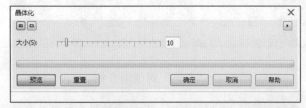

图13-87　晶体化

13.7.3　织物

织物可将位图转换为各种编织物的效果。选择

位图，选择"位图"/"创造性"/"织物"命令，打开"织物"对话框，设置完成后单击[确定]按钮，如图13-88所示。

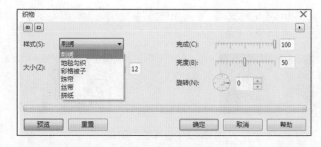

图13-88　"织物"对话框

📣 知识解析："织物"对话框介绍

- ◆ "样式"下拉列表框：在该下拉列表框中可选择"刺绣"、"地毯勾织"、"彩格被子"、"珠帘"、"丝带"和"拼纸"织物样式，如图13-89所示。

图13-89　织物样式

- ◆ "大小"数值框：设置编织化形状大小。
- ◆ "完成"数值框：设置编织化的程度，值越大，编织化效果越明显。
- ◆ "亮度"数值框：设置编织化后图像的亮度。
- ◆ "旋转"数值框：设置单位编织化方格的角度。

13.7.4　框架

框架可为位图添加抹刷的边框效果。选择位图，选择"位图"/"创造性"/"框架"命令，打开"框架"对话框，即可设置添加的框架。

实例操作：为照片添加框架效果

● 光盘\素材\第13章\框架.jpg　　● 光盘\效果\第13章\框架.cdr
● 光盘\实例演示\第13章\为照片添加框架效果

　　本例将利用"框架"滤镜为照片添加边框效果，并对边框的颜色、透明度和大小等进行设置。

Step 1 ▶ 新建空白文档，导入"框架.jpg"图片，如图13-90所示。选择"位图"/"创造性"/"框架"命令，打开"框架"对话框，在"选择"选项卡下单击眼睛图标将框架显示出来，如图13-91所示。

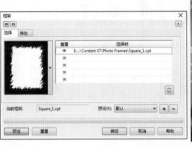

图13-90　导入图片

图13-91　显示框架

Step 2 ▶ 在对话框中选择"修改"选项卡，在"颜色"下拉列表框中设置框架的颜色为"82、100、56、31"，在"不透明"数值框中输入"100"，在"模糊/羽化"数值框中输入"0"，在"调和"下拉列表框中选择"添加"选项，在"水平"数值框中输入"120"，在"垂直"数值框中输入"120"，如图13-92所示。设置完成后单击 确定 按钮即可，最终效果如图13-93所示。

图13-92　修改框架　　　　图13-93　框架效果

💬知识解析："框架"对话框介绍

◆ "显示或隐藏框架"按钮：单击该按钮，可显示或隐藏其后的框架。

◆ "预设"下拉列表框：用于选择预设的框架样式。单击 按钮，可保存当前设置的框架效果；单击 按钮，可删除当前选择的框架样式。

◆ "颜色"下拉列表框：用于设置选择框架的颜色。

◆ "不透明度"数值框：用于设置选择框架的不透明度。

◆ "模糊/羽化"数值框：用于设置选择框架边缘的模糊程度。

◆ "调和"下拉列表框：用于设置框架颜色的模式。

◆ "水平"数值框：用于设置选择框架的高度。

◆ "垂直"数值框：用于设置选择框架的宽度。

◆ "旋转"数值框：用于设置选择框架的角度。

◆ "对齐"按钮：单击该按钮，将鼠标光标移至图像上，在边框中心位置单击，可自定义边框中心。

◆ "回到中心位置"按钮：单击该按钮，可将边框中心回到图像的中心位置。

13.7.5　玻璃砖

　　玻璃砖可使位图呈现映射在厚玻璃上的效果。选择位图，选择"位图"/"创造性"/"玻璃砖"命令，打开"玻璃砖"对话框，拖动"块宽度"和"块高度"滑块设置玻璃砖的大小，设置完成后单击

确定 按钮，如图13-94所示。

图13-94 玻璃砖效果

图13-96 儿童游戏样式

13.7.6 儿童游戏

儿童游戏可将位图转换成丰富有趣的形状。选择位图，选择"位图"/"创造性"/"儿童游戏"命令，打开"儿童游戏"对话框，设置游戏样式、详细资料和亮度，设置完成后单击 确定 按钮，如图13-95所示。

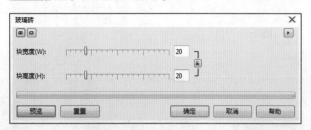

图13-95 "儿童游戏"对话框

💬知识解析："儿童游戏"对话框介绍 ⋯⋯⋯⋯⋯•

◆ "游戏"下拉列表框：用于设置"圆点图案"、"积木图案"、"手指绘画"和"数字绘画"等游戏样式，如图13-96所示。

◆ "详细资料"数值框：用于设置图像儿童游戏化的程度。

◆ "亮度"数值框：用于设置儿童游戏化后图像的亮度。

13.7.7 马赛克

马赛克可使位图像是由不规则的椭圆小片拼成的马赛克画的效果。选择位图，选择"位图"/"创造性"/"马赛克"命令，打开"马赛克"对话框，设置马赛克方块的大小和背景颜色，选中 ☑虚光(V) 复选框，可使图像周围的颜色减淡，设置完成后单击 确定 按钮，如图13-97所示。

图13-97 马赛克效果

13.7.8 粒子

粒子可在位图上添加气泡或星星效果。选择"位图"/"创造性"/"粒子"命令，打开"粒子"对话框，设置相应参数，设置完成后单击 确定 按钮，如图13-98所示。

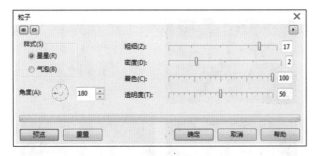

图13-98 "粒子"对话框

💬知识解析："粒子"对话框介绍 ⋯⋯⋯⋯⋯⋯●

◆ "样式"选项组：选中相应的单选按钮，设置添加星星或气泡，如图13-99所示。

图13-99 粒子样式

◆ "角度"数值框：更改粒子的角度。

◆ "粗细"数值框：设置粒子的大小。

◆ "密度"数值框：设置粒子的密度。

◆ "着色"数值框：更改粒子的颜色，值越大，颜色越丰富。

◆ "透明度"数值框：设置粒子的透明度。

13.7.9 散开

散开使位图散开为颜色点显示。选择"位图"/"创造性"/"散开"命令，打开"散开"对话框，拖动"水平"和"垂直"滑块设置水平与垂直散开的程度，值越大，散开效果越明显。设置完成后单击 确定 按钮，如图13-100所示。

读书笔记

- -

- -

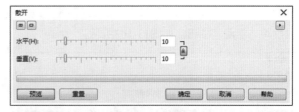

图13-100 散开效果

13.7.10 茶色玻璃

茶色玻璃可使位图呈现透过单色玻璃看见的效果。选择"位图"/"创造性"/"茶色玻璃"命令，打开"茶色玻璃"对话框，设置相关参数。设置完成后单击 确定 按钮，如图13-101所示。

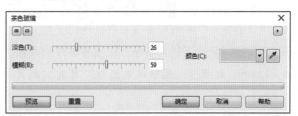

图13-101 茶色玻璃效果

💬知识解析："茶色玻璃"对话框介绍 ⋯⋯⋯⋯⋯●

◆ "淡色"数值框：设置玻璃的透明度。

◆ "模糊"数值框：设置玻璃的模糊程度。

◆ "颜色"下拉列表框：设置玻璃的颜色。

13.7.11 彩色玻璃

彩色玻璃可将位图转换成玻璃片拼成的效果。选择"位图"/"创造性"/"彩色玻璃"命令，打开

"彩色玻璃"对话框，选中 ☑三维照明(L) 复选框，设置完成后单击 确定 按钮，如图13-102所示。

图13-102　彩色玻璃效果

💬 知识解析：**"彩色玻璃"对话框介绍** ·············

◆ "大小"数值框：设置玻璃片的大小。

◆ "光源强度"数值框：设置图像亮度。

◆ "焊接宽度"数值框：设置拼接线的宽度。

◆ "焊接颜色"下拉列表框：设置拼接线的颜色。

◆ ☑三维照明(L) 复选框：选中该复选框，可为玻璃片添加三维效果。

13.7.12　虚光

虚光可使位图呈现从中心到四周渐隐的效果。选择"位图"/"创造性"/"虚光"命令，打开"虚光"对话框，设置相关参数。设置完成后单击 确定 按钮，如图13-103所示。

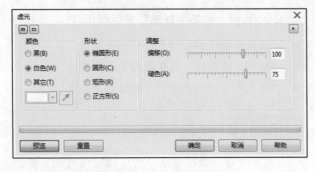

图13-103　"虚光"对话框

💬 知识解析：**"虚光"对话框介绍** ·············

◆ "颜色"选项组：通过选中对应的单选按钮，可设置虚光颜色，如图13-104所示。

图13-104　虚光颜色

◆ "形状"选项组：通过选中对应的单选按钮，可设置虚光的形状，如图13-105所示。

图13-105　虚光形状

◆ "偏移"数值框：设置虚光区域的大小。

◆ "褪色"数值框：设置虚光的羽化程度。

13.7.13　旋涡

"旋涡"命令可使位图产生绕着指定中心的旋涡。选择"位图"/"创造性"/"旋涡"命令，打开"旋涡"对话框，设置相关参数后单击 确定 按钮完成设置，如图13-106所示。

图13-106 　"旋涡"对话框

💬知识解析：　"旋涡"对话框介绍 ·············●

◆ "样式"下拉列表框：设置多种旋涡的效果，如笔刷效果、层次效果、粗体和细体，如图13-107所示。

图13-107 　旋涡样式

◆ "粗细"数值框：设置旋涡粗细。

◆ "内部方向"数值框：设置旋涡内部的旋转角度。

◆ "外部方向"数值框：设置旋涡外部的旋转角度。

13.7.14 　天气

天气可在位图中添加大气环境，如雾、雪和雨等。选择"位图"/"创造性"/"天气"命令，打开"天气"对话框，在"预报"选项组中设置需要的天气，再设置浓度与大小，单击 确定 按钮即可，如图13-108所示。

图13-108 　"天气"对话框

💬知识解析：　"天气"对话框介绍 ·············●

◆ "预报"选项组：选中相应的单选按钮，可为图像添加雪、雨和雾天气，如图13-109所示。

图13-109 　预报天气

◆ "浓度"数值框：设置雪、雨和雾的密度。

◆ "大小"数值框：设置雪、雨和雾形状的大小。

◆ 随机化(R) 按钮：单击该按钮，将在图像中随机分布雪、雨和雾形状。

13.8 自定义效果

自定义效果包括两种滤镜效果，Alchemy效果可以通过应用笔刷笔触将图像转换为艺术笔绘画；凹凸贴图效果可以添加底纹和图案到图像，下面分别进行介绍。

13.8.1 　Alchemy滤镜

选择位图，选择"位图"/"自定义"/Alchemy命令，打开Alchemy对话框，在其中可通过各选项卡分别设置笔刷、笔刷的颜色、笔刷大小、笔刷角度和笔画透明度，设置完成后单击 确定 按钮即可。

实例操作：制作艺术笔绘画效果

● 光盘\素材\第13章\绘画.jpg　　● 光盘\效果\第13章\绘画.cdr
● 光盘\实例演示\第13章\制作艺术笔绘画效果

　　本例将利用Alchemy滤镜将图片处理成艺术笔绘画效果，素材与效果如图13-110所示。

图13-110　艺术笔绘画效果

Step 1 ▶ 新建空白文档，导入并选择"绘画.jpg"图片，选择"位图"/"自定义"/Alchemy命令，打开Alchemy对话框，选择"笔刷"选项卡，选中 ⊙随机(R) 单选按钮，将"密度"设置为"50"，"水平"与"垂直"设置为"0"，预览效果如图13-111所示。

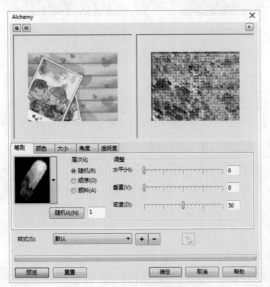

图13-111　设置笔刷层次与密度

Step 2 ▶ 在对话框中选择"颜色"选项卡，分别选中"笔刷颜色"和"笔刷背景"栏中的 ⊙来自图像(F) 单选按钮，在"饱和度"数值框中输入"11"，预览效果如图13-112所示。

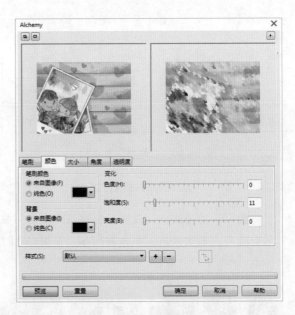

图13-112　设置笔刷颜色和背景颜色

Step 3 ▶ 选择"大小"选项卡，在"大小"数值框中输入"6"，设置笔画大小，预览效果如图13-113所示。单击 确定 按钮完成本例的设置。

图13-113　设置笔画大小

知识解析：Alchemy对话框介绍 ⋯⋯⋯⋯⋯●

◆ "层次化"选项组：选中相应的单选按钮，可设置Alchemy笔刷的分布方式。

◆ "调整"选项组：设置笔刷的大小和密度。

◆ <u>随机化(R)</u>按钮：单击该按钮，将在图像中随机分布笔刷。

◆ "笔刷颜色"选项组：选中相应的单选按钮，可设置Alchemy笔刷的颜色。

◆ "背景"选项组：设置笔刷背景的颜色。

◆ "变化"选项组：设置笔刷色度、饱和度和亮度。

◆ "改变笔刷大小"下拉列表框：使用预设的方案调整笔刷的方向、角度、大小和分布方式。

◆ "角度"选项卡：设置笔刷分布的方向。

◆ "透明度"选项卡：设置笔刷在图像上的透明度。

13.8.2 凹凸贴图

选择位图，选择"位图"/"自定义"/"凹凸贴图"命令，打开"凹凸贴图"对话框，在"样式"下拉列表框中选择贴图样式，再设置缩放方式、表面效果和灯光效果，设置完成后单击<u>确定</u>按钮即可，如图13-114所示为拼板贴图效果。

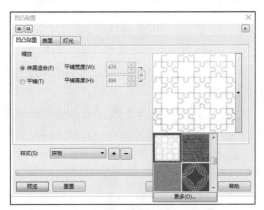

图13-114　"凹凸贴图"对话框

💬 **知识解析：　"凹凸贴图"对话框介绍** ⋯⋯⋯⋯●

◆ "缩放"选项组：选中相应的单选按钮，可设置缩放方式，在其后的数值框中可设置平铺宽度与高度，如图13-115所示为伸展适合和平铺的效果。

图13-115　缩放样式

◆ "样式"下拉列表框：用于选择贴图样式，如砖块、水纹、钢板、旋涡、瓷砖、树枝和纹理等样式，在右侧的下拉列表框中可预览选择的贴图样式，如图13-116所示为部分贴图样式。

图13-116　贴图样式

13.9 扭曲效果

扭曲效果可以为位图表面添加11种扭曲变形效果，如块状、置换、网孔扭曲、偏移、像素、龟纹、旋涡、平铺、湿笔画、涡流和风吹效果，下面分别进行介绍。

13.9.1 块状

块状可将位图分裂成小碎片的效果。选择位图，选择"位图"/"扭曲"/"块状"命令，打开"块状"对话框，设置相关参数后，单击 确定 按钮完成设置，如图13-117所示。

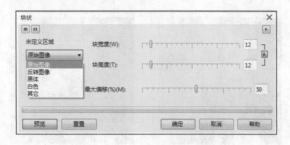

图13-117　"块状"对话框

💬知识解析：**"块状"对话框介绍**

◆ **"未定义区域"下拉列表框**：用于选择块状空隙的颜色，选择"其他"选项，可在"颜色"下拉列表框中自定义块状空隙颜色，如图13-118所示为不同颜色的块状空隙效果。

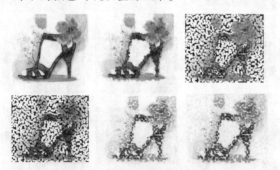

图13-118　不同颜色的块状空隙

◆ **"块高度"数值框**：设置块状的高度。
◆ **"块宽度"数值框**：设置块状的宽度。
◆ **"最大偏移"数值框**：设置相邻两个块状的最大错位值。

13.9.2 置换

置换可使用预置的波浪、星形或方格等图形将图形置换出来，以产生特殊的效果。选择位图，选择"位图"/"扭曲"/"置换"命令，打开"置换"对话框，在右侧的下拉列表框中选择置换的纹路，选中 ⊙平铺(T) 单选按钮或 ⊙伸展适合(F) 单选按钮设置纹路的形状，如图13-119所示。在"缩放"选项组设置纹路大小，单击 确定 按钮完成设置。

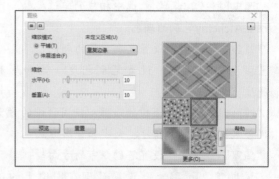

图13-119　置换效果

💬知识解析：**"置换"对话框介绍**

◆ **"缩放模式"选项组**：选中相应的单选按钮，可设置缩放方式，如图13-120所示为伸展适合和平铺置换的效果。

图13-120　缩放模式

◆ **"缩放"选项组**：设置纹路的高度和宽度。
◆ **"未定义区域"下拉列表框**：可设置重复边缘和环绕效果。
◆ **"纹路样式"下拉列表框**：选择置换的纹路样式，如图13-121所示为部分纹路样式的效果。

图13-121　纹路样式

13.9.3 网孔扭曲

网孔扭曲可以通过为图像添加网格，并拖动网格交叉点来变形图像。选择位图，选择"位图"/"扭曲"/"网孔扭曲"命令，打开"网孔扭曲"对话框，设置"网格线"的行列数，拖动网格交叉点来变形图像，如图13-122所示。单击 确定 按钮完成设置。

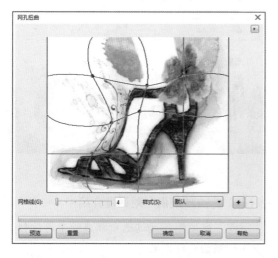

图13-122　网孔扭曲

13.9.4 偏移

偏移可使位图产生偏移效果，偏移后留下的空白区域可按用户意愿进行填充。选择位图，选择"位图"/"扭曲"/"偏移"命令，打开"偏移"对话框，设置相关的参数，设置完成后单击 确定 按钮，如图13-123所示。

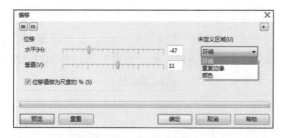

图13-123　"偏移"对话框

💬知识解析：　"偏移"对话框介绍 ·············●

◆ "位移"选项组：设置水平与垂直偏移量。

◆ "未定义区域"下拉列表框：可设置偏移后空白区域的填充方式，包括重复边缘、环绕和颜色效果，如图13-124所示。

图13-124　未定义区域填充模式

13.9.5 像素

像素可使位图产生由正方形、矩形和射线组成的像素效果，以创建出夸张的位图外观。选择位图，选择"位图"/"扭曲"/"像素"命令，打开"像素"对话框，设置相关参数，设置完成后单击 确定 按钮，如图13-125所示。

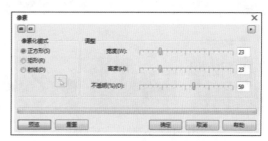

图13-125　"像素"对话框

💬知识解析：　"像素"对话框介绍 ·············●

◆ "像素化模式"选项组：选中相应的单选按钮设置像素化模式为"正方形"、"矩形"或"射线"，如图13-126所示。

图13-126　像素化模式

◆ "宽度"数值框：设置像素方块的宽度。

◆ "高度"数值框：设置像素方块的高度。

◆ "不透明度"数值框：设置像素方块的不透明度。

13.9.6 龟纹

龟纹可对位图中的像素进行颜色混合，并产生波浪形的扭曲变形效果。选择位图，选择"位图"/"扭曲"/"龟纹"命令，打开"龟纹"对话框，设置相关参数，在右侧的窗格中可预览设置的波纹线条效果，如图13-127所示。设置完成后单击 确定 按钮。

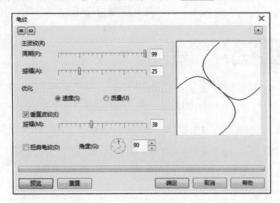

图13-127　"龟纹"对话框

💬 知识解析：　**"龟纹"对话框介绍** ·················●

◆ **"周期"数值框**：调整波浪弧度，值越小，变形弧度越多。

◆ **"振幅"数值框**：设置抖动大小。

◆ **"优化"选项组**：通过选中相应的单选按钮，可设置优化方式。

◆ ☑垂直波纹(E) **复选框**：选中该复选框，可在右侧窗格中添加一条垂直波浪线，并进行垂直变形操作。

◆ **"角度"数值框**：设置龟纹的角度。

13.9.7 旋涡

旋涡效果将以旋涡样式来扭曲旋转位图。选择位图，选择"位图"/"扭曲"/"旋涡"命令，打开"旋涡"对话框，设置旋涡的旋转方向和优化方式，然后再拖动"整体旋转"滑块和"附加度"滑块，调

整整体旋转角度和附加角度，如图13-128所示，设置完成后单击 确定 按钮。

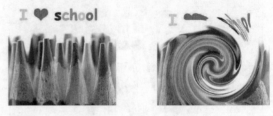

图13-128　"旋涡"对话框

💬 知识解析：　**"旋涡"对话框介绍** ·················●

◆ **"定向"选项组**：通过选中相应的单选按钮，可设置旋涡的旋转方式。

◆ **"优化"选项组**：通过选中相应的单选按钮，可设置优化方式。

◆ **"整体旋转"数值框**：设置旋涡的整体旋转圈数。

◆ **"附加度"数值框**：设置旋涡中心旋转圈数。

13.9.8 平铺

平铺效果用于产生一系列排列整齐的图像，可用作背景。选择位图，选择"位图"/"扭曲"/"平铺"命令，打开"平铺"对话框，分别设置"水平平铺"、"垂直平铺"和"重叠"值，如图13-129所示。设置完成后单击 确定 按钮。

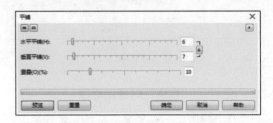

图13-129　平铺

图13-129　平铺（续）

13.9.9　湿笔画

湿笔画可使位图产生类似于油漆未干、油漆往下流的画面侵染效果。选择位图，选择"位图"/"扭曲"/"湿笔画"命令，打开"湿笔画"对话框，拖动"润湿"滑块和"百分比"滑块设置湿笔画程度，设置完成后单击 确定 按钮，如图13-130所示。

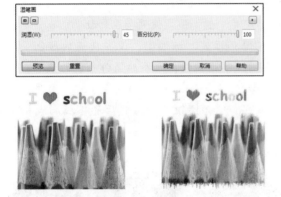

图13-130　湿笔画

13.9.10　涡流

涡流可使位图产生无规则的条纹流动效果。选择位图，选择"位图"/"扭曲"/"涡流"命令，打开"涡流"对话框，设置对应的参数后，单击 确定 按钮即可，效果如图13-131所示。

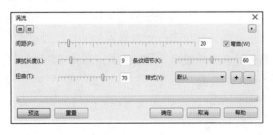

图13-131　涡流

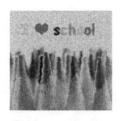

图13-131　涡流（续）

💬 **知识解析："涡流"对话框介绍** ·················●

◆　"间距"数值框：设置涡流的间距。

◆　☑弯曲(W) 复选框：选中该复选框，可增强扭曲效果。

◆　"擦拭长度"数值框：设置单位涡流的大小，值越大，涡流越大。

◆　"条纹细节"数值框：设置条纹的细节量。

◆　"扭曲"数值框：设置线条扭曲的程度。

◆　"样式"下拉列表框：用于选择预设的扭曲样式，包括笔刷笔触、明确、源泉、污渍和环形等样式，如图13-132所示。

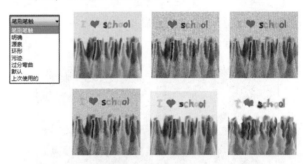

图13-132　涡流样式

13.9.11　风吹效果

风吹效果可使位图产生一种被风刮过的效果。选择位图，选择"位图"/"扭曲"/"风吹效果"命令，打开"风吹效果"对话框，设置对应的参数后，单击 确定 按钮即可，效果如图13-133所示。

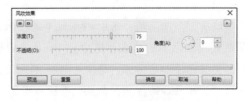

图13-133　风吹效果

图13-133　风吹效果（续）

💬 知识解析：　"风吹效果"对话框介绍 ⋯⋯⋯⋯⋯⋯●

◆ "浓度"数值框：设置风吹痕迹的密度，值越大，效果越明显。

◆ "不透明"数值框：设置风吹痕迹的不透明度。

◆ "角度"数值框：设置风吹痕迹的方向。

13.10 杂点效果

杂点效果可以在位图中模拟或消除由于扫描或颜色过渡所造成的颗粒效果，杂点效果提供了6种不同的杂点特殊效果，下面分别进行介绍。

13.10.1 添加杂点

添加杂点用于在位图上添加颗粒状效果。选择位图，选择"位图"/"杂点"/"添加杂点"命令，打开"添加杂点"对话框，设置对应的参数后，单击 确定 按钮即可，效果如图13-134所示。

图13-134　"添加杂点"对话框

💬 知识解析：　"添加杂点"对话框介绍 ⋯⋯⋯⋯⋯●

◆ "杂点类型"选项组：选中 高斯式(G) 单选按钮，可高斯式模糊添加的杂点；选中 尖突(K) 单选按钮，可尖突显示添加的杂点；选中 均匀(U) 单选按钮，可均匀显示添加的杂点，杂点效果较为明显。

◆ "层次"数值框：设置杂点的不透明度，值越大，杂点越明显。

◆ "密度"数值框：设置杂点的数量。

◆ "颜色模式"选项组：设置杂点的颜色。选中 强度(I) 单选按钮，可添加黑白颜色的杂点；选中 随机(R) 单选按钮，可添加彩色的杂点效果；选中 单一(S) 单选按钮，可在其后的下拉列表框中自定义杂点颜色。如图13-135所示为3种颜色模式效果。

图13-135　杂点颜色模式

13.10.2 最大值

最大值可匹配周围像素的平均值，在图像上添加正方形方块，使位图产生非常明显的颗粒效果画面，具有去除杂点的效果。选择位图，选择"位图"/"杂点"/"最大值"命令，打开"最大值"对话框，设置对应的参数后，单击 确定 按钮即可，效果如图13-136所示。

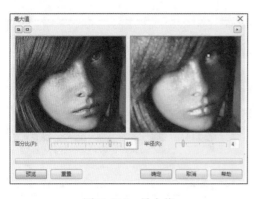

图13-136　最大值

💬知识解析：**"最大值"对话框介绍** ·········●

◆ "百分比"数值框：调整方块的不透明度，值越大，效果越明显。

◆ "半径"数值框：调整方块的大小。

13.10.3　中值

中值可使平均图像像素的颜色值来消除杂点和细节。选择位图，选择"位图"/"杂点"/"中值"命令，打开"中值"对话框，拖动"半径"滑块设置杂点像素的大小，效果如图13-137所示。

图13-137　"中值"对话框

13.10.4　最小

最小可将图像像素变暗来消除杂点和细节。选择位图，选择"位图"/"杂点"/"最小"命令，打开"最小"对话框，拖动"百分比"滑块调整杂点像素的不透明度，拖动"半径"滑块调整杂点像素的大小，效果如图13-138所示。设置完成后单击 确定 按

钮即可。

图13-138　"最小"对话框

13.10.5　去除龟纹

去除龟纹可移除图像中因两种不同频率的叠置而造成的波浪图案。选择位图，选择"位图"/"杂点"/"去除龟纹"命令，打开"去除龟纹"对话框，设置对应的参数后，单击 确定 按钮即可，效果如图13-139所示。

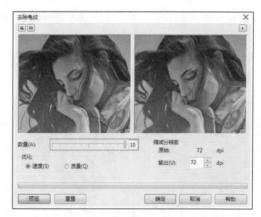

图13-139　"去除龟纹"对话框

💬知识解析：**"去除龟纹"对话框介绍** ·········●

◆ "数量"数值框：设置去除杂点的数量。

◆ "优化"选项组：通过选中 ◉速度(S) 单选按钮，或选中 ◉质量(Q) 单选按钮来设置图像优化方式。

◆ "缩减分辨率"数值框：设置输出图像分辨率，值越小，处理后得到的图像也越小，分辨率越低。

13.10.6 去除杂点

去除杂点移除图像中的灰尘或杂点，使图像画面更干净。但去除杂点后，图像画面将相应模糊。选择位图，选择"位图"/"杂点"/"去除杂点"命令，打开"去除杂点"对话框，选中 ☑ 自动(A) 复选框，将自动设置阈值；取消选中该复选框，可拖动"阈值"滑块设置图像杂点的平滑度，如图13-140所示。

图13-140　"去除杂点"对话框

13.11　鲜明化效果

鲜明化效果是指通过提高与邻近像素的色度、亮度与对比度来强化图像边缘。鲜明化效果提供了适应非鲜明化、定向柔化、高通滤波器、鲜明化和非鲜明化遮罩。下面分别进行介绍。

13.11.1 适应非鲜明化

适应非鲜明化可通过分析边缘邻近像素值来强化边缘，使对象边缘细节更突出、图像更加清晰。选择位图，选择"位图"/"鲜明化"/"适应非鲜明化"命令，打开"适应非鲜明化"对话框，拖动"百分比"滑块调整边缘细节程度，如图13-141所示。

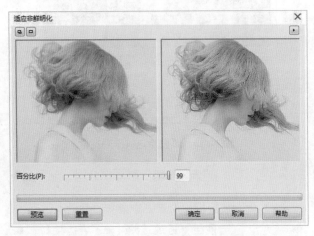

图13-141　"适应非鲜明化"对话框

13.11.2 定向柔化

定向柔化可增强图像中相邻颜色的对比度，使

图像更加鲜明化。选择位图，选择"位图"/"鲜明化"/"定向柔化"命令，打开"定向柔化"对话框，拖动"百分比"滑块调整边缘细节程度，如图13-142所示。

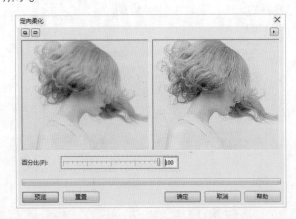

图13-142　"定向柔化"对话框

13.11.3 高通滤波器

高通滤波器可去除图像的阴影部分，清晰地突出位图中绘图元素的边缘。选择位图，选择"位图"/"鲜明化"/"高通滤波器"命令，打开"高通滤波器"对话框，拖动"百分比"滑块调整边缘细节程度，如图13-143所示。

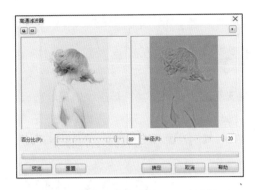

图13-143　"高通滤波器"对话框

◆ "边缘层次"数值框：设置跟踪图片边缘的强度。

◆ ☑保护颜色(P) 复选框：选中该复选框，可在鲜明化后，保持图像颜色不会产生变化。

◆ "阈值"数值框：设置边缘检测后剩余图像的多少。

13.11.4 鲜明化

鲜明化可增强图像中相邻像素的色度、亮度和对比度，从而使图像更加鲜明。选择位图，选择"位图"／"鲜明化"／"鲜明化"命令，打开"鲜明化"对话框，设置对应的参数后，如图13-144所示。

13.11.5 非鲜明化遮罩

非鲜明化遮罩可增强位图边缘细节，使图像产生特殊的锐化效果。选择位图，选择"位图"／"鲜明化"／"非鲜明化遮罩"命令，打开"非鲜明化遮罩"对话框，设置对应的参数后，如图13-145所示。

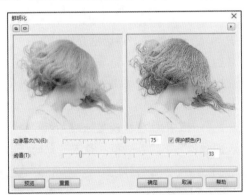

图13-144　"鲜明化"对话框

图13-145　非鲜明化遮罩

13.12 底纹效果

底纹效果可在图像上添加各种图案效果。底纹效果提供了6种底纹效果，包括鹅卵石、折皱、蚀刻、塑料、浮雕和石头。下面分别进行介绍。

13.12.1 鹅卵石

鹅卵石可在图像上添加鹅卵石底纹。选择位图，选择"位图"／"底纹"／"鹅卵石"命令，打开"鹅卵石"对话框，在其中设置对应参数，如图13-146所示。

读书笔记

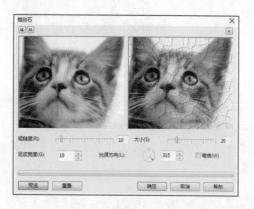

图13-146　"鹅卵石"对话框

💬知识解析：**"鹅卵石"对话框介绍** ·················●

◆ "粗糙度"数值框：设置鹅卵石的粗糙度。

◆ "大小"数值框：设置鹅卵石的大小。

◆ "泥浆宽度"数值框：设置鹅卵石边界线条的
粗细。

◆ "光源方向"数值框：设置鹅卵石光源方向。

◆ ☑弯曲(W) 复选框：选中该复选框，可将鹅卵石边界
弯曲。

13.12.2 折皱

　　折皱可在图像上添加折皱底纹效果。选择位图，
选择"位图"/"底纹"/"折皱"命令，打开"折皱"
对话框，在其中设置对应参数，如图13-147所示。

图13-147　折皱效果

💬知识解析：**"折皱"对话框介绍** ·················●

◆ "年龄"数值框：设置折皱的密度。

◆ 随机化(R) 按钮：单击该按钮，将随机化分布折皱
线，在其后的数值框中可输入随机化值。

◆ "颜色"下拉列表框：设置折皱的颜色。

13.12.3 蚀刻

　　蚀刻可在图像上添加蚀刻底纹效果。选择位图，
选择"位图"/"底纹"/"蚀刻"命令，打开"蚀刻"
对话框，在其中设置对应参数，如图13-148所示。

图13-148　"蚀刻"对话框

💬知识解析：**"蚀刻"对话框介绍** ·················●

◆ "详细资料"数值框：设置蚀刻的程度。

◆ "深度"数值框：设置颜色的浓度，值越大，图
像越逼真。

◆ "光源方向"数值框：设置蚀刻光源方向。

◆ "表面颜色"下拉列表框：设置蚀刻的颜色。

13.12.4 塑料

　　塑料可在图像上添加塑料底纹效果。选择位图，
选择"位图"/"底纹"/"塑料"命令，打开"塑料"
对话框，在其中设置对应参数，如图13-149所示。

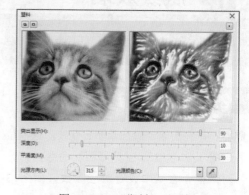

图13-149　"塑料"对话框

13.12.5 浮雕

浮雕可在图像上添加浮雕底纹效果。选择位图，选择"位图"/"底纹"/"浮雕"命令，打开"浮雕"对话框，在其中设置对应参数，如图13-150所示。

图13-150　"浮雕"对话框

知识解析：**"浮雕"对话框介绍**

◆ "详细资料"数值框：设置浮雕的细节程度。

◆ "深度"数值框：设置颜色的浓度，值越大，图像越逼真。

◆ "平滑度"数值框：设置浮雕的平滑度，平滑度越高，细节丢失越多。

◆ "光源方向"数值框：设置浮雕的光源方向。

◆ "表面颜色"下拉列表框：设置浮雕的颜色。

13.12.6 石头

石头可在图像上添加石头纹理效果。选择位图，选择"位图"/"底纹"/"石头"命令，打开"石头"对话框，在其中设置粗糙程度、详细资料、样式

和光源方向等参数，如图13-151所示。

图13-151　"石头"对话框

知识解析：**"石头"对话框介绍**

◆ "粗糙度"数值框：设置石头底纹图案的大小。

◆ "详细资料"数值框：设置石头底纹分布的密度。

◆ "样式"下拉列表框：设置石头的样式，如沥青、混凝土、侵蚀、砂石和灰泥等，如图13-152所示。

图13-152　石头样式

◆ "光源方向"数值框：设置石头底纹的分布方向。

◆ "反转"复选框：选中该复选框，可反转石头底纹效果。

 知识大爆炸
——滤镜使用注意事项

对图像使用滤镜并进行保存后，再次打开该图像，将不能取消滤镜效果。因此，使用滤镜应谨慎。若需要将矢量图运用滤镜效果，需要将矢量图转换为位图，这样可制作出更多的特殊效果。

实战篇
Instance

本书的实战篇将会对一些常用的平面设计对象进行设计，如艺术字体设计，产品造型设计，潮流服装设计，包装设计，平面广告设计，封面、插画和内页设计，涉及的领域包括常见的电子产品、杂志等。

>>>

14
15 16 17 18 19 ●●●●●●

时尚文字设计

本章导读 ♥

在CorelDRAW中创建的文字，除了设置文本的字体、大小与填充颜色外，还可根据需要为其添加多种多样的矢量图或位图的特殊效果，以制作吸引眼球的一些特殊文字效果。

14.1 制作火焰字

文本工具　粗糙笔刷　图框裁剪
输入文本　平滑粗糙　轮廓转换

● 光盘\素材\第14章\火焰字\
● 光盘\效果\第14章\火焰字.cdr
● 光盘\实例演示\第14章\制作火焰字

在平面设计中会使用各种不同的文字效果，其中，火焰字拥有火辣、热情和迷幻的特性，在制作一些电影或游戏海报时会使用到该效果。下面将讲解火焰字的制作方法。

Step 1 ▶ 新建空白文档，导入"圣域.jpg"图片，使用"文本工具" 字 在页面中输入数字"3"，如图14-1所示。然后按Ctrl+Q组合键，将文字转换为曲线对象，使用"形状工具" 对文字的形状进行调整，效果如图14-2所示。

图14-1　输入文字　　　图14-2　编辑文字曲线

Step 2 ▶ 选择文本，在工具箱中单击"粗糙笔刷工具"按钮 ，在属性栏中设置"笔尖大小"为"20.0mm"，"尖突频率"为"10"，"干燥"为"-10"，"笔倾斜"为"50.0°"，按住鼠标左键在边缘上拖动，产生粗糙效果，如图14-3所示。

Step 3 ▶ 将"笔倾斜"更改为"90.0°"，再次按住鼠标左键在边缘上拖动，平滑粗糙效果，如图14-4所示。

读书笔记 ▶

图14-3　粗糙轮廓　　　图14-4　平滑粗糙效果

Step 4 ▶ 选择文本，在属性栏中为其添加"10mm"粗细的轮廓，取消填充，按Shift+Ctrl+Q组合键将轮廓转换为对象，为轮廓对象添加"6mm"的白色轮廓效果，如图14-5所示。将轮廓对象置于文本下层，为文本添加"细线"白色轮廓，效果如图14-6所示。

图14-5　转换轮廓对象　　　图14-6　为文本添加轮廓

Step 5 ▶ 导入"火焰.jpg"图片，如图14-7所示。调整图片大小，使用鼠标右键将火焰图片拖动到文本中心位置，使用文本裁剪火焰，效果如图14-8所示。

图14-7 导入火焰　　　　图14-8 文本裁剪火焰

Step 6 ▶ 在文本左侧输入"圣域"文本，将字体设置为"华文新魏"，填充为白色，按Ctrl+K组合键拆分文本，将文本距离拉近，如图14-9所示。然后按Ctrl+Q组合键，将文字转换为曲线对象，使用"形状工具" 对文字的形状进行调整，效果如图14-10所示。

图14-9 输入文本　　　　图14-10 编辑文本轮廓

Step 7 ▶ 选择"圣域"文本，在"粗糙笔刷工具" 属性栏中设置"笔尖大小"为"12.0mm"，"尖突频率"为"10"，"干燥"为"-10"，"笔倾斜"为"50.0°"，在文本边缘上拖动产生粗糙效果，如图14-11所示。将"笔倾斜"更改为"90.0°"，再次在边缘上拖动以平滑粗糙效果，如图14-12所示。

图14-11 粗糙轮廓　　　　图14-12 平滑粗糙效果

Step 8 ▶ 选择"圣域"文本图形，使用"形状工具" 对轮廓进行处理，添加"3pt"的白色轮廓，为其创建交互式线性填充效果，设置起点到终点的CMYK值分别为"54、97、100、42"、"66、95、100、64"和"38、100、100、6"，如图14-13所示。按F12键打开"轮廓笔"对话框，在"斜接限制"数值框中输入"95"，单击 确定 按钮应用设置，如图14-14所示。

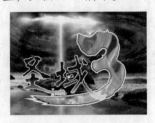

图14-13 渐变填充文本　　　　图14-14 设置斜接限制

> **操作解谜**　　这里将"斜接限制"设置为"95°"的目的是为了使添加的粗轮廓消除边缘参差不齐的线条。用户也可选择文本后，使用"橡皮擦工具" ，擦除多余的边缘来达到效果。

Step 9 ▶ 继续导入"火焰.jpg"图片，调整大小，使其与"圣域"图片等宽，选择图片，使用"裁剪工具" 拖动裁剪中间的区域，将其置于文本下层，如图14-15所示。使用"透明度工具" 拖动创建渐变透明效果，调整起点、终点与控制柄位置，在属性栏中设置"合并模式"为"减少"，效果如图14-16所示，完成本例的制作。

图14-15 裁剪火焰　　　　图14-16 添加半透明效果

读书笔记 ▶

14.2 制作彩钻字

添加杂点　裁剪图形　颜色调整
透明度　　轮廓转换　阴影创建

● 光盘\素材\第14章\彩钻字素材
● 光盘\效果\第14章\彩钻字.cdr
● 光盘\实例演示\第14章\制作彩钻字

　　若需要制作的文字像钻石般绚丽夺目，可以制作一些彩钻字。彩钻字多用于一些装饰品的制作，如吊坠、工艺品等。下面将讲解彩钻字的制作方法。

Step 1 ▶ 新建空白文档，创建背景矩形，填充为"93、88、89、80"，如图14-17所示。取消轮廓，选择"位图"/"转换为位图"命令，打开如图14-18所示的"转换为位图"对话框，单击 确定 按钮即可转换为位图。

图14-17　填充背景　　图14-18　"转换为位图"对话框

Step 2 ▶ 选择背景，选择"位图"/"杂点"/"添加杂点"命令，打开"添加杂点"对话框，保持默认杂点类型和颜色模式，设置"层次"和"密度"均为"100"，杂点颜色为"白色"，如图14-19所示。

图14-19　添加杂点

Step 3 ▶ 导入"底纹.jpg"图片，调整大小，将其置于背景中心位置，如图14-20所示。使用"透明度工具"单击底纹背景，在出现的透明数值框中输入"85"，效果如图14-21所示。

图14-20　导入底纹　　　图14-21　设置透明度

Step 4 ▶ 使用"文本工具"在页面中输入文本"LOVE"，将"字体"设置为"ZapfChan Bd Bt"，如图14-22所示。按Ctrl+K组合键拆分为单个字符，然后按Ctrl+Q组合键，将文字转换为曲线对象，使用"形状工具"对文字的形状进行调整，效果如图14-23所示。

LOVE LOVE

图14-22　输入文字　　　图14-23　编辑文字曲线

Step 5 ▶ 导入"钻石.jpg"图片，调整图片大小，如图14-24所示。使用鼠标右键拖动钻石图片至L上，释放鼠标，在弹出的快捷菜单中选择"图框精确裁剪对象"命令，裁剪效果如图14-25所示。

图14-24　导入钻石　　　图14-25　文字裁剪图片

Step 6 ▶ 选择裁剪的字母，为其添加"2pt"粗细的轮廓，如图14-26所示。然后按Shift+Ctrl+Q组合键，将文字图形轮廓转换为对象，效果如图14-27所示。

图14-26　添加轮廓　　　图14-27　将轮廓转换为对象

Step 7 ▶ 选择文本轮廓，打开"编辑填充"对话框，设置"类型"为"渐变"，角度为"180°"，调整节点位置，设置起点到终点节点的CMYK值分别为"0、0、0、0"、"66、58、89、17"、"14、7、24、0"、"71、57、71、14"和"0、0、0、0"，单击 确定 按钮，效果如图14-28所示。

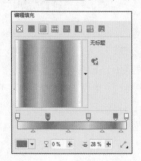

图14-28　渐变填充文字轮廓对象

Step 8 ▶ 选择裁剪的字母，再次为其添加"3pt"粗细的轮廓，将轮廓转换为对象。选择该轮廓，打开"编辑填充"对话框，设置"类型"为"渐变"，角度为"180°"，调整节点位置，设置

起点到终点节点的CMYK值分别为"4、3、3、0"、"71、64、100、34"、"21、11、33、0"、"78、65、93、45"和"4、3、3、0"，单击 确定 按钮，将轮廓与文字图形中心对齐效果如图14-29所示。

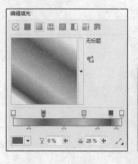

图14-29　渐变填充文字轮廓对象

Step 9 ▶ 使用相同的方法制作其他字母图形，将所有字母图形移动到页面中心位置，底端对齐所有字母图形，效果如图14-30所示。

图14-30　制作其他字母钻石图形

Step 10 ▶ 使用"星形工具"☆绘制正八角形，取消轮廓，填充为"白色"，在属性栏中将"锐度"设置为"95"，按Enter键，得到如图14-31所示的效果。然后选择八角形，按Ctrl+Q组合键将八角形转换为曲线，使用"形状工具"拉长对角线的角，效果如图14-32所示。

图14-31　绘制正八角形　　图14-32　拉长对角线的角

Step 11 ▶ 选择调整后的八角形形状，执行复制、旋转和缩放操作，将其置于彩钻字上的不同位置，添

加闪光效果，如图14-33所示。

图14-33　添加闪光效果

Step 12 ▶ 按Ctrl+G组合键群组各彩钻字符图形，再群组所有彩钻字符图形。选择群组图形，在属性栏中单击"垂直镜像"按钮，并将镜像后的图形移动到原图形下方制作倒影，如图14-34所示。选择镜像后的图形，将其转换为位图，使用"透明度工具"在倒影上向下拖动鼠标创建半透明效果，调整起点与终点位置，效果如图14-35所示。

图14-34　垂直镜像文本　　图14-35　创建半透明效果

Step 13 ▶ 导入"彩钻1.jpg"图片，如图14-36所示。复制图片，选择复制的图片，选择"位图"/"模式"/"灰度"命令，将金色彩钻转换为白色彩钻，如图14-37所示。

图14-36　导入图片　　　图14-37　转换颜色模式

Step 14 ▶ 再次复制金色的"彩钻1.jpg"图片，选择"效果"/"调整"/"颜色平衡"命令，打开"颜色平衡"对话框，在"范围"选项组中选中所有复选框，将"颜色通道"分别设置为"-45"、"-100"和"53"，预览效果如图14-38所示，单击 确定 按钮。

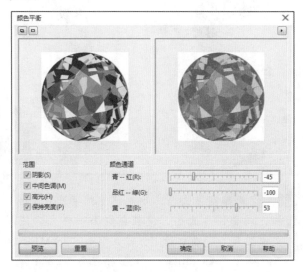

图14-38　更改颜色通道

Step 15 ▶ 将3种颜色的彩钻分别放置到彩钻文字下方，调整大小，效果如图14-39所示。选择彩钻图形，使用"阴影工具"从中心向右下角拖动，创建阴影效果，如图14-40所示。使用相同的方法为其他彩钻添加阴影效果，完成本例的制作。

图14-39　放置彩钻　　　　图14-40　添加阴影

读书笔记 ▶

14.3 制作沙粒字

半色调　添加杂点　散开颗粒
位图转换　图片调整　底纹透明

　　本例将使用半色调、散开和添加杂点等位图特效来制作沙粒字。制作前后的效果如左图所示。

- 光盘\素材\第14章\沙粒字底纹.jpg
- 光盘\效果\第14章\沙粒字.jpg
- 光盘\实例演示\第14章\制作沙粒字

Step 1 ▶ 新建空白文档，导入"沙粒字底纹.jpg"图片，调整图片大小，使其与页面一样大，使用"文本工具" 字 在背景上方输入字母"TAME"，设置字体为"Aparajita"，设置字号为"222pt"，如图14-41所示。使用相同的字体在图片右下角输入如图14-42所示的文本，分别设置第一排的字号为"70pt"，设置第二排文字的字号为"90pt"，设置第3排的字号为"120pt"。

图14-41　输入文字　　图14-42　输入不同字号的字体

Step 2 ▶ 选择右下角的文本，选择"位图"/"转换为位图"命令，将其转换为位图，选择转换为位图的文本，选择"位图"/"相机"/"半色调"命令，打开"半色调"对话框，分别设置"青"、"品红"、"黄"、"黑"和"最大点半径"值为"0"、"30"、"60"、"45"和"7"，预览效

果如图14-43所示，单击 [确定] 按钮。

图14-43　设置半色调效果

Step 3 ▶ 继续选择位图文本，选择"位图"/"杂点"/"添加杂点"命令，打开"添加杂点"对话框，设置"层次""密度"均为"100"，将"杂点颜色"设置为"白色"，预览效果如图14-44所示，单击 [确定] 按钮。

读书笔记 ▶

图14-44　添加杂点

Step 4 ▶ 继续选择位图文本，选择"位图"/"创造性"/"散开"命令，打开"散开"对话框，单击按钮解锁，分别设置"水平"和"垂直"值为"28"和"15"，预览效果如图14-45所示，单击确定按钮。

图14-45　散开颗粒效果

Step 5 ▶ 选择位图文本，再次执行"散开"命令，效果如图14-46所示。在工具箱中单击"透明度工具"按钮，在属性栏中设置"透明类型"为"底纹"，"透明度合并模式"为"减少"，"底纹库"为"样本9"，"透明图样"为"泡泡糖"，如图14-47所示。

图14-46　散开效果　　　图14-47　添加底纹透明

Step 6 ▶ 复制位图文本，选择复制的位图文本，在"透明度工具"属性栏中更改"透明度合并模式"为"反转"，如图14-48所示。原位复制反转后的效果，群组反转底纹透明的两个图形，效果如图14-49所示。

图14-48　更改合并模式　　　图14-49　复制图形

Step 7 ▶ 将反转透明的群组图形放置在原图形上方，并设置中心对齐，效果如图14-50所示。选择低层较深的文字位图，选择"效果"/"调整"/"色度/饱和度/亮度"命令，在打开的对话框中将"亮度"设置为"-100"，单击确定按钮，效果如图14-51所示。

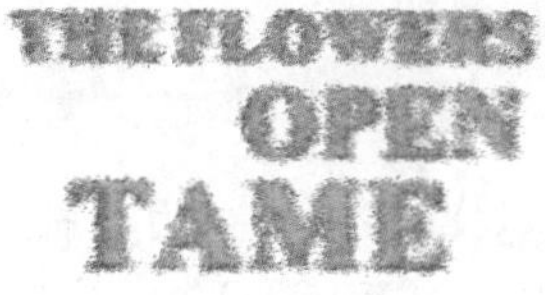

图14-50　对齐文本　　　图14-51　降低亮度

Step 8 ▶ 绘制"沙粒字背景"图片等大的矩形，取消轮廓，并填充为白色，使用"透明度工具"从右下角向左上角拖动创建线性透明效果，如图14-52所示。

Step 9 ▶ 群组沙粒文本图形，按Ctrl+Home组合键将其放置在顶层，移动到图片右下角的位置，如图14-53所示，完成本例的制作。

图14-52 创建渐变透明　　图14-53 放置沙粒字

14.4 制作串珠字

渐变填充　调和对象　模糊工具
边界创建　路径调和　位图转换

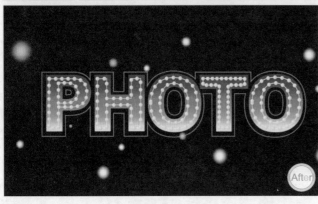

● 光盘\效果\第14章\串珠字.cdr
● 光盘\实例演示\第14章\制作串珠字

珠子不仅可以串连成手链等装饰品，还可将其串连成文字，得到不一样的效果。下面将讲解串珠字的制作方法。

Step 1 ▶ 新建空白文档，使用"文本工具" 字 输入字母"PHOTO"，设置字体为"Arial Blank"，字号为"72pt"，如图14-54所示。选择输入的文本，按Ctrl+K组合键拆分文本，缩小各字符之间的间距，效果如图14-55所示。

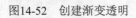

图14-54 输入文字　　　图14-55 拆分文本

Step 2 ▶ 选择所有文本，按Ctrl+Q组合键转换为曲线，添加"0.75pt"粗细的轮廓，取消文本图形填充，如图14-56所示。选择图形P，单击工具箱中的

这里"拆分文本，缩小各字符之间的间距"的目的在于后面添加轮廓后，方便创建所有轮廓的边界对象。在"文本属性"的"字符间距"数值框中也可设置各字符的间距。

"轮廓图工具"按钮 圖，再单击属性栏中的"内部轮廓"按钮 圖，设置"轮廓图步长"和"轮廓图偏移"值分别为"1"和"1.2"，按Enter键，使用相同的方法设置其他字符图形，如图14-57所示。按Ctrl+K组合键拆分轮廓图。

图14-56　添加轮廓　　　　图14-57　创建轮廓图

Step 3 ▶ 选择轮廓图外层的对象，为其创建线性渐变填充效果，设置起点到终点的CMYK值分别为"100、100、0、0"、"0、100、100、0"和"0、0、60、0"，取消轮廓，创建黑色无轮廓矩形，按Ctrl+End组合键置于底层，作为背景，如图14-58所示。绘制正圆，取消轮廓，为其创建椭圆形渐变填充效果，设置起点到终点的CMYK值分别为"0、0、0、0"和"0、0、0、10"，如图14-59所示。

图14-58　渐变填充文本　　　图14-59　渐变填充圆

Step 4 ▶ 复制该圆，移开一定距离，使用"交互式调和工具" 将圆拖动到另一个圆上创建调和效果，如图14-60所示。复制并选择复制调和对象，在属性栏中单击"路径属性"按钮 ，在弹出的下拉列表中选择"新路径"选项，这时鼠标光标呈 形状，单击轮廓图对象靠近中心的轮廓，这里单击图形P，如图14-61所示。

图14-60　创建调和效果　　图14-61　设置新的调和路径

Step 5 ▶ 继续复制调和对象，将复制的调和对象逐一附着到内部轮廓上，将调和路径更改为白色，如图14-62所示。分别框选路径中的调和对象，在属性栏中单击"更多调和选项"按钮 ，在弹出的下拉列表中选择"沿全路径调和"选项，效果如图14-63

所示。

图14-62　设置新的调和路径　　图14-63　沿全路径调和

Step 6 ▶ 使用相同的方法将调和效果沿其他路径调和，效果如图14-64所示。复制渐变填充对象，将复制的对象置于底层，添加"6.5pt"粗细的白色轮廓，如图14-65所示。

图14-64　更改调和步长　　　图14-65　添加文本轮廓

Step 7 ▶ 选择白色轮廓对象，然后按Shift+Ctrl+Q组合键，将图形轮廓转换为对象，选择轮廓对象，在属性栏中单击"创建边界"按钮 ，创建边界对象，再将创建的边界对象的轮廓颜色的CMYK值设置为"2、87、100、0"，轮廓粗细为"0.75pt"，删除白色轮廓对象，效果如图14-66所示。

图14-66　创建边界

Step 8 ▶ 绘制正圆，取消轮廓，为其创建椭圆形渐变填充效果，设置起点到终点的CMYK值分别为"0、0、0、0"和"22、54、0、0"，如图14-67所示。将其转换为位图，选择"位图"/"模糊"/"高斯式模糊"命令，在打开的对话框中将模糊半径设置为"20"，效果如图14-68所示。

图14-67 渐变填充圆

图14-68 设置模糊效果

图14-69 创建白色模糊圆

图14-70 制作光斑效果

Step 9 ▶ 绘制正圆，取消轮廓，填充为白色。使用相同的方法设置高斯式模糊效果，如图14-69所示。选择制作的两种颜色的模糊圆，执行复制、缩放和移动操作，制作光斑效果，如图14-70所示，完成本例的制作。

读书笔记

14.5 制作炫彩立体字

文本编辑 | 创建立体 | 透明应用
轮廓设置 | 立体化设置 | 移除对象

● 光盘\素材\第14章\炫彩立体字底纹.cdr
● 光盘\效果\第14章\炫彩立体字.cdr
● 光盘\实例演示\第14章\制作炫彩立体字

立体字是平面设计中常用的特殊字体效果，立体文字可对文字进行强调，使其表达内容更能被读者所吸引。下面将讲解炫彩立体字的制作方法。

Step 1 ▶ 新建空白文档，使用"文本工具" 字 输入文本"缘来是你"，设置字体为"华文中宋"，如图14-71所示。选择输入的文本，按Ctrl+K组合键拆分文本，调整文本的大小，将字号分别设置为"127"、"115"、"95"和"115"，调整各文本位置，效果如图14-72所示。

Step 2 ▶ 然后选择文本，按Ctrl+Q组合键，将文字转换为曲线对象，使用"形状工具" 对文字的形状进行调整，效果如图14-73所示。

缘来是你　缘来是你

图14-71 输入文字　图14-72 调整文本大小和位置

图14-73 调整文本轮廓曲线

Step 3 ▶ 按Ctrl+G组合键群组各文本字符图形，选择群组对象，为其创建线性渐变填充效果，设置起点到终点的CMYK值分别为"0、40、20、0"和"0、100、60、0"，效果如图14-74所示。

图14-74 渐变填充图形

Step 4 ▶ 复制文本图形，使用"立体化工具"在复制的图形上从中心向下拖动鼠标创建立体化效果，在属性栏中单击"立体化颜色"按钮，在弹出的"颜色"面板中单击"使用递减的颜色填充"按钮，将"从"和"到"的颜色值分别设置为"0、0、0、100"和"0、100、60、0"，效果如图14-75所示。

图14-75 创建立体化效果

Step 5 ▶ 选择原文本图形，将其置于立体化图形上

层，将颜色更改为"白色"，如图14-76所示。选择白色文本图形，使用"透明度工具"从上向下拖动创建线性半透明效果，如图14-77所示。

图14-76 更改图形颜色　　图14-77 创建透明效果

Step 6 ▶ 绘制与文本图形相交的波浪图形，注意绘制的路径为封闭路径，如图14-78所示。同时选择曲线的线条和透明图形，在属性栏中单击"移除前面对象"按钮，得到高光图形，效果如图14-79所示。

图14-78 绘制波浪图形　　图14-79 移除前面对象

Step 7 ▶ 打开"炫彩立体字底纹.cdr"文档，复制背景底纹，如图14-80所示。将背景底纹置于艺术文本的下层，并将艺术文本移动到底纹中心，效果如图14-81所示，完成本例的制作。

图14-80 复制底纹背景　　图14-81 调整文本位置

14.6 制作巧克力字

创建轮廓　图形相交　模糊工具
内部轮廓　图形填充　图形焊接

● 光盘\素材\第14章\巧克力字背景.cdr
● 光盘\效果\第14章\巧克力字.cdr
● 光盘\实例演示\第14章\制作巧克力字

巧克力字在制作巧克力宣传单时，使用较为广泛，逼真的巧克力字效果不仅能传达给读者信息，还能引起读者的食欲。下面将讲解巧克力字的制作方法。

Step 1 ▶ 新建空白文档，使用"文本工具"字在页面中输入文本"ABC"，将"字体"设置为"VAGRounded BT"，将"字号"设置为"255pt"，如图14-82所示。选择图形"A"，单击工具箱中的"轮廓图工具"按钮，再单击属性栏中的"外部轮廓"按钮，设置"轮廓图步长"和"轮廓图偏移"值分别为"1"和"2.8"，设置外层图形的填充色为"15、18、54、0"，效果如图14-83所示。

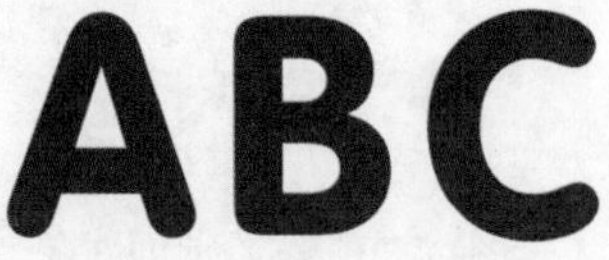

图14-82 输入文本 　　　　图14-83 创建外部轮廓

Step 2 ▶ 使用相同的方法为BC字母添加外轮廓，框选所有文本及轮廓，按Ctrl+K组合键拆分轮廓图，删除内部轮廓图，得到如图14-84所示的字母加粗效果。

图14-84 拆分轮廓图

Step 3 ▶ 使用"形状工具"单击字母图形，对字母B中的孔和字母C的连接处进行编辑，效果如图14-85所示。群组字母图形，在字母下方绘制相交的封闭曲线，效果如图14-86所示。

图14-85 填充背景 　　　　图14-86 绘制曲线

Step 4 ▶ 同时选择曲线的线条和上层文本，在属性栏中单击"移除前面对象"按钮，将裁剪的图形填充为"62、82、91、57"，如图14-87所示。使用"形状工具"对相交区域的图形轮廓进行编辑，使其具有包裹下层图形的效果，效果如图14-88所示。

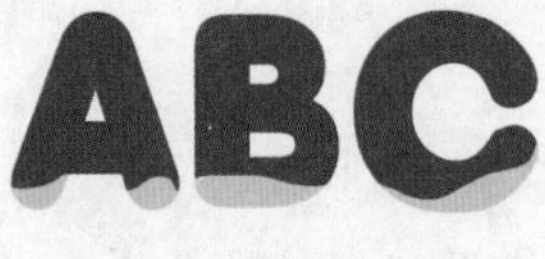

图14-87 填充图形 　　　　图14-88 编辑图形

Step 5 ▶ 在文本上绘制滴状图形，填充为任意颜色，效果如图14-89所示。选择滴状图形和上部分图形，在属性栏中单击"合并"按钮，将其合并到一起，效果如图14-90所示。

图14-89 绘制滴状图形 　　　　图14-90 合并图形

Step 6 ▶ 选择"视图"/"线框"命令，将视图模式切换到线框模式。使用"轮廓图工具"为上部分的图形创建轮廓图效果，单击属性栏中的"内部轮廓"按钮，设置"轮廓图步长"和"轮廓图偏移"值均为"1"，按Enter键，效果如图14-91所示。按Ctrl+K组合键拆分轮廓，原位复制内部轮廓，将复制的轮廓向下移动约"1mm"的距离，效果如图14-92所示。

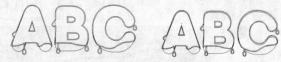

图14-91 创建内部轮廓　　　　图14-92 偏移图形

Step 7 ▶ 同时选择内部的轮廓图形和偏移的图形，在属性栏中单击"移除前面对象"按钮，得到如图14-93所示的裁剪效果。选择"视图"/"增强"命令，将视图切换到增强模式，将裁剪出的图形填充为白色，作为图形的高光区域，如图14-94所示。

图14-93　裁剪轮廓　　　图14-94　填充裁剪的轮廓

Step 8 ▶ 选择白色的高光区域图形，选择"位图"/"转换为位图"命令，将其转换为位图。选择"位图"/"模糊"/"高斯式模糊"命令，在打开的对话框中将"半径"设置为"5.0"像素，单击 确定 按钮，效果如图14-95所示。

图14-95　高斯式模糊高光区域

Step 9 ▶ 绘制芝麻粒，取消轮廓，填充为"13、

32、46、0"，效果如图14-96所示。对芝麻粒执行复制、旋转操作，将其随意分布到整个巧克力颜色的图形上，效果如图14-97所示。

图14-96　制作芝麻粒　　　图14-97　分布芝麻粒

Step 10 ▶ 群组巧克力字所有对象，导入"巧克力字底纹.jpg"图片，如图14-98所示。将其置于巧克力字的下层，移至页面中心，并将巧克力字移动到背景下方的空白位置，效果如图14-99所示，完成本例的制作。

图14-98　导入背景　　　图14-99　放置巧克力字

14.7　制作浮雕字

创建轮廓　模糊应用　添加粒子
线框视图　浮雕效果　位图转换

● 光盘\素材\第14章\浮雕字底纹.jpg
● 光盘\效果\第14章\浮雕字.cdr
● 光盘\实例演示\第14章\制作浮雕字

　　浮雕字是指将文字在同一材质的背景下突出显示形成浮雕的效果。浮雕字广泛用于金属、木纹等材质。下面将讲解浮雕字的制作方法。

Step 1 ▶ 新建空白文档，导入"浮雕字底纹.jpg"图片，使用"文本工具" 零 在图片上输入文本"SKY"，设置字体为"JasmineUPC"，将字号设置为"225pt"、填充为白色，如图14-100所示。选择输入的文本，按Ctrl+K组合键拆分文本，按Ctrl+Q组合键，将文字转换为曲线对象，使用"形状工具" 🔾 对文字的形状进行调整，并使用"涂抹工具" 🖉 涂抹文本边缘，效果如图14-101所示。

图14-100　输入文本　　　图14-101　编辑文本形状

Step 2 ▶ 群组文本图形，复制图片，使用鼠标右键拖动复制的图片至文本图形上，释放鼠标，在弹出的快捷菜单中选择"图框精确裁剪对象"命令，在裁剪后的图形上单击鼠标右键，在弹出的快捷菜单中选择"编辑PowerClip"命令，将裁剪内容图片与原图片重叠，如图14-102所示。单击"停止编辑"按钮▣完成编辑，效果如图14-103所示。

图14-102　编辑裁剪图片　　　图14-103　裁剪效果

Step 3 ▶ 选择"视图"/"线框"命令，将视图模式切换到线框模式。使用"轮廓图工具" ▣ 为文本创建轮廓图效果，单击属性栏中的"内部轮廓"按钮▣，设置"轮廓图步长"和"轮廓图偏移"值均为"1"，按Enter键，效果如图14-104所示。按Ctrl+K组合键拆分轮廓，原位复制内部轮廓，将复制的轮廓向下移动约"1mm"的距离，如图14-105所示。

图14-104　创建轮廓图　　　图14-105　偏移复制轮廓

Step 4 ▶ 同时选择内部的轮廓图形和偏移的轮廓图形，在属性栏中单击"移除前面对象"按钮▣，得到如图14-106所示的裁剪效果。选择"视图"/"增强"命令，将视图切换到增强模式，将裁剪出的图形填充为白色，效果如图14-107所示。

图14-106　裁剪图形　　　图14-107　填充裁剪的图形

Step 5 ▶ 选择裁剪得到的白色图形，选择"位图"/"转换为位图"命令，将其转换为位图，再选择"位图"/"模糊"/"高斯式模糊"命令，在打开的对话框中将"半径"设置为"5.0"像素，单击 确定 按钮，效果如图14-108所示。

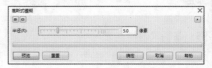

图14-108　设置高斯式模糊

Step 6 ▶ 群组文本所有对象，选择"位图"/"转换为位图"命令，打开"转换为位图"对话框，选中 ☑透明背景(T) 复选框，单击 确定 按钮，效果如图14-109所示。

图14-109　转换为位图

Step 7 ▶ 选择转换为位图的文本图形，选择"位图"/"三维旋转"/"浮雕"命令，打开"浮雕"对话框，设置"深度"、"层次"和"方向"分别为"20"、"100"和"270"，在"浮雕色"栏中选中 ⦿原始颜色(O) 单选按钮，预览效果如图14-110所示。单击 确定 按钮。

图14-110 添加浮雕效果

度"、"着色"和"透明度"分别为"180°"、"25"、"1"、"0"和"76",单击 确定 按钮,效果如图14-111所示,完成本例的制作。

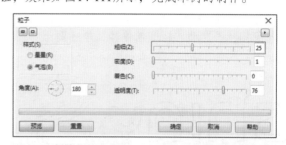

Step 8 ▶ 继续选择文本图像,选择"位图"/"创造性"/"粒子"命令,打开"粒子"对话框,选中 ◎气泡(B) 单选按钮,设置"角度"、"粗细"、"密

图14-111 添加粒子效果

14.8 轮廓创建 渐变填充 图形拆分 曲线编辑 线性渐变 图形转曲 制作渐变线条字

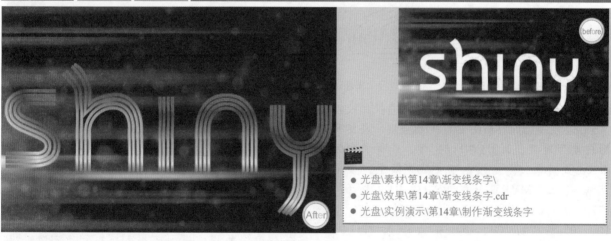

渐变线条字是指由多条渐变的线条来组合成特殊的文字效果。渐变字可用于制作招牌字、商标字等,下面将讲解渐变线条字的制作方法。

* 光盘\素材\第14章\渐变线条字\
* 光盘\效果\第14章\渐变线条字.cdr
* 光盘\实例演示\第14章\制作渐变线条字

Step 1 ▶ 新建空白文档,使用"文本工具"字输入文本"shiny",设置字体为"HandelGothic BT",将字号设置为"230pt",如图14-112所示。选择输入的文本,按Ctrl+K组合键拆分文本,按Ctrl+Q组合键,将文字转换为曲线对象,使用"形状工具"对文字的形状进行调整,效果如图14-113所示。

shiny shiny

图14-112 输入文本　　图14-113 编辑文本曲线

Step 2 ▶ 取消文本填充，在调和板的"黑色"色块上单击鼠标右键添加轮廓，如图14-114所示。使用"轮廓图工具" 为上部分的图形创建轮廓图效果，单击属性栏中的"内部轮廓"按钮，设置"轮廓图步长"和"轮廓图偏移"值分别为"1"和"2.35"，按Enter键，效果如图14-115所示。

母的线条渐变效果，效果如图14-121所示。

图14-120 复制填充效果　　图14-121 制作其他字母

Step 6 ▶ 选择字母h形的所有曲线，使用"交互式填充工具" 重新拖动曲线，更改线性填充的角度，并调整节点位置，形成如图14-122所示的效果。使用相同的方法更改其他字母图形的渐变填充效果，如图14-123所示。

图14-114 设置文本轮廓　　图14-115 创建内部轮廓

Step 3 ▶ 选择S图形，按Ctrl+K组合键拆分轮廓，再分别选择内部与外部轮廓，再按Ctrl+K组合键进行拆分，将图形两端的节点断开，删除端头的线条，如图14-116所示。编辑曲线，将内部与外部线条对齐，裁剪效果如图14-117所示。

图14-122 更改渐变填充　　图14-123 编辑图形

Step 7 ▶ 群组所有文字图形，移至页面中心，导入"背景.jpg"图片置于底层，效果如图14-124所示。复制"底纹.cdr"文档中的圆圈底纹，置于文字下层、背景上层，效果如图14-125所示。

图14-116 断开并删除曲线　　图14-117 编辑曲线

Step 4 ▶ 选择S形的所有曲线，将轮廓粗细设置为"5.0pt"，然后按Shift+Ctrl+Q组合键，将图形轮廓转换为对象，如图14-118所示。选择其中的一条S曲线对象，创建线性渐变填充效果，设置起点到终点的CMYK值分别为"33、91、0、0"、"76、95、0、0"、"66、0、15、0"、"0、0、100、0"和"0、100、100、0"，效果如图14-119所示。

图14-124 导入背景　　图14-125 转换为位图

Step 8 ▶ 在文本图形下方绘制无轮廓的白色图形，如图14-126所示。选择"位图"/"转换为位图"命令，将其转换为位图，再选择"位图"/"模糊"/"高斯式模糊"命令，在打开的对话框中将"半径"设置为"15.0"像素，单击 确定 按钮，效果如图14-127所示，完成本例的制作。

图14-118 加粗轮廓　　图14-119 填充图形

Step 5 ▶ 将渐变填充效果复制到S图形的其他曲线上，如图14-120所示。使用相同的方法制作其他字

图14-126 绘制图形　　图14-127 模糊绘制的图形

14.9 制作折叠字

文本编辑　渐变填充　相交图形
形状调整　线性渐变　图片应用

● 光盘\素材\第14章\折叠字底纹.cdr
● 光盘\效果\第14章\折叠字.cdr
● 光盘\实例演示\第14章\制作折叠字

折叠字是指仿制纸条折叠成字的效果，常用于在几何图形、七巧板上进行制作，增添童趣感。下面将讲解折叠字的制作方法。

Step 1 ▶ 新建空白文档，使用"文本工具" 字 输入文本 "2015"，设置字体为"Atmosphere"，加粗字体，将字号设置为"216pt"，如图14-128所示。选择输入的文本，按Ctrl+K组合键拆分文本，按Ctrl+Q组合键，将文字转换为曲线对象，使用"形状工具" 删除"0"中间的小方块，如图14-129所示。

图14-128　输入文本　　图14-129　编辑文本曲线

Step 2 ▶ 使用"形状工具" 调整文本外观，使文本具有拉长的效果，在文本上绘制横笔画和竖笔画的矩形，使用交叉区域的对角线来创建转折处的斜边效果，如图14-130所示。

图14-130　调整文本形状并绘制笔画矩形

Step 3 ▶ 按Ctrl+Q组合键将绘制的笔画矩形转换为曲线，根据文本轮廓调整矩形形状，效果如图14-131所示。

图14-131　编辑笔画矩形

Step 4 ▶ 选择图形"2"第1笔笔画轮廓，取消轮廓，为其创建从左到右的线性渐变填充效果，设置起点到终点的CMYK值分别为"27、100、100、0"和"0、92、75、0"，效果如图14-132所示。选择第2笔笔画，取消轮廓，按Ctrl+Home组合键置于顶层，为其创建从下到上的线性渐变填充效果，设置起点到终点的CMYK值分别为"0、15、91、0"和"3、45、100、0"，如图14-133所示。

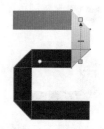

图14-132　填充第1笔　　　　图14-133　填充第2笔

Step 5 ▶ 选择填充的第1笔和第2笔笔画，在属性栏中单击"相交对象"按钮，得到相交三角形，按Ctrl+Home组合键置于顶层，将其填充为"1、45、87、0"，如图14-134所示。将第3笔画置于顶层，取消轮廓，为其创建从左到右的线性渐变填充效果，设置起点到终点的CMYK值分别为"82、42、100、4"和"67、1、100、0"，如图14-135所示。

 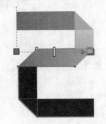

图14-134 填充相交区域　　图14-135 填充第三笔

Step 6 ▶ 选择填充的第2笔和第3笔笔画，创建相交区域，置于顶层，将其填充为"51、0、100、0"，如图14-136所示。将第4笔笔画置于顶层，取消轮廓，为其创建从下到上的线性渐变填充效果，设置起点到终点的CMYK值分别为"100、80、25、0"和"91、56、0、0"，如图14-137所示。

图14-136 填充相交区域　　图14-137 填充第4笔

Step 7 ▶ 选择第3笔和第4笔笔画，创建相交区域，置于顶层，将其填充为"87、38、51、0"，如图14-138所示。将第5笔置于顶层，取消轮廓，复制第1笔的填充效果并交换起点与终点位置，如图14-139所示。

图14-138 填充相交区域　　图14-139 填充第5笔

Step 8 ▶ 选择第4笔和第5笔笔画，创建相交区域，并将相交图形置于顶层，将其填充为"33、85、54、0"，如图14-140所示。使用"阴影工具"向右拖动第2笔笔画创建阴影效果，设置"不透明度"和"羽化值"分别为"40"和"15"，如图14-141所示。

图14-140 填充相交区域　　图14-141 创建阴影效果

Step 9 ▶ 使用相同的方法分别为第3、4、5笔笔画创建阴影效果，注意拖动阴影的方向，如图14-142所示。使用相同的方法制作"0"和"1"的折叠效果，如图14-143所示。

图14-142 创建阴影　　图14-143 制作"0"和"1"

Step 10 ▶ 选择图形"5"上的第1笔，为其创建从下到上的线性渐变填充效果，设置起点到终点的CMYK值分别为"0、0、0、40"和"0、0、0、0"，继续创建图形"5"其他笔画的渐变填充，调整渐变方向，使其具有折叠效果，如图14-144所示。群组所有折叠字对象，复制"折叠字底纹.cdr"文档中的底纹，置于文字下方，效果如图14-145所示，完成本例的制作。

图14-144 制作折叠效果　　图14-145 置入底纹

14.10 制作缝纫字

图形裁剪 的应用 | 轮廓设置 喷涂应用 | 内轮廓 的创建

● 光盘\素材\第14章\墙.jpg、牛仔布.jpg
● 光盘\效果\第14章\缝纫字.cdr
● 光盘\实例演示\第14章\制作缝纫字

缝纫字是指将面料裁剪到文本内，再在文本边缘制作缝纫的线迹效果，常用于服装设计领域。下面将讲解制作缝纫字的方法。

Step 1 ▶ 新建空白文档，使用"文本工具" 字 输入文本"Jeans"，设置字体为"Candara"，加粗字体，将字号设置为"250pt"，如图14-146所示。选择输入的文本，按Ctrl+K组合键拆分文本，旋转各个字符，效果如图14-147所示。

Jeans Jeans

图14-146　输入文本 　　　　图14-147　旋转文本

Step 2 ▶ 原位复制文本，填充为其他颜色，旋转复制的文本，制作立体效果，如图14-148所示。

图14-148　复制与旋转文本

Step 3 ▶ 导入"牛仔布.jpg"面料图片，如图14-149所示。对齐执行4次复制操作，使用鼠标右键分别拖动复制的面料图片至文本图形上，释放鼠标，在弹出的快捷菜单中选择"图框精确裁剪对象"命令，得到如图14-150所示的效果。

图14-149　导入布样 　　　　图14-150　裁剪布样

Step 4 ▶ 在文本边缘绘制大小不同的多个正圆，取消轮廓，填充为"0、18、24、0"，如图14-151所示。

图14-151　绘制正圆

Step 5 ▶ 单击选择文本图形，按住Shift键不放，再选择其边缘的任意一个正圆，在属性栏中单击"相交"按钮 ，将得到图形内的半圆形状，删除原有的圆。使用相同的方法制作其他在文本内的半圆效果，如图14-152所示。

图14-152　制作相交图形

Step 6 ▶ 使用"轮廓图工具" 📙 为上部分的图形创建轮廓图效果，单击属性栏中的"内部轮廓"按钮 🔲 ，设置"轮廓图步长"和"轮廓图偏移"值分别为"1"和"1.5"，按Enter键，效果如图14-153所示，取消填充，将轮廓粗细设置为"1.5pt"，将线条颜色设置为"0、18、24、0"，将线条样式设置为如图14-154所示的虚线。

图14-156　喷涂藤蔓

Step 9 ▶ 绘制大小不同的正圆，取消轮廓裁剪面料，置于文字周围，如图14-157所示。

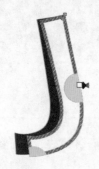

图14-153　创建内轮廓　　　图14-154　设置缝纫线

Step 7 ▶ 使用相同的方法为其字符创建内轮廓，并设置相同的缝纫线效果，如图14-155所示。

图14-157　裁剪圆

Step 10 ▶ 导入背景"墙.jpg"图片，将其置于文本下方，效果如图14-158所示，完成本例的制作。

图14-155　创建其他字符的缝纫线

Step 8 ▶ 在喷涂属性栏中的"类别"下拉列表中选择"植物"选项，在"喷射图样"下拉列表框中选择如图14-156所示的藤蔓选项，按住鼠标左键拖动绘制藤蔓喷涂路径。

图14-158　导入背景

14.11　扩展练习

本章主要介绍了特效文字的制作方法，下面将通过两个练习进一步巩固所学知识，以使读者操作起来更加熟练，并能解决特效文字制作中出现的问题。

14.11.1　制作发光字

本例练习制作前后的效果如图14-159和图14-160所示，主要练习发光字的制作，包括文字的输入、颜色的填充、轮廓图的创建、阴影效果的创建、高斯式模糊滤镜的应用、透明效果的创建等操作。

图14-159　制作前的效果

图14-160　完成后的效果

- 光盘\素材\第14章\发光字背景.jpg
- 光盘\效果\第14章\发光字.cdr
- 光盘\实例演示\第14章\制作发光字

14.11.2　制作牛奶字

　　本练习制作前后的效果如图14-161和图14-162所示，主要练习牛奶字的制作，包括文字的输入、轮廓图的创建、图形的图框裁剪、浮雕的应用、高斯式模糊滤镜的应用等操作。

图14-161　制作前的效果

图14-162　完成后的效果

- 光盘\素材\第14章\牛奶字背景.cdr
- 光盘\效果\第14章\牛奶字.cdr
- 光盘\实例演示\第14章\制作牛奶字

读书笔记

15 14 16 17 18 19

产品造型设计

本章导读 ●

　　使用CorelDRAW X7的矢量图绘制功能，以及阴影、调和、透明等特殊效果的添加，可以轻松对工作生活中的各种产品进行设计，本章将综合利用本书所学知识对灯泡、吉他、相机、熨斗、杯子、跑车等产品的外形进行设计。

15.1　环保灯泡设计

本例将使用渐变填充、阴影工具、透明度工具等来制作环保灯泡效果。下面将讲解具体的制作方法。

- 光盘\效果\第15章\环保灯泡.cdr
- 光盘\实例演示\第15章\环保灯泡设计

Step 1 ▶ 新建空白文档，绘制灯泡的底端，取消轮廓，创建如图15-1所示的线性渐变填充效果。在其上绘制如图15-2所示的形状，注意形状之间的衔接，取消轮廓，填充为"75、65、60、80"。

　图15-1　渐变填充图形　　图15-2　绘制与填充图形

Step 2 ▶ 在图形上方继续绘制图形，取消轮廓，创建如图15-3所示的椭圆形渐变填充效果。在其上绘制图形，创建如图15-4所示的线性渐变填充效果。

　图15-3　渐变填充图形　　图15-4　线性渐变填充图形

Step 3 ▶ 在图形上方和下方继续绘制条形渐变图形，取消轮廓，如图15-5所示。在上方绘制椭圆，取消轮廓，效果如图15-6所示。

Step 4 ▶ 在上部绘制的渐变条上方和下方绘制细的

渐变颜色条，取消轮廓，效果如图15-7所示。绘制倾斜的渐变条，取消轮廓，执行两次复制操作，将3个渐变条置于中部渐变图形上，形成环绕效果，如图15-8所示。

　图15-5　条形渐变填充图形　　图15-6　椭圆渐变填充图形

　图15-7　绘制细的渐变条　　图15-8　制作环绕效果

Step 5 ▶ 使用"阴影工具" ▢ 为制作的环绕渐变条创建阴影效果，设置"不透明度"为"100"，"羽化"为"15"，如图15-9所示。使用"形状工具" ▸ 调整中部渐变图形的轮廓线，使没有经过环绕的边缘向内凹进，使其更具立体化效果，如图15-10所示。

图15-9　创建阴影　　　图15-10　编辑曲线

Step 6 ▶ 群组灯泡底座图形，绘制如图15-11所示的两个椭圆。选择这两个椭圆，在属性栏中单击"合并"按钮 🔲 合并。再使用"形状工具" 🔩 删除两边的节点，略微调整曲线，作为灯泡的玻璃部分，如图15-12所示。

图15-11　绘制与合并椭圆　　图15-12　编辑灯泡曲线

Step 7 ▶ 取消灯泡玻璃部分的轮廓，创建如图15-13所示的椭圆形渐变填充效果。使用"透明度工具" 🔧 创建如图15-14所示的椭圆形渐变透明效果，设置起点的透明度为"0"，设置终点的透明度为"10"。

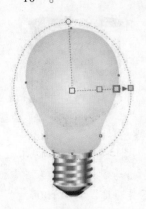

图15-13　渐变填充图形　　图15-14　渐变透明图形

Step 8 ▶ 绘制灯芯图形，取消轮廓，创建如图15-15所示的线性渐变填充效果。绘制粗的钨丝图形，复制灯芯的渐变填充效果，调整渐变的节点位置，效果如图15-16所示。

图15-15　渐变填充图形　　图15-16　编辑渐变填充

Step 9 ▶ 使用"B样条工具" 🖋 在顶端绘制带圈的曲线，作为细钨丝，如图15-17所示。按Shift+Ctrl+Q组合键将绘制的线条转换为对象，将灯芯的填充效果复制到细钨丝上，效果如图15-18所示。

图15-17　绘制细钨丝　　　图15-18　复制填充

Step 10 ▶ 继续在灯芯上绘制发光区域，填充为"6、0、73、0"，取消轮廓，效果如图15-19所示。将绘制的发光图形转换为位图，为其添加半径为"10"的高斯式模糊效果，如图15-20所示。

图15-19　绘制发光区域　　图15-20　模糊发光图形

Step 11 ▶ 分别绘制叶子的两瓣图形，如图15-21

所示。取消轮廓，将左边的图形填充为"29、0、80、0"，为右边的图形创建线性渐变填充效果，如图15-22所示。

图15-21　绘制图形　　　　图15-22　渐变填充图形

Step 12 ▶ 绘制叶子的叶脉，取消轮廓，创建如图15-23所示的渐变填充效果。复制叶脉，向上进行偏移，将图形填充更改为"34、0、94、0"，如图15-24所示。按Ctrl+G组合键群组叶子图形。

图15-23　渐变填充叶脉　　　图15-24　复制叶脉

Step 13 ▶ 绘制蝴蝶图形，取消轮廓，填充为"25、0、70、0"，如图15-25所示。对绘制的叶子执行复制旋转与缩放操作，放置在钨丝上，按Ctrl+G组合键群组叶子、灯芯和蝴蝶等灯泡里的图形，将其放置在玻璃的下层、灯座的上层，如图15-26所示。

图15-25　绘制蝴蝶　　　图15-26　更改叠放层次

Step 14 ▶ 原位复制玻璃图形，取消透明度，填充为白色，将其置于图形底部，为其创建阴影效果，在属性栏中设置"不透明度"为"80"，"羽化"为"100"，"合并模式"为"减少"，"阴影颜色"为"44、0、100、0"，如图15-27所示。复制阴影图形，按Ctrl+K组合键拆分阴影，删除原图形，缩小阴影，将其置于灯座的下方并置于顶层，效果如图15-28所示。

图15-27　创建阴影　　　图15-28　拆分阴影

Step 15 ▶ 在玻璃上绘制高光区域，填充为白色，如图15-29所示。取消高光轮廓，在灯泡四周绘制如图15-30所示的藤蔓。

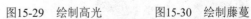

图15-29　绘制高光　　　图15-30　绘制藤蔓

Step 16 ▶ 复制之前制作的所有叶子图形，执行缩放、旋转等操作，将其分布到藤蔓上，效果如图15-31所示。绘制圆，取消轮廓，填充为"93、49、100、18"，效果如图15-32所示。

图15-31 复制叶子　　　图15-32 绘制圆

Step 17 ▶ 复制圆，向左进行偏移，为其创建如图15-33所示的椭圆形渐变填充效果。在圆的左侧绘制较小的椭圆，取消轮廓，为其创建如图15-34所示的椭圆形渐变填充效果。

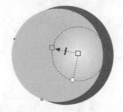

图15-33 渐变填充图形　　　图15-34 渐变填充图形

Step 18 ▶ 群组绘制的圆作为水珠，执行缩放、旋转等操作，效果如图15-35所示。将水珠分布到叶子上，效果如图15-36所示，完成本例的操作。

图15-35 制作水珠　　　图15-36 将水珠分布到叶子上

读书笔记

_____

_____

_____

_____

_____

_____

15.2 潮流吉他设计

| 贝塞尔工具 的设置 | 立体化 的应用 | 路径文本 的创建 |

本例将使用贝塞尔工具、渐变填充、阴影工具、透明度工具、调和工具等来绘制潮流吉他。下面将讲解具体的制作方法。

● 光盘\效果\第15章\吉他.cdr
● 光盘\实例演示\第15章\潮流吉他设计

Step 1 ▶ 选择"贝塞尔工具" ，绘制出吉他的外形，创建如图15-37所示的椭圆形渐变填充效果，取消其轮廓色，设置起点到终点的CMYK值分别为"34、94、89、6"和"93、88、89、80"。

 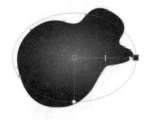

图15-37 绘制与填充吉他的外形

Step 2 ▶ 使用"立体化工具" 拖动吉他的外形，创建如图15-38所示的立体化效果。选择立体化对象，按Ctrl+K组合键拆分立体化对象，更改侧面对象的填充方式为线性渐变填充，效果如图15-39所示。

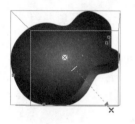 

图15-38 创建立体化效果　　图15-39 更改侧面填充效果

Step 3 ▶ 为吉他的外形创建"3.0pt"粗细的轮廓，按Shift+Ctrl+Q组合键将其转换为对象，为其创建渐变填充效果，如图15-40所示。使用"形状工具" 编辑轮廓，效果如图15-41所示。

图15-40 创建渐变效果　　　图15-41 编辑轮廓

读书笔记 ▶

Step 4 ▶ 原位复制吉他的外形，更改为"白色"，如图15-42所示。使用"透明度工具" 创建线性半透明效果，如图15-43所示。

图15-42 填充吉他外形　　图15-43 创建线性半透明效果

Step 5 ▶ 在吉他表面绘制椭圆，填充为"白色"，如图15-44所示。为其创建线性渐变透明效果，如图15-45所示。

图15-44 绘制椭圆　　图15-45 创建线性渐变透明效果

Step 6 ▶ 单击"文本工具"按钮 ，在圆外侧的边缘上单击，输入文本，将字体设置为"BANKGOTHIC MD BT"，字号设置为"9pt"，在属性栏中的"与路径的距离"数值框中输入"1.5mm"，如图15-46所示。在文本外绘制椭圆，将轮廓设置为"0.5pt"，按Shift+Ctrl+Q组合键将其转换为对象，为其创建渐变填充效果，如图15-47所示。

图15-46 输入路径文本　　　图15-47 创建渐变填充

Step 7 ▶ 在右上角绘制圆，复制中间圆的填充与轮廓效果，在上侧绘制音符，取消轮廓，为其创建渐变填充效果，如图15-48所示。在左下侧绘制花纹图形，取消轮廓，创建渐变填充效果，如图15-49所示。

图15-48　绘制音符　　　图15-49　创建花纹效果

Step 8 ▶ 在吉他上绘制如图15-50所示的木板，并为其创建线性渐变填充效果。在木板上绘制正圆，取消轮廓，为其创建椭圆形渐变填充效果，复制该圆分布到木板上，如图15-51所示。在木板上绘制如图15-52所示的图形，取消轮廓，创建线性渐变效果。

图15-50　绘制　　图15-51　绘制　　图15-52　渐变
　　木板　　　　　钉子　　　　　填充

Step 9 ▶ 在第8步绘制的图形上绘制黑色的图形，复制并缩小钉子，置于两端，效果如图15-53所示。绘制吉他柄，取消轮廓，创建线性渐变填充效果，如图15-54所示。

图15-53　绘制图形　　　图15-54　填充吉他柄

Step 10 ▶ 在吉他柄末端绘制图形，作为装饰，取消轮廓，创建渐变填充，将立体化颜色设置为"黑色"，如图15-55所示。在吉他柄末端绘制装饰图形，取消轮廓，创建渐变填充效果，执行复制与旋转操作，调整复制图形的渐变效果，分布到吉他柄末端并置于底层，效果如图15-56所示。

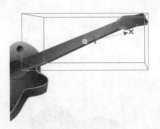 

图15-55　创建立体化效果　　　图15-56　填充图形

Step 11 ▶ 绘制椭圆图形，取消轮廓，创建渐变填充效果，如图15-57所示。在其上绘制圆柱形状，取消轮廓，创建渐变填充效果，如图15-58所示。

图15-57　填充椭圆　　　图15-58　填充柱状图形

Step 12 ▶ 将椭圆放置在柱状图下方，复制并缩小椭圆，将其放置在柱形图上面，调整轮廓，制作立体桩效果，如图15-59所示。群组并复制立体桩效果，将其分布到吉他柄末端的图形上，效果如图15-60所示。

图15-59　立体桩效果　　　图15-60　复制与分布立体桩效果

Step 13 ▶ 使用线条连接吉他上的钉子与吉他柄上的桩，注意吉他线均匀分布在吉他柄上，将吉他线的轮廓粗细设置为"0.567pt"，颜色设置为"18、23、47、5"，效果如图15-61所示。

图15-61　制作吉他弦效果

Step 14 ▶ 在吉他柄上绘制如图15-62所示的边框。取消轮廓，为其创建线性渐变填充效果，置于吉他弦底层。在吉他柄上绘制两根木条，取消轮廓，创建线性渐变填充效果，使用"调和工具"将一根木条拖动至另一个木条上，创建调和效果，将"调和步长"设置为"20"，置于吉他弦底层，效果如图15-63所示。

为其创建喷溅的效果，如图15-66所示。将渐变的喷溅图形置于页面下方，完成本例的制作，效果如图15-67所示。

图15-64　绘制灰色圆　　图15-65　绘制与填充图形

图15-62　制作边框　　　图15-63　调和木条

图15-66　创建喷溅图形　　图15-67　置于底层

Step 15 在吉他柄上绘制灰色的圆，复制圆，将其置于吉他柄上的方格中，效果如图15-64所示。在页面上绘制如图15-65所示的形状，分别创建不同的线性渐变填充效果。

Step 16 使用"涂抹工具"拖动形状的边缘，

15.3　渐变填充的应用　阴影工具的应用　调和工具的应用　单反相机设计

本例将使用渐变填充、阴影工具、透明度工具、调和工具等来绘制单反相机，下面将讲解具体的制作方法。

● 光盘\素材\第14章\相机底纹.cdr
● 光盘\效果\第14章\相机.cdr
● 光盘\实例演示\第14章\单反相机设计

Step 1 新建空白文档，绘制出单反相机的外形，如图15-68所示。创建如图15-69所示的线性渐变填充效果，取消轮廓。

读书笔记

图15-68 绘制轮廓　　图15-69 填充单反相机的外形

Step 2 ▶ 复制并缩小图形，更改填充的CMYK值为"51、83、73、74"，如图15-70所示。使用"调和工具" 🔲 将一个图形拖动到另一个图形上，创建调和效果，设置"调和步长"为"20"，如图15-71所示。

图15-70 复制与更改图形　　图15-71 调和图形

Step 3 ▶ 在图形右侧创建图形，取消轮廓，创建如图15-72所示的线性渐变填充效果。在其上绘制图形，取消轮廓，填充CMYK值为"44、94、75、27"，如图15-73所示。

图15-72 渐变填充图形　　图15-73 纯色填充图形

Step 4 ▶ 继续选择该图形，使用"透明度工具" 拖动鼠标创建如图15-74所示的线性渐变透明效果。复制该图形，转换为位图，为其设置半径为"10"的模糊效果，如图15-75所示。

图15-74 创建渐变透明效果　　图15-75 创建模糊效果

Step 5 ▶ 继续选择该图形，在其下方边缘上绘制白色无轮廓的月牙图形，转换为位图，为其设置高斯式模糊效果，如图15-76所示。在柱状图形中间绘制图形，取消轮廓，创建如图15-77所示的线性渐变填充效果。

图15-76 创建模糊效果　　图15-77 渐变填充图形

Step 6 ▶ 在该图形的上下边缘上绘制白色线条，线条粗细为"1.5pt"，如图15-78所示。将线条转换为位图，为其设置高斯式模糊效果，如图15-79所示。

图15-78 绘制白色线条　　图15-79 创建模糊效果

Step 7 ▶ 复制"相机底纹.cdr"文档中的底纹图样，如图15-80所示。调整大小，将其裁剪到波浪图形中，以更改相机的材质，效果如图15-81所示。

图15-80 复制底纹　　图15-81 裁剪底纹

Step 8 ▶ 绘制按钮外观，取消轮廓，创建如图15-82所示的线性渐变填充效果。在其上绘制黑色无轮廓形状，复制并偏移黑色图形，创建如图15-83所示的线性渐变填充效果。

图15-82 渐变填充图形　　图15-83 渐变填充图形

Step 9 ▶ 继续复制上层的椭圆，偏移并调整形状，更改渐变填充效果，如图15-84所示。继续复制并调整形状，更改渐变填充效果，如图15-85所示。继续复制并调整形状，更改渐变填充效果，如图15-86所示。

图15-84　渐变
填充　　　　　图15-85　渐变
填充　　　　　图15-86　渐变
填充

Step 10 ▶ 绘制图形，取消轮廓，创建如图15-87所示的椭圆形渐变填充效果。在其上边缘绘制齿轮图形，填充为"80%黑色"，使用"阴影工具" 🖼 为其创建阴影效果，将"阴影不透明度"设置为"50"，将"阴影羽化"设置为"15"，如图15-88所示。

图15-87　渐变填充图形　　　　图15-88　创建阴影效果

Step 11 ▶ 在相机中间绘制两个图形，取消轮廓，分别填充为黑色、红色，如图15-89所示。使用"调和工具" 🖼 将一个图形拖动到另一个图形上，创建调和效果，设置"调和步长"为"40"，如图15-90所示。

图15-89　绘制图形　　　　图15-90　调和图形

Step 12 ▶ 在调和图形上方绘制图形，取消轮廓，创建如图15-91所示的线性渐变填充效果。将该图形转换为位图，为其设置高斯式模糊效果，如图15-92所示。

图15-91　渐变填充图形　　　　图15-92　创建模糊效果

Step 13 ▶ 在图形下方绘制图形，取消轮廓，填充为黑色，复制并缩小该图形，创建如图15-93所示的线性渐变填充效果。使用"调和工具" 🖼 将一个图形拖动到另一个图形上，创建调和效果，设置"调和步长"为"20"，如图15-94所示。

图15-93　填充图形　　　　图15-94　调和图形

Step 14 ▶ 绘制图形，取消填充，将轮廓粗细设置为"2.0pt"，将轮廓色的CMYK值设置为"12、64、36、0"，如图15-95所示。将该轮廓转换为位图，为其设置高斯式模糊效果，如图15-96所示。

图15-95　设置图形轮廓　　　　图15-96　设置高斯式模糊效果

Step 15 ▶ 在红色按钮下方绘制黑色无轮廓图形，将其转换为位图，为其设置高斯式模糊效果。在标签上输入文本，将字体设置为"Amelia BT"，字号设置为"25pt"，如图15-97所示。在下方绘制黑色圆，如图15-98所示。

图15-97　输入文字　　　　图15-98　绘制黑色圆

Step 16 ▶ 将绘制的圆转换为位图，设置为高斯式模糊效果。复制并偏移圆，为其创建如图15-99所示的线性渐变填充效果。继续复制并偏移圆，填充为褐色，并为其添加灰色的轮廓，如图15-100所示。

图15-99　渐变填充图形　　　图15-100　复制并偏移圆

Step 17 ▶ 绘制圆角矩形，取消轮廓，在图形上方绘制图形，取消轮廓，分别创建如图15-101所示的线性渐变填充效果。将上方的图形转换为位图，添加高斯式模糊效果，在矩形中间绘制小圆角矩形，取消轮廓，填充为"白色"，将透明度设置为"60"，如图15-102所示。

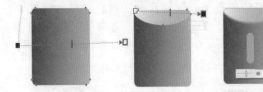

图15-101　渐变填充图形　　　图15-102　设置透明度

Step 18 ▶ 为小圆角矩形创建阴影效果，将"阴影不透明度"设置为"80"，将"阴影羽化"设置为"30"，群组矩形图，将其转换为位图，为其设置高斯式模糊效果，如图15-103所示。将其移至黑色圆的上边缘，使用相同的方法制作其他相同的图形，效果如图15-104所示。

图15-103　设置高斯式模糊　　　图15-104　制作其他图形

Step 19 ▶ 继续绘制偏移的圆，取消轮廓，创建如图15-105所示的线性渐变填充效果。继续绘制偏移的圆，取消轮廓，创建如图15-106所示的线性渐变填充效果。

图15-105　渐变填充图形　　　图15-106　渐变填充图形

Step 20 ▶ 继续绘制偏移的圆，取消轮廓，创建如图15-107所示的线性渐变填充效果。继续绘制偏移的圆，取消轮廓，创建如图15-108所示的线性渐变填充效果。

图15-107　渐变填充图形　　　图15-108　渐变填充图形

Step 21 ▶ 继续绘制偏移的圆，取消轮廓，填充为黑色，如图15-109所示。继续绘制偏移的圆，取消轮廓，创建如图15-110所示的线性渐变填充效果。

图15-109　填充图形　　　图15-110　渐变填充图形

Step 22 ▶ 继续绘制偏移的圆，取消轮廓，创建如图15-111所示的线性渐变填充效果。继续绘制偏移的圆，设置轮廓粗细为"3.0pt"，设置填充色的CMYK值为"33、22、22、89"，如图15-112所示。

读书笔记 ▶

图15-111 渐变填充图形　　图15-112 填充图形

Step 23▶ 单击"文本工具"按钮 ，输入白色文本，将字体设置为"Arial"，字号设置为"16pt"，选择"文本"/"使文本适合路径"命令，将鼠标光标移至圆内侧单击，将文本沿圆内边缘分布，在属性栏中的"与路径的距离"数值框中输入"-0.7mm"，效果如图15-113所示。绘制同心圆，取消轮廓，创建如图15-114所示的线性渐变填充效果。

图15-113 输入路径文字　　图15-114 渐变填充图形

Step 24▶ 将该圆复制3次，分别调整复制圆底端的节点，形成月牙效果，分别填充为黑色、灰色和黑色，如图15-115所示。继续复制并调整圆底端的节点，创建如图15-116所示的线性渐变填充效果。

图15-115 层叠圆　　图15-116 渐变填充图形

Step 25▶ 绘制同心圆，填充为"35%黑"，使用"调和工具" 将一个图形拖动到另一个图形上，创建调和效果，设置"调和步长"为"3"，如图15-117所示。按Ctrl+K组合键拆分调和图形，按

Ctrl+U组合键取消调和群组，分别设置调和圆的轮廓粗细，如图15-118所示。

图15-117 调和图形　　图15-118 拆分与设置调和

Step 26▶ 绘制同心圆，使用"网格填充工具" 为其创建5行5列的网格填充效果，如图15-119所示。绘制同心圆，设置"3.0pt"的深灰色轮廓，创建如图15-120所示的线性渐变填充效果。

图15-119 网格填充　　图15-120 渐变填充图形

Step 27▶ 绘制白色细线的轮廓圆，填充为黑色，复制并缩小该圆，为两个圆创建调和效果，设置"调和步长"为"3"，如图15-121所示。按Ctrl+K组合键拆分调和图形，按Ctrl+U组合键取消调和群组，加粗调和图形靠外的第2个圆的轮廓，将轮廓色的CMYK值设置为"49、45、68、44"，按Shift+Ctrl+Q组合键将轮廓转换为对象，再转换为位图，添加高斯式模糊效果，如图15-122所示。

图15-121 创建调和效果　　图15-122 设置高斯式模糊

Step 28▶ 绘制偏移的圆，取消轮廓，创建如图15-123所示的线性渐变填充效果。转换为位图，添加高斯

式模糊效果，如图15-124所示。

图15-123　渐变填充图形　图15-124　设置高斯式模糊

Step 29 ▶ 绘制圆，使用"网格填充工具" 为其创建6行6列的网格填充效果，如图15-125所示。在圆上绘制两个同心的扇形，填充为黑色，转换为位图，添加高斯式模糊效果，为其添加70%的透明效果，如图15-126所示。

图15-125　网格填充　　　图15-126　绘制扇形

Step 30 ▶ 在中心绘制大小不同的椭圆，取消轮廓，填充为白色或蓝色，为其添加半透明效果，如图15-127所示。绘制渐变扇形，使用相同的方法制作透明效果，在中心绘制圆，填充为黑色，转换为位图，添加高斯式模糊效果，为其添加50%的透明效果，如图15-128所示。

图15-127　制作半透明椭圆　图15-128　制作模糊与透明圆

Step 31 ▶ 绘制扇形，取消轮廓，创建如图15-129所示的线性渐变填充效果。使用"透明度工具" 为其创建如图15-130所示的线性渐变透明效果。

图15-129　渐变填充图形　图15-130　设置渐变透明效果

Step 32 ▶ 在相机右侧绘制材质轮廓，取消轮廓，创建如图15-131所示的线性渐变填充效果。复制"相机底纹.cdr"文档中的底纹图样，将其裁剪到波浪图形中，效果如图15-132所示。

图15-131　渐变填充图形　　　图15-132　裁剪底纹

Step 33 ▶ 在相机镜头右侧绘制图形，创建黑色到深灰色的线性渐变效果，在边缘绘制白色无轮廓月牙状图形，将其转换为位图，添加高斯式模糊效果，如图15-133所示。在相机右侧的黑色花纹上绘制黑色轮廓的圆角矩形，创建黑色到深灰色的线性渐变效果，在其中输入白色文本，设置字体为"Agency FB"，如图15-134所示。

图15-133　绘制与设置图形　图15-134　输入文本

Step 34 ▶ 绘制椭圆，取消轮廓，创建如图15-135所示的线性渐变填充效果。将其移至相机右上角，在其上继续绘制椭圆，取消轮廓，创建如图15-136所示的线性渐变填充效果。

图15-135　渐变填充图形　　　图15-136　渐变填充图形

技巧秒杀

创建调和效果后，再将调和效果裁剪到图形中可以提高制作的效率。用户也可在图形上复制或绘制渐变条来达到相同的效果，但相对费时且不容易掌握渐变条的间距。

Step 35 ▶ 绘制图形，取消轮廓，创建如图15-137所示的线性渐变填充效果。继续在其上绘制图形，取消轮廓，创建如图15-138所示的线性渐变填充效果。

图15-137　渐变填充图形　　　图15-138　渐变填充图形

Step 36 ▶ 绘制图形，取消轮廓，创建如图15-139所示的线性渐变填充效果。复制该图形，拉开一定距离，为两个图形创建调和效果，设置"调和步长"为"35"，如图15-140所示。将调和图形裁剪到上层的渐变图形中，群组图形，将其作为按钮，置于相机右上角，如图15-141所示。

图15-142　渐变填充图形　　　图15-143　绘制图形

Step 38 ▶ 选择高光图形，转换为位图，添加高斯式模糊效果，如图15-144所示。沿着相机下边缘绘制黑色无轮廓图形，如图15-145所示。

图15-144　设置高斯式模式　　　图15-145　绘制图形

Step 39 ▶ 选择图形，转换为位图，添加高斯式模糊效果，将其置于相机底层，如图15-146所示。群组并复制相机图形，垂直镜像相机，将其转换为位图，为其添加如图15-147所示的线性渐变透明效果，作为倒影。

图15-139　填充图形　　　图15-140　调和图形

图15-141　裁剪图形

Step 37 ▶ 在相机中间突出的图形上面绘制图形，取消轮廓，创建如图15-142所示的线性渐变填充效果。在边缘区域绘制白色无轮廓图形，作为高光区域，如图15-143所示。

图15-146　将阴影置于底层　　　图15-147　制作倒影

Step 40▶ 绘制背景矩形，按Ctrl+Enter组合键置于顶层，取消轮廓，为其创建如图15-148所示的线性渐变填充效果。选择相机图形中的文本，按Ctrl+Q组合键转换为曲线，完成本例的制作。

读书笔记▶

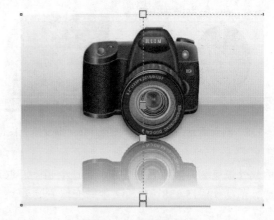

图15-148　添加渐变背景

15.4	旋转复制	阴影工具	调和工具	**时尚手表设计**
	文本输入	透明度工具	渐变填充	

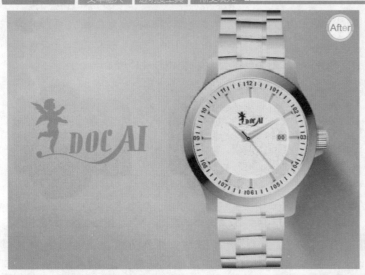

本例将使用渐变填充、旋转与复制、文本工具、阴影工具、透明度工具、调和工具等来绘制时尚手表，下面将讲解具体的制作方法。

● 光盘\效果\第15章\时尚手表.cdr
● 光盘\实例演示\第15章\时尚手表设计

Step 1▶ 新建空白文档，绘制手表中间图形，取消轮廓，创建如图15-149所示的线性渐变填充效果。在其上绘制圆，取消轮廓，创建如图15-150所示的线性渐变填充效果。

Step 2▶ 绘制同心圆，取消轮廓，创建如图15-151所示的线性渐变填充效果。在其上继续绘制圆，将轮廓设置为"0.75pt"，如图15-152所示。

图15-149　渐变填充图形

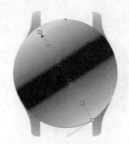

图15-150　渐变填充图形

图15-151　渐变填充图形

图15-152　设置轮廓

Step 3 ▶ 按Shift+Ctrl+Q组合键将轮廓转换为对象，创建如图15-153所示的线性渐变填充效果。在其上继续绘制同心圆，取消轮廓，创建如图15-154所示的线性渐变填充效果。

Step 6 ▶ 绘制图形，取消轮廓，在图形上端绘制三角形图形，取消轮廓，分别创建如图15-159所示的线性渐变填充效果。打开"变换"泊坞窗，设置"旋转角度"为"30°"，"副本"为"11"，设置旋转基点为圆的中心，效果如图15-160所示。

图15-153　渐变填充轮廓对象　　　图15-154　渐变填充图形

Step 4 ▶ 绘制黑色的圆角矩形，如图15-155所示。将其移至圆的正上方，打开"变换"泊坞窗，设置"旋转角度"为"6°"，"副本"为"59"，双击黑色的圆角矩形，将中心移至圆的中心，单击按钮，得到旋转与复制的效果，如图15-156所示。

图15-159　渐变填充图形　　　图15-160　旋转图形

Step 7 ▶ 输入文本，设置字体格式为"Allegro、18pt"，如图15-161所示。按Ctrl+K组合键拆分字符，选择A，按Ctrl+Q组合键将其转换为曲线，调整其轮廓，调整其他字符的大小和位置，在左侧绘制丘比特图形，取消轮廓，填充为黑色，如图15-162所示。

图15-155　绘制图形　　　图15-156　旋转与复制矩形

Step 5 ▶ 删除整点位置的矩形，输入时间点文本，设置字体格式为"Arial、13.5pt、加粗"。选择文本，选择"文本"/"使文本适合路径"命令，将文本沿圆边缘分布。使用"形状工具"将文本移到合适位置，如图15-157所示。拆分路径与文本，将"03""09"分别旋转"90°""270°"，将"04～08"旋转"180°"，效果如图15-158所示。

图15-161　输入文本　　　图15-162　编辑文本

Step 8 ▶ 群组文本图形，移至圆上侧，在圆的3点钟位置绘制圆角矩形，取消轮廓，填充为"40%黑"，复制该矩形，同心缩小，更改填充为"8、3、0、0"，为两个矩形创建调和效果，如图15-163所示。在其中输入"00"，设置字体格式为"Arial、13.5pt、加粗"，效果如图15-164所示。

图15-157　输入路径文字　　　图15-158　旋转文本

图15-163　调和图形　　　图15-164　输入文本

Step 9 ▶ 绘制时针图形，取消轮廓，创建如图15-165所示的线性渐变填充效果。在时针图形上绘制右半边的图形，取消轮廓，创建如图15-166所示的线性渐变填充效果。

图15-165　渐变填充图形　　　图15-166　渐变填充图形

Step 10 ▶ 绘制分针图形，取消轮廓，创建如图15-167所示的线性渐变填充效果。在分针图形上绘制右半边的图形，取消轮廓，创建如图15-168所示的线性渐变填充效果。

图15-167　渐变填充图形　　　图15-168　渐变填充图形

Step 11 ▶ 绘制秒针图形，取消轮廓，创建如图15-169所示的线性渐变填充效果。在秒针图形上绘制黑色图形，如图15-170所示。

图15-169　渐变填充图形　　　图15-170　绘制图形

Step 12 ▶ 群组绘制的指针，将其移至圆的中心位置，效果如图15-171所示。为群组的指针创建阴影效果，在属性栏中选择预设的"小型辉光"，设置"不透明度"为"100"，"羽化"为"5"，效果如图15-172所示。

读书笔记 ▶

图15-171　群组指针　　　　图15-172　创建阴影

Step 13 ▶ 在表的右侧绘制图形，取消轮廓，创建如图15-173所示的线性渐变填充效果。在图形右侧绘制矩形，将轮廓色设置为"20、28、25、0"，创建如图15-174所示的线性渐变填充效果。

图15-173　渐变填充图形　　　图15-174　渐变填充图形

Step 14 ▶ 在图形上端绘制长条，取消轮廓，创建线性渐变填充效果。复制长条，放置到矩形下端，使用"交互式调和工具" 创建调和效果，如图15-175所示。拆分并取消调和图形群组，分别调整渐变效果，在右侧绘制椭圆，将轮廓色设置为"20、28、25、0"，创建如图15-176所示的线性渐变填充效果。

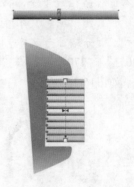 

图15-175　调和图形　　　　图15-176　渐变填充图形

Step 15 ▶ 将椭圆置于底层，群组绘制的按钮，将其移至表右侧，放置在表的下层，效果如图15-177所示。

在表带右侧绘制图形，取消轮廓，创建如图15-178所示的线性渐变填充效果。

图15-177　群组按钮　　图15-178　渐变填充图形

Step 16 ▶ 继续绘制表带块，复制第15步图形的效果，分别调整渐变效果，如图15-179所示。群组表带块，复制与旋转该表带，置于其他3边，如图15-180所示。

图15-179　绘制与填充图形　图15-180　复制与旋转表带块

Step 17 ▶ 绘制黄色的表带块，取消轮廓，创建线性渐变填充效果。继续绘制表带块，复制并调整渐变效果，如图15-181所示。群组表带块，复制与旋转该表带，置于其他3边，如图15-182所示。

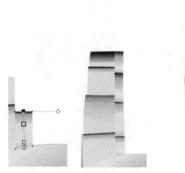 

图15-181　绘制与填充图形　图15-182　复制与旋转表带块

Step 18 ▶ 绘制中间的表带块，如图15-183所示。取

消轮廓，复制表带外侧的块的渐变填充，调整渐变填充。群组表带块，复制与旋转该表带，置于表带下边，如图15-184所示。

图15-183　绘制与填充图形　图15-184　复制与旋转表带块

Step 19 ▶ 选择表外侧的圆，为其创建阴影效果，设置"不透明度"为"80"，"羽化"为"1"，如图15-185所示。绘制背景矩形，取消轮廓，置于底层，创建正方形渐变填充效果，如图15-186所示。

 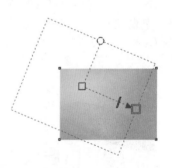

图15-185　创建阴影　　　图15-186　制作背景

Step 20 ▶ 在表右下角创建阴影图形，置于表的下层，取消轮廓，填充为"黑色"，如图15-187所示。将其转换为位图，添加高斯式模糊效果，将标志复制并放大，填充为黑色，设置半透明效果，如图15-188所示，完成本例的制作。

图15-187　创建阴影　　　图15-188　设置阴影与标志

15.5 电熨斗设计

渐变填充　透明度工具　阴影工具
文本工具　调和工具　图形绘制

After

本例将使用渐变填充、旋转与复制、文本工具、阴影工具、透明度工具、调和工具等来绘制电熨斗，下面将讲解具体的制作方法。

● 光盘\效果\第15章\电熨斗.cdr
● 光盘\实例演示\第15章\电熨斗设计

Step 1 ▶ 新建空白文档，绘制熨斗下部分的椭圆，取消轮廓，创建如图15-189所示的线性渐变填充效果。复制该椭圆，向上偏移，更改为如图15-190所示的线性渐变填充效果。

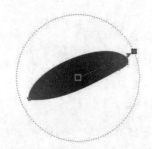

图15-189　渐变填充图形　　　图15-190　渐变填充图形

Step 2 ▶ 继续复制该椭圆，向上偏移，复制底层的渐变填充效果。继续复制该椭圆，向上偏移，更改为如图15-191所示的线性渐变填充效果。绘制图形，创建如图15-192所示的线性渐变填充效果，取消轮廓。

图15-191　渐变填充图形　　　图15-192　渐变填充图形

Step 3 ▶ 原位复制图形，更改为如图15-193所示的线性渐变填充效果。使用"透明度工具" ，创建如图15-194所示的线性渐变透明效果。

图15-193　渐变填充图形　　　图15-194　渐变透明图形

Step 4 ▶ 原位复制图形，填充为灰色。使用"透明度工具" 创建如图15-195所示的线性渐变透明效果。绘制图形，取消轮廓，创建如图15-196所示的线性渐变填充效果。

图15-195　渐变透明效果　　　图15-196　渐变填充图形

Step 5 ▶ 在图形下边缘绘制图形，填充为黑色，如图15-197所示。使用"透明度工具" 为该图形创建线性半透明效果，如图15-198所示。

图15-197　绘制图形　　图15-198　创建渐变半透明效果

Step 6 ▶ 绘制图形，取消轮廓，创建如图15-199所示的椭圆形渐变填充效果。在其下边缘绘制图形，取消轮廓，填充为"77、19、33、0"，如图15-200所示。

图15-199　渐变填充图形　　图15-200　绘制图形

Step 7 ▶ 将绘制的图形转换为位图，为其添加高斯式模糊效果，将其裁剪到图形下边缘部分，如图15-201所示。绘制手柄图形，创建如图15-202所示的线性渐变填充效果，取消轮廓。

图15-201　添加模糊效果光　　图15-202　渐变填充图形

Step 8 ▶ 在其下边缘绘制图形，取消轮廓，填充为灰色，如图15-203所示。将绘制的图形转换为位图，为其添加高斯式模糊效果，将其裁剪到图形下边缘部分，如图15-204所示。

图15-203　绘制图形　　　　图15-204　制作阴影

Step 9 ▶ 绘制外侧的手柄，取消轮廓，创建如图15-205所示的线性渐变填充效果。在手柄上绘制装饰图形，取消轮廓，创建如图15-206所示的线性渐变填充效果。

图15-205　渐变填充图形　　图15-206　渐变填充图形

Step 10 ▶ 绘制圆形，取消轮廓，创建如图15-207所示的线性渐变填充效果。复制该图形，拉开一定距离，为两个图形创建调和效果，设置"调和步长"为"10"，如图15-208所示。

图15-207　渐变填充图形　　图15-208　创建调和效果

Step 11 ▶ 在手柄上绘制两条曲线，复制并选择调和图形，在属性栏中单击"路径属性"按钮，在弹出的下拉列表中选择"新路径"选项，单击绘制的曲线，将调和图形沿绘制的曲线分布，如图15-209所示。将曲线轮廓设置为"无"，在电熨斗缝隙绘制线条，如图15-210所示。

图15-209　沿曲线调和对象　　　图15-210　绘制曲线

Step 12 ▶ 将轮廓粗细设置为"1.0pt"，按Shift+Ctrl+Q组合键将轮廓转换为对象，创建如图15-211所示的线性渐变透明效果。绘制椭圆，取消轮廓，创建线性渐变填充效果。在其下部分绘制黑色小椭圆，复制并选择椭圆，置于大椭圆的下边缘上，如图15-212所示。

图15-211　渐变透明图形　　　图15-212　渐变填充图形

Step 13 ▶ 群组小黑色椭圆，裁剪到渐变椭圆中，效果如图15-213所示。绘制圆形，取消轮廓，创建如图15-214所示的线性渐变填充效果。

图15-213　裁剪图形　　　图15-214　渐变填充图形

Step 14 ▶ 复制椭圆，向上偏移椭圆，创建如图15-215所示的椭圆形渐变填充效果。继续复制和向上偏移椭圆，创建如图15-216所示的线性渐变填充效果。

读书笔记

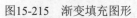

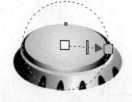

图15-215　渐变填充图形　　　图15-216　渐变填充图形

Step 15 ▶ 复制并缩小椭圆，创建如图15-217所示的圆锥形渐变填充效果。绘制280°弧线，将线条粗细设置为"0.5pt"，轮廓色为"灰色"，输入文本，将字体设置为"楷体"，旋转文本，放置在弧线两端，如图15-218所示。

图15-217　渐变填充图形　　　图15-218　输入文本

Step 16 ▶ 绘制图形，创建线性渐变填充效果。取消轮廓，在其上继续绘制图形，创建如图15-219所示的线性渐变填充效果。绘制图形，取消轮廓，创建如图15-220所示的线性渐变填充效果。

图15-219　渐变填充图形　　　图15-220　渐变填充图形

Step 17 ▶ 在图形上绘制喷雾标志图形，效果如图15-221所示。在按钮下方继续绘制按钮图形，取消轮廓，为其创建如图15-222所示的线性渐变填充效果。

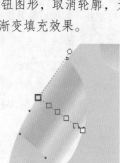

图15-221　绘制标志　　　图15-222　渐变填充图形

Step 18 ▶ 在图形下方绘制图形，取消轮廓，为其创建如图15-223所示的线性渐变填充效果。在其下方继续绘制图形，创建如图15-224所示的线性渐变填充效果，取消轮廓。

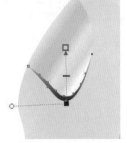 

图15-223　渐变填充图形　　图15-224　渐变填充图形

Step 19 ▶ 选择绘制的图形，使用"透明度工具" ![tool] 为该图形创建线性半透明效果，如图15-225所示。在右侧继续绘制图形，填充为灰色，取消轮廓，如图15-226所示。

图15-225　创建渐变透明效果　　图15-226　绘制图形

Step 20 ▶ 选择绘制的图形，使用"透明度工具" ![tool] 为该图形创建线性半透明效果，将其转换为位图，添加高斯式模糊效果，如图15-227所示。绘制图形，取消轮廓，创建如图15-228所示的线性渐变填充效果。

图15-227　模糊图形　　图15-228　渐变填充图形

Step 21 ▶ 复制椭圆，向上偏移椭圆，创建如图15-229

所示的椭圆形渐变填充效果。绘制黑色无轮廓椭圆，放于椭圆中心，在椭圆右侧绘制灰色曲线，如图15-230所示。

图15-229　渐变填充图形　　图15-230　绘制椭圆与曲线

Step 22 ▶ 群组熨斗图形，为其创建阴影效果，在属性栏中设置"不透明度"为"50"，"羽化"为"20"，如图15-231所示。绘制背景矩形，置于顶层，取消轮廓，创建如图15-232所示的线性渐变填充效果。

图15-231　制作阴影　　图15-232　制作背景

读书笔记

15.6

渐变填充	调和工具	文本工具	**咖啡杯设计**
的应用	不透明度	阴影工具	

本例将使用渐变填充、文本工具、阴影工具、透明度工具、调和工具等来绘制咖啡杯，下面将讲解具体的绘制方法。

● 光盘\效果\第15章\咖啡杯.cdr
● 光盘\实例演示\第15章\咖啡杯设计

Step 1 ▶ 新建空白文档，绘制咖啡杯图形，取消轮廓，创建如图15-233所示的线性渐变填充效果。在其上绘制杯口的椭圆，将轮廓粗细设置为"1.5pt"，填充为白色，如图15-234所示。

图15-233 渐变填充图形　　　图15-234 绘制杯口

Step 2 ▶ 按Shift+Ctrl+Q组合键将轮廓转换为对象，创建如图15-235所示的线性渐变透明效果。继续绘制椭圆，取消轮廓，创建如图15-236所示的线性渐变填充效果。

图15-235 渐变填充轮廓对象　　图15-236 渐变填充杯中

Step 3 ▶ 在杯中绘制两个椭圆，将底层的椭圆填充为"61、71、89、31"，将上层的椭圆填充为"黑色"，取消轮廓，如图15-237所示。为两个椭圆创建调和效果，如图15-238所示。

图15-237 绘制咖啡　　　　图15-238 调和咖啡

Step 4 ▶ 绘制咖啡中间的气泡图形，取消轮廓，创建如图15-239所示的线性渐变填充效果。复制并编辑气泡图形，创建如图15-240所示的线性渐变填充效果。

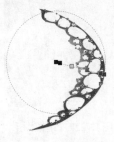

图15-239 填充气泡　　　　图15-240 编辑气泡

Step 5 ▶ 选择后绘制的气泡图形，使用"透明度工具"  为其创建"30°"的透明效果，如图15-241所示。复制设置透明的气泡图形，将3个图形层叠在一起并群组，放置在咖啡右侧，如图15-242所示。

图15-241　创建透明效果　　　图15-242　气泡效果

Step 6 ▶ 绘制椭圆，取消轮廓，填充为"白色"，如图15-243所示。选择绘制的椭圆，为其创建如图15-244所示的矩形渐变透明效果。

　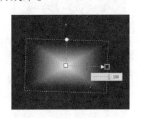

图15-243　绘制椭圆　　　图15-244　矩形渐变透明

Step 7 ▶ 调整矩形渐变透明图形大小，执行复制、旋转和缩放等操作，并制作半透明白色椭圆，分布到咖啡气泡上，制作小的气泡，如图15-245所示。在咖啡周围绘制白色无轮廓月牙状图形，如图15-246所示。

图15-245　制作小气泡　　图15-246　绘制白色月牙图形

Step 8 ▶ 选择月牙状图形，转换为位图，为其添加高斯式模糊效果，制作咖啡的高光效果，如图15-247所示。绘制杯柄，取消轮廓，创建如图15-248所示

的线性渐变填充效果。

图15-247　添加模糊效果　　图15-248　渐变填充图形

Step 9 ▶ 在杯柄跟处绘制图形，取消轮廓，创建如图15-249所示的线性渐变填充效果。在其上绘制图形，取消轮廓，分别填充为白色和黑色，如图15-250所示。

图15-249　渐变填充图形　　图15-250　填充图形

Step 10 ▶ 选择白色和黑色图形，使用"透明度工具"  为该图形添加透明效果，如图15-251所示。在杯柄上绘制图形，取消轮廓，创建如图15-252所示的线性渐变填充效果。

图15-251　设置透明度　　图15-252　渐变填充图形

Step 11 ▶ 选择绘制的图形，使用"透明度工具"  为该图形添加线性透明效果，如图15-253所示。在杯柄上下方绘制图形，取消轮廓，分别填充为白色和黑色，如图15-254所示。

图15-253 设置线性渐变透明 　　图15-254 填充图形

Step 12 ▶ 选择绘制的黑色图形，转换为位图，为其添加高斯式模糊效果，制作杯柄凹陷的效果，如图15-255所示。沿杯柄曲线绘制图形，取消轮廓，填充为红色，如图15-256所示。

图15-255 模糊图形 　　　图15-256 绘制红色图形

Step 13 ▶ 选择绘制的红色图形，转换为位图，为其添加高斯式模糊效果，如图15-257所示。继续选择该图形，使用"透明度工具" 🔓 为其添加线性透明效果，如图15-258所示。

图15-257 模糊图形 　　图15-258 设置线性渐变透明

Step 14 ▶ 输入文本，设置字体格式为"Impact、164pt、黑色"，如图15-259所示。将文本旋转90°，按Ctrl+K组合键拆分字符，选择f，按Ctrl+Q组合键将其转换为曲线，调整其轮廓，添加树叶形状，如图15-260所示。

图15-259 输入文本 　　图15-260 调整文本形状

Step 15 ▶ 创建背景矩形，取消轮廓，创建如图15-261所示的线性渐变填充效果。在背景上绘制杯子托盘的圆，取消轮廓填充为白色，继续绘制中心椭圆，取消轮廓，创建4行5列的网格填充效果，如图15-262所示。

图15-261 渐变填充图形 　　图15-262 网格填充图形

Step 16 ▶ 绘制盘底椭圆，取消轮廓，创建如图15-263所示的椭圆形渐变填充效果。将其转换为位图，为其添加高斯式模糊效果，如图15-264所示。

图15-263 渐变填充图形 　　图15-264 设置模糊效果

Step 17 ▶ 选择托盘边缘的白色椭圆，为其创建阴影效果，设置"不透明度"为"50"，"羽化值"为"20"、阴影颜色为"62、84、100、52"，如图15-265所示。在杯底上绘制黑色无轮廓图形，将其转换为位图，添加高斯式模糊效果，置于杯子下方，如图15-266所示，完成本例的制作。

图15-265 创建阴影 　　图15-266 绘制暗部图形

15.7 扩展练习

本章主要介绍了一些工业或生活产品的制作方法，下面将通过两个练习进一步巩固所学知识，以使读者操作起来更加熟练，并能解决产品设计制作中出现的问题。

15.7.1 时尚耳麦设计

本练习制作后的效果如图15-267所示，主要练习时尚耳麦的绘制，包括线条的绘制、颜色的不同填充方式、阴影效果的创建等操作。

- 光盘\效果\第15章\耳麦.cdr
- 光盘\实例演示\第15章\时尚耳麦设计

图15-267　完成后的效果

15.7.2 跑车绘制

本练习制作后的效果如图15-268所示，主要练习跑车的绘制，包括线条的绘制、颜色的填充、调和工具的使用、阴影效果的创建、高斯式模糊滤镜的应用、透明效果的创建等操作。

- 光盘\效果\第15章\跑车.cdr
- 光盘\实例演示\第15章\跑车绘制

图15-268　完成后的效果

读书笔记

男式夹克

Chapter

14 15 **16** 17 18 19 ●●●●●●

潮流服装设计

本章导读 ●

　　使用CorelDRAW X7提供的功能，可以轻松对各种款式、各类服装进行设计。本章将综合利用本书所学知识对衬衣、裤子、外套、鞋子和时尚裙子、跨包等服装系列的产品进行设计。

16.1 休闲女装设计

底纹填充的应用 轮廓设置 文本输入 渐变填充的应用

本例将使用渐变填充、阴影工具、透明工具等来制作休闲女装效果，包括帽子、T恤、牛仔短裤。下面将讲解具体的绘制方法。

● 光盘\素材\第16章\花纹.cdr、背景底纹.cdr
● 光盘\效果\第16章\休闲套装.cdr
● 光盘\实例演示\第16章\休闲女装设计

Step 1 ▶ 新建空白文档，绘制T恤的轮廓，将轮廓粗细设置为"2.0pt"，将轮廓色设置为"22、40、44、0"，填充为白色，如图16-1所示。继续绘制T恤的结构线和褶皱线，设置相同的轮廓色，将轮廓粗细设置为"1.5pt"，如图16-2所示。

图16-1 绘制T恤的轮廓　　图16-2 绘制结构线和褶皱线

Step 2 ▶ 在T恤上绘制阴影或颜色较深部分的图形，取消轮廓，填充为"20%黑"，如图16-3所示。复制"花纹.cdr"文档中的花纹，调整花纹大小，将其裁剪到T恤左上角位置，如图16-4所示。

> **还可以这样做？**
>
> 在绘制阴影图形时，除了可以直接绘制阴影图形，还可通过"智能填充工具" 单击曲线与边缘相交的区域来创建阴影图形。

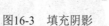

图16-3 填充阴影　　　　图16-4 裁剪装饰花纹

Step 3 ▶ 绘制牛仔短裤的前片，取消轮廓，填充为黑色，如图16-5所示。在其上方绘制虚线的缝纫线效果，将轮廓粗细设置为"0.5pt"，将轮廓色设置为"22、40、44、0"，效果如图16-6所示。

图16-5 绘制裤子前片　　　图16-6 添加装订线

Step 4 ▶ 在裤腰部位绘制椭圆纽扣，取消轮廓，创建如图16-7所示的线性渐变填充效果。绘制牛仔短裤的后片，如图16-8所示。

图16-7　渐变填充纽扣　　　图16-8　绘制裤子后片

Step 5 ▶ 选择后片，打开"编辑填充"对话框，设置填充方式为"底纹填充"，设置底纹样品库为"样品"，选择"闪长岩石"底纹样式，如图16-9所示。单击 确定 按钮，查看后片底纹填充效果，取消轮廓，置于前片下方，如图16-10所示。

图16-9　底纹填充图形　　　图16-10　调整顺序

Step 6 ▶ 绘制后片的腰带片，取消轮廓，创建如图16-11所示的线性渐变填充效果。为其添加缝纫线的曲线，复制前片缝纫线的轮廓色或轮廓粗细，如图16-12所示。

图16-11　绘制腰带　　　图16-12　绘制缝纫线

Step 7 ▶ 使用"智能填充工具" 🖫 单击前片未遮住的底纹填充区域，自动创建智能填充图形，取消轮廓，如图16-13所示。将智能图形填充为黑色，使用"透明度工具" 🖫 为其创建线性透明效果，如图16-14所示。

图16-13　创建智能图形　　　图16-14　创建线性透明效果

Step 8 ▶ 绘制腰带袢，取消轮廓，填充为黑色，如图16-15所示。根据褶皱绘制多个白色的无轮廓图形作为高光区域，如图16-16所示。

图16-15　绘制腰带袢　　　图16-16　绘制高光区域

Step 9 ▶ 将绘制的高光图形转换为位图，为其添加半径为"2"的高斯式模糊效果，再为其创建"54%"的均匀透明效果，如图16-17所示。群组牛仔裤图形，完成其绘制。然后绘制帽子的上部分，取消轮廓，创建如图16-18所示的线性渐变填充效果。

图16-17　设置模糊与透明　　　图16-18　渐变填充图形

Step 10 ▶ 在图形左侧绘制分割线图形，取消轮廓，创建如图16-19所示的线性渐变填充效果。在图形右侧绘制分割线图形，取消轮廓，创建如图16-20所示的线性渐变填充效果。

图16-19　渐变填充图形　　　图16-20　渐变填充图形

Step 11 ▶ 在分割线周围添加缝纫虚线，将轮廓粗细设置为"0.567pt"，将轮廓色设置为"90%黑"，如图16-21所示。在图形下方绘制黑色无轮廓图形，置于图形下层，作为帽子里子的效果，如图16-22所示。

图16-21　绘制缝纫线　　图16-22　绘制帽里

Step 12▶ 绘制帽沿图形，取消轮廓，创建如图16-23所示的线性渐变填充效果。绘制帽沿里子图形，取消轮廓，创建如图16-24所示的线性渐变填充效果。

图16-23　渐变填充帽沿　　图16-24　渐变填充帽沿里子

Step 13▶ 在帽沿边缘绘制图形，取消轮廓，填充为"62、89、96、56"，如图16-25所示。复制该图形，并向上偏移，编辑图形，将首尾重合，填充为"黑色"，继续进行复制与编辑操作，将颜色设置为"55、71、73、16"，如图16-26所示。

图16-25　填充图形　　图16-26　复制与编辑图形

Step 14▶ 沿着帽沿的前边缘绘制曲线，将其转换为对象，创建如图16-27所示的线性渐变填充效果。在帽沿上绘制缝纫线，将轮廓粗细设置为"细线"，将轮廓色设置为"56、71、80、21"，效果如图16-28所示。

图16-27　渐变填充图形　　图16-28　添加缝纫线

Step 15▶ 在帽子上方绘制3个不同大小的椭圆，取消

轮廓，由大到小分别填充为"53、69、71、11"、"58、74、78、24"和"53、69、71、11"，将两个稍大的椭圆置于帽子的下层，将小的椭圆置于帽子上层，效果如图16-29所示。群组帽子，完成帽子的制作，将帽子、裤子与T恤组合在一起，效果如图16-30所示。

图16-29　绘制帽顶修饰　　图16-30　组合图形

Step 16▶ 复制"背景底纹.cdr"文档中的花纹，调整花纹大小，将其置于页面下方，如图16-31所示。在背景左上角绘制并复制圆，取消轮廓，分别填充文档中的多种颜色，在其下方输入文本，设置文本的字体为"华文行楷"，文本的填充颜色为"16、28、31、0"，如图16-32所示，完成本例的操作。

图16-31　放置背景　　图16-32　输入文本

读书笔记▶

16.2 浪漫长裙设计

图形绘制 颜色填充 | 智能填充 的应用 | 渐变填充 的应用

本例将使用渐变填充、智能填充工具、透明工具、调和工具等来绘制浪漫长裙，下面将讲解具体的绘制方法。

- 光盘\素材\第16章\长裙底纹.cdr
- 光盘\效果\第16章\浪漫长裙.cdr
- 光盘\实例演示\第16章\浪漫长裙设计

Step 1 ▶ 绘制模特的外部轮廓，如图16-33所示。将绘制的模特填充为"0、29、33、0"，效果如图16-34所示。

图16-35　绘制阴影　　图16-36　绘制头发、眼睛和嘴巴

图16-33　绘制模特轮廓　　图16-34　填充颜色

Step 2 ▶ 在轮廓内侧绘制阴影图形，取消轮廓，填充为"2、40、47、0"，效果如图16-35所示。绘制锁骨轮廓，将轮廓色设置为"29、52、63、0"，轮廓粗细设置为"0.567pt"。为模特绘制头发、眼睛、嘴巴轮廓，如图16-36所示。

Step 3 ▶ 取消头发和眼睛轮廓，填充为"54、80、100、31"，取消嘴巴轮廓，填充为"46、99、100、21"，如图16-37所示。使用"智能填充工具" 单击头发间、眼睛中心和嘴巴中心的空白位置，创建智能填充图形，取消轮廓，分别填充为"44、71、100、6"、"黑"和"0、40、40、0"，效果如图16-38所示。

图16-37　填充图形　　图16-38　创建智能填充图形

Step 4 ▶ 绘制长裙图形，取消轮廓，为其创建如图16-39所示的线性渐变填充效果。在腿左侧继续绘制长裙图形，取消轮廓，为其创建如图16-40所示的线性渐变填充效果。

图16-39　渐变填充裙子　　图16-40　渐变填充裙子

Step 5 ▶ 在颈部绘制裙子的吊带图形，取消轮廓，为其创建如图16-41所示的线性渐变填充效果。绘制裙子的腰带图形，取消轮廓，为其创建如图16-42所示的线性渐变填充效果。

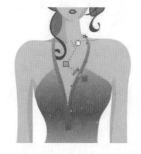

图16-41　渐变填充吊带　　图16-42　渐变填充腰带

Step 6 ▶ 在裙子上容易褶皱的地方绘制阴影图形，如图16-43所示。群组阴影图形，取消轮廓，将其填充为"45、75、18、0"，如图16-44所示。

图16-43　绘制阴影图形　　图16-44　填充阴影

Step 7 ▶ 在裙子上绘制碎花图案，将碎花图案的轮廓色设置为"9、12、33、0"，将其填充为"44、74、100、7"，对其执行复制、旋转、缩放等操作，将其分布到裙子上，如图16-45所示。原位复制群组的褶皱阴影图形，为其添加"40%"的均匀透明效果，如图16-46所示。

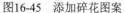

图16-45　添加碎花图案　　图16-46　设置阴影透明度

Step 8 ▶ 在右手上绘制包的外形轮廓图形，取消轮廓，填充为"58、91、31、0"，如图16-47所示。在其中绘制包的部分，取消轮廓，创建如图16-48所示的线性渐变填充效果。

Step 11 ▶ 复制碎花图案，分布到包上，如图16-53所示。原位复制包上群组的褶皱阴影图形，为其添加"40%"的均匀透明效果，调整手的形状，并将其置于包的上面，效果如图16-54所示。

图16-47　绘制包的轮廓　　　图16-48　渐变填充图形

图16-53　复制碎花　　　图16-54　创建透明度

Step 12 ▶ 在鞋子图形，取消轮廓，为其创建如图16-55所示的线性渐变填充效果。在鞋子边缘绘制鞋底图形，取消轮廓，填充为"55、95、22、0"，效果如图16-56所示。

Step 9 ▶ 绘制包口的图形，取消轮廓，创建如图16-49所示的线性渐变填充效果。绘制装饰带图形，将轮廓色设置为"58、91、31、0"，轮廓粗细设置为"0.567pt"，创建如图16-50所示的线性渐变填充效果。

图16-49　渐变填充图形　　　图16-50　渐变填充图形

图16-55　渐变填充图形　　　图16-56　绘制鞋底

Step 13 ▶ 复制并缩小碎花，将其分布到鞋带上，效果如图16-57所示。绘制交叉的黑色线条和无轮廓的灰色矩形，群组交叉线条，为其创建椭圆形渐变透明效果，如图16-58所示。

Step 10 ▶ 在装饰带上方绘制水滴状图形，将轮廓色设置为"58、91、31、0"，轮廓粗细设置为"0.567pt"，填充为"35、61、10、0"，执行复制、旋转操作，将其平均分布成一排，如图16-51所示。绘制褶皱的阴影图形，群组阴影图形，取消轮廓，填充为"58、91、31、0"，如图16-52所示。

图16-51　分布装饰图形　　　图16-52　绘制褶皱阴影

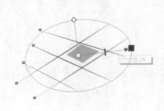

图16-57　装饰鞋带　　　图16-58　创建椭圆透明效果

Step 14 ▶ 群组绘制交叉线条和矩形，将其置于人物下方的下层，效果如图16-59所示。复制"长裙底纹.cdr"文档中的图案，将其置于底层，如图16-60所示，完成本例的制作。

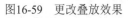
图16-59　更改叠放效果

图16-60　置入背景

16.3 男式夹克设计

渐变填充 | 图像裁剪 | 图形调和
的应用 | 图形焊接 | 图像模糊

本例将使用智能填充工具、轮廓图工具、阴影工具、透明工具、调和工具等来绘制男式夹克和男鞋，下面将讲解具体的绘制方法。

● 光盘\素材\第16章\里料.jpg、男式夹克底纹.cdr
● 光盘\效果\第16章\男式夹克.cdr
● 光盘\实例演示\第16章\男式夹克设计

Step 1 ▶ 新建空白文档，绘制出外套的外形，如图16-61所示。继续绘制外套的领子与门襟曲线，如图16-62所示。将轮廓粗细设置为"1.5pt"。

技巧秒杀

在绘制衣服的轮廓时，为了使绘制的衣服结构符合人体的特征，可事先准备人物模特，将其导入文档中，再参考模特进行衣服的绘制。

图16-61　绘制外套外形　　图16-62　绘制领子与门襟

Step 2 ▶ 绘制里料的区域，设置轮廓粗细为"1.5pt"，如图16-63所示。使用"智能填充工具" 🖌 单击里料外的区域，取消创建区域的轮廓，填充为"40、53、73、0"，如图16-64所示。

图16-63 绘制里料区域　　　　图16-64 填充外套

Step 3 ▶ 导入"里料.jpg"面料小样，如图16-65所示。使用"智能填充工具" 🖌 单击里料区域，取消创建的图形，使用右键拖动面料小样到夹克的里料图形中，释放鼠标，在弹出的快捷菜单中选择"图框精确裁剪内部"命令，调整裁剪布料的位置，使其完全填充里子区域，如图16-66所示。

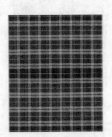

图16-65 导入里料　　　　图16-66 填充里子

Step 4 ▶ 在外套的领子、肩上、衣身和袖子上分别绘制款式的分割线，设置轮廓粗细为"1.5pt"，如图16-67所示。在分割线处绘制缝纫的虚线，将轮廓粗细设置为"1.5pt"，将轮廓色设置为"75、85、75、51"，如图16-68所示。

图16-67 绘制分割线　　　　图16-68 添加缝纫线

Step 5 ▶ 绘制口袋，以及肩上、袖口和衣摆处的图形，设置轮廓粗细为"1.0pt"，如图16-69所示。分别填充绘制图形的颜色，如图16-70所示。

图16-69 绘制小部件　　　　图16-70 填充颜色

Step 6 ▶ 为绘制的小部件绘制缝纫的虚线，将轮廓粗细设置为"1.0pt"，将轮廓色设置为"75、85、75、51"，如图16-71所示。绘制黑色无轮廓圆作为纽扣，复制并缩小该圆，中心对齐，将颜色更改为"80%黑"，如图16-72所示。

图16-71 添加缝纫线　　　　图16-72 绘制纽扣

Step 7 ▶ 使用"调和工具" 🖌 为两个圆创建调和效果，如图16-73所示。在内边缘处绘制月牙状白色无轮廓图形，将其转换为位图，添加高斯式模糊效果，制作纽扣的高光效果，在中心位置绘制纽孔和黑色交叉线条，如图16-74所示，完成纽扣的制作。

图16-73 调和图形　　　　图16-74 纽扣效果

Step 8 ▶ 群组并复制纽扣图形，将其添加到门襟、袖口、肩上、口袋、衣摆等位置，将衣领的标签图形填充为黑色，如图16-75所示。绘制3个重叠的矩形，注意第1、2个矩形等高，第1、3个矩形等宽。

同时选择3个矩形，单击"合并"按钮 将其合并，完成单个拉链图形的制作，如图16-76所示。

图16-75　添加纽扣　　　　图16-76　焊接图形

Step 9 ▶ 复制图形，垂直镜像图形，将两个图形组合在一起，如图16-77所示。将轮廓粗细设置为"细线"，创建如图16-78所示的渐变填充效果。

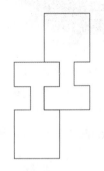
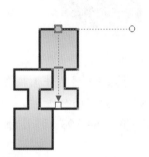

图16-77　组合拉链　　　　图16-78　渐变填充拉链

Step 10 ▶ 群组组合的拉链图形，复制该图形，拉开一定距离，创建"步长"为"14"的调和效果，如图16-79所示。在拉链中间绘制黑色无轮廓矩形，置于拉链下层，效果如图16-80所示。

图16-79　调和拉链　　　　图16-80　绘制矩形

Step 11 ▶ 在拉链外侧绘制矩形，将轮廓粗细设置为"细线"，填充为白色，置于黑色矩形下层，如图16-81所示。使用"轮廓图工具" 为该矩形创建一个内部轮廓，按Ctrl+K组合键拆分轮廓图，将内轮廓线设置为"虚线、细线"，将轮廓色设置为"75、85、75、51"，如图16-82所示。

图16-81　绘制矩形　　　　图16-82　添加缝纫线

Step 12 ▶ 绘制拉链底部图形，取消轮廓，填充为"75、85、75、51"，创建并拆分内部轮廓图图形，创建如图16-83所示的线性渐变填充效果。在其上绘制4个无轮廓图形，取消轮廓，分别填充为"75、85、75、51""20%黑""75、85、75、51""10%黑"，如图16-84所示。

图16-83　渐变填充图形　　　图16-84　绘制与填充图形

Step 13 ▶ 绘制拉链吊坠图形，置于拉链底部图形与其他图形中间层，设置轮廓粗细为"0.5pt"，轮廓色为"75、85、75、51"，创建如图16-85所示的线性渐变填充效果，然后群组拉链图形，将其放置到拉链上，如图16-86所示。

图16-85　渐变填充图形　　　图16-86　放置拉链上

Step 14 ▶ 群组拉什与拉链，执行复制、旋转与缩放操作，放置在右胸、口袋上，如图16-87所示。在领口、肩饰、袖式等图形下方绘制黑色无轮廓图形，作为阴影，以突出立体效果，如图16-88所示。

图16-87　编辑图形　　　　图16-88　绘制阴影

Step 15 ▶ 群组绘制的阴影图形，将其转换为位图，添加高斯式模糊效果，如图16-89所示。在外套上绘制褶皱图形，取消轮廓，填充为"56、71、100、26"，如图16-90所示。

图16-89　设置模糊效果　　图16-90　绘制并填充褶皱

Step 16 ▶ 群组绘制的褶皱图形，将其转换为位图，添加高斯式模糊效果，如图16-91所示。群组夹克所有图形，完成夹克的制作。绘制鞋垫图形，取消轮廓，填充为"52、73、89、17"，如图16-92所示。

图16-91　设置模糊效果　　图16-92　绘制鞋垫

Step 17 ▶ 绘制鞋底图形，取消轮廓，创建如图16-93所示的线性渐变填充效果。复制并向上偏移鞋垫图形，更改填充为"58、77、90、34"，效果如图16-94所示。

图16-93　渐变填充图形　　图16-94　复制并更改鞋垫

Step 18 ▶ 在鞋垫间绘制月牙状图形，取消轮廓，填充为"37、57、37、0"，如图16-95所示。将绘制的月牙状图形转换为位图，添加高斯式模糊效果，如图16-96所示。

图16-95　填充图形　　　　图16-96　设置模糊效果

Step 19 ▶ 使用"轮廓图工具" 为上层的鞋垫创建一个内部轮廓，按Ctrl+K组合键拆分轮廓图，将内轮廓线设置为"虚线、0.5pt"，将轮廓色设置为"24、47、58、0"，如图16-97所示。继续创建并拆分内部轮廓图，取消轮廓，填充为黑色，如图16-98所示。

图16-97　添加缝纫线　　　图16-98　创建黑色图形

Step 20 ▶ 将黑色鞋垫转换为位图，添加高斯式模糊效果，如图16-99所示。绘制鞋帮，取消轮廓，填充为"35、64、98、0"，如图16-100所示。

图16-99　设置模糊效果　　图16-100　绘制鞋帮

Step 21 ▶ 在鞋尖绘制图形，取消轮廓，创建如图16-101所示的线性渐变填充效果。将其转换为位图，添加高斯式模糊效果，如图16-102所示。

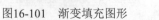

图16-101　渐变填充图形　　图16-102　设置模糊效果

Step 22 ▶ 在鞋子上绘制图形，填充为 "37、57、37、0"，如图16-103所示。绘制鞋子里子图形，取消轮廓，创建如图16-104所示的线性渐变填充效果。

图16-103　绘制与填充图形　　图16-104　渐变填充图形

Step 23 ▶ 绘制阴影图形，取消轮廓，创建如图16-105所示的线性渐变填充效果。将其转换为位图，添加高斯式模糊效果，如图16-106所示。

图16-105　渐变填充图形　　图16-106　设置模糊效果

Step 24 ▶ 在鞋子上绘制缝纫虚线以修饰鞋子，设置轮廓粗细为 "0.75pt"，设置轮廓色为 "49、77、100、17"，如图16-107所示。绘制圆，取消轮廓，如图16-108所示的线性渐变填充效果，为鞋带孔。

图16-107　添加缝纫线　　　图16-108　渐变填充图形

Step 25 ▶ 在其上绘制略小的灰色无轮廓椭圆，如图16-109所示。继续绘制略小的浅灰色无轮廓椭圆，继续绘制略小的无轮廓椭圆，创建如图16-110所示的线性渐变效果。

图16-109　绘制椭圆　　　　图16-110　渐变填充图形

Step 26 ▶ 在其上继续绘制两个无轮廓椭圆，分别填充为灰色和黑色，如图16-111所示。群组所有椭圆，完成鞋带孔的制作，执行复制于旋转操作，分布到鞋帮上，如图16-112所示的线性渐变效果。

图16-111　填充图形　　　　图16-112　渐变填充图形

Step 27 ▶ 绘制一边的鞋带图形，如图16-113所示。再绘制另一边的鞋带图形，如图16-114所示。制作鞋带穿过鞋带孔的效果。

图16-113　绘制一边的鞋带　图16-114　绘制另一边的鞋带

Step 28 ▶ 选择其中的一根鞋带图形，填充为 "53、77、99、33"，取消轮廓，创建一个内部轮廓图形，拆分轮廓图形，取消轮廓，将内部的图形填充为 "35、64、98、0"，如图16-115所示。为鞋带与内部图形创建调和效果，在属性栏中设置 "调和步长" 为 "30"，效果如图16-116所示。

图16-115 创建内部轮廓 　　图16-116 调和图形

Step 29 ▶ 使用相同的方法制作其他鞋带的效果，如图16-117所示。选择鞋带连接的两个图形，按Shift+Ctrl+Q组合键将轮廓转换为对象，选择轮廓对象，使用"橡皮擦工具" 拖动擦除不需要的黑色轮廓，如图16-118所示。

图16-117 鞋带效果 　　图16-118 擦除不需要的轮廓

Step 30 ▶ 在鞋底绘制阴影图形，取消轮廓，填充为"60、67、100、27"，如图16-119所示。将其转换为位图，添加高斯式模糊效果，为其创建如图16-120所示的线性渐变透明效果。

图16-119 绘制阴影 　　图16-120 设置渐变透明

Step 31 ▶ 群组所有鞋子图形，完成一只鞋子的绘制。复制鞋子，在其上绘制阴影图形，取消轮廓，创建如图16-121所示的线性渐变填充效果。将其转换为位图，添加高斯式模糊效果，群组阴影与鞋子，放置在原鞋子后面，效果如图16-122所示。

图16-121 渐变填充图形 　　图16-122 设置模糊效果

Step 32 ▶ 复制"男式夹克底纹.cdr"文档中的花纹，调整花纹大小，将其置于页面下方，如图16-123所示。在背景右上角绘制并复制圆，取消轮廓，分别填充文档中的各种颜色，在其下方输入文本，设置文本的字体为"华文行楷"，字号为"36pt"，如图16-124所示，完成本例的操作。

图16-123 导入背景底纹 　　图16-124 输入文本

读书笔记

16.4 牛仔衬衣设计

图像裁剪　图像亮度　笔刷应用
文本输入　的提高　位图模糊

本例将使用渐变填充、旋转与复制、文本工具、阴影工具、透明工具、调和工具等来绘制牛仔衬衣与休闲裤，下面将讲解具体的制作方法。

● 光盘\素材\第16章\牛仔衬衣\
● 光盘\效果\第16章\牛仔衬衣.cdr
● 光盘\实例演示\第16章\牛仔衬衣设计

Step 1 ▶ 新建空白文档，绘制衬衣的衣身与袖子，如图16-125所示。继续绘制外套的领子与翻起的门襟曲线，如图16-126所示。将轮廓粗细设置为"1.0mm"。

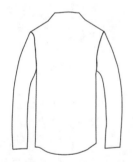

图16-125　绘制衬衣外形　　图16-126　绘制领子与门襟

Step 2 ▶ 绘制里料的区域，设置轮廓粗细为"1.0mm"，如图16-127所示。导入"牛仔面料.jpg"图片，如图16-128所示。

图16-127　绘制里料的区域　　图16-128　导入面料

Step 3 ▶ 使用"智能填充工具"单击牛仔面料区域，取消创建区域的轮廓，复制牛仔面料，调整大小，精确裁剪到创建的图形中，效果如图16-129所示。选择导入的面料图片，选择"效果"/"调整"/"亮度/对比度/强度"命令，在打开的对话框中将"亮度"设置为"20"，效果如图16-130所示。

图16-129　裁剪面料　　图16-130　提高图片亮度

Step 4 ▶ 使用"智能填充工具"单击衬衣里子区域，取消创建区域的轮廓，复制提高亮度的图片，将其裁剪到里子区域，如图16-131所示。在衣服领子、袖子、腰间绘制洗白椭圆，取消轮廓，填充为"白色"，如图16-132所示。

读书笔记 ▶

图16-131　裁剪里料

图16-132　绘制椭圆

Step 5 ▶ 分别将洗白图形转换为位图，添加高斯式模糊效果，将其裁剪到对应区域的面料图形中，如图16-133所示。在肩上绘制装饰面料图形，设置轮廓粗细为"0.5mm"，如图16-134所示。

图16-133　裁剪洗白图形

图16-134　绘制肩饰

Step 6 ▶ 导入"格子面料.jpg"图片，如图16-135所示。调整面料大小，复制面料，将其裁剪到肩饰图形中，效果如图16-136所示。

图16-135　格子面料效果

图16-136　裁剪面料

Step 7 ▶ 在衣服上绘制口袋图形，取消轮廓，填充为"100、91、62、42"，如图16-137所示。在领子上绘制分割线，将轮廓粗细设置为"0.5mm"，绘制标签，将轮廓粗细设置为"细线"，创建如图16-138所示的渐变填充效果，在标签上输入文本。将字体设置为"Arial Blank"。

图16-137　绘制口袋

图16-138　制作标签

Step 8 ▶ 在袖口绘制分割线和袖口图形，将提高亮度的牛仔面料裁剪到袖口中，如图16-139所示。在门襟与袖口上绘制椭圆作为纽扣，为纽扣创建阴影效果，如图16-140所示。

图16-139　处理袖口

图16-140　添加纽扣

Step 9 ▶ 在衬衫中绘制T恤图形，填充为"白色"，设置轮廓粗细为"1.0mm"，如图16-141所示。在T恤领口绘制分割线和前领弧线，将前领弧线轮廓粗细设置为"1.0mm"，将绘制的分割线的轮廓粗细设置为"0.5mm"，在后领上绘制黑色无轮廓标签，如图16-142所示。

图16-141　绘制T恤

图16-142　处理T恤领口

Step 10 ▶ 复制 "花纹.cdr" 文档中的花纹图形，如图16-143所示。调整大小，将其裁剪到T恤中间位置，如图16-144所示。

图16-143 花纹效果　　　图16-144 裁剪花纹到T恤

Step 11 ▶ 在T恤上绘制褶皱图形，取消轮廓，填充为 "浅灰色"，为其创建线性渐变透明效果，如图16-145所示。在衬衣上绘制褶皱图形，取消轮廓，填充为 "82、62、44、9"，如图16-146所示。

图16-145 渐变透明效果　　　图16-146 绘制褶皱

Step 12 ▶ 为绘制的褶皱创建渐变透明效果，如图16-147所示。群组衬衣所有图形，完成衬衣的制作。绘制裤子的轮廓，将轮廓粗细设置为 "1.0mm"，如图16-148所示。

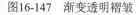
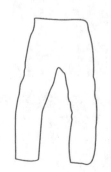

图16-147 渐变透明褶皱　　　图16-148 绘制裤子轮廓

Step 13 ▶ 在裤子上绘制结构分隔线，如图16-149所示。将裤子的颜色填充为 "25、25、41、0"，使用 "智能填充工具" 🪣单击里子部分，为其创建如图16-150所示的渐变填充效果。

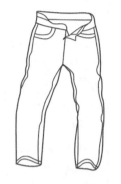 

图16-149 绘制结构分割线　　　图16-150 渐变填充图形

Step 14 ▶ 创建裤口图形，将其填充为 "64、75、81、38"，效果如图16-151所示。在腰间绘制皮带图形，创建如图16-152所示的线性渐变填充效果。

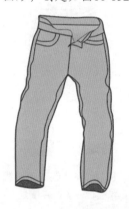 

图16-151 渐变填充图形　　　图16-152 绘制皮带

Step 15 ▶ 在皮带上绘制皮带扣图形，将轮廓粗细设置为 "0.5mm"，填充与裤子相同的颜色，如图16-153所示。绘制翻起的里子图形，为其创建如图16-154所示的渐变填充效果。

图16-153 绘制皮带扣　　　图16-154 渐变填充图形

Step 16 ▶ 绘制圆作为纽扣图形，将轮廓粗细设置为 "0.5mm"，创建如图16-155所示的线性渐变填充效果。复制并缩小纽扣，将其置于裤子口袋上，如图16-156所示。

图16-155　渐变填充图形　　　图16-156　添加纽扣

Step 17 ▶ 在结构线周围添加缝纫虚线，将轮廓粗细设置为 "0.5mm"，将轮廓色设置为 "52、47、55、0"，如图16-157所示。在裤子上绘制褶皱线条，如图16-158所示。

图16-157　添加缝纫线　　　图16-158　绘制褶皱线

Step 18 ▶ 选择所有褶皱线条，选择 "艺术笔工具" ，单击 "笔刷" 按钮 ，在 "预设笔刷" 下拉列表框中选择如图16-159所示的笔刷效果。将所有褶皱线条转换为笔画图形，如图16-160所示。

图16-159　选择笔刷　　　图16-160　笔刷效果

Step 19 ▶ 选择所有褶皱笔刷，单击属性栏中的 "创建边界" 按钮 创建边界，删除原褶皱笔刷图形，如图16-161所示。按Ctrl+K组合键拆分各褶皱图形，取消轮廓，填充为 "69、68、70、27"，如图16-162所示。

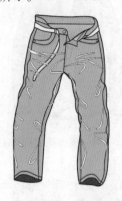

图16-161　创建边界　　　图16-162　渐变填充图形

操作解谜　　这里为笔刷褶皱创建边界的目的是方便后面为褶皱添加线性透明效果，因为艺术笔刷图形不能添加透明效果。用户也可直接绘制褶皱图形，再进行渐变透明效果。

Step 20 ▶ 分别为裤子的褶皱创建线性透明效果，如图16-163所示。群组裤子所有图形，完成裤子的绘制。将裤子和衬衣移至页面中心，旋转衬衣与裤子，并将裤子置于衬衣的下层，如图16-164所示。

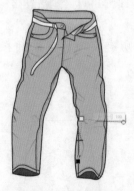

图16-163　渐变透明褶皱　　　图16-164　组合衬衣与裤子

Step 21 ▶ 复制 "底纹.cdr" 文档中的花纹，调整花纹大小，将其置于页面下方，如图16-165所示。在背景右下角绘制并复制圆，取消轮廓，分别填充文档中的颜色，在其下方输入文本，设置文本的字体为

"华文行楷"，字号为"36pt"，如图16-166所示，完成本例的操作。

图16-165　置入背景底纹　　图16-166　输入文本

16.5　鞋子与包设计

图形填充　图像颜色　阴影应用
图形裁剪　的调整　图像模糊

本例将使用渐变填充、阴影工具、透明工具、调和工具等来绘制女士的鞋子与包，下面将讲解具体的制作方法。

● 光盘\素材\第16章\皮革.jpg
● 光盘\效果\第16章\鞋子与包.cdr
● 光盘\实例演示\第16章\鞋子与包设计

Step 1 ▶ 新建空白文档，绘制鞋底图形，取消轮廓，填充为"0、37、85、20"，如图16-167所示。绘制鞋跟与鞋底图形，取消轮廓，填充为"黑色"，如图16-168所示。

图16-167　填充图形　　图16-168　填充鞋跟

Step 2 ▶ 绘制鞋跟内侧，取消轮廓，填充为"28、100、76、29"，如图16-169所示。绘制鞋底图形，取消轮廓，为其创建如图16-170所示的线性渐变填充效果。

图16-169　填充图形　　图16-170　渐变填充图形

Step 3 ▶ 在鞋跟上绘制白色无轮廓图形作为高光，如图16-171所示。在鞋跟上绘制图形，取消轮廓，为其创建如图16-172所示的线性渐变填充效果。

图16-171　绘制图形　　图16-172　渐变填充图形

Step 4 ▶ 绘制前面的鞋帮图形，如图16-173所示。为侧面创建如图16-174所示的线性渐变填充效果。

图16-173 绘制鞋帮　　　　图16-174 渐变填充图形

Step 5 ▶ 为鞋帮里子部分创建如图16-175所示的线性渐变填充效果。在鞋帮边缘绘制浅灰色无轮廓的月牙状图形，如图16-176所示。

图16-175 渐变填充图形　　　图16-176 填充图形

Step 6 ▶ 在鞋帮的另一边缘继续绘制月牙状边缘图形，填充为黑色，如图16-177所示。在鞋上绘制图形，取消轮廓，创建如图16-178所示的线性渐变填充效果。

图16-177 绘制边缘图形　　　图16-178 渐变填充图形

Step 7 ▶ 绘制3个褶皱图形，取消轮廓，创建如图16-179所示的线性渐变填充效果。在褶皱盘绘制黑色的无轮廓图形，修饰褶皱，如图16-180所示。

图16-179 渐变填充图形　　　图16-180 修饰褶皱

Step 8 ▶ 绘制后鞋帮图形，如图16-181所示。为侧面创建如图16-182所示的线性渐变填充效果。

图16-181 绘制鞋帮　　　　图16-182 渐变填充图形

Step 9 ▶ 为鞋帮里子部分创建如图16-183所示的线性渐变填充效果。在鞋帮边缘创建无轮廓的月牙状图形，分别填充为"黑色""浅灰色"，如图16-184所示。

图16-183 渐变填充图形　　　图16-184 添加边缘

Step 10 ▶ 在后鞋帮上绘制浅色图形，创建如图16-185所示的线性渐变填充效果。绘制褶皱的条形图，如图16-186所示。

图16-185 渐变填充图形　　　图16-186 绘制褶皱

Step 11 ▶ 取消褶皱轮廓，将其填充为"黑色"。再在其旁边创建图形，取消轮廓，创建如图16-187所示的线性渐变填充效果。群组鞋子图形，为其创建如图16-188所示的阴影效果。

读书笔记 ▶

图16-187　渐变填充图形　　　图16-188　创建阴影

Step 12 ▶ 复制鞋子，取消阴影，使用相同的方法编辑鞋里子的位置，更改鞋子的观察角度，再为其创建如图16-189所示的阴影效果。将该鞋子置于前一只鞋子的下层，制作出一双鞋子的效果，如图16-190所示。群组鞋子完成鞋子的制作。

图16-189　制作另一只鞋子　　图16-190　编辑鞋子效果

Step 13 ▶ 绘制圆角矩形作为包的外形轮廓，如图16-191所示。导入"皮革.jpg"图片，调整大小，将其裁剪到圆角矩形中，如图16-192所示。

图16-191　绘制包的外形　　　图16-192　裁剪图形

Step 14 ▶ 导入"皮革.jpg"图片，选择"效果"/"调整"/"替换颜色"命令，打开"替换颜色"对话框，使用"滴管工具" 吸取图片中的红色作为"原颜色"，将"范围"设置为"49"，预览效果如图16-193所示。单击 确定 按钮完成颜色替换。

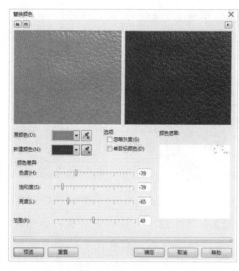

图16-193　替换皮革颜色

Step 15 ▶ 在包中间绘制图形，如图16-194所示。复制替换为深紫色颜色后的皮革，调整大小，将其裁剪到中间的图形中，如图16-195所示。

图16-194　绘制图形　　　　　图16-195　裁剪图形

Step 16 ▶ 选择深紫色皮革图像，选择"效果"/"调整"/"亮度/对比度/强度"命令，打开"亮度/对比度/强度"对话框，将"亮度"、"对比度"和"强度"分别设置为"10"、"15"和"17"，预览效果如图16-196所示。单击 确定 按钮，完成颜色调整。

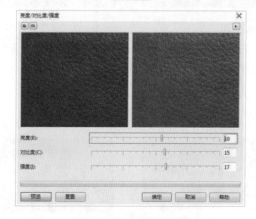

图16-196　调整图像颜色

Step 17 ▶ 绘制包盖图形，如图16-197所示。导入红色"皮革.jpg"图片，调整大小，将其裁剪到包盖中。复制调整颜色的深紫色皮革，调整大小，将其裁剪到包盖中间的图形中，如图16-198所示。

图16-197　绘制包盖　　　　图16-198　裁剪皮革

Step 18 ▶ 在包的边缘上绘制包边条，如图16-199所示。复制调整颜色的深紫色皮革，调整大小，将其裁剪到包边条中，如图16-200所示。

图16-199　绘制包边条　　　　图16-200　裁剪皮革

Step 19 ▶ 为包边添加白色细线轮廓，如图16-201所示。选择包边，按Shift+Ctrl+Q组合键将轮廓转换为对象，将轮廓对象转换为位图，为其添加高斯式模糊效果，并将模糊效果裁剪到包边图形中，效果如图16-202所示。

图16-201　添加轮廓　　　　图16-202　设置模糊效果

Step 20 ▶ 选择绘制的图形，使用"透明度工具" 为该图形创建线性半透明效果，如图16-203所示。在右侧继续绘制图形，填充为灰色，取消轮廓，如图16-204所示。

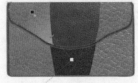

图16-203　设置透明效果　　　　图16-204　渐变填充图形

Step 21 ▶ 群组包盖图形，为其创建如图16-205所示的阴影效果。绘制不同大小的多个圆，取消轮廓，填充为不同的颜色，如图16-206所示。

图16-205　创建阴影　　　　图16-206　绘制圆

Step 22 ▶ 群组圆，复制群组的圆，分布到深紫色的皮革区域，效果如图16-207所示。在深紫色的皮革区域绘制黑色无轮廓的黑色阴影图形，如图16-208所示。

图16-207　分布圆　　　　图16-208　绘制阴影

Step 23 ▶ 将阴影图形转换为位图，为其添加高斯式模糊效果，如图16-209所示。绘制包带曲线，如图16-210所示。

图16-209　设置模糊效果　　　　图16-210　绘制包带曲线

Step 24 ▶ 在包左右两侧和包带衔接口分别绘制包带扣图形，为其创建线性渐变填充效果，如图16-211所示。

读书笔记 ▶

....

....

....

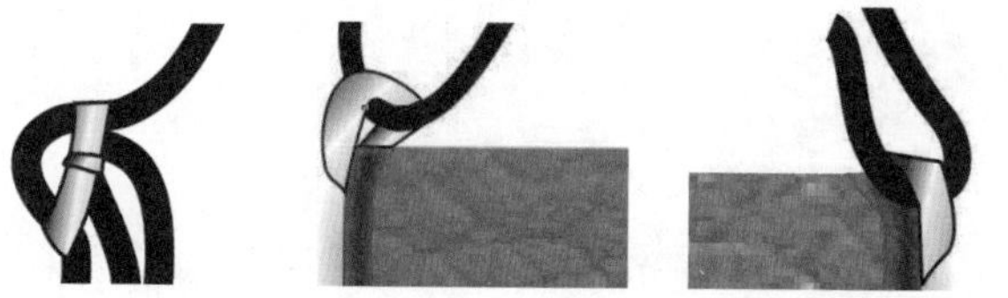

果，完成本例的制作。

图16-211　制作包带扣

Step 25 ▶ 组包图形，使用"阴影工具"  为其创建如图16-212所示的阴影效果。创建背景矩形，取消轮廓，创建如图16-213所示的椭圆形渐变填充效

图16-212　创建阴影　　图16-213　创建渐变背景

16.6　扩展练习

　　本章主要介绍了生活服饰系列的产品制作，下面将通过两个练习进一步巩固所学知识，以使读者操作起来更加熟练，并能解决服饰设计制作中出现的问题。

16.6.1　时尚包裙设计

　　本练习制作后的效果如图16-214所示，主要练习时尚包裙的制作，包括线条的绘制、颜色的不同填充方式、阴影效果的创建等操作。

- 光盘\效果\第16章\时尚包裙.cdr
- 光盘\实例演示\第16章\时尚包裙设计

图16-214　完成后的效果

16.6.2　女鞋设计

　　本练习制作后的效果如图16-215所示，主要练习女鞋的制作，包括线条的绘制、颜色的填充、调和工具的使用、阴影效果的创建、高斯式模糊滤镜的应用、透明效果的创建等操作。

- 光盘\素材\第16章\心形花纹.cdr
- 光盘\效果\第16章\女鞋.cdr
- 光盘\实例演示\第16章\女鞋设计

图16-215　完成后的效果

17

14　15　16　18　19

包装设计

本章导读 ●

　　包装设计是平面设计的重要领域，使用CorelDRAW X7可以轻松对各种类型的包装样式进行设计。本章将综合利用本书所学知识对牛奶包装、礼盒包装、购物袋、酒品包装、巧克力包装、茶包装等包装样式进行设计。

17.1 渐变透明的应用 渐变填充的应用 颜色和谐的应用 牛奶包装设计

本例将使用渐变填充、阴影工具和透明度工具等知识来制作简易的牛奶包装盒。下面将讲解牛奶包装的绘制方法。

Step 1 ▶ 新建空白文档，绘制包装的外形和分割线，如图17-1所示。为左侧创建如图17-2所示的线性渐变填充效果。

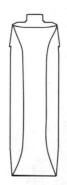

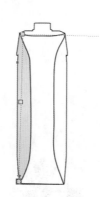

图17-1　绘制包装外形　　　图17-2　渐变填充

Step 2 ▶ 将上面的图形填充为灰色，分别为中间的图形和右侧的图形创建17-3所示的线性渐变填充效果。在两侧绘制盖子的边缘，取消轮廓，填充为略深的颜色，如图17-4所示。

读书笔记

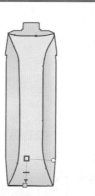

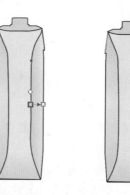

图17-3　渐变填充图形　　　图17-4　绘制瓶盖

Step 3 ▶ 绘制瓶盖的图形，选择最上方的图形，创建如图17-5所示的线性渐变填充效果。选择其下的图形，创建如图17-6所示的线性渐变填充效果。

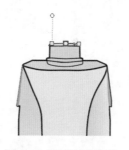

图17-5　渐变填充瓶盖　　　图17-6　渐变填充瓶盖

Step 4 ▶ 选择其下的图形，创建如图17-7所示的线性渐变填充效果。选择其下的图形，创建如图17-8所示的线性渐变填充效果。

图17-7　渐变填充瓶盖　　图17-8　渐变填充瓶盖

Step 5 ▶ 取消所有图形轮廓，原位复制包装袋右侧的图形，填充为"黑色"，如图17-9所示。使用"透明度工具" 🔧 为其创建如图17-10所示的线性渐变透明效果。

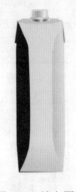

图17-9　填充图形　　　　图17-10　创建渐变透明

Step 6 ▶ 原位复制包装袋中间的图形，填充为"黑色"，使用"透明度工具" 🔧 为其创建如图17-11所示的线性渐变透明效果。原位复制包装袋右侧的图形，填充为"黑色"，使用"透明度工具" 🔧 为其创建如图17-12所示的线性渐变透明效果。

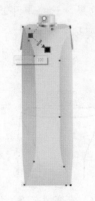

图17-11　创建渐变透明　　图17-12　创建渐变透明

Step 7 ▶ 在包装袋下侧绘制如图17-13所示的花纹图形。将轮廓粗细设置为"0.35mm"，将其中的一些花纹图形填充为"50、96、98、27"，轮廓色设置为"55、96、100、44"，如图17-14所示。选择其余的花纹图形填充为"59、76、76、67"，轮廓色设置为"78、92、93、74"，如图17-15所示。

图17-13　绘制花纹　图17-14　填充花纹　图17-15　填充花纹

Step 8 ▶ 原位复制包装袋左侧的图形，使用"透明度工具" 🔧 更改线性渐变透明效果，如图17-16所示。原位复制包装袋右侧的图形，使用"透明度工具" 🔧 更改线性渐变透明效果，如图17-17所示。

图17-16　创建渐变透明效果　图17-17　创建渐变透明效果

Step 9 ▶ 在包装中上侧输入文本"milk"，将字体设置为"Victorian LET"，字号设置为"45pt"，如图17-18所示。复制并偏移文本，将复制的文本的颜色设置为"62、80、82、42、"，效果如图17-19所示。

图17-18　输入文本　　　　图17-19　填充文本

Step 10 ▶ 在花纹左侧输入文本，设置文本字体为"Victorian LET"，设置SUN文本的颜色为"59、76、76、67"，设置Smile文本的颜色为"白色"，设置其轮廓颜色为"50、96、98、27"，如图17-20所示。在右下角绘制椭圆，将轮廓粗细设置为"0.5mm"，将轮廓色设置为"50、96、98、27"，如图17-21所示。

图17-20　设置文本效果　　　图17-21　绘制椭圆

Step 11 ▶ 复制并偏移椭圆，将轮廓色设置为"59、76、76、67"，如图17-22所示。在椭圆中输入文本，将文本的颜色设置为"50、96、98、27"，将文本的字体设置为"Kaufmann Bd BT"，如图17-23所示。

图17-22　复制偏移椭圆　　　图17-23　输入文本

读书笔记 ▶

- -

- -

- -

- -

Step 12 ▶ 群组并复制绘制的包装图形。选择"窗口"/"泊坞窗"/"颜色样式"命令，打开"颜色样式"泊坞窗，将包装图形拖动至颜色和谐列表框中，单击选择前面的图形，在打开的"和谐编辑器"面板的彩色圆中拖动各圆的控制点到如图17-24所示的位置，更改包装的整体颜色效果。

图17-24　更改包装颜色

Step 13 ▶ 使用相同的方法继续复制包装图形，通过"颜色样式"泊坞窗的"和谐编辑器"面板来更改复制包装的颜色为如图17-25所示的效果。

图17-25　更改包装颜色

Step 14 ▶ 复制"牛奶包装.cdr"文档中的背景底纹，将其移动到页面中心，如图17-26所示。缩小更改颜色的包装，排列包装，效果如图17-27所示。

图17-26　复制底纹　　　图17-27　陈列包装

Step 15 ▶ 选择所有包装图形，使用"阴影工具" □ 创建如图17-28所示的阴影效果。选择最左侧的包

装，更改创建阴影的位置，效果如图17-29所示，完成本例的制作。

图17-28　创建阴影效果　　　图17-29　更改阴影位置

17.2 渐变填充的应用　轮廓创建模糊应用　图框裁剪的应用　购物袋设计

● 光盘\素材\第17章\购物袋花纹.cdr
● 光盘\效果\第17章\购物袋.cdr
● 光盘\实例演示\第17章\购物袋设计

　　本例将使用渐变填充、阴影工具、透明度工具等来制作购物袋，并设计购物袋上的元素。下面将讲解购物袋的绘制方法。

Step 1 ▶ 新建空白文档，绘制背景矩形，取消轮廓，为其创建如图17-30所示的线性渐变填充效果。绘制购物袋正面，取消轮廓，为其创建如图17-31所示的线性渐变填充效果。

购物袋侧面，取消轮廓，为其创建如图17-33所示的线性渐变填充效果。

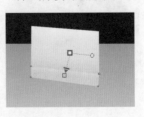

图17-32　渐变填充图形　　　图17-33　渐变填充图形

Step 3 ▶ 在购物袋侧面下方绘制三角形，取消轮廓，为其创建如图17-34所示的线性渐变填充效果。绘制购物袋袋口形状，取消轮廓，为其创建如图17-35所示的线性渐变填充效果。

图17-30　渐变填充背景　　　图17-31　渐变填充正面

Step 2 ▶ 在购物袋正面下方绘制矩形，取消轮廓，为其创建如图17-32所示的线性渐变填充效果。绘制

图17-34　渐变填充图形　　　图17-35　渐变填充袋口

Step 4 ▶ 复制"购物袋花纹.cdr"文档中的花纹，将其移到购物袋正面，调整大小，并执行旋转操作，使其适应购物袋正面的大小，如图17-36所示。绘制品牌标志，填充为黑色，取消轮廓，如图17-37所示。

图17-36　添加花纹　　　　　图17-37　绘制标志

Step 5 ▶ 将绘制的标志移至购物袋正面左上角，在标志下方输入文本，设置文本的字体为"汉仪长艺体简"，在其下方绘制无轮廓的矩形块，填充为不同的颜色，再在其下方继续输入文本，设置字体为"Arial"，并为其设置字体颜色，如图17-38所示。绘制白色无轮廓圆，使用"阴影工具" ▢ 为其创建阴影效果，如图17-39所示。

图17-38　输入并设置文本　　　图17-39　创建阴影

Step 6 ▶ 绘制同心无轮廓的黑色圆，使用"阴影工具" ▢ 为其创建阴影效果，如图17-40所示。群组两个圆，调整其大小，放置在购物袋正面上方的一侧，将其作为购物袋的提绳孔，复制该孔，放置在购物袋正面上方的另一侧，如图17-41所示。

图17-40　创建阴影　　　　　图17-41　制作提绳孔

Step 7 ▶ 绘制提绳，使两端位于提绳孔处，取消轮廓，填充为"33、36、40、0"，如图17-42所示。使用"轮廓图工具" ▢ 向内拖动提绳，为其创建内部轮廓，将创建的轮廓图形的颜色设置为"7、18、22、0"，如图17-43所示。

图17-42　绘制提绳　　　　　图17-43　创建内部轮廓

Step 8 ▶ 选择创建的轮廓图，按Ctrl+K组合键拆分轮廓图形，将内部的图形转换为位图，并创建高斯式模糊效果，并将其裁剪到提绳图形中，如图17-44所示。使用相同的方法制作另一条提绳，效果如图17-45所示。

图17-44　创建模糊效果　　　图17-45　制作另一条提绳

💬 **还可以这样做?**

　　在绘制提绳的曲线图形时，两边线的距离是相等的，为了提高绘制效率，可先绘制曲线，设置其粗细，再将曲线的端头设置为圆头。

411

Step 9 ▶ 群组整个购物袋的图形，使用"阴影工具" □ 为其创建阴影效果，设置阴影颜色为灰色，设置"阴影羽化"值为"5"，如图17-46所示。完成一个购物袋的制作。在其左侧继续绘制另一购物袋正面，取消轮廓，为其创建如图17-47所示的线性渐变填充效果。

图17-46　创建阴影　　　　图17-47　渐变填充正面

Step 10 ▶ 在购物袋正面下方绘制矩形，取消轮廓，为其创建如图17-48所示的线性渐变填充效果。绘制购物袋侧面，取消轮廓，为其创建如图17-49所示的线性渐变填充效果。

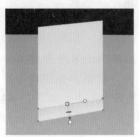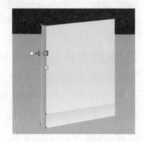

图17-48　渐变填充图形　　　图17-49　渐变填充图形

Step 11 ▶ 在购物袋正面、侧面、左侧继续绘制矩形，取消轮廓，为其创建如图17-50所示的线性渐变填充效果。在购物袋侧面下方绘制三角形，取消轮廓，为其创建如图17-51所示的线性渐变填充效果。

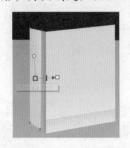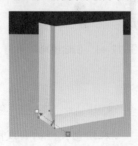

图17-50　渐变填充图形　　　图17-51　渐变填充图形

Step 12 ▶ 绘制购物袋袋口形状，取消轮廓，为其创建如图17-52所示的线性渐变填充效果。复制前一购

物袋的正面花纹与文本，执行移动、旋转、缩放等操作，将花纹裁剪到正面图形中，将标志和文本置于右上角，如图17-53所示。

图17-52　渐变填充袋口　　　图17-53　修饰正面

Step 13 ▶ 复制并缩小提绳孔，放置在正面上方，绘制提绳，使两端位于提绳孔，取消轮廓，填充为"33、36、40、0"，使用"轮廓图工具" □ 创建内部轮廓，将创建的轮廓图形的颜色设置为"7、18、22、0"，如图17-54所示。按Ctrl+K组合键拆分提绳，将内部的图形转换为位图，创建高斯式模糊效果，并将其裁剪到提绳图形中，如图17-55所示。

图17-54　创建内部轮廓　　　图17-55　创建模糊图形

Step 14 ▶ 群组整个购物袋的图形，使用"阴影工具" □ 为其创建阴影效果，设置阴影颜色为灰色，设置"阴影羽化"值为"5"，如图17-56所示。复制标志与文本，填充为白色，如图17-57所示，完成整个实例的制作。

图17-56　创建阴影　　　　图17-57　复制标志

17.3 渐变填充的应用 | 创建透明应用模糊 | 图形造型的应用 糖果包装设计

本例将使用渐变填充、阴影工具、透明度工具、调和工具、平滑工具和封套工具等来绘制糖果包装的两种形态，下面将讲解糖果包装的绘制方法。

● 光盘\素材\第17章\糖果包装花纹.cdr
● 光盘\效果\第17章\糖果包装.cdr
● 光盘\实例演示\第17章\糖果包装设计

Step 1 ▶ 新建空白文档，绘制糖果包装外形，如图17-58所示。在包装上下边缘绘制小三角形，复制三角形放置到另一端，使用"调和工具"为其创建调和效果，使其分布到上下边缘，如图17-59所示。

图17-58 绘制包装外形　　　图17-59 调和三角形

Step 2 ▶ 拆分并群组调和三角形，分别选择群组三角图形和糖果包装外形，在属性栏中单击"移除前面对象"按钮，裁剪包装外形的边缘，可使其呈现锯齿状，如图17-60所示。选择包装图形，使用"平滑工具"拖动锯齿边缘，得到平滑边缘效果，如图17-61所示。

图17-60 裁剪包装边缘　　　图17-161 平滑锯齿

Step 3 ▶ 取消包装轮廓，将其填充为"51、0、100、0"，如图17-62所示。绘制心形图形，取消轮廓，为其创建如图17-63所示的线性渐变填充效果。

图17-62 填充包装　　　图17-63 渐变填充图形

Step 4 ▶ 为绘制的心形执行复制、旋转和缩放操作，更改线性填充位置，群组所有心形，复制群组心形，将其移至糖果包装的上边缘，如图17-64所示的效果。将其裁剪到包装的上部，将剩余的群组心形裁剪到包装下部分，如图17-65所示。

图17-64 制作其他心形　　　图17-65 裁剪心形

Step 5 ▶ 在上边缘下方绘制黑色装订线条，复制该线条并向下移动，使用"调和工具" 为两根线条创建"步长"为"5"的调和效果，如图17-66所示。按Ctrl+K组合键拆分调和图形，将线条颜色设置为"38、0、84、0"，使用"阴影工具" ▢ 分别为其创建阴影效果，设置阴影颜色为灰色，设置"阴影羽化"值为"5"，如图17-67所示。

的模糊图形，使用"透明度工具" 为其创建线性渐变透明效果，如图17-73所示。

 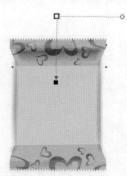

图17-72　模糊图形　　　图17-73　创建线性透明效果

Step 9 ▶ 使用相同的方法为其他模糊图形创建线性渐变透明效果，使其呈现暗部效果，如图17-74所示。在包装右侧绘制白色无轮廓的高光图形，如图17-75所示。

图17-66　创建调和效果　　　图17-67　创建阴影

Step 6 ▶ 群组线条，并将其复制到包装下边缘处，效果如图17-68所示。在包装中间绘制灰色无轮廓矩形，如图17-69所示。

图17-74　创建线性透明效果　　　图17-75　绘制高光图形

Step 10 ▶ 将高光图形转换为位图，为其添加高斯式模糊效果，使用"透明度工具" 为其创建线性渐变透明效果，如图17-76所示。绘制标志图形，取消轮廓，创建如图17-77所示的线性渐变效果。

图17-68　复制装订线条　　　图17-69　绘制图形

Step 7 ▶ 在包装上方和两侧绘制无轮廓黑色图形，如图17-70所示。使用"透明度工具" 为其创建线性渐变透明效果，如图17-71所示。

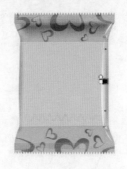 

图17-76　创建线性透明效果　　图17-77　创建渐变填充效果

图17-70　绘制图形　　　图17-71　创建线性透明

Step 8 ▶ 分别将绘制的黑色图形转换为位图，为其添加高斯式模糊效果，如图17-72所示。选择上部分

Step 11 ▶ 复制并向上偏移标志图形，更改渐变填充颜色，如图17-78所示。在标志中输入白色文本，设置字体为"方正综艺简体"，使用"封套工具"为其添加封套效果，编辑封套边缘，使文本适合标志轮廓，如图17-79所示。

图17-78　更改填充颜色　　图17-79　输入文本

Step 12 ▶ 复制"糖果包装花纹.cdr"文档中的花纹，调整大小，将其精确裁剪到包装中间的灰色矩形中，如图17-80所示。复制"糖果包装花纹.cdr"文档中的苹果花纹，调整大小，将其放置到如图17-81所示的位置。

图17-80　裁剪花纹　　图17-81　复制苹果花纹

Step 13 ▶ 在苹果右侧输入不同大小的红色文本，将"幸福"的字体设置为"方正准圆简体"，将"味道"的字体设置为"华文行楷"，如图17-82所示。选择文本，拆分文本，按Ctrl+Q组合键将其转换为曲线，使用"形状工具"调整文本形状，效果如图17-83所示。

图17-82　输入文本　　图17-83　调整文本形状

Step 14 ▶ 群组文本，使用"轮廓图工具"创建外部轮廓，将外部轮廓图形填充为"白色"，效果如图17-84所示。在包装下部分绘制无轮廓的灰色图形，在其上输入生产商的红色文本，将文本的字体设置为"楷体"，如图17-85所示。

图17-84　创建外部轮廓图　　图17-85　输入文本

Step 15 ▶ 群组包装所有图形，完成一个包装的制作，按Ctrl+F6组合键打开"颜色样式"泊坞窗，复制包装并将复制的包装拖动到"颜色和谐"列表中，打开"创建颜色样式"对话框，将颜色组设置为"4"，如图17-86所示。保持包装选择状态，单击第二组颜色前的按钮选择改组颜色，在"和谐编辑器"面板的彩色圆中拖动各圆的控制点到如图17-87所示位置，更改包装的整体颜色效果。

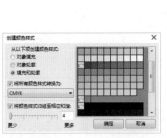

图17-86　创建颜色样式　　图17-87　更改颜色样式

Step 16 ▶ 选择更改颜色后的包装，删除苹果图样，复制"糖果包装花纹.cdr"文档中的桑葚花纹，调整大小，放置到苹果图样的位置，如图17-88所示。

415

图17-88　替换水果

Step 17 ▶ 继续复制包装，通过"颜色样式"泊坞窗的颜色和谐功能来更改包装的颜色，并复制"糖果包装花纹.cdr"文档中板栗图形替换原有的水果，如图17-89所示。

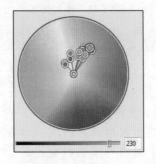 

图17-89　制作板栗糖果包装

Step 18 ▶ 绘制包装的正面，取消轮廓，创建如图17-90所示的线性渐变效果。绘制包装的侧面，取消轮廓，创建如图17-91所示的线性渐变效果。

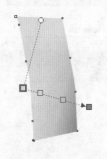 

图17-90　渐变填充图形　　　图17-91　渐变填充图形

Step 19 ▶ 在包装侧面绘制心形，复制备份心形，分别选择心形和包装侧面，在属性栏中单击"移除前面对象"按钮 ，镂空心形，如图17-92所示。取消备份的心形，将其放置到镂空心形上，将轮廓色设置为"45、100、100、22"，继续绘制多个小的心

形，设置相同的轮廓色，将颜色填充为"41、97、100、8"，如图17-93所示。

图17-92　制作镂空图形　　　图17-93　绘制心形

Step 20 ▶ 在包装正面的上方绘制提口，取消轮廓，填充为"73、93、96、90"，如图17-94所示。绘制心形的半边图形，复制备份该图形，分别选择半边心形和包装正面，在属性栏中单击"移除前面对象"按钮 ，镂空图形，如图17-95所示。

图17-94　绘制提口　　　图17-95　镂空图形

> **操作解谜**　这里复制图形的原因是方便后面创建渐变透明效果。同时，使用镂空的方式来制作包装是常用的包装手段，使用该方式可以看见包装里面的效果。

Step 21 ▶ 在包装上侧绘制线条，将线条粗细设置为"0.25mm"，将轮廓色设置为"29、51、84、0"，如图17-96所示。复制前面制作的艺术文本图形放置在线条间，取消轮廓图效果，将文本图形的颜色更改为"29、51、84、0"，如图17-97所示。

图17-96　绘制装饰线　　　图17-97　复制艺术字效果

Step 22 ▶ 复制"糖果包装花纹.cdr"文档中的花纹，将填充色和轮廓色均更改为"29、51、84、0"，调整大小，将其精确裁剪到包装正面下方的位置，如图17-98所示。复制并更改商标，置于包装正面镂空图形上方，如图17-99所示。

图17-98　裁剪花纹　　　图17-99　复制商标

Step 23 ▶ 绘制包装另一面图形，取消轮廓，填充为"61、82、93、56"，如图17-100所示。选择绘制的小的糖果包装图形，在旋转包装时，需要对两端密封线的阴影的角度进行调整，如图17-101所示。

图17-100　绘制另一面　　图17-101　调整阴影

Step 24 ▶ 通过复制、旋转等操作，在绘制的包装的另一面区域上放置不同颜色的小的糖果包装，如图17-102所示。将镂空区域上方的图形填充为白色，取消轮廓，使用"透明度工具"　为其创建线性渐变透明效果，如图17-103所示。

 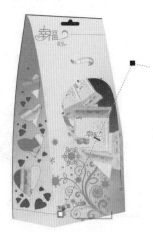

图17-102　放置糖果　　　图17-103　创建线性透明效果

还可以这样做？

在放置小糖果包装时，可能会出现计算机运行缓慢的情况，为了提高图形显示速度，可将糖果转换成位图。

Step 25 ▶ 创建背景矩形，取消轮廓。为其创建如图17-104所示的正方形渐变填充效果。将背景矩形置于底层，复制并镜像包装，将镜像的包装转换为位图，使用"透明度工具"　创建半透明效果，制作倒影。复制艺术字效果，将图形颜色设置为红色，调整大小，置于背景左上角的位置，如图17-105所示，完成本例的操作。

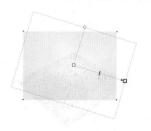 

图17-104　制作背景　　　图17-105　制作倒影

17.4 礼品包装设计

渐变填充 的应用 | 阴影工具 的应用 | 透视效果 的应用

本例将使用渐变填充、阴影工具、透明度工具、添加透视点等知识来设计礼品包装，下面将讲解礼品包装的绘制方法。

- 光盘\素材\第17章\礼品包装.cdr
- 光盘\效果\第17章\礼品包装.cdr
- 光盘\实例演示\第17章\礼品包装设计

Step 1 ▶ 绘制礼品盒盒底图形，取消轮廓，填充为黑色，如图17-106所示。绘制侧面图形，如图17-107所示。

图17-106　绘制盒底　　　　图17-107　绘制侧面

Step 2 ▶ 选择侧面图形，取消轮廓，按F10键打开"编辑填充"对话框，设置填充方式为"底纹填充"，设置样品库为"样本8"，选择"蓝色熔岩"底纹样式，更改"下"颜色为"43、93、93、26"，更改"表面"颜色为"22、22、100、0"，填充效果如图17-108所示。

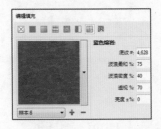

图17-108　底纹填充图形

Step 3 ▶ 复制侧面图形，填充为深灰色，使用"透明度工具"  为其创建如图17-109所示的渐变填充效果。绘制包装盒上面的图形，取消轮廓，复制侧面的底纹填充效果，如图17-110所示。

图17-109　创建透明度效果　　　图17-110　复制底纹填充

Step 4 ▶ 复制上面的图形，填充为深灰色，使用"透明度工具"为其创建如图17-111所示的渐变填充效果。为右前方的侧面绘制边框图形，取消轮廓，创建如图17-112所示的线性渐变填充效果。

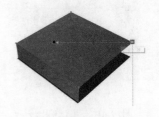
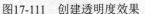

图17-111　创建透明度效果　　　图17-112　添加渐变效果

Step 5 ▶ 在右前方的侧面下方的边框内输入图形，取消轮廓，创建如图17-113所示的线性渐变填充效果。在边框中间创建黑色无轮廓图形，如图17-114所示。

图17-113　渐变填充图形　　　图17-114　填充图形

Step 6 ▶ 复制"礼品包装.cdr"中的圆形花纹，调整大小，将其置于包装盒上面，如图17-115所示。选择花纹，选择"效果"/"添加透视点"命令，创建透视点边框，调整四角节点的位置，创建立体化效果，如图17-116所示，使其更加适合包装盒正面。

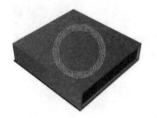 

图17-115　复制底纹　　　图17-116　创建透视效果

Step 7 ▶ 在花纹中心输入文本，设置字体格式为"方正准圆简体"，如图17-117所示。将字体颜色设置为"3、24、64、0"，选择输入的文本，按Ctrl+Q组合键转换为曲线，使用"形状工具" ✎ 调整文本曲线，效果如图17-118所示。

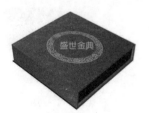 

图17-117　输入文本　　　图17-118　编辑文本

Step 8 ▶ 选择文本，选择"效果"/"添加透视点"命令，创建透视点边框，调整四角节点的位置，创建立体化效果，如图17-119所示，使其更加适合包装盒正面。在包装左侧面上方绘制图形，取消轮廓，创建如图17-120所示的渐变填充。

 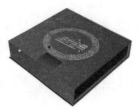

图17-119　为文本创建立体效果　图17-120　渐变填充图形

Step 9 ▶ 复制"礼品包装.cdr"中的凤凰花纹，调整大小，将其置于绘制的灰色渐变图形上，如图17-121所示。使用相同的方法为其添加透视点效果，如图17-122所示。

图17-121　复制花纹　　　图17-122　创建透视效果

Step 10 ▶ 在对应的侧面绘制相连的图形，取消轮廓，填充为黑色，作为包装盒开启的图形，如图17-123所示。在包装盒底部边缘处绘制如图17-124所示的图形，取消轮廓，填充为"0、23、10、28"。

图17-123　绘制开启图形　　　图17-124　绘制倒影

Step 11 ▶ 选择倒影图形，使用"透明度工具" ✎ 拖动创建半透明效果，如图17-125所示。群组包装盒图形，完成包装盒的制作。继续绘制包装盒底图形，取消轮廓，填充为黑色，在右上方绘制侧面图形，取消轮廓，创建如图17-126所示的渐变填充效果。

图17-125　创建透明效果　　　图17-126　渐变填充图形

Step 12 ▶ 绘制打开的盖子图形，取消轮廓，为其创建如图17-127所示的线性渐变填充效果。在其上方绘制侧面图形，取消轮廓，为其创建如图17-128所示的线性渐变填充效果。

图17-127 渐变填充盒盖　　图17-128 渐变填充盒子侧面

Step 13 ▶ 在红色图形下方的侧面上绘制图形，取消轮廓，为其创建如图17-129所示的线性渐变填充效果。在盒盖图形上绘制图形，取消轮廓，为其创建如图17-130所示的线性渐变填充效果。

图17-129 渐变填充盒子侧面　　图17-130 渐变填充盒盖

Step 14 ▶ 继续在红色的侧面上绘制图形，取消轮廓，为其创建如图17-131所示的线性渐变填充效果。在盒子红色区域的右侧绘制边缘图形，取消轮廓，为其创建如图17-132所示的线性渐变填充效果。

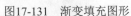

图17-131 渐变填充图形　　图17-132 渐变填充图形

Step 15 ▶ 在盒底上方绘制盒底图形，取消轮廓，创建如图17-133所示的渐变填充效果。在红色盒底右侧边缘绘制图形，取消轮廓，为其创建如图17-134所示的线性渐变填充效果。

图17-133 渐变填充图形　　图17-134 渐变填充图形

Step 16 ▶ 在红色盒底上方绘制盒子侧面框架图形，取消轮廓，分别创建渐变填充效果，如图17-135所示。在盒子侧面框架上方绘制无轮廓边缘轮廓，分别创建渐变填充效果，效果17-136所示。

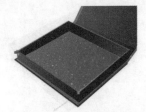

图17-135 渐变填充图形　　图17-136 渐变填充图形

Step 17 ▶ 在侧面框架中心绘制盒子里的图形，取消轮廓，创建如图17-137所示的渐变填充效果。在盒子里的图形中间绘制盒底图形，取消轮廓，创建如图17-138所示的渐变填充效果。

图17-137 渐变填充图形　　图17-138 渐变填充图形

Step 18 ▶ 复制凤凰图案，调整大小和透视点，放置在盒盖里侧中心，在下方输入文本，设置文本的字体格式为"隶书"，字体颜色为"0、5、25、0"，在文本间绘制线条，设置与文本相同的颜色，调整文本与曲线的大小和角度，如图17-139所示。在包装盒底部边缘处绘制倒影图形，取消轮廓，填充为"0、23、10、28"，使用"透明度工具" 拖动创建半透明效果，如图17-140所示。

Step 19 ▶ 复制"礼品包装.cdr"文档中的背景图片，放置到页面底层，为其创建半透明效果，如图17-141所示。复制艺术文本，取消透视并放大文本，移至页面左上角，复制文本，放置在原文本下层，向右上偏移，如图17-142所示，完成本例的制作。

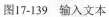

图17-139 输入文本

图17-140 制作倒影

图17-141 添加渐变透明背景　　　图17-142 编辑文本

17.5 渐变透明的应用 模糊效果的应用 透视效果的应用 酒品包装设计

本例将使用渐变填充、阴影工具、透明度工具、调和工具、网格填充等来制作酒品包装。下面将具体讲解酒品包装的制作方法。

- 光盘\素材\第17章\酒贴.cdr
- 光盘\效果\第17章\酒品包装.cdr
- 光盘\实例演示\第17章\酒品包装设计

Step 1 ▶ 新建横向空白文档，绘制酒瓶的外形图形，取消轮廓，填充为"89、85、81、73"，如图17-143所示。在瓶子上绘制白色无轮廓的高光图形，如图17-144所示。

读书笔记 ▶

图17-143 绘制酒瓶　　　图17-144 绘制高光

Step 2 ▶ 将高光图形转换为位图，为其添加高斯式模糊效果，如图17-145所示。使用"透明度工具" 🔲 为其创建线性渐变透明效果，如图17-146所示。

Step 5 ▶ 复制"酒贴.cdr"文档中的酒贴花纹与文字，群组复制的酒贴内容，调整其大小，将其移至酒贴中心，如图17-151所示。群组酒瓶所有图形，复制并垂直镜像酒瓶，将复制的酒瓶移至原酒瓶下方，使用"透明度工具" 🔲 为其创建半透明效果，如图17-152所示。

图17-145　设置高斯模糊　　图17-146　创建渐变透明效果

图17-151　调整酒贴　　图17-152　创建半透明效果

Step 3 ▶ 绘制瓶口的包装纸图形，取消轮廓，创建如图17-147所示的线性渐变填充效果。在瓶口与瓶颈中间绘制阴影图形，取消轮廓，如图17-148所示。

Step 6 ▶ 继续绘制酒瓶的外形，取消轮廓，填充为灰色，复制并调整酒瓶的宽度，将复制的酒品放置在酒瓶中心位置，如图17-153所示。使用"调和工具" 🔲 为两个酒瓶图形创建调和效果，如图17-154所示。

图17-147　填充图形　　图17-148　绘制阴影图形

Step 4 ▶ 为阴影图形创建如图17-149所示的线性渐变填充效果。在瓶子下面中心位置绘制酒贴图形，取消轮廓，创建如图17-150所示的线性渐变填充效果。

图17-153　调整酒品外形　　图17-154　调和图形

Step 7 ▶ 绘制瓶口的包装纸图形，取消轮廓，创建如图17-155所示的线性渐变填充效果。在瓶口与瓶颈中间绘制阴影图形，取消轮廓，填充为"黑色"，如图17-156所示。

图17-149　填充图形　　图17-150　填充图形

图17-155　渐变填充图形　　　　图17-156　绘制阴影

Step 8 ▶ 复制"酒贴.cdr"文档中的酒贴花纹中的一串葡萄花纹，将其填充颜色设置为"40、0、0、0"，调整大小，将其裁剪到酒瓶包装纸右侧，效果如图17-157所示。复制"酒贴.cdr"文档中的其他元素，更改文本的颜色，移至白色酒瓶上，制作酒贴效果，如图17-158所示。

图17-157　裁剪葡萄花纹　　　　图17-158　制作酒贴

Step 9 ▶ 群组白色酒瓶所有图形，复制并垂直镜像酒瓶，将复制的酒瓶移至原酒瓶下方，使用"透明度工具" 为其创建半透明效果，如图17-159所示。绘制酒瓶包装的正面矩形，取消轮廓，为其创建如图17-160所示的线性渐变填充效果。

图17-159　制作倒影　　　　图17-160　渐变填充图形

Step 10 ▶ 在图形上绘制图形，取消轮廓，为其创建如图17-161所示的线性渐变填充效果。输入文本，设置字体格式为"Arial"，设置文本颜色为"49、53、79、32"，选择"文本"/"使文本适合路径"命令，将文本附着到图形下边缘上，在属性栏中设置文本与边缘的距离，效果如图17-162所示。按Ctrl+K组合键拆分路径与文本。

图17-161　渐变填充图形　　　　图17-162　创建路径文本

Step 11 ▶ 在红色两边绘制装饰线条，设置线条粗细为"0.5mm"，线条颜色为"49、53、79、32"，如图17-163所示。在图形中绘制矩形标签，取消轮廓，创建如图17-164所示的椭圆形渐变填充效果。

图17-163　绘制线条　　　　图17-164　椭圆形渐变填充图形

Step 12 ▶ 复制并同心缩小矩形，取消填充，添加轮廓，将轮廓粗细设置为"0.25mm"，轮廓色设置为"49、53、79、32"，如图17-165所示。复制"酒贴.cdr"文档中的酒贴花纹，调整各对象的位置与大小，放置在包装上，如图17-166所示。

图17-165　添加轮廓线　　　　图17-166　添加文本与花纹

Step 13 ▶ 在红色图形下方绘制图形，使用"移除前面对象"的方法制作镂空效果，如图17-167所示。群组包装正面所有的图形，选择"效果"/"添加透视点"命令，移动四周的节点，创建透视效果，如图17-168所示。绘制包装侧面，取消轮廓，创建如图17-169所示的线性渐变填充效果。

装盒的下层，效果如图17-173所示。

图17-172　创建阴影效果　　　图17-173　包装酒瓶

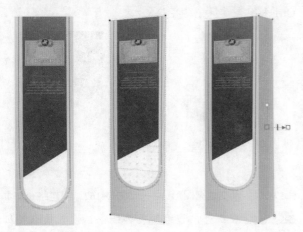

图17-167　镂空　　图17-168　透视　　图17-169　渐变填充

Step 14 ▶ 在侧面继续绘制另一半侧面图形，取消轮廓，填充为"27、32、51、0"，在中间绘制灰色的缝隙线，如图17-170所示。在侧面上方绘制图形，取消轮廓，创建如图17-171所示的渐变填充效果。

Step 16 ▶ 群组酒瓶包装盒的各图形，在包装盒底部边缘处绘制倒影图形，取消轮廓，填充为"27、32、51、0"，如图17-174所示。使用"透明度工具" 拖动创建半透明效果，如图17-175所示。

图17-174　绘制倒影　　　图17-175　创建半透明效果

Step 17 ▶ 创建背景矩形，使用"网格填充工具" 为其创建4行7列的网格填充，单击选择网格节点，设置节点的填充色，效果如图17-176所示。复制酒贴中的文本与骑马图形，调整大小，放置在页面左上角，效果如图17-177所示，完成本例的制作。

图17-170　绘制侧面另一半　　　图17-171　渐变填充图形

Step 15 ▶ 选择绘制的图形，使用"阴影工具" 为其创建阴影效果，在属性栏中设置"阴影羽化"值为"5"，效果如图17-172所示。复制红色的酒瓶图形，删除下方的倒影，调整大小，将其置于酒瓶包

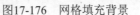

图17-176　网格填充背景　　　图17-177　放置标志

17.6 扩展练习

本章主要介绍了生活中各种包装的设计，下面将通过两个练习进一步巩固所学知识，以使读者操作起来更加熟练，并能解决包装设计制作中出现的问题。

17.6.1 巧克力包装设计

本练习制作后的效果如图17-178所示，主要练习铁质的巧克力包装盒的制作，包括线条的绘制、颜色的不同填充方式、阴影效果的创建等操作。

- 光盘\效果\第17章\巧克力包装.cdr
- 光盘\实例演示\第17章\巧克力包装设计

图17-178 完成后的效果

17.6.2 茶包装设计

本练习制作后的效果如图17-179所示，主要练习袋装、桶装的茶包装制作，包括图形的绘制、颜色的填充、阴影效果的创建、高斯式模糊滤镜的应用、透明效果的创建等操作。

- 光盘\素材\第17章\茶花纹.cdr
- 光盘\效果\第17章\茶包装.cdr
- 光盘\实例演示\第17章\茶包装设计

图17-179 完成后的效果

读书笔记

18

平面广告设计

本章导读 ●

　　在CorelDRAW X7中，利用文本、图形、图像等元素的组合可以轻松制作一些产品的广告。本章将通过对手机促销海报、房地产海报、招聘海报、戏曲宣传单和女装海报的制作，来练习CorelDRAW X7中平面广告设计所涉及的相关操作。

| 18.1 | 文本应用 | 路径文本 | 阴影创建 | | 封套变形 | 的创建 | 形状绘制 |

18.1 制作手机促销广告

文本应用　路径文本的创建　阴影创建　封套变形　形状绘制

● 光盘\素材\第18章\手机促销广告.cdr
● 光盘\效果\第18章\手机促销广告.cdr
● 光盘\实例演示\第18章\制作手机促销广告

　　在手机等电子产品上市时都会制作促销海报，以展示手机的特性，并提供一些秒杀、优惠活动促进销售。下面将讲解制作手机促销广告的方法。

Step 1 ▶ 新建空白横向文档，复制"手机促销广告.cdr"文档中的底纹，调整大小，移动到页面中心，如图18-1所示。复制"手机促销广告.cdr"文档中的红色手机和礼品，放置到背景左上角，如图18-2所示。

图18-1　复制底纹　　　　　图18-2　复制手机

Step 2 ▶ 输入文本，设置字体格式为"方正综艺简体、24pt"，如图18-3所示。将字体颜色设置为"100、20、0、0"，选择输入的文本，按Ctrl+Q组合键转换为曲线，使用"形状工具" 调整文本曲线，效果如图18-4所示。

2014 新品上市　　2014 新品上市

图18-3　输入文字　　　　　图18-4　编辑文字曲线

Step 3 ▶ 选择文本，使用"封套工具" 为其添加封套，调整封套曲线，变形文本，效果如图18-5所示。在文本下方输入文本，将Spring字体设置为"Arial、粗体、斜体、57pt"，将"春"字体格式设置为"方正准圆简体"，效果如图18-6所示。

图18-5　添加封套　　　　　图18-6　输入文本

Step 4 ▶ 选择文本"春"，使用"封套工具" 添加封套效果，调整封套曲线，变形文本，如图18-7所示。按Ctrl+Q组合键将文本Spring转换为曲线，使用"形状工具" 调整文本曲线，如图18-8所示。

图18-7　添加封套　　　　　图18-8　调整文本曲线

Step 5 ▶ 绘制散的树叶部分，取消轮廓，分别创建线性渐变填充效果，如图18-9所示。群组绘制的树叶，复制树叶，使用"透明度工具" 为其添加均匀透明效果，对树叶执行复制、旋转、缩放、更改透明度等操作，得到多片树叶效果，如图18-10所示。

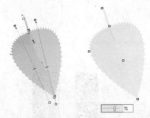

图18-9　绘制树叶　　　　图18-10　复制树叶

Step 6 ▶ 绘制圆，取消轮廓，填充为青色，执行复制与缩放操作，制作多个圆点的效果，如图18-11所示。将树叶和圆放置在手机与文本的下层，效果如图18-12所示。

图18-11　绘制圆　　　　图18-12　放置树叶与圆点

Step 7 ▶ 绘制正圆，取消轮廓，填充为"100、40、0、0"，使用"透明度工具" 添加均匀透明效果，如图18-13所示。复制并缩小正圆，放置在左上角，填充为"90、0、0、0"，使用"透明度工具" 添加均匀透明效果，如图18-14所示。

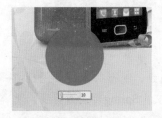

图18-13　创建透明效果　　　图18-14　创建透明效果

Step 8 ▶ 在圆中输入白色文本，设置文本的字体格式为"时尚中黑简体"，如图18-15所示。使用"封套工具" 为其添加封套效果，调整封套曲线，变形文本，效果如图18-16所示。

图18-15　输入文本　　　　图18-16　添加封套

Step 9 ▶ 选择输入的文本，按Ctrl+Q组合键转换为曲线，使用"形状工具" 调整文本曲线，效果如图18-17所示。在"时"右侧输入白色文本"SALE"，设置字体为"Arial Blank"，绘制白色无轮廓箭头形状，放置在文本右侧，效果如图18-18所示。

图18-17　调整文本曲线　　　图18-18　绘制箭头

Step 10 ▶ 在手机下方输入红色文本，设置文本的字体格式为"方正兰亭粗黑简体、34pt"，在其下绘制线条图形，如图18-19所示。使用"封套工具" 为其添加封套效果，调整封套曲线，变形文本，效果如图18-20所示。

图18-19　输入文本　　　　图18-20　添加封套效果

Step 11 ▶ 在下方继续输入文本，分别设置字体格式为"Arial、粗体、斜体、50pt"、"Comic Sans MS、24pt"和"时尚中黑简体、24pt"，效果如图18-21所示。在下方绘制无轮廓的红色圆角矩形，在其上输入白色文本，设置文本的字体格式为"方正兰亭粗黑简体、26pt"，如图18-22所示。

图18-21　输入文本　　　图18-22　绘制形状

Step 12 ▶ 在下方输入文本，设置文本的字体为"方正兰亭粗黑简体、13pt"，复制"手机促销广告.cdr"文档中的小图标，放置在下方，如图18-23所示。在海报右上角输入文本，设置中英文文本的字体分别为"方正兰亭粗黑简体""Arial"，如图18-24所示。

图18-23　输入手机信息　　图18-24　输入活动信息

Step 13 ▶ 复制"手机促销广告.cdr"中的黑色手机，调整大小，并排放在海报右下位置，如图18-25所示。在黑色手机背面左下角绘制红色无轮廓圆，复制并同心缩小圆，取消填充，将轮廓粗细设置为"0.2mm"，轮廓线条设置为"虚线"，将轮廓颜色设置为"56、91、85、40"，如图18-26所示。

图18-25　复制手机　　　图18-26　绘制圆

Step 14 ▶ 在圆中间输入价格等文本，设置文本颜色为白色，文本的字体为"Aurora BdCn BT"，如图18-27所示。同时选择输入的价格文本，使用"阴影工具"□为文本创建阴影效果，如图18-28所示。

Step 15 ▶ 在下方输入公司名称、地址、营销总监、电话等信息，分别设置字体为"时尚中黑简体"、"Arial 粗体"和"方正准圆简体"，如图18-29所

示。绘制标志图形，取消轮廓，填充为"黑色"，如图18-30所示。

图18-27　输入文本　　　图18-28　创建阴影

图18-29　输入公司信息　　　图18-30　绘制标志

Step 16 ▶ 输入公司名称，设置字体格式为"时尚中黑简体、5pt"，选择文本，选择"文本"/"使文本适合路径"命令，在标志外侧单击，将文本附着到标志边缘上，在属性栏中设置文本与边缘的距离，效果如图18-31所示。选择文本，按Ctrl+K组合键进行拆分，群组标志与路径文本，将其拖动至公司名称左侧，效果如图18-32所示，完成本例的制作。

图18-31　创建路径文本　　　图18-32　放置标志

技巧秒杀

按Ctrl+K组合键拆分路径和文本后，文本的路径状态不会发生变化，且在放大或缩小视图时，路径与文本的矩形不会跟着发生变化。

读书笔记

18.2 房地产广告设计

位图裁剪 文本造型 阴影效果
渐变填充 路径文本 的创建

　　房地产广告在生活中十分常见，本例将使用图框精确裁剪、渐变填充、文本输入、立体化制作等知识来制作一份房地产广告。下面将讲解制作房地产广告的方法。

● 光盘\素材\第18章\图片.jpg
● 光盘\效果\第18章\房地产广告.cdr
● 光盘\实例演示\第18章\房地产广告设计

Step 1 ▶ 新建空白文档，在背景上方绘制图形，取消轮廓，导入"图片.jpg"图像，如图18-33所示。将其裁剪到绘制的图形中，调整裁剪内容的位置和大小，效果如图18-34所示。

图18-33　导入图片　　　　图18-34　裁剪位图

Step 2 ▶ 在图片下边缘绘制边缘图形，取消轮廓，创建如图18-35所示的渐变填充效果。复制并向下偏移该金色边缘图形，更改渐变填充的效果，如图18-36所示。

还可以这样做？

　　在绘制边缘图形时，为了提高绘制的速度，增加边缘的重合度，可复制原图形，向上偏移，再移除前面的图形得到边缘效果。

图18-35　渐变填充图形　　　图18-36　渐变填充图形

Step 3 ▶ 在渐变条下方绘制图形，取消轮廓，创建如图18-37所示的渐变填充效果。在图形上继续绘制较细的渐变金色的装饰条图形，取消轮廓，效果如图18-38所示。

图18-37　渐变填充图形　　　图18-38　渐变填充图形

Step 4 ▶ 在海报左上角输入白色文本，设置字体格式为"华文隶书、90pt"，如图18-39所示。按Ctrl+K组合键拆分文本，按Ctrl+Q组合键将文本转换为曲线，使用"形状工具" 调整文本曲线，如图18-40所示。

图18-39　输入文本　　　　图18-40　编辑文本

Step 5 ▶ 群组编辑后的文本，为其创建如图18-41所示的渐变填充效果。选择文本，使用"立体化工具" 为其创建如图18-42所示的立体化效果，在属性栏中设置立体化颜色为"纯色 黑色"。

图18-41　输入文本　　　　图18-42　创建立体化效果

Step 6 ▶ 在文本上绘制白色无轮廓的光斑图形，对其执行复制、缩放和旋转操作，将其分布到文字周围，如图18-43所示。在文字下方绘制白色无轮廓圆，对其执行复制、缩放和旋转操作，将其分布到文字周围，如图18-44所示。

图18-43　分布光斑　　　　图18-44　分布圆

Step 7 ▶ 复制"湖畔豪庭"文本，取消立体化效果，将颜色更改为红色，放置在海报左下角，在海报下方继续输入广告文本、楼盘地址、电话等信息，分别设置不同的字体格式，并绘制红色轮廓圆、白色无轮廓正方形和白色线条修饰版面，如图18-45所示。绘制圆，取消轮廓，创建如图18-46所

示的渐变填充效果。

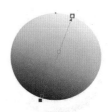

图18-45　输入文本　　　　图18-46　渐变填充圆

Step 8 ▶ 复制并缩小该圆，并在右上边缘对齐两个圆，为复制的圆添加"0.5mm"轮廓，按Shift+Ctrl+Q组合键将轮廓转换为对象，为其创建如图18-47所示的线性渐变填充效果。更改复制圆的渐变填充颜色，如图18-48所示。

图18-47　渐变填充圆轮廓　　图18-48　渐变填充圆

Step 9 ▶ 复制并缩小圆，并进行中心对齐，为其创建如图18-49所示的椭圆形渐变填充效果。输入文本，设置字体为"Arial"，选择"文本"/"使文本适合路径"命令，将文本附着到圆边缘上，在属性栏中设置文本与边缘的距离，效果如图18-50所示。按Ctrl+K组合键拆分路径与文本。

图18-49　创建椭圆形渐变填充　　图18-50　创建路径文本

Step 10 ▶ 在标志上绘制花纹图形，取消轮廓，为其创建如图18-51所示的渐变填充效果。群组标志、花纹与路径文本，调整大小，将其拖动至海报左下角，使用"阴影工具" 为标志创建白色的阴影效果，设置阴影的"合并模式"为"正常"，如图18-52所示，完成本例的制作。

图18-51　创建渐变花纹

图18-52　创建阴影效果

18.3 招聘海报设计

网格绘制　立体化　渐变填充
网格拆分　的创建　文本应用

　　本例将使用渐变填充、图纸工具、文本工具和形状绘制与填充等知识来制作招聘海报。下面将讲解制作招聘海报的方法。

● 光盘\素材\第18章\底纹.cdr
● 光盘\效果\第18章\招聘海报.cdr
● 光盘\实例演示\第18章\招聘海报设计

Step 1 ▶ 新建空白文档，创建背景矩形，取消轮廓，为其创建如图18-53所示的线性渐变填充效果。选择"图纸工具" ，在属性栏中设置"行数"和"列数"均为"12"，拖动鼠标在页面上方绘制网格，如图18-54所示。

Step 2 ▶ 将网格矩形的轮廓粗细设置为"0.5mm"，使用"透明度工具" 为其添加"85%"的标准透明效果，如图18-55所示，绘制标志图形，取消轮廓，为其创建如图18-56所示的渐变填充效果。

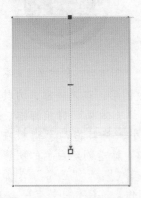

图18-53　渐变填充图形

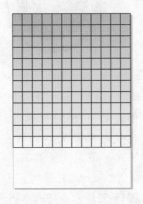

图18-54　绘制网格

图18-55　添加透明效果　　图18-56　渐变填充图形

Step 3 ▶ 使用"立体化工具" 为标志创建如图18-57

所示的立体化效果，设置"立体化颜色"为"0、80、100、0""0、70、100、50"。在标志右侧输入两排文本，分别将文本的字体设置为"方正综艺简体""Arial"，两排文字中间绘制线条，设置线条粗细为"0.05mm"，如图18-58所示。

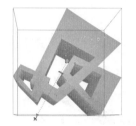

图18-57　创建立体化效果　　　　图18-58　输入文本

Step 4 ▶ 群组标志和文本，移至页面左上角，在下方输入并拆分文本，设置文本的字体为"微软雅黑、粗体"，旋转首字"聘"，如图18-59所示。绘制翅膀图形，如图18-60所示。

图18-59　输入文本　　　　　图18-60　绘制翅膀

Step 5 ▶ 将翅膀填充为"白色"，取消轮廓置于文本"聘"下方，如图18-61所示。在页面右上角绘制图形，取消轮廓，填充为"白色"，在其中输入文本，设置字体为"Square Cn Bt"，如图18-62所示。

图18-61　放置翅膀　　　　　图18-62　输入文本

Step 6 ▶ 原位复制并向左偏移文本，为复制的文本创建线性渐变填充效果，如图18-63所示。绘制无轮廓图形，填充为深蓝色，在其中输入文本，设置文本的字体为"Arial"，如图18-64所示。

图18-63　渐变填充文本　　　　图18-64　输入文本

Step 7 ▶ 在中间输入招聘的职位、招聘的人数等信息，将文本的字体设置为"微软雅黑"，字体颜色设置为深灰色，如图18-65所示。绘制无轮廓的红色圆角矩形，在其上输入"招聘条件"，设置字体为"微软雅黑"，在其下输入具体招聘要求，效果如图18-66所示。

图18-65　输入招聘信息　　　　图18-66　输入招聘条件

Step 8 ▶ 复制"底纹.cdr"文档中的图形，将其置于页面下方，效果如图18-67所示。在下方绘制装饰图形条，取消轮廓，分别填充为粉色和深蓝色，效果如图18-68所示。

图18-67　添加背景花纹　　　　图18-68　绘制装饰条

Step 9 ▶ 在装饰条上输入地址、联系号码等信息，将地址、联系号码的文本的字体设置为"微软雅黑"，将右侧的"招聘"文本的字体设置为"方正卡通简体"，如图18-69所示。绘制美女的图形，取消轮廓，填充为深灰色，复制并排列图形，群组美女图形，将其移至页面右下角，在美女下方绘制斜线条，如图18-70所示。

图18-69　输入并设置文本　　　图18-70　绘制美女图形

Step 10 ▶ 在人物右上方绘制标注图形，取消轮廓，填充为粉色，移动到图片右下角的位置，如图18-71所示。在标注图形上输入文本，设置文本的字体为"方正卡通简体"，如图18-72所示，完成本例的

制作。

图18-71　添加标注图形　　　图18-72　输入文本

18.4　制作戏曲宣传单

图片应用　文本裁剪　图片颜色
渐变透明　文本造型　的更改

　　戏曲是我国的国粹，本例将使用艺术字、编辑曲线、创建透明度和创建阴影等知识来制作《西厢记》的戏曲宣传单，下面将讲解制作戏曲宣传单的方法。

● 光盘\素材\第18章\戏曲宣传单
● 光盘\效果\第18章\戏曲宣传单.cdr
● 光盘\实例演示\第18章\制作戏曲宣传单

Step 1 ▶ 新建空白文档，导入"背景.jpg"图片，调整大小和位置，使其覆盖页面，如图18-73所示。在页面上绘制花瓣的形状，取消轮廓，如图18-74所示。

Step 2 ▶ 导入"美景.jpg"图片，如图18-75所示。调整图片大小，将其移动到页面左侧，左边缘与下边缘对齐页面，使用"透明度工具" 为其创建线性渐变透明效果，如图18-76所示。

图18-73　导入底纹　　　图18-74　绘制形状

图18-75　导入图片　　　图18-76　创建渐变透明

Step 3 ▶ 输入文本"西厢记"，将文本字体设置为

"书体坊向佳红毛笔行书"，将文本大小设置为"140pt"，拆分输入的文本，排列成如图18-77所示的效果。复制背景图片，将其裁剪到中间的"厢"字中，效果如图18-78所示。

图18-77　输入文本　　　　图18-78　裁剪背景

Step 4 ▶ 按Ctrl+Q组合键将"厢"字转换为曲线，使用"形状工具"调整文本的外形，如图18-79所示。在文本右侧和右下方分别输入横排和纵排文本，将字母字体设置为"Arial、加粗"，将汉字字体设置为"华文中宋"，绘制曲线装饰文本，如图18-80所示。

图18-79　编辑文本　　　　图18-80　输入文本

Step 5 ▶ 复制"戏曲人物.cdr"文档中的人物，调整大小，将其移至竖排文字左侧，如图18-81所示。复制一个戏曲人物图形，使用"透明度工具"为其创建"88%"的均匀透明效果，如图18-82所示。

图18-81　复制人物　　　　图18-82　创建均匀透明

Step 6 ▶ 复制"戏曲人物.cdr"文档中的花纹，调整

大小，将其放置到人物下方，在其上绘制无轮廓白色矩形，在其上输入文本，设置字体格式为"华文中宋、10.5pt"，如图18-83所示。在下方继续输入主办方、演出时间、演出地点和订票电话等信息，设置字体格式为"华文中宋、14pt"，如图18-84所示。

图18-83　输入文本　　　　图18-84　输入文本

Step 7 ▶ 在左侧风景图片上方输入文本，设置字体大小为"华文中宋、27pt"，在其下方输入较小字号的文本，设置相同的字体，如图18-85所示。绘制琵琶图形，如图18-86所示。

图18-85　输入文字　　　　图18-86　绘制琵琶

Step 8 ▶ 复制背景图案，选择"效果"/"调整"/"调和曲线"命令，打开"调和曲线"对话框，设置"活动通道"为"蓝"，拖动曲线调和图片，如图18-87所示，单击 确定 按钮。

读书笔记 ▶

- -

- -

- -

- -

- -

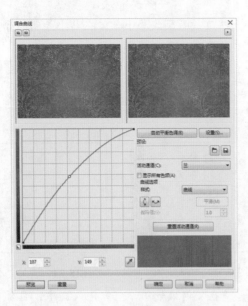

图18-87　调和图片颜色

图18-88　裁剪图案

图18-89　放置琵琶

Step 9 ▶ 将调和后的背景裁剪到琵琶图形后，效果如图18-88所示。调整琵琶图形的大小，将其移动到页面左下角，旋转琵琶图形，如图18-89所示。

Step 10 ▶ 使用"透明度工具"  为琵琶创建线性渐变透明效果，如图18-90所示。使用"阴影工具" 为琵琶创建阴影效果，设置"阴影不透明度"为"50"，设置"阴影羽化"值为"50"，如图18-91所示，完成制作。

图18-90　创建透明度

图18-91　创建阴影

18.5　制作女装海报

文本输入　添加斜角　渐变透明
文本编辑　浮雕效果　放大透镜

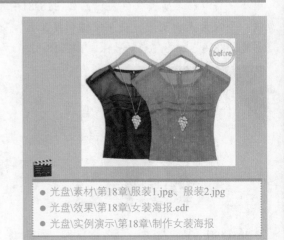

- 光盘\素材\第18章\服装1.jpg、服装2.jpg
- 光盘\效果\第18章\女装海报.cdr
- 光盘\实例演示\第18章\制作女装海报

服装海报是服装营销的常用手段，多张贴在服装店面外，用于吸引消费者进店购买，下面将讲解制作女装海报的方法。

Step 1 ▶ 新建横向的空白文档，绘制页面大小的矩形，填充为黑色，在其上绘制较小的白色矩形，如图18-92所示。在矩形框内绘制斜线，设置斜线粗细为"1.5mm"，颜色为"12、0、1、0"，使用"调和工具" ⬛ 为其创建调和效果，将斜线平均分布到页面中，效果如图18-93所示。

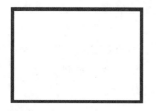 

图18-92　绘制页面矩形　　　图18-93　添加斜线

Step 2 ▶ 绘制花瓣，取消轮廓，将其填充为"0、67、43、0"，原位复制并略微缩小该花瓣，使用"网格填充工具" ⬛ 为其创建网格填充效果，如图18-94所示。使用相同的方法制作其他花纹，组合成花朵的外层，如图18-95所示。

图18-94　创建网格填充　　　图18-95　制作花朵外层

Step 3 ▶ 使用同样的方法制作花朵的第二层，如图18-96所示。使用同样的方法制作花朵的第三层，如图18-97所示。使用同样的方法制作花朵的花芯，如图18-98所示。制作完成后群组花朵图形。

图18-96　制作花朵第二层

图18-97　制作花朵第三层　　　图18-98　制作花芯

Step 4 ▶ 绘制叶子和花茎图形，取消轮廓，分别创建渐变填充效果，如图18-99所示。群组花叶和花茎图形，复制该图形，置于花朵下面，复制并缩小花朵，移动到原花朵左侧，效果如图18-100所示。

图18-99　制作叶子　　　图18-100　复制与调整花朵

Step 5 ▶ 在花朵右上角绘制无轮廓红色矩形，复制两个，错位排列，在矩形中输入白色文本，将文本的字体设置为"华文新魏"，如图18-101所示。输入文本，排列成如图18-98所示的效果，将H、OT文本的字体设置为"Aparajita"，将"全场热卖"文本的字体设置为"时尚中黑简体"，将"本季畅销新品"文本的字体设置为"方正兰亭黑简体"，并在其下方绘制洋红色的矩形，将New product文本的字体设置为"Arial"，如图18-102所示。

图18-101　制作标志　　　图18-102　输入文本

Step 6 ▶ 选择H文本，为其创建如图18-103所示的渐变填充效果。选择H，选择"效果"/"斜角"命令，打开"斜角"泊坞窗，设置"样式"为"浮雕"，"距离"为"0.5mm"，"阴影颜色"为"黑色"，效果如图18-104所示。

图18-103　渐变填充文本　图18-104　创建浮雕斜角效果

Step 7 ▶ 选择H文本，复制并镜像文本，使用"透明度工具" ⬛ 为其创建渐变透明效果，如图18-105

所示。使用相同的方法制作OT文本的斜角和倒影效果，如图18-106所示。

图18-105　制作透明效果　　　图18-106　制作倒影

Step 8 ▶ 右键拖动H文本到"全场热卖"文本上，释放鼠标，在弹出的快捷菜单中选择"复制填充"命令，将渐变填充效果复制到"全场热卖"文本上，如图18-107所示。使用相同的方法制作倒影效果，如图18-108所示。

图18-107　复制渐变填充　　　图18-108　制作倒影

Step 9 ▶ 绘制T恤轮廓，取消轮廓，填充为白色，将其置于文本下层，使用"阴影工具"🔲为其创建阴影效果，设置"阴影羽化"值为"5"，"阴影不透明度"为"30"，如图18-109所示。在文本下方绘制无轮廓矩形，将其填充为"0、100、0、0"，如图18-110所示。

图18-109　绘制T恤　　　图18-110　绘制矩形

Step 10 ▶ 使用"透明度工具"🔧为其创建线性透明效果，如图18-111所示。在其上输入文本，将文本的字体设置为"方正兰亭粗黑-GBK"，大小设置为"22pt"，如图18-112所示。

图18-111　创建渐变透明　　　图18-112　输入文本

Step 11 ▶ 导入"服装1.jpg""服装2.jpg"图片，调整大小，移动到页面右下角，组合为如图18-113所示的效果。在黑色衣服左下角绘制圆，设置圆轮廓粗细为"0.5mm"，轮廓色为"洋红"，选择圆，选择"效果"/"透镜"命令，打开"透镜"泊坞窗，设置透明类型为"放大"，设置放大的倍数的"数量"为"2.0X"，如图18-114所示。

图18-113　导入服装　　　图18-114　添加放大透镜

Step 12 ▶ 查看透镜效果，如图18-115所示。在页面左下角绘制女孩头像轮廓，将轮廓色设置为"洋红"，轮廓粗细设置为"0.25mm"，效果如图18-116所示。

图18-115　透镜效果　　　图18-116　绘制女孩头像

Step 13 ▶ 在头像右侧绘制标注图形，取消填充，将轮廓粗细设置为"0.2mm"，轮廓色设置为"洋红"，在其中绘制红色无轮廓矩形，在矩形上输入文本，将文本的字体设置为"华文新魏"，调整矩形与文本的角度和大小，效果如图18-117所示。在右侧制作3个不同颜色和轮廓色的圆，在其上输入文本，设置文本的字体为"方正兰亭粗简体"，效果如图18-118所示。

图18-117　添加标注图形　　图18-118　制作可选颜色

Step 14 ▶ 绘制花朵和圆形，复制并调整大小和颜色分布到衣服上方，如图18-119所示。在页面右上角

绘制装饰图形，取消轮廓，填充为粉红和灰色，如图18-120所示，完成本例的制作。

图18-119　绘制花朵　　　　图18-120　装饰页面

18.6　扩展练习

　　本章主要介绍了平面广告的制作方法，下面将通过两个练习进一步巩固所学知识，以使读者操作起来更加熟练，并能解决平面广告制作中出现的问题。

18.6.1　制作咖啡单

　　本练习制作后的效果如图18-121所示，主要练习咖啡单的制作，包括文字的输入、字符属性的设置、颜色的填充等操作。

● 光盘\素材\第18章\咖啡单.cdr
● 光盘\效果\第18章\咖啡单.cdr
● 光盘\实例演示\第18章\制作咖啡单

图18-121　咖啡单效果

18.6.2　制作汽车海报

　　本练习制作后的效果如图18-122所示，主要练习汽车海报的制作，包括文字的输入、立体化的创建与设置、图形的绘制、对象的旋转与复制等操作。

● 光盘\素材\第18章\汽车海报.cdr
● 光盘\效果\第18章\汽车海报.cdr
● 光盘\实例演示\第18章\制作汽车海报

图18-122　汽车海报效果

封面、画册与插画设计

本章导读 ●

　　在CorelDRAW中除了可以对产品造型、艺术字、包装和平面广告等进行设计制作，还可以应用于封面设计、画册排版和插画制作等领域。

19.1 杂志封面设计

文本编辑　相交图形　条形码
图片应用　渐变填充　的插入

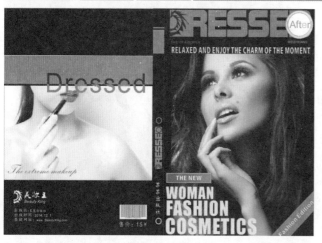

● 光盘\素材\第19章\封面人物
● 光盘\效果\第19章\杂志封面.cdr
● 光盘\实例演示\第19章\杂志封面设计

　　封面是装帧艺术的重要组成部分，封面设计的效果直接影响书籍的销量。下面将利用素材图片设计制作一本杂志的封面、侧面与底面，讲解制作杂志封面的方法。

Step 1 ▶ 根据杂志的大小新建空白文档，创建页面背景矩形，取消轮廓，填充为"100、100、100、100"，导入"封面人物1.jpg"图片，调整大小与位置，如图19-1所示。在图片上方输入文本，设置文本的字体为Bolt Bd Bt，设置文本的颜色为"7、97、26、0"，如图19-2所示。

图19-1　导入封面人物　　　图19-2　输入文本

Step 2 ▶ 选择输入的文本，按Ctrl+K组合键拆分为单个文本，按Ctrl+Q组合键转换为曲线，调整字符间距和文本曲线，并在其上绘制黑色无轮廓图案，如图19-3所示。在文本下方的两端分别输入文本，设置字体格式为"Arial、12pt"，在下方继续输入文

本，设置字体为"Humnst777 BlkCn BT"，与上文本两端对齐，设置文本的颜色为黄色和白色，在所有文本下层绘制黑色无轮廓矩形，如图19-4所示。

图19-3　编辑文本　　　图19-4　输入文本

Step 3 ▶ 在手部左侧绘制矩形，取消轮廓，创建渐变填充效果，在内部添加白色边框线，在其中输入白色文本，设置其字体为"Humnst777 BlkCn BT"，如图19-5所示。在下方输入3行黄色文本，设置字体为"Impact"，设置不同的字号，效果如图19-6所示。

图19-5　渐变填充　　　图19-6　输入文本

Step 4 ▶ 在页面右下角标签图形，取消轮廓，填充为"7、97、26、0"，在其中输入白色文本，设置文本的字体为"Arial"，旋转文本，使其位于标签中间，效果如图19-7所示。在页面左侧绘制页高的矩形调整，宽度取决于书的厚度，在上方绘制红色的装饰矩形块，如图19-8所示。

图19-7 输入文本　　　图19-8 绘制侧面装饰块

Step 5 ▶ 复制并群组页面上方制作的文本与图形效果，调整大小并旋转"90°"，将其移至书籍侧面中下位置并居中放置，在下方输入文本，设置字体为"华文新魏"，添加圆环进行装饰，如图19-9所示。复制页面矩形图形，将其水平移至页面侧面左侧制作封底，如图19-10所示。

图19-9 制作侧面　　　图19-10 制作封底

Step 6 ▶ 在封底图形中上部绘制页宽白色无轮廓矩形，如图19-11所示。原位复制该矩形，并略微向下偏移，更改颜色为"7、97、26、0"，导入"封面人物2.jpg"图片，调整大小与位置，效果如图19-12所示。

图19-11 绘制矩形　　　图19-12 导入图片

Step 7 ▶ 在图片与矩形分隔线上输入文本，设置文本

的字体格式为"Arial、100pt"，如图19-13所示。将文本颜色设置为"7、97、26、0"，选择文本与红色矩形块，创建相交对象，将相交部分置于顶层，将文本颜色更改为"黑色"，效果如图19-14所示。

图19-13 输入文本　　　图19-14 创建相交对象

Step 8 ▶ 在图片左下角输入文本，设置文本的字体为"Kunstler Script"，如图19-15所示。在封底左下角输入出版信息。图形可从封面上部分文本上复制，更改为白色并调整大小即可，"美妆王"的字体为"叶根友行书繁"，其余汉字的字体为"楷体"，英文字体为"Arial"，如图19-16所示。

图19-15 输入文本　　　图19-16 输入出版信息

Step 9 ▶ 选择"对象"/"插入条形码"命令，打开"条码向导"对话框，在文本框中输入条码编号，单击 下一步 按钮，如图19-17所示。

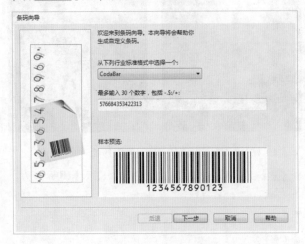

图19-17 输入条码编号

Step 10 ▶ 在进入的对话框中单击 下一步 按钮，进入下一个对话框，在其中将字体设置为"OCR-B 10 BT"，如图19-18所示。单击 完成 按钮生成条形码。

图19-18　设置条码字体

Step 11 ▶ 返回操作界面，调整条码大小，将其移至封底的右下角，如图19-19所示。在条形码下方输入销售价文本，将文本的字体设置为"楷体"，如图19-20所示。选择文档中的所有文本对象，按Ctrl+Q组合键转换为曲线，完成本例的制作。

图19-19　调整条码大小　　　图19-20　输入销售价

19.2 画册内页设计

文本造型　图片裁剪　创建遮罩
文本排版　渐变填充　删除背景

　　画册设计可以用流畅的线条，个人及企业的风貌、理念，配以和谐的图片或优美的文字，组合成一本具有宣传企业产品及品牌形象的富有创意和可赏性的精美画册。下面讲解画册内页的制作方法。

- 光盘\素材\第19章\封面人物.cdr
- 光盘\效果\第19章\画册内页.cdr
- 光盘\实例演示\第19章\画册内页设计

Step 1 ▶ 新建横向空白文档，在页面上使用"图纸工具" 绘制1行3列的图纸，如图19-21所示。选择绘制的图纸，按Ctrl+K组合键拆分，按Ctrl+U组合键取消群组，选择左侧的矩形，将轮廓粗细更改为"1.0mm"。将轮廓色更改为"洋红"，导入如图19-22所示的图片，调整大小，将其裁剪到矩形中。

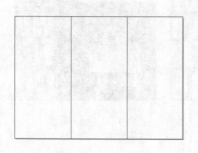

图19-21　绘制图纸　　　　图19-22　裁剪位图

Step 2 ▶ 在图片左下角绘制矩形条，取消轮廓，填充为"洋红"，使用"透明度工具" 为其创建均匀透明效果，在其上输入白色文本，设置字体为"AvantGarde Bk BT"，将文本旋转"90°"，如图19-23所示。选择页面中间的矩形，取消轮廓，填充为"白色"，在上方输入文本，并添加线条，如图19-24所示的文本。设置字母的字体为"Bauhaus Md BT"，设置汉字的字体为"华文新魏"。

图19-23　绘制透明条　　　　图19-24　输入文本

Step 3 ▶ 按Ctrl+Q组合键将第2步输入的文本转换为曲线，编辑"造型苑"文本的外形，如图19-25所示。合并上面的字母与下方的曲线，使用"阴影工具" 为其创建阴影效果，在属性栏中设置"阴影不透明度"值为"50"，设置"阴影羽化"值为"1"，效果如图19-26所示。

图19-25　编辑文本　　　　图19-26　创建阴影

Step 4 ▶ 在下方输入洋红色文本，设置字体为"AvantGarde Bk BT"，在其下方创建uanluo文本，设置"首行缩进为"为"4"，设置"行距"和"段前间距"为"150%"，设置相同的字体，设置字号为"7pt"，如图19-27所示。导入如图19-28所示的图片，调整大小，将其裁剪到页面右侧的矩形并取消轮廓。

图19-27　输入段落文本　　　　图19-28　裁剪图片

Step 5 ▶ 复制左侧旋转的文本，取消旋转效果，调整文本的大小，使用"阴影工具" 为其创建阴影效果，在属性栏中设置"阴影不透明度"值为"50"，设置"阴影羽化"值为"10"，如图19-29所示，完成一页的制作。复制页面的框架矩形，制作另一页效果，为左侧的矩形创建如图19-30所示的椭圆形渐变填充效果。

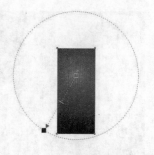

图19-29　创建阴影　　　　图19-30　渐变填充图形

Step 6 ▶ 原位复制矩形并缩小矩形，放置在原矩形中间，添加洋红色的细边效果，如图19-31所示。导入如图19-32所示的几张图片，调整大小与位置，并进行排列，复制阴影文本放置在中间位置，并输入段落文本，设置段落文本的字体为"AvantGarde Bk BT"。

图19-31　复制并缩小图形　　　　图19-32　导入图片

Step 7 ▶ 导入如图19-33所示的图片，选择图片，在属性栏中单击 编辑位图(E)... 按钮启动图片处理软件，在工具箱中选择"魔棒遮罩工具" ，在属性栏中将容差设置为"20"，单击背景，再选择"遮罩"/"反选"命令，将人物创建为遮罩。按Ctrl+C组合键和按Ctrl+V组合键新建遮罩图层，删除原图层，可发现背景已删除，效果如图19-34所示。

图19-33　创建遮罩　　　　图19-34　删除背景

Step 8 ▶ 保存并关闭图片处理软件，复制页面左侧的两个椭圆形渐变背景，放置到中间位置，调整去除背景的图片大小，将其裁剪到中间的矩形框中，并复制阴影文本放置在图片下方，如图19-35所示。选择页面右侧的矩形，导入如图19-36所示的图片，调整大小与位置。

图19-35　裁剪图片　　　　图19-36　导入图片

Step 9 ▶ 复制白色阴影文本，移动到两张图片的中间，取消阴影效果，为其创建如图19-37所示的渐变填充效果。在文本左上部分绘制圆弧，设置其粗细为"1.0mm"，按住Shift+Ctrl+Q组合键将轮廓转换为对象，复制文本的渐变填充效果，如图19-38所示。

图19-37　渐变填充对象　　　图19-38　复制渐变属性

Step 10 ▶ 在下方图片的下方创建段落文本，"AvantGarde Bk BT、加粗、12pt"，设置"首行缩进为"为"6.0mm"，设置"段前间距"为"150%"，将文本的颜色设置为"洋红"，如图19-39所示。

图19-39　输入段落文本

Step 11 ▶ 拖动鼠标选择段落文本框中的所有文本，选择"文本"/"项目符号"命令，打开"项目符号"对话框，选中 ☑ 使用项目符号(U) 复选框，保持默认字体与字号，选择如图19-40所示的项目符号，单击 确定 按钮，返回操作界面，查看添加的项目符号效果，完成本例的制作。

图19-40　创建项目符号

<table>
<tr><td>

19.3
预设笔刷　位图转换　创建阴影
渐变填充　模糊应用　创建透明

</td><td>

插画设计

</td></tr>
</table>

本例将使用渐变填充工具、透明工具、高斯式模糊工具、阴影工具等工具来制作美女插画。下面将讲解制作美女插画的方法。

● 光盘\效果\第19章\卡通女孩.cdr
● 光盘\实例演示\第19章\插画设计

Step 1 ▶ 新建空白文档，创建背景矩形，取消轮廓，填充为"16、16、18、0"，绘制卡通女孩的大致轮廓，如图19-41所示。选择美女的头发，填充为"87、88、90、78"，在头发上绘制图形，取消轮廓，填充为"62、73、88、36"，如图19-42所示。

所示的椭圆形渐变透明效果。使用相同的方法在头发的其他部分绘制相同的图形，如图19-44所示。

图19-43　创建渐变透明　　图19-44　绘制头发图形

Step 3 ▶ 在头顶上绘制高光图形，取消轮廓，填充为"58、68、78、22"，如图19-45所示。将绘制的高光图形转换为位图，为其添加半径为"5"的高斯式模糊效果，如图19-46所示。

图19-41　绘制美女轮廓　　　图19-42　填充头发

Step 2 ▶ 使用"透明度工具" 🔲 为其创建如图19-43

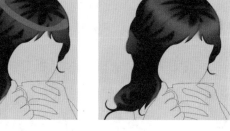

图19-45　绘制高光图形　　　图19-46　模糊图形

Step 4 ▶ 选择"艺术笔工具" 🖋，在属性栏中的"预设笔刷"下拉列表框中选择中间宽、两端尖的笔刷样式，在属性栏中将笔刷半径设置为"1.5mm"，在头发上绘制发丝，将发丝的颜色设置为"60、69、85、26"，如图19-47所示。群组绘制的发丝，将其转换为位图，为其添加高斯式模糊效果，如图19-48所示。

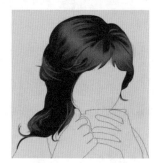

图19-47　绘制发丝　　　图19-48　模糊发丝

Step 5 ▶ 在头发上绘制发带，取消轮廓，使用"网格填充工具" 🔲 为发带创建网格填充效果，如图19-49所示。在发带上绘制白色无轮廓圆，将其转换为位图，为其添加高斯式模糊效果，修饰发带，如图19-50所示。

图19-49　填充发带　　　图19-50　创建模糊圆

Step 6 ▶ 创建人物脸部和手部图形，填充为"0、

12、7、0"，绘制眉毛，取消轮廓，填充为"9、42、40、0"，将眉毛转换为位图，为其添加高斯式模糊效果，如图19-51所示。制作眼睛的上下两部分，将上部分填充为黑色，下部分填充为白色，并设置轮廓色为"57、97、96、17"，如图19-52所示。

图19-51　制作眉毛　　　图19-52　绘制眼睛

Step 7 ▶ 在眼睛周围绘制装饰线，使用"透明度工具" 🖌 为下眼皮的图形创建渐变透明效果，如图19-53所示。绘制小的深灰色曲线，将其转换为位图，放大该曲线，将其移至上眼线下层，如图19-54所示。

图19-53　绘制眼睛　　　图19-54　装饰眼线

Step 8 ▶ 在上下沿线上绘制眼睫毛，取消轮廓，分别填充为黑色和灰色，如图19-55所示。绘制3个折叠的同心圆，取消轮廓分别填充为"100、100、100、100"、"91、84、82、47"和"90、75、60、33"，如图19-56所示。

图19-55　绘制睫毛　　　图19-56　绘制同心圆

Step 9 ▶ 在圆下方绘制图形，取消轮廓，为其创建如图19-57所示的椭圆形渐变填充效果。继续绘制同心圆，取消轮廓，填充为"90、75、60、33"，如图19-58所示。

位图，填充高斯式模糊效果，并在嘴巴中间绘制图形，填充为"16、58、34、0"，取消轮廓，转换为位图，添加高斯式模糊效果，如图19-64所示。

图19-57　渐变填充图形　　　图19-58　绘制圆

图19-63　绘制鼻子与嘴巴　　　图19-64　模糊图形

Step 10 ▶ 继续在左侧绘制图形，填充为"95、67、75、87"，使用"透明度工具" 为其创建均匀透明效果，如图19-59所示。继续在其上绘制同心圆，取消轮廓，填充为"1"，如图19-60所示。

Step 13 ▶ 在脸上绘制暗部的图形区域，取消轮廓，分别填充为"0、35、35、28"、"0、41、38、11"和"0、42、28、0"，如图19-65所示。将绘制的暗部图形分别转换为位图，添加高斯式模糊效果，使用"透明度工具" 分别为其创建渐变透明效果，如图19-66所示。

图19-59　创建透明效果　　　图19-60　绘制圆

图19-65　绘制暗部　　　图19-66　创建透明效果

Step 11 ▶ 继续在圆上方绘制图形，取消轮廓，为其创建如图19-61所示的线性渐变填充效果。群组绘制的眼珠，调整大小，将其移至眼睛图形的下层，效果如图19-62所示。

Step 14 ▶ 在手指上绘制指甲图形，取消轮廓，填充为白色，使用"阴影工具" 为其创建阴影效果，设置"阴影的不透明度"为"90"，"阴影羽化"值为"15"，"阴影颜色"为"0、20、15、2"，效果如图19-67所示。创建白色无轮廓的杯子图形，为杯子与手指间的空隙创建如图19-68所示的渐变填充效果。

图19-61　创建渐变填充　　　图19-62　眼睛效果

Step 12 ▶ 群组眼睛，将该眼睛作为人物的左眼，对眼睛执行复制、缩小与水平镜像操作，将其作为人物的左眼，绘制鼻子与嘴巴，取消轮廓，分别填充为"51、73、63、6"和"42、89、58、1"，如图19-63所示。原位复制嘴巴与鼻子，分别转换为

图19-67　创建阴影　　　图19-68　渐变填充图形

Step 15 ▶ 在衣服中间绘制结构线条，设置轮廓粗细

为"0.2mm",如图19-69所示。将绘制的线条颜色设置为"0、40、25、0",绘制衣服的各个部分,分别为其创建如图19-70所示的线性渐变填充效果。

0",拆分褶皱阴影,删除原褶皱线,如图19-71所示。绘制白色蝴蝶,复制并调整图形,创建不同的透明度,输入文本,设置字体为"Kunatler Script,62pt,0、20、20、60",如图19-72所示,完成制作。

图19-69 绘制结构线条

图19-70 渐变填充

Step 16 ▶ 使用预设笔刷绘制粗细为"0.762mm"、颜色为"1、66、39、0"的褶皱线,为褶皱线、手、衣片创建阴影效果,设置"阴影不透明度"为"88"、羽化值为"10"、颜色为"0、58、33、

图19-71 创建阴影

图19-72 输入文本

19.4 扩展练习

本章主要介绍了封面、画册内页和插画的制作方法。下面将通过两个练习进一步巩固所学知识,以使读者操作起来更加熟练,并能解决制作中出现的问题。

19.4.1 制作卡通熊

本例练习制作后的效果如图19-73所示,主要练卡通熊的制作,包括图形的绘制、颜色的填充、艺术笔触的应用等操作。

- 光盘\效果\第19章\卡通熊.cdr
- 光盘\实例演示\第19章\制作卡通熊插画

图19-73 卡通熊效果

19.4.2 制作小说封面

本例练习制作前后的效果如图19-74所示,主要练习小说封面的制作,包括文字的输入、线条和图形的绘制等操作。

- 光盘\素材\第19章\小说封面.jpg
- 光盘\效果\第19章\小说封面.cdr
- 光盘\实例演示\第19章\制作小说封面

图19-74 小说封面效果

精通篇
Proficient

本书的精通篇不仅会对软件的高级应用和提高编辑速度的技巧进行讲解，如样式的应用、宏的应用、条形码的使用、软件的附件应用和插件应用等，还将对平面设计知识进行讲解与延伸，如一些构图技巧、配色技巧、艺术字设计技巧等进行讲解，以提高读者平面设计的水平。

>>>

Chapter

20 21 22 ••••••

图文高级编排

本章导读 ●

在CorelDRAW中，对包含大量内容的文档进行编辑或设计时，用户可以通过一些快速编辑图形的技巧来有效地提高工作效率，节约工作时间，如应用模板或样式到新建的对象上；应用宏重复执行实现创建的宏指令，来完成相同的任务。

20.1 应用对象样式与样式集

应用样式与样式集可以将创建好的图形或文本样式应用到其他图形或文本对象中。在制作大量内容的文档时，可以有效地提高工作效率，节约工作时间。

20.1.1 创建与应用对象样式

在CorelDRAW中，用户不仅可以复制对象的属性，如填充、轮廓、字符、段落及图文框、透明度等属性，还可将这些属性创建为样式，并将其应用到新建的对象上。

实例操作：创建并应用对象样式

- 光盘\素材\第20章\猫头鹰.cdr
- 光盘\效果\第20章\猫头鹰.cdr
- 光盘\实例演示\第20章\创建并应用对象样式

本例将在素材文档中将帽子的颜色创建为填充样式，将云朵创建为透明样式，并添加新的对象，应用创建的样式效果。素材和效果如图20-1所示。

图20-1　素材与效果

Step 1 ▶ 选择需要从中创建填充样式的图形对象，这里选择猫头鹰的帽子，如图20-2所示。在其上单击鼠标右键，在弹出的快捷菜单中选择"对象样式"/"从以下项新建样式"/"填充"命令，如图20-3所示。

技巧秒杀

选择的原对象不同，可以创建的对象样式也有所不同。

图20-2　选择对象　　　图20-3　选择样式类型

Step 2 ▶ 打开"从以下项新建样式"对话框，在"新样式名称"文本框中输入"紫色"，选中 ☑打开"对象样式"泊坞窗(O) 复选框，单击 确定 按钮，如图20-4所示。打开"对象样式"泊坞窗，在样式列表中查看新添加的填充样式，单击该填充样式，可在泊坞窗下方显示其色彩填充的信息。在帽子左侧绘制多个五角星，如图20-5所示。

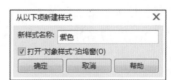

图20-4　命名新样式　　　图20-5　创建新对象

技巧秒杀

在文档中按Ctrl+F5组合键，或选择"窗口"/"泊坞窗"/"颜色样式"命令，也可打开"对象样式"泊坞窗。

Step 3 ▶ 选择所有绘制的五角星，取消轮廓，在"对象样式"泊坞窗中展开"样式"/"紫色"选项，选择"紫色"样式，单击 应用于选定对象 按钮，即可应用该样式，如图20-6所示。

图20-6 应用创建的样式

Step 4 ▶ 选择渐变透明的云朵图形，在其上单击鼠标右键，在弹出的快捷菜单中选择"对象样式"/"从以下项新建样式"/"透明度"命令，打开"从以下项新建样式"对话框，在"新样式名称"文本框中输入"渐变透明"，单击 **确定** 按钮，如图20-7所示。

图20-7 创建透明样式

Step 5 ▶ 选择五角星，在"对象样式"泊坞窗中展开"样式"/"渐变透明"选项，选择"渐变透明"样式，单击 **应用于选定对象** 按钮，即可应用透明样式，效果如图20-8所示。

图20-8 应用透明样式

Step 6 ▶ 在左上角绘制光线图形，取消轮廓，填充为浅黄色，如图20-9所示。使用相同的方法为其应用透明样式，如图20-10所示。

图20-9 绘制光线　　　图20-10 应用透明样式

💬 **知识解析：** "对象样式"泊坞窗 ……………

◆ **"新建样式"按钮** ➕：单击该按钮，可创建新的空白样式，选择该样式后，可在展开的泊坞窗中对样式进行编辑，如图20-11所示。

图20-11 新建新样式

◆ **"新建子样式"按钮** ➕：在样式文件夹中选择一种样式，然后单击该按钮可新建子样式。

◆ **"删除样式"按钮** 🗑：选择一种样式后，在其后单击该按钮，可删除选择的样式。

◆ **应用于选定对象 按钮**：选择应用样式的对象，再选择需要应用的样式，单击该按钮，即可完成样式的应用。

◆ **"导入、导出和保存默认值"按钮** 🖫：单击该按钮，可在弹出的下拉列表中选择导入、导出样式表或设置新文档的默认属性。

> **技巧秒杀**
>
> 在选择的样式上单击鼠标右键，在弹出的快捷菜单中可对样式进行复制、重命名、删除和创建子样式等操作。

20.1.2 创建与应用对象样式集

创建样式集可以在一个样式文件夹中同时保存所选对象的填充、轮廓、字符、段落及文本框等属性，并将这些属性同时应用到新对象上。如图20-12所示为将选择的对象创建为样式集，并为右侧的图应用该样式集的效果。

图20-12　应用样式集效果

1. 创建样式集

创建样式集的常用方法有以下几种。

◆ **通过鼠标右键创建**：在对象上单击鼠标右键，在弹出的快捷菜单中选择"对象样式"/"从以下项新建样式集"命令，打开"从以下项新建样式集"对话框，设置样式集名称，单击 确定 按钮即可，创建成功后，在"对象样式"的"样式集"选项中即可查看创建的样式集，如图20-13所示。

图20-13　应用样式集效果

◆ **通过拖动鼠标创建**：将对象拖动至"对象样式"泊坞窗中的样式集文件夹中，可快速创建样式集。

> **技巧秒杀**
>
> 若将对象拖动至样式集文件夹中现有样式集的上方，该对象的属性将替换该样式集的属性，并且将自动更新已应用该样式集的所有对象。

◆ **创建空白样式集**：在样式集选项后单击"新建样式集"按钮 ⊕，将创建新的空白样式集。

2. 添加或删除样式

在样式集中包含不同类型的样式，用户可以根据需要添加或删除样式。打开"对象样式"泊坞窗，在其中即可查看新添加的样式集，单击其后的"添加或删除样式"按钮 🗐，在弹出的菜单中可通过勾选或取消勾选来添加或删除样式集中所包含的项目内容，如图20-14所示。

图20-14　添加或删除样式

> **技巧秒杀**
>
> 创建样式集后，若需要编辑样式集效果，可在选择样式集后，在泊坞窗下方单击编辑的类型，如轮廓、填充等，再在展开的面板中进行编辑。

20.1.3 断开与样式的关联

编辑样式或样式集后，应用了该样式或样式集的对象会自动进行更新。若不需要对应用样式或样式集的对象更新时，可在选择对象后，单击鼠标右键，在弹出的快捷菜单中选择"对象样式"/"断开与样式的关联"命令，即可使该对象不再随应用的样式或样式集的修改而更新。

20.1.4 应用于样式

当编辑应用样式或样式集后的对象时，若发现当前效果较好，可将其替代原来的样式或样式集。其方法为：选择对象后，单击鼠标右键，在弹出的快捷菜单中选择"对象样式"/"应用于样式"命令。

20.1.5 还原为样式

当编辑应用样式或样式集后的对象时，若发现当前效果不佳，可将当前效果还原为样式或样式集的效果。其方法为：选择对象后，单击鼠标右键，在弹出的快捷菜单中选择"对象样式"/"还原为样式"命令即可。

20.2 应用颜色样式与颜色和谐

颜色样式是指应用于绘图中对象的颜色集。通过使用颜色样式可以便捷地为其他对象应用所需要的颜色。除了创建颜色样式外，还可使用颜色和谐来整体调整一组颜色，快速更改整体效果。

20.2.1 创建颜色样式

创建颜色样式是应用颜色样式的前提，创建颜色样式可以通过多种方法实现，具体介绍如下。

1. 从对象创建

选择"窗口"/"泊坞窗"/"颜色样式"命令，打开"颜色样式"泊坞窗。选择设置颜色效果的对象，在其上按住鼠标左键，将其拖动到"颜色样式"泊坞窗的颜色样式列表中，即可将对象中包含的所有颜色分别添加到颜色样式列表中，如图20-15所示。

图20-15　从对象创建颜色样式

技巧秒杀

在颜色对象上单击鼠标右键，在弹出的快捷菜单中选择"颜色样式"/"从选定项新建"命令，打开"创建颜色样式"对话框，在其中可根据对象的填充或轮廓的颜色来创建颜色样式。

2. 从调色板创建

使用鼠标拖动打开调色板的色样至"颜色样式"泊坞窗的颜色样式列表中，可将调色板中的颜色创建为颜色样式。

3. 从文档中创建

选择"窗口"/"泊坞窗"/"颜色样式"命令，打开"颜色样式"泊坞窗。在对象上单击鼠标右键，在弹出的快捷菜单中选择"颜色样式"/"从文档新建"命令，在打开的"创建颜色样式"对话框中选中相应的单选按钮后单击 确定 按钮，即可将当前文档中填充或轮廓的颜色添加到"颜色样式"泊坞窗的颜色样式列表中，如图20-16所示。

图20-16　从文档中创建

技巧秒杀

在创建颜色样式时，若在"创建颜色样式"对话框中选中☑将颜色样式归组至相应和谐复选框，将在创建颜色样式的同时生成颜色和谐。

4. 创建默认颜色样式

在"颜色样式"泊坞窗中单击"新建颜色样式"按钮，在弹出的菜单中选择"新建颜色样式"命令，即可在颜色样式列表中新建一个默认为红色的颜色样式。

20.2.2 应用颜色样式

选择需要应用颜色样式的对象，在"颜色样式"泊坞窗中的颜色样式列表中双击某一个色块，即可应用该颜色样式，若右击色块，可将颜色样式应用到对象的轮廓色。

20.2.3 编辑颜色样式

创建颜色样式后，也可对颜色样式中的颜色进行修改，以满足不同的需要。修改颜色样式后，应用该样式的对象也将发生变化。

实例操作：编辑丝带颜色

● 光盘\素材\第20章\信纸.cdr
● 光盘\效果\第20章\信纸.cdr
● 光盘\实例演示\第20章\编辑丝带颜色

本例将首先为对象创建颜色样式，再对颜色样式中的部分颜色进行编辑，从而更改花朵蓝色丝带的颜色为红色，编辑前后的效果如图20-17所示。

图20-17　素材与效果

Step 1 ▶ 打开素材文档，如图20-18所示。选择"窗口"/"泊坞窗"/"颜色样式"命令，打开"颜色样式"泊坞窗。选择所有对象，在其上按住鼠标左

键，将其拖动到"颜色样式"泊坞窗的颜色样式列表中，如图20-19所示。

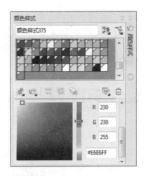

图20-18　素材效果　　　图20-19　创建颜色样式

Step 2 ▶ 在颜色样式列表中单击选择"颜色样式375"选项，在下方的面板中拖动颜色滑块至顶端红色，编辑颜色样式，如图20-20所示。可查看工作区该颜色的区域发生变化，由浅蓝色变为浅红色，如图20-21所示。

图20-20　编辑颜色样式　　　图20-21　编辑效果

Step 3 ▶ 使用相同的方法，将"颜色样式375～382"的颜色调整至顶端红色，如图20-22所示。可查看工作区丝带的颜色由蓝色变为红色，效果如图20-23所示，完成本例的制作。

图20-22　编辑颜色样式　　　图20-23　编辑效果

20.2.4 创建与编辑颜色和谐

编辑颜色样式可更改单个颜色的色调，而编辑颜色和谐不仅可以编辑颜色样式的单个颜色色调，而且能更改样式的整体色调。

实例操作：更改相机颜色

- 光盘\素材\第20章\相机.cdr
- 光盘\效果\第20章\相机.cdr
- 光盘\实例演示\第20章\更改相机颜色

本例将为对象创建颜色和谐，并通过编辑颜色和谐来更改相机的整体色彩，编辑前后的效果如图20-24所示。

图20-24　素材与效果

Step 1 ▶ 打开素材文档，如图20-25所示。打开"颜色样式"泊坞窗，选择相机图形，将其拖动到"颜色样式"泊坞窗的"颜色和谐"列表框中，打开"从位图添加颜色"对话框，单击 确定 按钮，如图20-26所示。

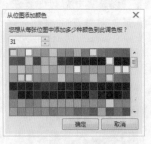

图20-25　素材效果　　　图20-26　创建颜色样式

Step 2 ▶ 打开"创建颜色样式"对话框，将和谐组的值设置为"20"，其他保持默认不变，如图20-27所示。单击 确定 按钮，返回工作界面，即可在"颜色样式"泊坞窗的"颜色和谐"列表框中查看创建的颜色样式，如图20-28所示。

图20-27　编辑颜色样式　　　图20-28　编辑效果

Step 3 ▶ 在"颜色样式"泊坞窗中选择"颜色样式850～1120"所在的和谐文件夹，展开颜色和谐的调节器，如图20-29所示。拖动调节器上的圆形控制点调节颜色至如图20-30所示的位置，更改该组颜色的整体色调，完成本例的制作。

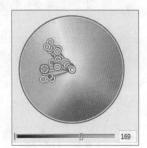

图20-29　编辑颜色样式　　　图20-30　编辑效果

知识解析："颜色样式"泊坞窗

◆ "颜色样式名称"文本框：选择颜色样式或颜色组时，在该下拉列表框中将显示选择样式的名称，也可在该文本框中输入颜色样式的名称。

◆ "视图选项"按钮：单击该按钮，在弹出的下拉列表中可更改页面和"颜色样式"泊坞窗的显示样式。如图20-31所示为"使用大色样显示"的效果。

◆ "颜色转换"按钮：单击该按钮，在弹出的下拉列表中可将颜色样式转换为其他颜色模式，如图20-32所示。

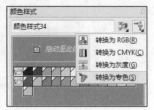

图20-31　大色样显示　　　图20-32　转换颜色模式

◆ "新建颜色样式"按钮 ：单击该按钮，可选择从选定对象、文档等新建颜色样式。

◆ "新建颜色和谐"按钮 ：单击该按钮，可在弹出的下拉列表中选择新建和谐、复制和谐或创建渐变和谐。

◆ "合并"按钮 ：选择多个颜色样式后，单击该按钮，可将其合并为一个颜色样式。

◆ "对换颜色样式"按钮 ：选择两个颜色样式后，单击该按钮，可对换颜色样式。

◆ "选择未使用项"按钮 ：单击该按钮，可在颜色样式或颜色和谐列表中选择所有未使用的颜色样式。

◆ "导入、导出和保存默认值"按钮 ：单击该按钮，可在弹出的下拉列表中选择导入、导出颜色样式表或设置新文档的默认属性。

◆ "删除颜色样式或颜色和谐"按钮 ：选择颜色样式或颜色和谐后，单击该按钮可删除。

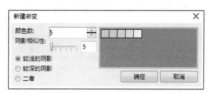

图20-33　创建渐变

💬 知识解析："新建渐变"对话框 ⋯⋯⋯⋯⋯⋯

◆ "颜色数"数值框：设置创建的颜色样式的数量。

◆ "阴影相似性"数值框：调整颜色样式阴影的色差，值越大，色差越小。

◆ ⊙较浅的阴影 单选按钮：选中该单选按钮，可创建比主要颜色浅的阴影。

◆ ⊙较深的阴影 单选按钮：选中该单选按钮，可创建比主要颜色深的阴影。

◆ ⊙二者 单选按钮：选中该单选按钮，可创建同色数量的阴影。

20.2.5　创建渐变

用户可通过"颜色样式"泊坞窗快速创建一组渐变颜色样式。在"颜色样式"泊坞窗中选择任一色样作为渐变的主要颜色，单击"新建颜色和谐"按钮，在弹出的下拉列表中选择"新建渐变"选项，打开"新建渐变"对话框，设置颜色数、阴影相似性等参数后，单击 确定 按钮即可创建渐变颜色和谐，如图20-33所示。

？答疑解惑：

颜色样式和颜色和谐可以相互转换吗？

可以，在"颜色样式"泊坞窗中选择颜色样式或颜色和谐样式，按住鼠标左键不放拖动至颜色样式或颜色和谐列表框中即可。

20.3 应用宏

宏其实就是用户事先编写好的一些指令，让CorelDRAW自动按照这些指令运行。通过宏可以指定一串操作，方便以后可以快速重复执行这些操作。

20.3.1　应用系统自带的宏

在CorelDRAW中自带了多个宏模板，使用这些宏可以快速完成一些特定的操作。

实例操作：批量转换页面为JPG图片

● 光盘\实例演示\第20章\批量转换页面为JPG图片

本例将使用系统自带的FileConverter宏将多页文件批量转换成独立的JPG图片文件。

Step 1▶ 打开多页面文件，选择"视图"/"页面排序器视图"命令，打开页面排序器视图，单击"小缩略图"按钮，查看所有页面效果，如图20-34所示。

图20-34　查看源文件效果

Step 2▶ 选择"工具"/"宏"/"运行宏"命令，如图20-35所示，选择FileConverter选项，该宏将自动添加到"宏名称"文本框中，如图20-36所示。

图20-35　运行宏　　　图20-36　选择运行的宏

> **操作解谜**　"FileConverter"是系统自带的用于文件批量转换为其他格式的宏。若要了解其他宏的含义，可在网络上进行搜索。运行系统自带宏的方法都相似。

Step 3▶ 单击 运行(R) 按钮，打开File Converter对话框，单击Source文本框后的"选择文件"按钮，打开Source Selection对话框，继续单击Source文本框后的"选择文件"按钮，在打开的对话框中设置文件所在的文件夹。设置完成后，在下方的第一个列表框中将显示该文件夹中所有的文件，选择需要执行批量转换的文件，这里选择"花纹背景.cdr"选

项，单击 Add 按钮，将其添加到Selected Files列表框中，如图20-37所示。

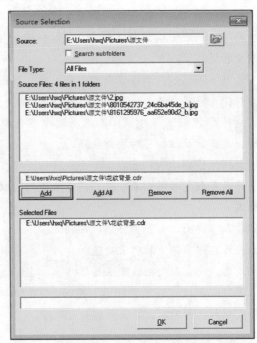

图20-37　选择转换的文件

Step 4▶ 单击 OK 按钮，返回File Converter对话框，将Destination设置为"桌面"，将Convert to设置为JPG.JPEG Bitmaps。分别选中 Save each page as a separate file (e.g. filename_1-1)、Apply Color Profile、Anti-aliasing、Resolution 复选框，设置Resolution的值为"300"，如图20-38所示。

图20-38　设置转换的参数

Step 5 ▶ 单击 [Convert] 按钮，返回设置的导出路径，这里返回桌面，即可看到批量导出的JPG图片文件效果，如图20-39所示，完成本例的制作。

图20-39　查看导出效果

💬知识解析：File Converter对话框 ·············

◆ Source文本框：选择需要执行批量转换的文件。

◆ Destination文本框：设置文件转换后放置的位置。

◆ Convert to文本框：设置文件转换的格式。

◆ [☑ Save each page as a separate file (e.g. filename_1-1)]复选框：选中该复选框，可自动将转换的页面按页面的顺序进行命名。

◆ [☑ Apply Color Profile]复选框：选中该复选框，可在转换文件后应用色彩的描述。

◆ [☑ Resolution]复选框：选中该复选框，可在其后的数值框中自定义导出文件的分辨率。分辨率越高，处理速度越慢，图片清晰度越大。

◆ [☑ Anti-aliasing]复选框：选中该复选框，可清除导出图像边缘的锯齿状，增加图形的平滑度。

◆ Page Properties选项组：用于设置页面的属性，如页面大小、宽度、高度、单位和页面背景的颜色。

20.3.2　使用记录宏

若系统的宏不能满足应用的需要，可创建新的宏。记录宏是创建宏常用且比较简单的方法。记录宏实际就是将操作记录下来，方便以后重复此操作，提高工作效率。

实例操作：创建并运行宏

● 光盘\实例演示\第20章\创建并运行宏

本例将创建宏项目，再在创建的宏项目中创建记录宏，并运行记录宏。

Step 1 ▶ 在文档中选择"工具"/"宏"/"宏管理器"命令，打开"宏管理器"泊坞窗，单击 [新建(N) ▼]按钮，在弹出的下拉列表中选择"新建宏项目"选项，如图20-40所示，打开"另存为"对话框。保持默认保存位置，设置新建宏项目的名称，这里设置为"flower"，如图20-41所示。

图20-40　使用宏管理器　　图20-41　设置新建宏的名称

Step 2 ▶ 单击 [确定] 按钮，返回"宏管理器"泊坞窗，即可查看新建的flower宏项目，如图20-42所示。选择"工具"/"宏"/"记录宏"命令，打开"记录宏"对话框，在"将宏保存至"列表框中选择flower选项，设置"宏名"为"flower1"，单击 [确定] 按钮，如图20-43所示。

图20-42　运行宏　　　　图20-43　选择运行的宏

Step 3 ▶ 返回操作界面，开始录制需要的操作，这里绘制一朵小花，绘制完成后选择"工具""宏""停止录制"命令，如图20-44所示。

图20-44　记录宏

中选择flower选项，在列表框中选择其中的flower1选项，如图20-45所示。单击 运行(R) 按钮返回操作界面，即可查看运行宏的效果，如图20-46所示。

图20-45　运行宏　　　　图20-46　宏效果

技巧秒杀

在记录宏的过程中，不一定要一次性完成，在录制过程中，可选择"工具"/"宏"/"暂停记录"命令，暂停录制，当需要再次继续录制时，可选择"工具"/"宏"/"继续记录"命令。

技巧秒杀

按Shift+Ctrl+R组合键可以快速进行记录临时宏的状态，执行宏记录的操作，选择"工具"/"宏"/"停止录制"命令，完成后按Shift+Ctrl+P组合键即可快速运行录制的临时宏，临时宏在关闭文档后将自动失去。

Step 4 ▶ 选择"工具"/"宏"/"运行宏"命令，打开"运行宏"对话框，在"宏的位置"下拉列表框

20.4　创建新对象

通过"工具"/"创建"命令菜单中的子命令，可以快速创建箭头、字符和图样填充效果。下面分别进行介绍。

20.4.1　创建箭头

绘制并选择箭头形状，选择"工具"/"创建"/"箭头"命令，打开"创建箭头"对话框，设置箭头的名称、长度、宽度，单击 确定 按钮，即可将创建的箭头添加到"箭头"下拉列表框中，如图20-47所示。

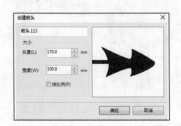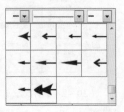

图20-47　创建箭头形状

技巧秒杀

与在"轮廓笔"对话框中设置曲线线端的箭头相比，该方式更为灵活，绘制的箭头图样也更加多样化。

20.4.2　创建字符

当"插入字符"泊坞窗中的字符不能满足文本的编辑需要时，可以创建字符样式并将其添加到"插入字符"泊坞窗中，方便以后使用。其方法为：绘制并选择箭头形状，选择"工具"/"创建"/"字符"命令，打开"插入字符"对话框，设置"字符类别"的字体，单击 确定 按钮即可，如图20-48所示。

图20-48　创建字符

20.4.3　创建图样填充对象

图样填充是常用的填充方式，用户可以根据需要将工作区进行区域截取，并创建到图样填充选择器中，方便以后使其进行填充。

实例操作：创建图样并填充到对象

● 光盘\实例演示\第20章\创建图样并填充到对象

本例打开文档，截取图片的部分区域创建矢量花纹填充并查看其效果，并将其应用到其他对象上。

Step 1 ▶ 打开需要创建为花纹填充的文档，选择所有图样，选择"工具"/"创建"/"图样填充"命令，如图20-49所示，打开"创建图案"对话框。在"类型"选项组中选中 ⊙向量(V) 单选按钮，如图20-50所示。

图20-49　创建图样填充　　图20-50　选择图案类型

Step 2 ▶ 单击 确定 按钮，返回操作界面，拖动鼠标框选取样图样区域，确定后单击"接受"按钮 ，如图20-51所示，打开"保存图样"对话框，在"将宏保存至"列表中选择flower选项，设置保存的语言与名称，单击 OK 按钮，如图20-52所示。

图20-51　取样图样　　图20-52　选择运行的宏

Step 3 ▶ 选择需要填充创建图样的对象，打开"编辑填充"对象，选择填充方式为"图样填充"，在"填充挑选器"对话框左侧选择"个人"选项，如图20-53所示。在右侧的列表框中选择创建的图样，如图20-54所示。单击 确定 按钮，返回操作界面即可查看填充效果。

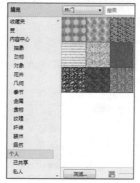

图20-53　选择创建的图样　　图20-54　图样填充效果

？答疑解惑：

可以共享创建图样吗？

可以，在"保存图样"对话框中选中 ☑与"内容交换"共享此内容 复选框，在下方的列表框中选择图样放置的类别，单击 OK 按钮，在打开的对话框中登录会员账号，即可完成创建图样的共享。

读书笔记 ▶

20.5 使用符号

符号只需定义一次，即可在绘图中多次引用对象。绘图中一个符号可以有多个实例，而且几乎不会影响文件大小。使用符号可以使绘图编辑更快、更容易。

20.5.1 创建符号

符号是从对象中创建的。将对象转换为符号后，新的符号会被添加到"符号管理器"泊坞窗中。选择需要创建为符号的图形，选择"对象"/"符号"/"创建符号"命令，打开"符号管理器"对话框，设置符号的名称，单击 确定 按钮，即可将符号添加到"符号管理器"泊坞窗中，选择"窗口"/"泊坞窗"/"符号管理器"命令，在打开的"符号管理器"泊坞窗中即可查看创建的符号效果，如图20-55所示。

图20-55 创建符号

20.5.2 编辑符号

将图样创建为符号后，还可对符号进行编辑。打开"符号管理器"泊坞窗，从列表中选择一个需要编辑的符号，单击"编辑符号"按钮，修改绘图页面中的对象，这里将图形修改为红色，修改完成后单击工作区左下角的 完成编辑对象 按钮，即可发现"符号管理器"泊坞窗发生了变化，如图20-56所示。

读书笔记 ▶

图20-56 编辑符号

💬 知识解析："符号管理器"泊坞窗 ·············

◆ "添加库"按钮 ：单击该按钮，可创建符号样式库。

◆ "导出库"按钮 ：单击该按钮，可将当前选择的符号样式导出到计算机。

◆ "插入符号"按钮 ：单击该按钮，即可将选择的符号插入到工作区中。

◆ "编辑符号"按钮 ：单击该按钮，可编辑选择的符号的样式。

◆ "删除符号"按钮 ：单击该按钮，可删除选择的符号样式。

◆ "缩放到实际大小"按钮 ：单击该按钮，可将符号样式缩放到实际大小。

◆ "清除未用定义"按钮 ：单击该按钮，可清除未使用的符号样式。

20.5.3 中断链接符号

如果此符号的其他实例在绘图中，可以选择中断与所有实例的链接。其方法为：在绘图窗口中选择符号，选择"对象"/"符号"/"中断链接"命令，即可中断链接符号。

知识大爆炸
——认识颜色和谐

　　色彩的和谐指整幅画面上色彩配合的统一、协调和悦目。由于民族、风俗、宗教和文化等差异，对色彩和谐的判断也会存在差异。色彩和谐大致可归纳为以下4类。

◆ **对比色和谐**：即互补色和谐，如红与青、绿与品红、蓝与黄等，配合得当便能取得和谐效果。

◆ **邻近色和谐**：即按光谱顺序的相邻色，如红与橙、橙与黄、黄与绿等，配合得当便能取得和谐效果。

◆ **同种色和谐**：即同一色别不同明度的配合，如深红与浅红、深蓝与浅蓝、深绿与浅绿等，配合得当便能产生和谐效果。

◆ **消色、光泽色与其他色的和谐**：消色指白、灰、黑色；光泽色指金、银色等。黑、白、灰、金、银等色与其他色彩配合得当均能产生和谐的效果。

读书笔记

20 **21** 22 ......

CorelDRAW 高级应用技巧

本章导读 ●

在CorelDRAW X7中，用户可以通过一些技巧来提高文档编辑、输出的效率，如条形码的使用、快速输出结果、打印输出问题等。

21.1 使用标准条形码

条形码是指将宽度不等的多个黑条和空白,按照一定的编码规则排列,用以表达一组信息的图形标识符。

条形码可以标识出物品的生产地、制造厂家、商品名称、生产日期等信息,因而在产品包装、商品流通、图书管理、邮政管理、银行系统等许多领域都得到了广泛的应用。

实例操作: 制作条形码

- 光盘\素材\第21章\吊牌.cdr
- 光盘\效果\第21章\吊牌.cdr
- 光盘\实例演示\第21章\制作条形码

本例将在素材文档中制作标准的条形码,并将创建的条形码转换为矢量图,制作前后的效果如图21-1所示。

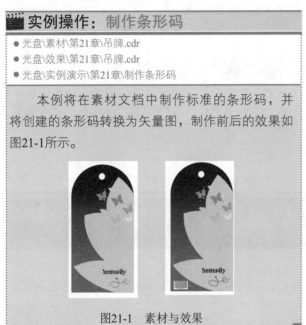

图21-1 素材与效果

Step 1 ▶ 打开"吊牌.cdr"文档,选择"对象"/"插入条形码"命令,打开"条码向导"对话框,在下拉列表框中选择条码的行业标准格式,这里选择CodaBar选项,在文本框中输入12位数值,如图21-2所示。

图21-2 设置编码

Step 2 ▶ 单击 下一步 按钮,在打开对话框的"打印机分辨率"下拉列表框中选择分辨率,一般选择900dpi以上,这里选择"1026"选项,保持其他默认设置,如图21-3所示。

图21-3 设置条形码分辨率

Step 3 ▶ 单击 下一步 按钮,在打开的对话框中设置条形码的字体、粗细、文本对齐方式等,这里将字体设置为国内标准的条形码字体"OCR-B-10 BT",如图21-4所示。单击 完成 按钮生成条形码。

图21-4 设置条形码字体

Step 4 ▶ 将生成的条形码移至吊牌左下角,在边框上绘制矩形，如图21-5所示。选择绘制的矩形，选择"效果"/"透镜"命令，打开"透镜"泊坞窗，选择透镜类型为"透明度"，设置"比率"为"100%"，选中 ☑冻结 复选框，单击 应用 按钮，如图21-6所示。

Step 5 ▶ 删除原位图条形码，选择冻结区域的条形码，取消边框轮廓，取消群组状态，选择文本部分，更改文本和条形的颜色为"暗红色"，效果如图21-7所示，完成本例的制作。

图21-7 更改条形码文本的颜色

图21-5 绘制矩形　　图21-6 创建透明度透镜

技巧秒杀

在制作条形码时，需要注意：条码必须是透明白底，通常为单色，其颜色由产品决定。条码不能做非等比例变形。

21.2 打印输出技巧

在制作文档时，为了使打印出来的文档字体、渐变颜色、图片和文字排版更加美观、清晰，可掌握一些相关的打印输出技巧，下面将分别进行介绍。

21.2.1 字体问题

在将文件输入为.pdf文件时，需要注意的字体问题如下：

◆ 某些字体库描述方法不同，笔画交叠部分输出后会出现透叠。

◆ 包含中英文特殊字符的段落文本容易出问题，如 ■、@、★、○等。

◆ 使用新标准的GBK字库来解决偏僻字丢失的问题。

◆ 笔画太细的字体，最好不要使用多于3色的混叠，同时也不用于深色底反白色字。当不能避免时，需要使用底色近似色或者某一印刷单色（通常是黑K）给反白字勾边。

21.2.2 渐变问题

为图形添加渐变时，为了使输出文件的渐变过渡

自然，可对渐变的参数进行调整。下面介绍几种常用的调整方法。

◆ **到黑色的渐变**：在设置黑色节点的参数时，不仅需要将K值设置为"100"，还需要将其他参数值设置为另一节点的其他颜色，如"红色"到"黑色"的渐变，当将两端节点的颜色的CMYK设置为"0、100、0、0"和"0、0、0、100"时，中间的过渡部分将不自然，如图21-8所示。当设置为"0、100、0、0"和"100、0、0、100"时，将得到很好的效果，如图21-9所示。

图21-8 设置前　　　　图21-9 设置后

◆ **透明渐变**：透明渐变适用于灰度图、RGB模式

图的显示，但屏幕混合色彩同印刷CMYK差异太大，因此，不适宜进行打印输出或转换为其他格式。

◆ **黑色渐变**：黑色部分的渐变不要太低阶，如5%黑色，由于输出时有黑色叠印选项，低于10%的黑色通常使用替代而不是叠印，将出现效果显示不正常的现象。

21.2.3 图片问题

在CorelDRAW中处理图片时，需要注意以下几点。

◆ **处理PSD图片**：导入.psd文件后，不要再进行旋转、镜像、倾斜等操作。.psd文件有许多透明蒙版，更改并输出后会产生破碎图。

◆ **分辨率和重新取样**：在导入图片时，若进行分辨率和重新取样的调整，将使色彩还原度降低，这时可使用专业的Photoshop进行处理，处理完成后再导入CorelDRAW。

◆ **色彩模式**：所有图片必须是CMYK或灰度和单色bitmap图，否则不能进行打印输出。

21.2.4 文字排版问题

在进行文字排版时，为了使文本更好地对齐、操作更加快捷，可以使用以下几种方法，下面分别进行介绍。

◆ **合理利用空格**：在包含汉字的段落中输入数字或英文时，为了使文本的间距不至于太窄，整体的字符长度整齐，可在前、后各输入一个空格。

◆ **设置合适的字符间距与行距**：输入一段文本后，可按Ctrl+T组合键将文字字符间矩由默认的20改为0，并将行距调整为120%或150%，这样文字就不会显得很散。

◆ **对齐字符行间距**：在调整段落对齐时，经常会出现两行间半个字符对不齐的情况，这时可以选择几个文字按Shift+Ctrl+>组合键增大字符间距或Shift+Ctrl+<组合键缩小字符间距进行调节。

21.3 使用Corel PHOTO-PAINT调整位图

Corel PHOTO-PAINT是CorelDRAW重要的组件，是一款功能强大的位图图像编辑应用程序，通过该程序可润饰现有相片或创建原始图形。在安装CorelDRAW时，选中Corel PHOTO-PAINT相关的复选框即可安装该软件。

21.3.1 使用"裁剪图实验室"

通过"裁剪图实验室"可从图像周围的背景中剪切部分需要的图像，并对裁剪的边缘进行精确调整。

实例操作：替换背景

● 光盘\素材\第21章\仰望.jpg、阳光.jpg
● 光盘\效果\第21章\仰望.jpg
● 光盘\实例演示\第21章\替换背景

本例将通过"裁剪图实验室"来裁剪图像中需要的部分，并导入其他背景，创建白色阴影效果，制作前后的效果如图21-10所示。

图21-10　素材与效果

Step 1 ▶ 启动Corel PHOTO-PAINT软件，选择"文件"/"打开"命令，在打开的对话框中选择"仰望

.jpg"图片文件并双击打开。选择"图像"/"裁剪图实验室"命令，打开"剪切图实验室"对话框。单击"轮廓色工具"按钮，设置"笔尖大小"为"3"，在"高光颜色"下拉列表框中设置轮廓颜色，将鼠标光标移动至人物边缘，按住鼠标左键拖动绘制人物轮廓，如图21-11所示。

图21-11　绘制人物轮廓

技巧秒杀

在绘制轮廓过程中可通过上方的按钮放大、缩小或平移视图，若绘制出错，可单击右下角的"撤销"按钮或使用"橡皮擦工具"擦除。

Step 2 ▶ 单击"填充内部工具"按钮，在"填充色"下拉列表框中设置填充颜色，将鼠标光标移动至人物上，单击填充颜色。在"背景"下拉列表框中选择"无"选项，单击 预览(P) 按钮，效果如图21-12所示。

图21-12　设置内部填充色

Step 3 ▶ 单击"删除细节"按钮，设置"笔尖大小"为"5"，将鼠标光标移至人物边缘多余的部分，按住鼠标左键进行涂抹删除；当误删一些重要细节后，可单击"增加细节"按钮，将鼠标光标移动至删除的区域上进行涂抹添加，删除所有不需要的背景。选中 剪切为剪裁遮罩(M) 单选按钮，单击 确定 按钮，如图21-13所示。

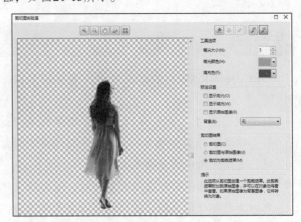

图21-13　添加与删除细节

技巧秒杀

在添加或删除细节时，若一次性涂抹不明显，可反复进行涂抹，并且在涂抹过程中，可不断变化"笔尖大小"的值，以方便进行涂抹。

Step 4 ▶ 返回操作界面，即可查看抠出的人物图像，选择"文件"/"导入"命令，导入"阳台.jpg"图片，移动图片至页面中，并拖动四角的控制点，将其覆盖页面，如图21-14所示。选择背景，选择"对象"/"排列"/"顺序"/"向后一层"命令，将背景图片置于人物下方，如图21-15所示。

图21-14　导入图片　　图21-15　调整背景叠放顺序

Step 5 ▶ 选择"窗口"/"泊坞窗"/"对象管理器"命令，打开"对象管理器"泊坞窗，在其中选择人物所在的图层，如图21-16所示。选择人物图形，调整图像大小和位置，效果如图21-17所示。

图21-20　导出图片

图21-16　选择编辑的图形　　图21-17　调整人物位置

Step 6 ▶ 使用"阴影工具"拖动人物图层，创建阴影效果，在属性栏的"阴影样式"下拉列表框中选择"大型辉光"选项，效果如图21-18所示。在属性栏中将"阴影不透明度"设置为"50"，将"阴影羽化"值设置为"95"，将"阴影颜色"设置为"白色"，效果如图21-19所示。

图21-18　选择阴影样式　　图21-19　创建白色阴影效果

Step 7 ▶ 选择"文件"/"导出"命令，在打开的对话框中设置导出的格式为JPG，设置图片名称，在打开的"导出到JPEG"对话框中可查看导出的效果，如图21-20所示，单击 确定 按钮，完成制作。

技巧秒杀

在Corel PHOTO-PAINT中导出图片的方法与在CorelDRAW中导出图片的方法相同，这里不再赘述。

💬 **知识解析：** **"剪切图实验室"对话框** ············●

◆ **"轮廓色工具"按钮** ：单击该按钮，可进入绘制轮廓状态。

◆ **"填充内部工具"按钮** ：单击该按钮，再单击轮廓内的区域，可为内部创建蒙版。

◆ **"删除细节"按钮** ：单击该按钮，拖动鼠标可删除多余的部分。

◆ **"增加细节"按钮** ：单击该按钮，拖动鼠标可将误删除的部分恢复。

◆ **"笔尖大小"下拉列表框**：设置轮廓、增减或删除的笔尖大小。

◆ **"高光颜色"下拉列表框**：设置轮廓的颜色。

◆ **"填充色"下拉列表框**：设置填充的颜色。

◆ ☑ **显示高光(O)复选框**：在增减细节时，选中该复选框可显示出轮廓。

◆ ☑ **显示填充(W)复选框**：在增减细节时，选中该复选框可显示出填充区域。

◆ ☑ **显示原始图像(R)复选框**：在增减细节时，选中该复选框可呈半透明效果显示出原图像区域，方便对比与调整。

◆ **"背景"下拉列表框**：选择背景的效果。

◆ ◉ **剪切图(C)单选按钮**：选中该单选按钮，可保存绘制的区域。

◆ ◉ **剪切图与原始图像(U)单选按钮**：选中该单选按钮，可同时保存裁剪图像和原始图形。

◆ ◉ **剪切为剪裁遮罩(M)单选按钮**：选中该单选按钮，可将选择区域创建为裁剪遮罩。

21.3.2 创建柱状图

创建柱状图可以评估和调整图像的颜色和色调，适用于调整曝光不足的相片。

▦ 实例操作：调整相片

● 光盘\素材\第21章\狗狗.jpg　　● 光盘\效果\第21章\狗狗.jpg
● 光盘\实例演示\第21章\调整相片

本例将通过创建柱状图来调整相片的颜色和色调，使相片效果更佳。

Step 1 ▶ 启动 Corel PHOTO-PAINT X7，打开"狗狗.jpg"图片文件，如图21-21所示。选择"调整"/"柱状平衡"命令，如图21-22所示。

图21-21　打开素材照片　　图21-22　选择柱状平衡

Step 2 ▶ 打开"柱状平衡"对话框，在"柱状限制"选项组中设置"上面"的值为"80%"，选中☑保护颜色(P)复选框，如图21-23所示。

图21-23　设置柱状平衡参数

技巧秒杀

柱状图的左部表示图像的阴影，中部表示中间色调，右部表示高光。尖突的高度表示每个亮度级别上有多少个像素。

Step 3 ▶ 单击 确定 按钮，返回操作界面，即可查看图片颜色和色调的调整效果，如图21-24所示。

图21-24　照片调整效果

💬 知识解析："柱状平衡"对话框

◆ "通道"下拉列表框：选择调整的通道。

◆ ☑保护颜色(P)复选框：选中该复选框后，可保持在调整图片时，不改变原有的色彩效果。

◆ "柱状图显示剪裁"数值框：设置柱状图整体的高度。

◆ "柱状模型"下拉列表框：用于设置柱状图的类型。

◆ "下降"数值框：设置亮部区域变亮的值。

◆ "上面"数值框：设置暗部区域变暗的值。"上面"与"下降"的差值越大，效果越明显。

21.3.3 使用遮罩

当需要在 Corel PHOTO-PAINT X7 中编辑图像的局部区域时，则需要先创建遮罩，再在创建的遮罩上进行编辑，以免影响其他部分的效果。

1. 创建遮罩

Corel PHOTO-PAINT 中提供了多种创建遮罩的方式，用户可以根据需要使用不同的方式创建符合需要的遮罩，下面分别对这些工具进行介绍。

◆ 矩形遮罩工具：选择该工具，拖动鼠标可矩形框选需要编辑的图形区域，如图21-25所示。

◆ 椭圆形遮罩工具：选择该工具，拖动鼠标可圆形框选需要编辑的图形区域，如图21-26所示。

图21-25 矩形遮罩 　　 图21-26 椭圆遮罩

- **魔棒遮罩工具**：选择该工具，单击需要选择的颜色区域，将会根据设置的"容差"值选择相同和相似的颜色区域，如图21-27所示。按住Shift键单击可添加遮罩区域，按住Ctrl键单击可减少不需要的遮罩区域。

- **圈选遮罩工具**：选择该工具，在图形边缘拖动鼠标绘制需要编辑的封闭的区域，结束后双击鼠标，即可完成遮罩的创建，如图21-28所示。

图21-27 魔棒遮罩 　　 图21-28 圈选遮罩

- **磁性遮罩工具**：选择该工具，可通过在对象边缘单击来检测对象边缘创建遮罩，如图21-29所示。

- **手绘遮罩工具**：该功能的效果及用法与圈选遮罩工具相似，如图21-30所示。

图21-29 磁性遮罩 　　 图21-30 手绘遮罩

- **画笔遮罩工具**：选择该工具，在属性栏设置笔画的样式和笔触的大小，可按绘制的任意画笔形状创建遮罩，如图21-31所示。

- **平面遮罩工具**：选择该工具，通过旋转、移动平行线来创建遮罩，如图21-32所示。

图21-31 画笔遮罩 　　 图21-32 平面遮罩

技巧秒杀

在创建遮罩区域时，默认会在"正常模式"下进行。创建遮罩区域后，可通过属性栏中的"增加模式"按钮、"减少模式"按钮和"叠加模式"按钮来切换到相应的模式，以增加遮罩区域、减少遮罩区域或减去重叠遮罩区域。

2. 编辑遮罩

在创建遮罩后可对遮罩进行编辑，以满足操作的需要，下面分别进行介绍。

- **反选遮罩**：在背景颜色比较单一时，可先在背景上创建遮罩，再按Shift+Ctrl+I组合键反选遮罩，反选前后的效果如图21-33所示。

图21-33 反选遮罩

- **变换遮罩**：创建遮罩后，选择"遮罩变换工具"，可通过遮罩周围的控制点移动、旋转、缩小、倾斜遮罩区域，其方法与变换对象的方法一样。

◆ **移动与复制遮罩图像**：创建遮罩后，直接拖动遮罩区域，可将遮罩区域的图像移动到其他地方，如图21-34所示。按Ctrl+C组合键，再按Ctrl+V组合键可对遮罩图像区域的图像进行复制，如图21-35所示。

图21-34　移动遮罩图像　　图21-35　复制遮罩图像

21.3.4　克隆图像

使用"克隆工具" 可以复制图像中的某一部分来覆盖不理想的部分，可用来去除斑点、杂质等。

■ **实例操作：为美女去痣**

● 光盘\素材\第21章\美女.jpg　　● 光盘\效果\第21章\美女.jpg
● 光盘\实例演示\第21章\为美女去痣

本例将通过"克隆工具" 为美女去痣，并使用"润色笔刷工具" 对去痣的部位进行润色，淡化去痣痕迹。

Step 1 ▶ 启动Corel PHOTO-PAINT X7，打开"美女.jpg"图片文件，如图21-36所示。选择"克隆工具" ，在属性栏中设置"笔尖形状"为"圆形"，设置"笔尖半径"为"15"，约为痣的大小，设置"透明度"为"0"，在痣周围的皮肤上单击进行复制，如图21-37所示。

图21-36　打开素材照片　　图21-37　复制图像

Step 2 ▶ 在痣上进行单击，成功去痣，效果如图21-38

所示。选择"润色笔刷工具" ，在属性栏中将"笔尖半径"设置为"15"，将"浓度"设置为"非常高"，拖动鼠标不断涂抹去痣的地方，淡化笔刷痕迹，效果如图21-39所示。导出图片，完成本例的制作。

图21-38　去痣效果　　图21-39　润色笔刷效果

21.3.5　使用红眼工具

利用"红眼工具" 可以快速去除照片中人物眼睛中由于闪光灯引起的红色、白色或绿色反光斑点。

■ **实例操作：去除人物红眼**

● 光盘\素材\第21章\女孩.jpg　　● 光盘\效果\第21章\女孩.jpg
● 光盘\实例演示\第21章\去除人物红眼

本例将通过"红眼工具" 将照片中人物眼睛中的红色斑点去除。

Step 1 ▶ 启动Corel PHOTO-PAINT X7，打开"美女.jpg"图片文件，如图21-40所示。选择"克隆工具" ，在属性栏中设置"笔尖形状"为"圆形"，设置"笔尖半径"为"6"，设置"容限"为"3"（约为红眼斑点的大小），将鼠标光标移动至左眼的红色斑点上，如图21-41所示。

图21-40　打开素材照片　　图21-41　设置笔尖属性

Step 2 ▶ 单击鼠标即可成功去除左眼红眼，效果如图21-42所示。若去除不彻底，可单击不彻底的区域再次进行去除。将鼠标光标移动至右眼的红眼斑点上，单击去除右眼红眼，效果如图21-43所示。导出图片，完成本例的制作。

技巧秒杀

"容限"指受影响的范围，其值越大，范围越大。

图21-42　去除左眼红眼　　　图21-43　最终效果

21.4　CorelDRAW插件应用

　　CorelDRAW超级伴侣是一个强大的插件集，支持许多实用的功能，较常用的有位图转CMYK模式、批量导出不同格式的文件、跨图层增强选取等功能。使用CorelDRAW超级伴侣前需要先进行安装。

21.4.1　使用魔镜插件

　　魔镜插件是CorelDRAW重要且实用的插件集，具有文字转曲、提取容器对象、页面与对象等大小、辅助线清除等功能。

1. 安装魔镜插件

　　安装魔镜插件的方法很简单，双击安装程序，即可打开其安装对话框，选中CorelDRAW版本对应的复选框，单击 **安装** 按钮，即可打开提示安装的对话框，如图21-44所示。安装成功后启动CorelDRAW软件，单击出现的插件工具栏中的🎈按钮，即可展开"魔镜2014"工具栏，如图21-45所示。

图21-44　安装魔镜插件

图21-45　魔镜插件工具栏

2. 使用一键常用功能

　　打开文档，在展开的"魔镜2014"工具栏中单击 ✏️ 按钮，在"一键常用"选项卡中单击对应的按钮，可生成不同的效果，如图21-46所示。

图21-46　一键常用

💬**知识解析：一键常用功能介绍** ·····················

◆ **单选按钮栏**：选中对应的单选按钮，以设置一键常用功能的使用范围，包括所有页、当前页、激活层和选区。

◆ **"文字转曲"按钮**🔘：单击该按钮，可将文档中的所有带字体的文本转曲，以解决印刷时因字体缺失出现的问题。

◆ "条码还原"按钮▥：单击该按钮，可将创建的条码转换为普通对象，方便条码字体或颜色的编辑。

◆ "提取容器对象"按钮▥：单击该按钮，可把裁切框的对象全部提取出来。

◆ "页面同对象"按钮▣：单击该按钮，可将页面设置为对象的大小，如图21-47所示。

图21-47　页面同对象

◆ "辅助线清除"按钮▦：单击该按钮，可以删除所有辅助线。

◆ "锁定未锁定容器"按钮▥：单击该按钮，可快速锁定未锁定容器。

◆ "符号还原为对象"按钮▥：单击该按钮，可将符号还原为对象。

◆ "打散文本"按钮▦：单击该按钮，可把文本打散为单个字符。

◆ "颜色转CMYK"按钮▥：单击该按钮，可将文档中的所有位图颜色转换为CMYK模式。

◆ "颜色转灰度"按钮▥：单击该按钮，可将文档中的所有位图颜色转换为灰度模式，如图21-48所示。

图21-48　颜色转灰度

◆ "转换轮廓为曲线"按钮▥：单击该按钮，可将

软件窗口中所有对象的轮廓转换为对象。

◆ "一键解除所有锁定对象"按钮▥：单击该按钮，可解除所有锁定对象。

◆ "一键删除锁定对象"按钮▥：单击该按钮，可快速删除锁定对象。

◆ "文本语言统一工具"按钮字：单击该按钮，可统一文本语言。

◆ "开启所有轮廓同对象一起缩放"按钮▥：单击该按钮，可开启所有轮廓同对象一起缩放。

◆ "关闭所有轮廓同对象一起缩放"按钮▥：单击该按钮，可关闭所有轮廓同对象一起缩放。

◆ "锁定工具栏"按钮▥：单击该按钮，可锁定工具栏。

◆ "轮廓同填充色"按钮▥：单击该按钮，可将选择的多个对象的轮廓设置为各自的填充色，看似无轮廓效果。

◆ "填充同轮廓色"按钮▥：单击该按钮，可将选择的多个对象的填充色设置为各自的轮廓色。

◆ "填充与轮廓色互换"按钮▥：单击该按钮，可将选择的多个对象的填充色与各自的轮廓色进行对换。

◆ "删除未选择的所有对象、页"按钮▥：选择需要的对象，单击该按钮可删除屏幕上所有未选择的对象、页。

3. 使用截图找字体

在"魔镜 2014"工具栏中单击"字体相关"超链接，可在打开的面板中通过截图找字体。

实例操作：截图查找字体

● 光盘\实例演示\第21章\截图查找字体

本例将使用"魔镜 2014"工具栏查找图片中文本的字体。

Step 1 ▶ 在文档中展开需要识别字体的图片，在"魔镜 2014"工具栏中单击"字体相关"超链接，在展开的面板中单击"截取需识别图像"按钮▥，如图21-49所示。将鼠标光标移动到图像上，拖动鼠标框选需要识别的单个文本，如图21-50所示。

图21-49　展开字体相关功能面板　　图21-50　截取文本

Step 2 ▶ 拖动选框四周的控制点，使文本居中，确定后在选框内部双击，即可将图像添加到截取需识别图像框中，如图21-51所示。在"请输入上图文字"文本框中输入截取部分的文本，单击"查找图像的字体"按钮，稍等片刻，即可在下面的列表框中显示与图形文本相似效果的字体，如图21-52所示。

图21-51　查找字体　　　　图21-52　字体查找结果

4. 排料优化

合理地排料可以节省布料。在"魔镜2014"工具栏中单击"排料优化"超链接，可在打开的面板中设置面料排列的偏移值。单击 █ 按钮，可在水平方向平均分布面料的偏移间距；单击 █ 按钮，可在竖直方向平均分布面料的偏移间距，如图21-53所示为从上到下优化排列面料前后的效果。

图21-53　排料优化

21.4.2　使用CD印前小精灵

CD印前小精灵是一款CorelDRAW增强插件，除了一些常见的功能外，其最大的特色在于印前检查，例如检查文件白色叠印、四色黑、低精度位图等，是印前工作者不可多得的CDR增强插件。

1. 安装并打开CD印前小精灵

使用CD印前小精灵前，需要先将其安装到电脑中。

实例操作：安装并打开插件

● 光盘\实例演示\第21章\安装并打开插件

本例先将CD印前小精灵安装到电脑中，再启动CorelDRAW X7，显示出CD印前小精灵工具栏。

Step 1 ▶ 退出CorelDRAW X7，双击"CD印前小精灵"安装程序，打开"CD印前小精灵 安装程序"对话框，如图21-54所示。

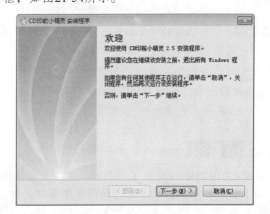

图21-54　打开安装程序对话框

Step 2 ▶ 单击 █下一步(N)> 按钮，在打开的对话框中设置软件的版本，这里选中 ☑CorelDRAW X7 复选框，如图21-55

所示。注意该软件只支持32位系统的CorelDRAW。

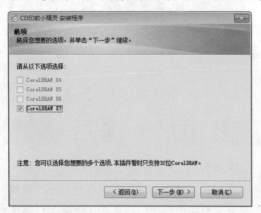

图21-55　设置软件的版本

Step 3 ▶ 单击 下一步(N) 按钮，在打开的对话框中将提示安装成功，单击 安装 按钮，完成CD印前小精灵的安装，如图21-56所示。

图21-56　完成安装

Step 4▶ 启动CorelDRAW X7，打开需要打印的文档，若界面没有显示CD印前小精灵的工具栏，在属性栏中单击鼠标右键，在弹出的快捷菜单中选择YangkeCD命令，如图21-57所示，将打开CD印前小精灵的工具栏，效果如图21-58所示。

技巧秒杀

打开CD印前小精灵的工具栏后，用户可直接拖动上端来移动工具栏，也可使用关闭窗口的方法关闭工具栏。若在属性栏中单击鼠标右键，在弹出的快捷菜单中选择Corelapp.com命令，可打开"魔镜2014"工具栏。

图21-57　显示工具栏　　图21-58　CD印前小精灵工具栏

2. 添加出血框

选择页面中所有对象后，通过单击CD印前小精灵工具栏中的"加出血框"按钮 ▣，可以在打开的对话框中设置出血量，单击 OK 按钮，即可快速为文档添加符合需要的出血框，如图21-59所示。

图21-59　添加出血框

3. 自动出血

为了在打印输出时不出现白边且不会裁剪掉重要的信息，可在选择页面对象后，通过单击CD印前小精灵工具栏中的"自动出血"按钮 ▣ 设置自动出血，如图21-60所示。

读书笔记

图21-60　自动出血

4. 自动分页

为了方便制作，用户可在同一页面制作多个页面，在打印印刷时，可在选择这些页面后，通过单击CD印前小精灵工具栏中的"自动分页"按钮 自动将多页分别添加到创建的页面中，如图21-61所示为自动分页后，可使用"页面排序器视图"查看分页效果。

图21-61　自动分页

5. 隐藏对象

打印输出时，可将不需要打印出来的对象隐藏起来。选择需隐藏的对象后，单击CD印前小精灵工具栏中的"隐藏对象"按钮 可将其隐藏起来，如图21-62所示为隐藏花的效果。隐藏对象后，单击"全部显示"按钮 可将隐藏的对象再次显示出来。

图21-62　隐藏对象

6. 反选对象

当选择的对象位于底层时，不方便进行选择，这时可选择不需要选择的对象，单击CD印前小精灵工具栏中的"反选对象"按钮 来选择需要的对象。

7. 白色叠印

叠印指一个色块与另一色块衔接处要有一定的交错叠加，以避免印刷时露出白边，所以也叫补露白叠印。单击CD印前小精灵工具栏中的"取消白色叠印"按钮 ，可取消页面中选择对象的白色叠印效果。

 知识大爆炸
　　——文档输出与编辑技巧

1. 提高输出速度

在打印制作的文档时，若需要提高输出速度，可在打印之前检查非列印区的页面上是否存放了很多暂存的图形等元素，这些元素在打印输出时，虽然没有被列印出来，但依旧会被计算处理，这时可删除这些暂存的元素，提高输出的速度。

2. 缩放与旋转同时做

在CorelDRAW中，在按住Shift键的同时，拖拉对象的旋转把手，就可以让对象的旋转与缩放动作一起完成；若按住Alt键的同时拖拉对象的旋转把手，就可以实现同时旋转与变形倾斜对象的效果。

Chapter

22

平面设计应用技巧

本章导读 ●

在平面设计中，除了要掌握软件的一些操作外，还需要了解平面设计的一些基础知识与技巧，如构图技巧、字体设计技巧、图片收集与添加的技巧、颜色搭配技巧等。

22.1 构图技巧

构图是平面设计的入门领域，只有掌握不同的构图技巧，才能达到画面的和谐、美观。常用的构图技巧包括对称与平衡、重复和群化、节奏和韵律、对比和变化、调和和统一、破规和变异。

22.1.1 了解对称与平衡

对称与平衡是常用构图技巧之一，下面分别对对称与平衡进行介绍。

1. 认识对称

对称是指在中心点的四周或中心线的两边，出现相等、相同或者相似的画面内容。对称的形态在视觉上有自然、安定、均匀、协调、整齐、典雅、庄重的朴素美感，很符合人们的视觉习惯。所以在平面设计领域中，经常会用到对称图形，如标志、花纹等，如图22-1所示。

图22-1 对称图形

2. 对称的形式

对称的形式并不限于左右对称、上下对称形式。常用的对称形式有以下4种。

◆ **反射**：反射是相同对象在左右或上下位置的对应排列，这是对称和平衡最基本的表现形式，常用于广告插画设计，反射对称效果如图22-2所示。

◆ **移动**：移动是在不调节对象总体保持平衡的条件下，局部变动位置。移动的位置要注意适度，不能打破了画面的平衡，移动效果如图22-3所示。

图22-2 反射对称　　　　图22-3 移动对称

◆ **回转**：回转是在反射或移动的基础上，将对象运行一定角度的转动，增加画面的变化。这种构成形式主要表现为垂直与倾斜或水平的对比，但在总体效果上必须达到平衡。回转对称效果如图22-4所示。

◆ **扩大**：扩大就是扩大其部分对象，形成大小对比的变化，使其整体画面既有变化，又达到平衡的效果。扩大对称效果如图22-5所示。

图22-4 回转对称　　　　图22-5 扩大对称

3. 平衡

平衡是指一种稳定的状态。在平面构成设计上，根据形象的大小、轻重、色彩及其他视觉要素的分布作用于视觉判断的平衡。平面构图通常以视觉中心为支点，各构成要素以此支点保持视觉意义上的力度平衡。平衡相对于对称，摒弃了单调、呆滞和静止的画面效果，也是平面设计中构图的重要方式。平衡的形式主要有以下几种。

◆ **绝对平衡**：当两个事物相同时，力的重心位于两个事物中间位置，形成了绝对平衡关系。我们也称这种绝对平衡关系为对称，使画面达到了绝对的平衡关系，给人一种安定平和的形式美感，如图22-6所示。

◆ **量感平衡**：当两个不同对象的量感达到平衡时，可达到视觉上安定且不失活泼、多变，如图22-7所示。

图22-6　绝对平衡　　　图22-7　量感平衡

◆ **调整视觉中心**：当两个对象量感不同时，可调节视觉的中心，如图22-8所示。

图22-8　调整视觉中心

22.1.2　重复与群化

重复是指将相近或相同图案不间断的连续排列的一种方式，给人整齐、井然有序的美感，常用于制作一些花纹背景，如图22-9所示。群化是指将一个基本的元素按某种组合的方式进行重复排列，常用于标志的设计，如图22-10所示。

图22-9　重复效果　　　图22-10　群化效果

22.1.3　节奏与韵律

节奏与韵律是指同一图案在一定的变化规律中，所产生的运动感。在平面设计中，节奏与韵律主要体现在渐变与发射两种形式，下面分别进行介绍。

1. 渐变

渐变的形式较为多样化，常见的有大小渐变、间距渐变、方向渐变、位置渐变和形象渐变，下面分别进行介绍。

◆ **大小渐变**：基本图形按规律不断缩小或放大重复排列，呈现出空间感和运动感，如图22-11所示。

◆ **间距渐变**：基本图形排列出有规律的疏密关系，如图22-12所示。

图22-11　大小渐变　　　图22-12　间距渐变

◆ **方向渐变**：基本图形按规律旋转不同的角度进行排列，使其呈现出空间感和立体感，如图22-13所示。

◆ **位置渐变**：将部分基本图形的位置进行有序的变化，产生起伏的动感，如图22-14所示。

图22-13　方向渐变　　　图22-14　位置渐变

◆ **形象渐变**：将一个事物的形状过渡到另一种事物的形象，如图22-15所示。

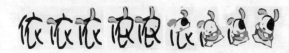

图22-15　形象渐变

2. 发射

发射是指基本图形绕一个中心点集中或散开的效果。发射常见的形式有从中心发射、向中心发射、同心发射和绕多中心发射，下面分别进行介绍。

◆ **从中心发射**：从中央位置向四周呈发射线的方式进行散开，如图22-16所示。

◆ **向中心发射**：以中心为基点，基本图形从四周向中心集中的效果，如图22-17所示。

图22-16　从中心发射　　　　图22-17　向中心发射

◆ **同心发射**：从一点开始扩展，形成重复形状，常配合移动、大小渐变进行，如图22-18所示。

◆ **绕多中心发射**：基本图形围绕多个中心进行扩散，如图22-19所示。

图22-18　同心发射　　　　图22-19　绕多中心发射

22.1.4　对比与变化

对比是指将画面中的元素构成对比关系，产生明朗、肯定、强烈的视觉效果，以给人深刻的印象。平面设计中常见的对比关系有大小对比、明暗对比、动与静的对比、色彩对比以及质感对比等，下面分别进行介绍。

◆ **大小对比**：大小对比容易表现出画面的主次关系。在设计中，经常把主要的内容和需要突出的对象处理的较大些，如图22-20所示。

◆ **形状的对比**：完全不同的形状，可产生一定的对比效果，但应该注意统一感，如图22-21所示。

图22-20　大小对比　　　　图22-21　形状的对比

◆ **动与静的对比**：静止与运动的事物进行对比，如图22-22所示。

◆ **颜色对比**：色彩由于色相、明暗、浓淡、冷暖不同所产生的对比，如图22-23所示为明暗的对比，产生明快的效果。

图22-22　动与静的对比　　　　图22-23　明暗对比

◆ **肌理对比**：不同的肌理感觉，如粗细、光滑、纹理的凹凸感不同所产生的对比，如图22-24所示。

◆ **曲直对比**：曲直对比指的是曲线与直线的对比关系。同一画面中，过多的曲线会给人不安定的感觉；而过多的直线又会给人过于呆板、停滞的印象。所以，应采用曲直相结合的技法，如图22-25所示。

图22-24　肌理对比　　　　图22-25　曲直对比

◆ **空间对比**：平面中的正负、图底、远近及前后感所产生的对比，如图22-26所示。

◆ **聚散对比**：聚散对比指的是密集的图形和松散的空间所形成的对比关系，如图22-27所示。

图22-26　空间对比　　　　图22-27　聚散对比

◆ **方向对比**：凡是带有方向性的对象，都必须处理好方向的关系。在画面中，如果大部分事物的方向近似或相同，而少数事物的方向不同，就会形成方向上的对比。

22.1.5　调和与统一

调和是指画面中各个组成部分整体上达到了和谐一致，并且能给人视觉上一定的美感享受。

1. 调和与统一的体现

调和与统一主要表现在以下3个方面。

◆ **形象特征统一**：形象特征的统一是指画面的各个因素都采用了相类似的形象特征，使画面给人一种统一感，如图22-28所示为使用三角形的画面。

◆ **色彩统一**：在明暗关系上做到统一；其次在色相上做到统一，即以同类色为主调，配置以适度的间色，再以少量的对比色加以提示，起到画龙点睛的效果，如图22-29所示。

图22-28　形象特征统一　　图22-29　色彩统一

◆ **方向统一**：一般情况下，在画面整体中，要有一个主流方向，同时也要有适当的接近主流方向的支流加以配合，这样的作品才会给人以美感，如

图22-30所示。

图22-30　方向统一

2. 调和与统一的方法

在平面设计中，达到和谐统一的技巧很多，下面对常用的几种方法进行介绍。

◆ **形象过渡**：在多种形象存在的画面里，可抓住多种形象的共性，使用逐步过渡的方法，达到形象特征的统一，如图22-31所示。

◆ **形象重复**：在不同形象中，适当增加其重复形或类似形，使之起到前后穿插呼应的作用，达到形象特征的统一，如图22-32所示。

图22-31　过渡　　　　　图22-32　重复

◆ **接近**：各种不同变化的部分，距离接近的物体较容易产生结合感。距离都接近的图案，具有相同要素的更易显得统一。如形体的大小类同、色彩的接近、肌理造型特性的接近都容易具有统一感，如图22-33所示。

◆ **连续**：零散的元素连续地编排在一起形成了线状，构成了一个新的形象，使画面给人一种统一感，如图22-34所示。

图22-33　接近　　　　　图22-34　连续

◆ 拼贴：将不同而复杂的造型要素，按一定规律排列起来，从视觉上得到另外一个整体而统一的形态，如图22-35所示。

破规与变异是指打破常规，制作一些新颖独特的画面效果，如图22-36所示。

图22-35　拼贴

图22-36　破规与变异

22.2 图片收集与挑选技巧

在制作文档时，为了提高文档的美观性和制作效率，可以适当应用一些图片素材。本节将对搜集图片的常用网站和图片挑选方法进行介绍。

22.2.1 认识常用图片网站

在进行平面设计时，常常会用到一些图片素材，在搜寻这些图片素材时，就需要使用到一些图片网站，下面对一些常用的图片素材网站进行介绍。

◆ 站酷（ZCOOL）：专业完美的素材下载与设计分享网站，提供矢量素材、PSD分层素材、图标素材、高清图片、原创作品等内容。其网址为http://www.zcool.com.cn/。

◆ 素材中国：提供各类设计素材的收集下载，包括图片、素材、壁纸、网页素材、动画素材、矢量图、PSD分层素材、3D、字体、教材、图标等。其网址为http://www.sccnn.com/。

◆ 站长素材：提供各类设计素材的收集下载，包括图片下载、网页模板、图标下载、酷站欣赏、QQ表情、矢量素材、PSD分层素材、音效下载、桌面壁纸、网页素材等。其网址为http://sc.chinaz.com/。

◆ 昵图网：提供各类素材，包括图库、图片、摄影、设计、矢量、PSD、AI、CDR、EPS、图片下载、共享图库等。其网址为http://www.nipic.com/。

◆ 素材网站：专门向广大设计者和网站制作者提供图片素材、高清图、矢量素材、桌面背景、手机壁纸、像素图片、Logo原PSD设计图、PNG图标、网页模板、Flash背景、QQ表情、字体下载、音效特效、网页特效、技术教程、论文文档、范文学习、视频教程等相关服务的综合网站。其网址为http://www.sucai.com/。

◆ 创意素材库：资源丰富，分类繁多，免费提供网页模板、Flash源码、矢量素材、PSD素材、透明Flash资源、字体、PS笔刷、网页背景、音效素材、脚本特效等下载。其网址为http://sc.52design.com/。

◆ 视觉中国下吧：提供国内外优秀设计素材，网络矢量、icon、壁纸、PSD、电子刊物、图案、字体、三维场景、材质贴图、主题等多个素材门类，为用户提供高质量的素材资料等。其网址为http://xiaba.shijue.me/。

◆ 三联素材：是一个以提供经典设计素材为主的资源网，站点包括矢量图、PSD分层素材、高清图片、Flash源文件、PNG图标、3D模型、模板、酷站、壁纸、字体、教程等。其网址为http://

www.3lian.com/。

◆ **素材精品屋：** 提供各类图片、壁纸、矢量图、分层图、模板、图标、动画、字体等素材收集下载。其网址为http://www.sucaiw.com/。

◆ **E网素材库：** E库素材网是为广大网页设计制作爱好者、平面设计制作爱好者及其他人员提供各种素材的资源库。拥有素材图片、高精度图片、PSD源文件、Flash源文件、网页图标、网页模板、源码下载、技术教程、软件下载、字体下载等丰富资源。其网址为http://www.web07.cn/。

22.2.2 如何挑选图片

平面广告设计中，图片是比较直观的表现方式，

若要将图片与作品处理得相得益彰，在选择图片时，就需要考虑以下几个方面。

◆ **图片与产品的联系：** 产品宣传是平面广告的中心思想，在选择图片时，尽量选择与产品密切相关的图片，且注意图片的主要表达对象在于产品。

◆ **图片的大小设计：** 通常一张篇幅大且醒目的图片，比起一堆零散的小图片，能吸引更多的读者。但是图片除了大以外，也必须要引人入胜。

◆ **图片的创新：** 在挑选图片时，应考虑画面是否动感、矛盾是否激烈、人物表情是否丰富。同时，也可通过变换角度、更改比例和适当的组合图片，来让图片变得更加引人注目。

22.3 字体搭配与设计技巧

字体搭配教程以及关于字体搭配技巧的内容，一直备受关注。字体式样繁多，如何从下拉列表框中选择需要的字体，成为平面设计的重要技巧之一。

22.3.1 认识字体类别

字体样式虽多，但大致分为4个主要类别，包括无衬线字体、衬线字体、仿手写字体和装饰字体。了解字体类型有助于字体的选择。

1. 无衬线字体

无衬线字体是指除了字体笔画外，没有多余的装饰笔画。该字体不受字号大小影响，清晰易读。在平面设计中，常利用无衬线字体的简单特性来创造时尚感或简约感。常见的无衬线字体有Helvetica、Arial、Verdana、Tahoma、Futura、Franklin、Gothic Gill Sans和Univers等。无衬线字体效果如图22-37所示。

图22-37 无衬线字体

2. 衬线字体

衬线字体是指在笔画的开始和结束位置进行加工、形成倒钩等样式。衬线字体通常被用作正文字体。常见的衬线体有Times New Roman、Georgia、Book Antiqua、Garamond、Century Schoolbook和Bookman等。衬线字体效果如图22-38所示。

图22-38 衬线字体

3. 仿手写字体

仿手写字体是模仿笔迹而来，具有随意与流畅性的特点。仿手写字体常用于邀请函、儿童教学文件等

制作，富有感情，且不失趣味性，如图22-39所示。常见的仿手写字体有Comic Sans、Monotype Corsiva、Mistral、Lucinda Handwriting和Brush Script等。

图22-39　仿手写字体

4. 装饰字体

装饰字体具有很强的装饰性，适合艺术字的设计和标题设计，能让人耳目一新、引人注目。装饰字体也可以用来模仿一种特定流派或一个时代的情感和审美。装饰字体效果如图22-40所示。

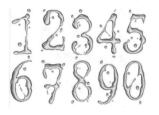

图22-40　装饰字体

22.3.2　字体搭配

在了解到字体的类别后，可将字体进行搭配，如字体与字体的搭配、字体的中英文搭配、字体与图形的搭配等。

1. 不同字体的搭配技巧

一般情况下，平面设计作品不可能仅仅使用一种字体。当使用多种字体时，就需要考虑到字体的搭配问题。下面对字体搭配的一些技巧进行介绍。

◆ 协调：协调体现在两个字体之间的相似之处。如字距、比例和首字母高度等，如图22-41所示。

图22-41　协调

◆ 对比：可采用对比的方法来搭配字体，如衬线字体搭配无衬线字体、粗体搭配细体、印刷体搭配手写体、大小字体搭配、首字母大写搭配全部大写、不同颜色的字体搭配等，如图22-42所示。

图22-42　对比效果

2. 中英文字体的搭配

衬线体中文配衬线体英文，无衬线体中文配无衬线体英文是最基础的规则。常用的中英文搭配字体有汉仪中等线简体（Helvetica）、微软雅黑（Lucida Grande）、汉仪细等线简体（Courier New）、方正黑体简体（Arial）、汉仪书宋简体（Times New Roman）、汉仪中黑简体（Myriad Pro）。如图22-43所示为中英文字体的搭配效果。

图22-43　中英文字体的搭配

3. 字体与图片的搭配

为了使所用的文字与图片配合，首先需要找出两者在视觉上的共同之处，如比例、形状、线条及图案，如图22-44所示。

图22-44　字体与图片的搭配

22.3.3 字体设计技巧

在平面设计中，若没有找到需要的字体效果，可手动来设计字体。下面对字体设计的一些常用技巧进行介绍。

◆ 加入图形元素：将有趣的图形或图案元素作为文字笔画的一部分，如图22-45所示。

◆ 线条分隔：对文本进行线条分隔，形成涟漪效果，如图22-46所示。

图22-45　加入图形元素 　　　　图22-46　线条分隔

◆ 拆分为线条：为文本添加轮廓图，拆分轮廓，形成线条字的效果，如图22-47所示。

◆ 共用笔画：相邻的两个字符共用一笔，形成紧密联系，如图22-48所示。

图22-47　拆分为线条 　　　　图22-48　共用笔画

◆ 中线合一：使用一笔贯穿整个文本，如图22-49所示。

◆ 错位交叠：对文本的笔画进行错位放置，如图22-50所示。

图22-49　中线合一 　　　　图22-50　错位交叠

◆ 两笔合一：用一笔画完成两笔画，简写文本，如图22-51所示。

◆ 使用方框：将文本的四边分布到矩形框上，形成规矩方正的效果，如图22-52所示。

图22-51　两笔合一 　　　　图22-52　使用方框

◆ 添加修饰：将文本转换为曲线，将其更改为花纹样式，如图22-53所示。

◆ 拉长笔画：将文本的某一笔画拉长，如图22-54所示。

图22-53　添加修饰　　　　图22-54　拉长笔画

◆ 同字镜像：将一个文本进行左右或上下镜像，如图22-55所示。

◆ 使用连笔画：使用一笔完成整个或多个文字的笔画，如图22-56所示。

图22-55　同字镜像　　　　图22-56　使用连笔画

◆ 拉近距离：在编辑多个文本时，将各个文本的字符间距缩小，形成紧凑效果，如图22-57所示。

◆ 去笔画：去掉文本的某一笔画，但不会影响该文本的辨认，如图22-58所示。

图22-57　拉近距离 　　　　图22-58　去笔画

◆ 字符串连：将文本环环相扣，常用于字母与数字艺术字的设计，如图22-59所示。

◆ 颜色分隔：将文本进行线条分隔，且分割线两侧的文本呈不同的颜色显示，如图22-60所示。

图22-59　字符串连 　　　　图22-60　颜色分隔

◆ 直接、斜角与圆角转换：直接使用字体库中的文本，将文本的角进行直接、斜角与圆角转换，得到不一样的字体效果。

22.4 颜色搭配技巧

色彩是人视觉最敏感的东西。画面色彩处理得好，可以锦上添花，达到事半功倍的效果。当不同的色彩搭配在一起时，色彩的色相和明度会使色彩的效果产生变化。

22.4.1 配色法则

好的设计作品，都离不开颜色的搭配。为了更好地进行颜色搭配，需要掌握一些配色法则，下面分别进行介绍。

◆ **配色黄金法则**：色彩的黄金法则是60:30:10。其中，主色彩是60%的比例；次要色彩是30%的比例；辅助色彩是10%的比例。

◆ **巧用黑色**：黑色是现代简约风格的常用色，黑色不宜过多，常常用于点缀作用。

◆ **深浅搭配**：在进行颜色搭配时，尽量将深色与浅色进行搭配，如黑白搭配，给人以舒适的感觉。

◆ **从图案中提取色彩**：要使画面的颜色和谐，从图案中提取色彩是最常用的方法。

◆ **流动色彩**：流动色彩是指一个色彩在画面中不断地重复在不同的物品上。使用流动色彩，可以很好地统一画面。

◆ **色彩的反差**：颜色对比越强烈时，给人更加正规的感觉。当颜色色差比较小，颜色比较接近时，给人比较轻松的感觉。

◆ **色彩的心理**：色彩会直接或间接地影响人的情绪、精神和心理活动。如红色能使人产生冲动、热情、活力的感觉，粉色给人温馨的感觉等。在平面设计中，应考虑设计产品在行业中的性质。

◆ **色彩的季节性**：不同季节具有不同的颜色代表，如绿色是春的颜色、黄色是秋的颜色。在平面设计中，如服装海报，就应考虑到色彩的季节性，如图22-61所示为春的海报。

图22-61 色彩的季节性

◆ **光与色彩**：颜色在不同的光线下具有不同的视觉效果。在平面设计中，需要合理处理光线与色彩的光线，以免过度失真。

◆ **控制色彩数量**：不要将所有颜色都用到，尽量控制在3种色彩以内。

◆ **对比背景与前文**：背景和前文的对比尽量要大，以便突出主要文字内容。

22.4.2 配色方案

在平面设计中，除了遵循颜色搭配原则外，还需要注意到颜色自身的搭配，下面对常用的配色方案进行介绍。

◆ **暖色调搭配**：暖色调，即红色、橙色、黄色、褐色等色彩的搭配。这种色调的运用，可使画面呈现温馨、和照、热情的氛围，如图22-62所示。

◆ **冷色调搭配**：冷色调，即青色、绿色、紫色等色彩的搭配。这种色调的运用，可使画面呈现宁静、清凉、高压的氛围，如图22-63所示。

图22-62 暖色调搭配　　　　图22-63 冷色调搭配

◆ **对比色调搭配**：把色性完全相反的色彩搭配在同一画面中。如红与绿、黄与紫、橙与蓝等。这种色彩的搭配，可以产生强烈的视觉效果，给人亮丽、鲜艳、喜庆的感觉。

◆ **无彩色搭配**：黑白是最基本和最简单的搭配。灰色是万能色，可以和任何彩色搭配，也可以帮助两种对立的色彩和谐过渡。

◆ **强调色搭配**：强调色是总色调中重点用色。明度要高于周围色彩，但面积小于周围色彩。

◆ **间隔色搭配**：是指在相邻并呈强烈对比颜色的中间用另一种颜色进行分隔的搭配。间隔色以黑、白、灰、金、银为主。

◆ **渐层色搭配**：以色相、明度或纯度作为渐层色变化的基础。渐层色搭配具有丰富而和谐的效果，在包装设计中较为常用。

◆ **辅助色搭配**：对强调色和主色调进行修饰，增强画面的色调层次。

知识大爆炸 ——排版相关知识

1. 排版的原理

在进行杂志、广告等制作时，需要考虑版面的分布，好的版面是构成作品美观与否不可或缺的因素。所以为了达到好的排版效果，可遵循以下几点。

◆ **重复交错**：在排版设计中，不断重复使用基本形状或线条，可使设计产生安定、整齐、规律的统一。

◆ **节奏韵律**：节奏是按照一定的条理、秩序，重复连续地排列，在节奏中注入美的因素和情感个性化，就有了韵律。

◆ **对称均衡**：对称均衡可以给人带来稳定、庄严、整齐、秩序、安宁、沉静的感觉。

◆ **比例适度**：比例是整体与部分，以及部分与部分之间数量的比率。成功的排版设计首先取决于好的比例。

◆ **变异秩序**：变异是规律的突破，是一种在整体效果中的局部突变，表现出整个版面的焦点。秩序美能体现版面的科学性和条理性。

◆ **虚实留白**："实"指画面中出现的形状、文本等对象，"虚"指白或细弱的文字、图形或色彩。留白则是版中未放置任何图文的空间，它是"虚"的特殊表现手法。巧妙的留白是为了更好地衬托主题。

◆ **变化统一**：变化是一种智慧、想象的表现，强调差异性，统一是强调物质和形式的一致性。

2. 排版的基本类型

排版的方式虽然丰富，但常用的有骨骼型、满版型、上下分割型等，下面分别进行介绍。

◆ **骨格型**：常见的骨骼有竖向通栏、双栏、三栏和四栏等。一般以竖向分栏为多。

◆ **满版型**：以图像充满整版，视觉传达直观而强烈。文字配置在图像上下、左右或中部等位置。

◆ **上下分割型**：整个版面分成上下两部分，在上半部或下半部配置图片，另一部分则配置文字。

◆ **左右分割型**：整个版面分割为左右两部分，分别配置左右分割型文字和图片。

◆ **中轴型**：将图形作水平方向或垂直方向排列，文字配置在上下或左右，给人稳定、安静与含蓄之感。

◆ **曲线型**：图片和文字排列成曲线，产生韵律与节奏的感觉。

◆ **倾斜型**：版面主体形象或多幅图像作倾斜编排，造成版面强烈的动感和不稳定因素，引人注目。

◆ **对称型**：对称的版式，给人稳定、理性、整齐的感受。

◆ **重心型**：重心型版式产生视觉焦点，使其更加突出。

◆ **三角型**：在圆形、矩形、三角形等基本图形中，正三角形（金字塔形）最具有安全稳定因素。

◆ **并置型**：将相同或不同的图片作大小相同而位置不同的重复排列，构成的版面有比较、解说的意味。

◆ **自由型**：无规律的、随意的编排构成，有活泼、轻快的感觉。

◆ **四角型**：版面四角以及连接四角的对角线结构上编排图形，给人严谨、规范的感觉。